中等职业教育国家规划教材

全国中等职业教育教材审定委员会审定

工业电器与自动化

第二版

开　俊　主　编
乐建波　副主编
王黎明　主　审

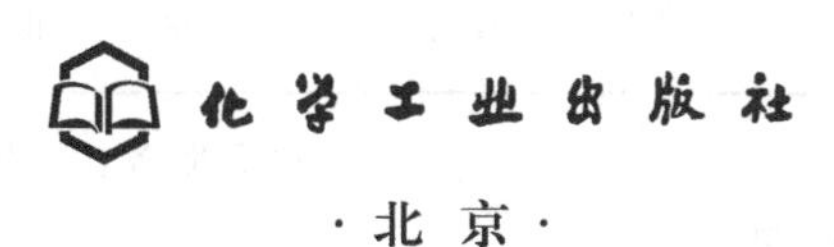

·北京·

本书叙述了电工、电子技术、电动机及控制、变压器和安全用电等基本知识；介绍了过程检测仪表、过程控制仪表、可编程控制器、常规控制系统、集散控制系统、现场总线控制系统的组成、基本工作原理和使用方法；同时介绍了与之相关的基本实验、综合实验及典型单元仿真操作等实践内容。

本书遵循“任务引领、项目主导，体现岗位技能要求、促进学生实践操作能力培养”的职业教育指导思想，以培养技能应用型人才为目标，深入浅出、突出实际、选材新颖，重在提高学生应用能力。

本书可作为职业院校化学工艺及相关专业的教材，也可供石油化工、轻工、制药、冶金和电力等行业技术人员参考。

图书在版编目（CIP）数据

工业电器与自动化/开俊主编. —2 版. —北京：化学工业出版社，2010.12（2025.2 重印）
中等职业教育国家规划教材
ISBN 978-7-122-09678-4

Ⅰ.工… Ⅱ.开… Ⅲ.电器-自动化-专业学校-教材
Ⅳ. TM5-39

中国版本图书馆 CIP 数据核字（2010）第 201172 号

责任编辑：张建茹　　文字编辑：徐卿华
责任校对：宋　玮　　装帧设计：关　飞

出版发行：化学工业出版社（北京市东城区青年湖南街 13 号　邮政编码 100011）
印　　装：北京科印技术咨询服务有限公司数码印刷分部
787mm×1092mm　1/16　印张 15¾　字数 426 千字　2025 年 2 月北京第 2 版第 5 次印刷

购书咨询：010-64518888　　售后服务：010-64518899
网　　址：http://www.cip.com.cn
凡购买本书，如有缺损质量问题，本社销售中心负责调换。

定　　价：48.00 元

前　　言

本书以教育部中等职业教育国家重点专业（化学工艺专业）骨干课程《工业电器与仪表》教学大纲为编写依据，作为新世纪中等职业教育教材。按照教育部面向21世纪《中等职业学校化学工艺专业整体教学改革方案》精神，在化学工艺专业，不再开设《电工学》、《电子技术基础》及《化工仪表及自动化》课程，以《工业电器与仪表》一门课程取代之。

根据教材中应体现出新知识、新工艺、新技术、新方法的“四新”原则，以及教材应反映时代特征、具有一定的先进性和前瞻性的要求，本书在原《工业电器与仪表》（2002年版）、《工业电器与自动化》（2006年版）教学使用的基础上，在内容的安排上再次进行调整、更新，使之更符合职业岗位要求。

本书针对培养化学工艺专业生产一线人员岗位操作的实际需要，以满足岗位操作实际能力需要为出发点，对课程体系和知识进行了重新分析和整合，将一些新技术的发展和应用技术有机地融合进教学内容中。全书将电工学、电子技术基础、过程检测仪表、过程控制仪表、过程控制系统等课程知识进行综合链接，精选内容，分3篇共13章进行介绍。第1篇主要介绍了电工、电子学的基本术语、基本概念和常识性知识，同时对工业生产中常见电气设备的结构和使用作了介绍。在第2篇中对过程检测装置、过程控制装置、生产过程自动化的基本知识和基本操作等传统知识作了介绍，同时融入了新型智能仪表、可编程控制器、集散控制系统、总线控制系统等新技术方面的内容，以适应当代技术发展的趋势。

为贯彻以人为本、以能力培养为目的的教育指导思想，本书在教学内容的安排中，对理论知识部分，本着以够用为度的原则，减少理论推导分析及电路分析，着力降低理论要求。为提高学生的动手能力和综合应用能力，特将基本实验和综合实验单独列出，作为全书的第3篇内容。

本书由开俊任主编，乐建波任副主编，蔡夕忠、张洪参与了编写工作。其中绪论部分、第1～6章和基本实验12.1～12.4由开俊执笔；第10、11章和综合实验13.2、13.3、13.5由乐建波执笔；第7、8章和基本实验12.5、12.6和综合实验13.4由蔡夕忠执笔；第9章和综合实验13.1由张洪执笔。全书由全国化工中职电仪类专业教学指导委员会主任委员、山西工贸学校王黎明校长主审。

本书在修订过程中，得到了全国化工中职教育教学指导委员会的关怀和化学工业出版社的大力支持。安徽化工学校、陕西省石油化工学校、北京市工业技师学院、广东石油化工技术学校领导均对本书的修订工作给予了热情帮助和指导。同时得到张卫、汪翠萍、方一、许道锦等老师的鼎力支持。编写中参考了大量资料，在此向相关资料作者一并表示感谢。

限于编者水平和能力，书中不足之处希望得到读者的批评指正。

编者

2010年10月

目　　录

第 2 篇　工业自动化系统

第3篇　应用与实践

附　　录

参 考 文 献

0 绪　论

0.1 课程性质

现代化工生产过程由生产设备、动力装置、自动化系统等部分构成，化工生产一般具有高温、深冷、高压、易燃、易爆、有毒、腐蚀等特点，生产过程通常在密闭的管道和设备中进行。要维持生产的安全稳定进行，必须掌握电器装置和自动化仪器系统的正确操作方法。

随着现代化工生产过程的电气化和自动化程度的提高，各种现代电器设备及工业自动化系统得到广泛应用。借助于现代控制技术和自动检测、控制仪表自动化装置，可对生产装置和生产过程中的温度、压力、流量、物位等相关参数进行实时检测和控制，以保证安全稳定的连续生产，保证合格的产品质量。

化工操作岗位一线人员，除掌握必要的工艺生产专业知识外，还应了解一些动力装置的正确操作方法，如日常供电和用电的基本常识，化工厂中常见电器设备和检测控制仪表的性能以及操作方法，工业电器的使用和工程识图的能力，操作自控仪器及仪表的能力，自动控制系统开、停车能力，判断分析及初步处理系统故障的能力等。正确地使用和操作生产设备和仪表，确保工艺生产的安全正常进行，完成岗位操作。

《工业电器与自动化》是工艺类专业学生必修的主干课程，具有一定综合性技术知识。通过学习本课程，掌握化工厂中常用电气设备、检测仪表、控制装置以及生产过程自动化的基础知识，为今后正确使用和操作电器设备、仪器仪表打下基础。

本课程的内容涉及电工学与电子学基础、电机与电器、工业检测仪表、过程控制仪表和生产过程自动化基础等课程内容，教学宗旨在于教会学生学习基本操作技能。为适应理训一体化职业教学理念，本书在第一版的基础上，从内容和形式上作相应的调整。

0.2 课程框架

努力践行理训一体的职业教育思想。本书从工艺专业岗位人员实际能力需要出发，对相关教学内容进行优化整合。

① 注重实践性和实用性。内容阐述上力求简明扼要，通俗易懂，深入浅出。内容选择上力求与生产实际相结合，适应职业教育培养岗位型、实用型、应用型人才的要求。

② 教材内容力求去旧立新，删陈舍繁。工厂少用或现已不用的过程控制仪表全部剔除。突出新知识、新技术、新工艺和新方法的介绍。

③ 电工学和电子学部分，作为基础铺垫，不在深层次上作分析。仅介绍基本概念和简单电路计算方法，旨在使学生了解和熟悉电工学和电子学的基础知识内容。

④ 对教材中所涉及的电器设备和仪表，重点放在常用电器设备和仪表的正确使用及操作方面，突出实际操作能力的培养。

⑤ 生产过程自动化方面的内容，以满足正确使用电器设备和检测控制仪表的知识需要为前提，从满足教学的“必需、够用”出发，整合教学内容，不考虑学科体系的完整性。

⑥ 集散控制系统、可编程控制器、现场总线控制等新技术在现代化工生产中的应用日益增多，发展日新月异，但各企业所用的控制系统和可编程控制器的类型并非完全统一。教材仅对使用较为普遍的集散控制系统和可编程控制器作介绍。

综合上述原则考虑，本课程包括以下几方面的内容。

（1）电工学、电子学知识

介绍一般电路的组成、简单电路的基本计算方法、电磁感应现象、基本电子元器件的特性与作用、简单放大电路的组成及作用等电工学、电子学、电磁学的一些常用术语及常识性概念。

（2）常用工业电器设备

介绍变压器铭牌及使用、电动机的使用与控制、常见电工量测量方法、常用电工测量仪表的使用、常用低压电器的使用、安全用电和节约用电常识等。

（3）工业检测及控制仪表

以仪表操作为重点，主要介绍工业生产过程中温度、压力、物位、流量等工业参数测量方法，介绍相关检测仪表的特性、结构及使用方法，讲述常用工业控制仪表的结构及同工业检测仪表的配合使用。

（4）生产过程自动化基础

结合工业检测仪表、控制仪表的使用，讲述生产过程自动控制系统的常用术语、系统一般构成、过程控制系统的动作过程，简述常见工业生产过程的基本特性和常用调节控制方法，重点讲述过程控制仪表在控制系统中的作用及其操作方法。介绍工程常用图符及带检测点工艺流程图和常见信号报警电路的读图识图方法。

（5）新型控制仪器和新型控制系统介绍

此部分在内容选择上，主要通过对一些新型控制仪表和新型控制系统的介绍，拓宽学生的知识面，达到素质培养的目的。通过对典型集散控制系统（DCS）的特性、组成、操作使用的介绍和对典型可编程控制器（PLC）的特性、组成、发展与操作使用的介绍，使学生基本了解新型控制仪表和新型控制系统的一般操作使用方法与发展趋势。

0.3　课程概述

在工艺生产过程中，为保证产品质量，保证生产正常、安全、高效、低耗地进行，就必须将能影响产品质量和生产过程的压力（p）、物位（L）、流量（F）、温度（T）等几大参数控制在规定的范围内。由于化工生产过程的容器和设备常常是密闭的，生产条件也多处于高温、深冷、高压或真空等超常状态，多数工艺介质还具有易燃、易爆、有毒、有腐蚀性等性质，使得人力对化工生产过程的控制难能作为，需借助于电气化和自动化手段，通过在生产设备上配备一些自动控制装置的方法，用自动操作取代操作人员手工作业。这种用自动控制装置来管理生产过程的方式，称为生产过程的自动控制，简称过程自动化。

（1）过程控制系统的分类

过程控制系统一般分为生产过程的自动检测、自动控制、自动报警与联锁保护、自动操纵四大类。

① 过程自动检测系统　运用各种检测仪表自动连续地对相应的工艺变量进行检测，自动指示或记录工艺参数变化情况的系统，称为过程检测系统。

② 过程自动控制系统　用自动控制装置对生产过程中的某些重要变量进行自动控制，使受到外界干扰影响而偏离正常状态的工艺变量，自动地回复到规定的数值范围的系统。

过程的自动控制系统可分为定值控制系统、程序控制系统、随动控制系统三种，生产过程中“定值控制系统”使用最多，故常以定值控制系统为例来讨论过程自动控制系统。

③ 过程自动报警与联锁保护系统　工艺过程中，需要对一些关键的生产变量设有自动信号报警与联锁保护系统。即当变量接近临界数值时，系统发出声、光报警，提醒操作人员注意，如果变量进一步接近临界值、工况接近危险状态时，联锁系统立即采取紧急措施，自动打开安全阀或切断某些通路，必要时紧急停车，以防止事故的发生和扩大。

④ 过程的自动操纵系统　按预先规定的步骤，自动地对生产设备进行周期性操作的系统。

（2）过程控制仪表的分类

过程控制仪表是实现过程控制的工具，种类繁多，功能不同，结构各异，按不同的角度可以有不同的分类方法。

① 按功能不同，可分为检测仪表、显示仪表、控制仪表和执行器。

- 检测仪表：包括各种变量的检测元件、传感器和变送器。
- 显示仪表：有模拟显示、数字显示及屏幕显示等形式仪表。
- 控制仪表：包括气动、电动控制仪表和计算机控制装置。
- 执行器：有气动、电动、液动等类型。

上述仪表之间的关系如图 0-1 所示。

习惯上，常将显示仪表归入检测仪表范围，将执行器归入控制仪表范围。

② 按使用的能源不同，可分为气动仪表和电动仪表。

- 气动仪表。以压缩空气为能源，性能稳定，可靠性高，防爆性能好，结构简单，特别适合于石油、化工等有爆炸危险的场所。但气压信号传输速度慢、传送距离短、仪表精度低，不能满足现代化生产的要求，因此很少使用。由于气压信号具有天然的防爆性能，使气动薄膜控制阀的应用仍然非常广泛。
- 电动仪表。以电为能源，信息传递快，传送距离远，是实现远距离集中显示和控制的理想仪表。

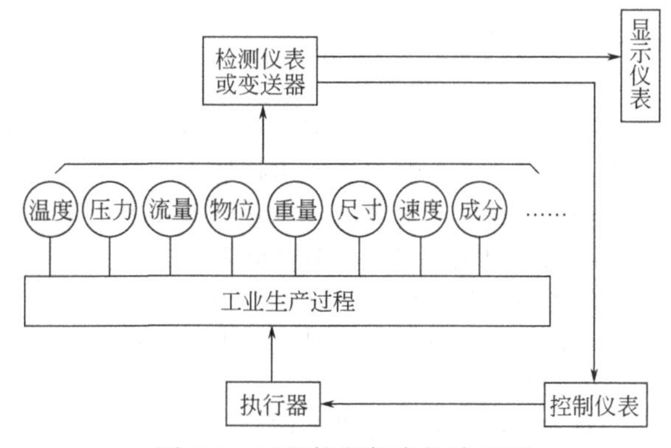

图 0-1 过程控制仪表的关系图

③ 按结构形式分，可分为基地式仪表、单元组合仪表、组件组装式仪表等。

- 基地式仪表。这类仪表集检测、显示、记录和控制等功能于一体，功能集中，价格低廉，比较适合于单变量的就地控制系统。
- 单元组合仪表。所谓单元组合仪表是根据检测系统和控制系统中各组成环节的不同功能和使用要求，将整套仪表划分成可独立实现一定功能的若干单元（变送、控制、显示、执行、设定、计算、辅助、转换八大单元），各单元之间采用统一信号进行联系（气动仪表标准信号为0.02～0.1MPa，电动仪表标准信号为4～20mA DC）。使用时可根据控制系统的需要，对各单元进行选择和组合，构成多种多样的、复杂程度各异的检测系统和控制系统。单元组合仪表又称作积木式仪表，因新型智能仪表不断涌现，目前单元组合仪表的市场明显萎缩。
- 组件组装式仪表。是一种功能分离、结构组件化的成套仪表（或装置）。

④ 按信号形式分，可分为模拟仪表和数字仪表。

- 模拟仪表。模拟仪表的外部传输信号和内部处理的信号均为连续变化的模拟量（如4～20mA电流，1～5V电压等），前已提及的单元组合仪表均属模拟仪表。
- 数字仪表。数字仪表的外部传输信号有模拟信号和数字信号两种，但内部处理信号都是数字量（0，1），如可编程调节器等。

0.4 过程控制技术及仪表的发展

伴随着过程控制技术的发展，过程控制自动化水平不断提高。20 世纪 70 年代中期的DDZ-Ⅲ型仪表，是继集成电路之后出现的，以集成运算放大器为主要元件、24V DC 为能源，采用国际标准信号制的 4～20mA DC 为统一标准信号组合型仪表。它在体积基本不变的情形下，大大增加了仪表的功能。工作在现场的 DDZ-Ⅲ型仪表均为安全火花型防爆仪表，配上安全栅，构成安全火花防爆系统，在化工、炼油等行业得到了广泛的应用，并曾一度占主导地位，至今一些中小企业及大企业的部分装置仍在使用。此后又出现了DDZ-S型智能式单元组合仪表，它以微处理器为核心，能源、信号都同于DDZ-Ⅲ型，其可靠性、准确性、功能等都远远优于DDZ-Ⅲ型仪表。

自20世纪80年代开始，以微型计算机为核心，控制功能分散、显示操作集中，集控制、管理于一体的分散型控制系统（DCS）得到广泛应用，可编程控制器（PLC）也从逻辑控制领域向过程控制领域伸出触角，以其优良的技术性能和良好的性能/价格比，将过程控制仪表及装置推向高级阶段。此外，现场总线（Field Bus）这种用于现场仪表与控制系统和控制室之间的一种开放式、全分散、全数字化、智能、双向、多变量、多点、多站的通信系统，使现场设备除能完成过程的基本控制功能外，还增加了非控制信息监视的可能性，越来越受到控制人员的欢迎。

0.5 课程的学习方法

本课程所涉及的知识范围涵盖面较宽，教学内容的选择基于培养学生具有正确使用常用工业电器，掌握工业控制仪表使用技能这一目标，各部分内容本身也未考虑各学科体系的完整性，着重培养和训练学生对各有关电器设备和工业检测控制仪表的操作使用。总体说来，应重点放在技能操作的学习上，但各部分的侧重点又有一些差异和区别。

学习电工学、电子学基础知识时，应结合日常工作场景和生活中所见到的各种电现象进行学习，利用所学的基础知识对有关电现象进行解释，学以致用，融会贯通。同时注意常用技术术语的理解和掌握。

对于常用工业电器设备部分（变压器、电动机、常用电工测量仪表），学习时应先弄懂各设备结构、基本工作原理和作用，继而掌握各设备的使用、操作方法。应掌握安全用电知识，结合触电的危害性来理解安全用电的重要性，了解安全用电的常识性规则。

在学习工业检测控制仪表这部分内容时，重点应放在学习仪表的操作使用上。此部分内容因涉及多种检测仪表和控制仪表，初次接触时可能有零散之感，学习中应注意理解各种仪表各自作用，注意检测仪表和控制仪表这两类仪表之间的联系，抓住仪表之间的共同性和各自的特殊性，了解各种仪表中的旋钮和开关的功能并掌握其操作方法。

对于控制系统的学习，需从理解典型工艺生产过程的特性着手，站在系统的高度，围绕如何改善系统特性、维持系统稳定这一问题，来理解控制规律及具体操作。应熟悉工程常用图符，学会带检测点工艺流程图和信号报警及信号联锁电路图的读图方法。

对教材中可编程控制器和集散控制系统部分的学习，主要应了解可编程控制器的功能、优点，熟悉典型仪器的使用操作方法。了解集散控制系统的框架构成及发展情况，结合操作实训，熟悉掌握集散控制系统的基本操作方法。

学习中切忌死记硬背，必须结合实训，注意观察各种电器设备和仪器仪表的结构，在了解各种设备、仪器仪表动作原理的基础上，熟悉并掌握设备、仪器仪表的操作方法，注重理解基础上的实际操作。学习过程中，提倡眼、脑、手并用，提倡多深入工厂观察、了解，建立感性认识，带着问题进入课堂，有目的地学习各部分知识，要多动手。通过各种实训、多媒体教学，实现知识的“回放”，通过深入实际，具体实践，实现知识的彻底“归位”。

学习中不可脱离实际。学习某块仪表不是目的，重要的是通过一部分内容的学习，总结出共性的东西，以便举一反三、触类旁通。注意仔细观察实际操作中所遇到的各种问题并加以细致分析，坚持理论和实践相结合的学习原则，走“理论学习—实际操作—分析总结—继续实践”的路子，不断提高自己的学习成效，增强个人综合能力和全面素质。

第1篇　工业电器基础

1　电工技术基础

学习目标：

- 了解电路组成的基本概念和电路基本定律；
- 掌握简单电路的计算公式及计算方法。

1.1　直流电路特性

1.1.1　电路的组成

将电器件和用电设备按一定的方式连接在一起形成的各种电流通路均称为电路。电路，无论是简单电路还是复杂电路，一般说来，有电源、负载、控制设备及连接导线这几部分。

电源是电路中电能的来源，其作用是将其他形式的能量转换成电能，供给电路中的用电设备；负载通常指电路中各用电设备，它消耗电能，使电能转换成其他形式的能量；连接导线的作用是将电源和各负载连接在一起，形成通路；控制设备的作用则在于控制电路的通与断。

图1-1是最简单的直流电路图，它由干电池、灯泡、输电导线和开关所构成，图中干电池作为电源，灯泡作为负载，开关为控制设备，输电线作为连接导线，连接组成一简单直流回路。当开关闭合时，回路中有电流流动，灯泡发光，开关断开后，电流无法形成回路，灯泡熄灭。

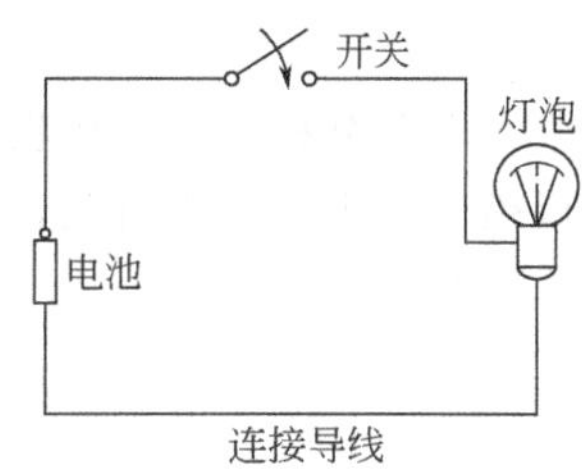

图1-1　简单直流电路

电路应由以下四个部分组成。

① 电源　电路中提供电能的装置，其作用是将其他形式的能量转换成电能，如发电机、干电池、蓄电池等。电源有电压源（向负载输出电压）和电流源（向负载输出电流）之分，干电池、蓄电池是一种直流电压源，有极性固定不变的正、负极。

② 负载　电路中使用电能的装置，其作用是把电能转换成其他形式的能量，如灯泡、风扇、电动机等。

③ 连接导线　用来连接电源和负载，输送和分配电能，常用的导线有铜导线和铝导线。

④ 开关　用来控制电流回路的通断，以控制电路的运行。

电路分析中，通常将负载、连接导线等中间环节和开关等统称为外电路，将电源内部称为内电路。电源和负载有本质方面的区别：电路中把非电能转换成电能的设备称为电源，把电能转换成非电能的设备则称为负载。

对电源而言，电源两极以外的电路称为外电路，电源内部的电路称为内电路。一个闭合的电路是由外电路和内电路两部分组成的。

1.1.2　电流、电压和电阻

（1）电流

金属导线中的电流是由带电荷的自由电子定向移动而形成的，习惯上将正电荷移动的方向作为电流的方向。在外电路，电流从电源的正极流向负极，而在内电路中（即电源内部），电流从电源的负极流向正极。

电流可分为直流电流和交流电流两种。电流方向保持不变的电流称为直流电流，简称直流（电流的方向和大小都保持不变的电流叫作恒定电流，通常也称为直流）。电流的大小和方向随时间作周期性变化，且一周期内平均值等于零的电流称为交变电流，简称交流。电流用字母 I 表示，其大小以单位时间内通过导体横截面的电量多少来衡量。对于恒定电流来说，若以 q 表示在时间段 t 内通过导体截面上的总电量，则电流的大小为

$$I=\frac{q}{t} \tag{1-1}$$

电量的单位为 C（库仑），时间单位用 s（秒），则电流的单位为 A（安培），简称（安）。即：如果导体的横截面积上每秒有 1C 的电量通过，就称为 1A 的电流。电流很小时，可使用较小的电流单位 mA（毫安）或 μA（微安）。

$$1\text{mA}=10^{-3}\text{A} \qquad 1\mu\text{A}=10^{-6}\text{A}$$

（2）电压

在电工学中，电压概念是这样来定义的：电场中任意两点之间电压的数值等于电场力在该两点间移动单位正电荷所做的功。在图 1-2 中，有一点电荷 q 在电场中自 a 点沿任一路径移动到 b 点，电场力所做的功为 A_{ab}，则 a、b 两点之间的电压定义为

$$U_{ab}=\frac{A_{ab}}{q} \tag{1-2}$$

在 SI 制中，功的单位为 J（焦耳），电量的单位为 C（库仑），电压的单位为 V（伏特），并有 $1\text{V}=10^3\text{mV}=10^6\mu\text{V}$。

习惯上，人们规定电压降的方向为电压方向，符号 U_{ab} 即表示电压方向是由 a 点指向 b 点。若图 1-2 中电荷 q 是从 b 点移动到 a 点，则电场力做负功，即 $A_{ba}=-A_{ab}$，所以从 b 点指向 a 点的电压为

$$U_{ba}=\frac{A_{ba}}{q}=-\frac{A_{ab}}{q}=-U_{ab} \tag{1-3}$$

电路分析中，电压指电场中两点电位之差。方向判定上，对于电源，电压的方向由电源的正极指向负极；对于负载，电流流进端为电压的正极，电流流出端为电压的负极，如图 1-3 中的 U_{ab} 所示。

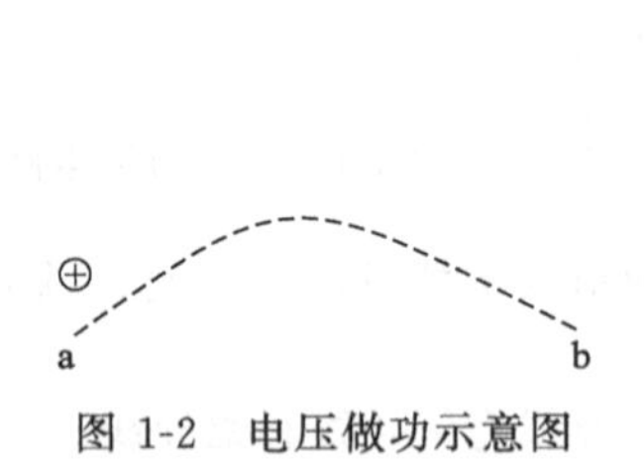

图 1-2　电压做功示意图

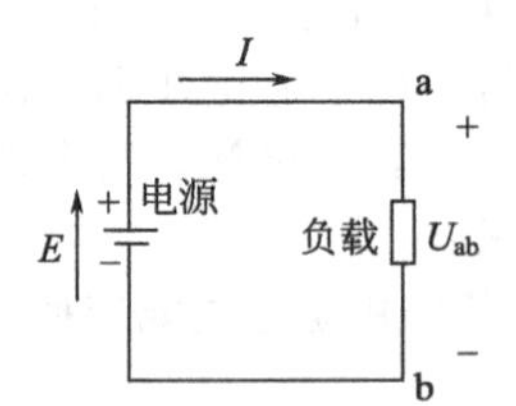

图 1-3　电压的方向

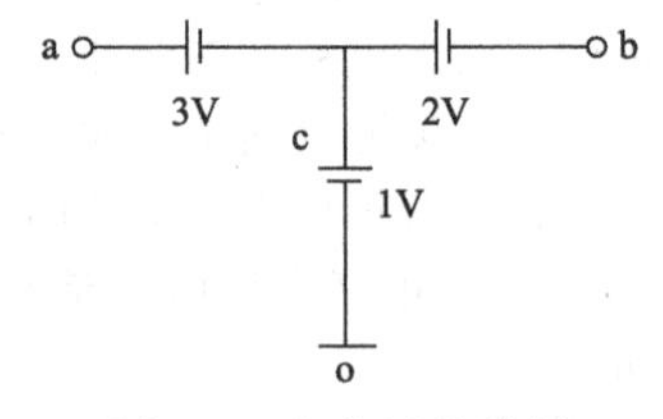

图 1-4　电位计算举例

（3）电位

物理学中电位又称为电势。在电场或电路中任选一点作为参考零点，则电场或电路中某点的电位定义为该点到参考零点之间的电压。显然，参考零点电位为零电位，通常选择大地或某公共点（例如机器外壳）作为零电位点。

如图 1-4 所示电路，设 o 点为接地点，则各点电位为

$$V_o=0\text{V}$$
$$V_c=1\text{V}$$
$$V_a=3\text{V}+1\text{V}=4\text{V}$$
$$V_b=-2\text{V}+1\text{V}=-1\text{V}$$

某点电位为负时，说明该点电位比零电位还要低。

由电位的定义，可以看出电压与电位之间有以下的联系和区别。

① 电压即电位差，$U_{ab}=V_a-V_b$。电位与电压的单位相同。

② 电压方向即高电位指向低电位方向。若$V_a>V_b$，则$U_{ab}>0$；若$V_a<V_b$，则$U_{ab}<0$，说明此时电压方向实际上是由b点指向a点。

③ 电位与参考点选择有关，而电压与参考点选择无关。在图1-4中，$V_a=4V$，$V_b=-1V$，则$U_{ab}=V_a-V_b=5V$。若选择c点为参考点，则$V_a=3V$，$V_b=-2V$，$U_{ab}=3-(-2)=5V$。

应注意，电路中参考点一经选定，则各点的电位就不再改变，即一电路中只能固定一点作为参考点，而不能选择多个参考点，电位具有单值性。

(4) 电动势

负载工作时要消耗电能。为让负载持续工作，必须不断向电路补充电能，此项工作由电源来完成。电源把其他形式的能量转化为电能，电池、蓄电池利用化学作用，把化学能转化为电能；发电机依靠电磁感应作用，将机械能转化为电能。电源把其他形式的能量转化为电能本领的大小，用电动势（E）这个物理量来反映。

电动势是标量，但它与电流一样规定有方向：从电源负极经电源内部到电源正极的方向（如图1-3）。

电源的电动势，等于电源没有接入电路时两极间的电压。没有接入电路的干电池，两极间电压为1.5V，则干电池的电动势为1.5V。电动势的单位与电压的单位相同。

(5) 电阻

电流通过导体时，因不断与导体内原子或分子碰撞而受到阻碍作用，反映导体对电流阻碍作用大小的物理量称为电阻。

设加在某导体两端上的电压为U，通过该导体的电流为I，则比值

$$R=\frac{U}{I} \tag{1-4}$$

定义为该导体电阻。SI制中，电阻单位为Ω（欧姆）。除Ω外，还常使用较大的电阻单位kΩ（千欧）和MΩ（兆欧），它们之间的转换关系为

$$1\text{k}\Omega=10^3\,\Omega，1\text{M}\Omega=10^6\,\Omega$$

导体的电阻是客观存在的，它不随导体两端的电压大小而变化，没有电压，导体仍然有电阻。实验证明，当导体的材料均匀时，导体的电阻与构成导体的材料性质及几何形状有关，即导体的电阻与它的长度L成正比，与它的横截面积S成反比，这一结论称为电阻定律。其数学表示式为

$$R=\rho\frac{L}{S} \tag{1-5}$$

式中 R——导体的电阻；

ρ——导体的电阻率。

导体的电阻率与材料性质有关，不同导体材料的电阻率不同，电阻率的单位是Ω·m。在实际工作中，常用m作为导体的长度单位，用mm^2作为导线截面的单位，此时的电阻率的单位为$\Omega\cdot mm^2/m$。

(6) 电导

电导是反映介质导电能力的一个物理量，其数值为电阻的倒数，即

$$G=\frac{1}{R}=\frac{I}{U} \tag{1-6}$$

在SI单位制中，电导的单位为S（西门子，简称西），且有$1S=1\Omega^{-1}$。

导体的温度发生变化时，其电阻值也随之发生变化，一般金属导体的电阻随温度升高而增大，但碳的电阻却随温度的升高而降低。导体的导电能力较强，绝缘体则不能导电。金属是良电导体，而橡胶、塑料、油漆、陶瓷等介质叫作绝缘体，导电性能介于导体与绝缘体之间的叫作半导体，收音机、电视机中的二极管、三极管、集成电路等元器件都是用半导体制成的。

还有一类物质，在较高的温度时是导体或半导体，甚至是绝缘体，但如遇到温度降到某一特定值 T_c 时，它的直流电阻突然下降为零，这一现象称为零电阻效应，人们把这类物质称为超导体，这种失去电阻的性质称为超导性，出现零电阻的温度 T_c 称为转变温度或临界温度。

（7）功率

电流流过电路时，不断发生能量的转换。有的元件吸收电能，将电能转换成其他形式的能量，有的元件将其他形式的能转换为电能，向电路提供能量。为表征电路中某一段吸收或产生能量的速率，于是引入电功率的概念。

电功率一般用字母 P 表示，在SI制中 P 的单位是W（瓦特，简称瓦），也常用kW（千瓦）来表示，其换算关系为 $1\text{kW}=10^3\text{W}$。

在直流电路中功率表示为

$$P=UI=\frac{U^2}{R}=I^2R \tag{1-7}$$

1.1.3 欧姆定律和基尔霍夫定律

（1）部分电路的欧姆定律

图1-5所示为一段不含电源的电阻电路，又称均匀电路。若电阻元件的阻值为不随外加电压（或电流）而变化，电流、电压参考方向一致时，实验证明：通过这段电阻电路的电流强度与两端的电压值成正比，而与该段电路的电阻值成反比。

即存在如下关系：

$$I=\frac{U}{R} \tag{1-8}$$

因这一关系是德国物理学家欧姆于1827年在实验中发现的，故称此关系式为欧姆定律。

应当说明：只有当导体的电阻不随电流或电压变化时，电流才和电压成正比关系。电流和电压的这一关系可以用图1-6所示的伏安特性曲线来描述，图中，横轴代表电流，纵轴代表电压，遵守欧姆定律导体的伏安特性曲线是经过坐标原点的一条直线。

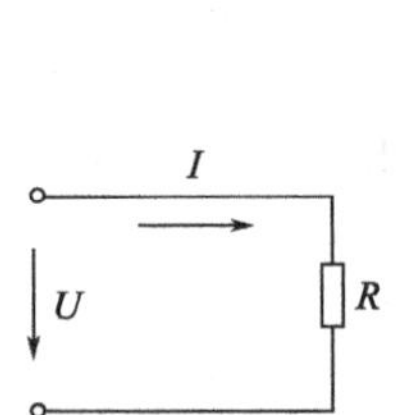

图1-5 一段不含电源的电阻电路

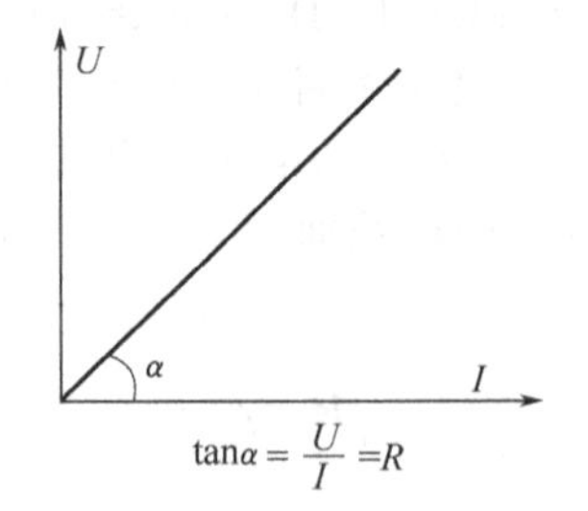

图1-6 电阻的伏安特性曲线

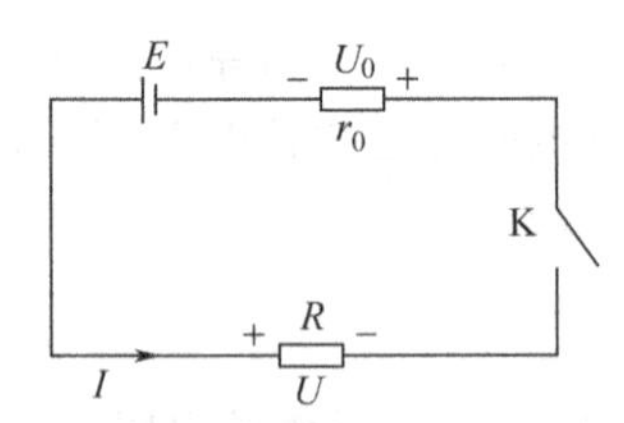

图1-7 含有一个电源的电路

部分电路的欧姆定律应用时注意以下几点。

① 电流、电压、电阻三个物理量必须属于同一段电路，并在同一时刻才有上述关系。

② 这段电路中，必须不含有电源，没有任何电动势，否则不能用上述公式计算。

③ 并不是所有电路都遵守欧姆定律。遵守欧姆定律的电路叫线性电路，不遵守欧姆定律的电路叫非线性电路。

（2）全电路欧姆定律

图1-7为一含有电源的简单电路。电路中电源的电动势为 E，电源内部具有电阻 r_0，称为内电阻，电路中外电阻为 R。通过实验得知，在全电路中（包括内、外电路），电流 I 与电源电动势 E 成正比，与外电阻和内电阻之和（$R+r_0$）成反比，即有下述关系成立：

$$I=\frac{E}{R+r_0} \tag{1-9}$$

因为

$$U=IR$$

所以　$$E=U+Ir_0 \tag{1-10}$$

或　$$U=E-Ir_0$$

其中，U 是电路端电压，Ir_0 是电源内的电压降。这一关系称为全电路欧姆定律。

对于同一个电源，E 和 r_0 都是不变的，因此，当增大电阻 R 的数值时，由式（1-9）和式（1-10）可知，路端电压 U 也相应增大。R 很大时，内阻的电压降 Ir_0 很小，$U\approx E$。电路开路时，$R\rightarrow\infty$，$I\rightarrow 0$，则 $U=E$，所以，在电路开路时，端电压等于电源的电动势。如外电路电阻很小，$R\rightarrow 0$，端电压 $U\rightarrow 0$，这种情况叫作短路，此时，$I\rightarrow E/r_0$。由于一般电源的内阻都很小，因此短路时电流很大，以致烧毁电源。为防止短路情况发生，通常的做法是在电路中安装熔断丝，一旦电流过大时，熔断丝断开，形成开路，从而保护电源。注意：绝不可将一根导线或一块电流表直接接到电源上（因电流表的内阻很小），那样将导致短路。

应用全电路欧姆定律时，必须考虑电源具有内电阻，计算时除非指明内电阻因阻值太小可以忽略不计，一般情况下不应忽略。

【例 1-1】 电路如图 1-8 所示，$I=10\text{mA}$，$R_1=10\text{k}\Omega$，$R_2=20\text{k}\Omega$，则 R_1 与 R_2 上消耗的功率为多少？电源的电动势为多少？电源产生的功率为多少？

解　R_1 上消耗的功率为：$P_1=I^2R_1=(10\times10^{-3})^2\times10\times10^3=1$（W）

R_2 上消耗的功率为：$P_2=I^2R_2=(10\times10^{-3})^2\times20\times10^3=2$（W）

电源电动势为：$E=I(R_1+R_2)=10\times10^{-3}\times(10\times10^3+20\times10^3)=300$（V）

电源产生的功率为：$P=IE=10\times10^{-3}\times300=3$（W）

(3) 电路的串联、并联及基尔霍夫定律

实际应用中，一个电源常常要向多个负载供电，如教室里装有多盏灯、多台风扇等，它们既可以同时工作，也可以单独工作，相互间不受影响。此时负载怎样与电源相连？其相互间关系又如何？

① 电阻串联电路　把两个或两个以上的电阻依次相连，使电流只有一条通路的连接方式，称为电阻的串联，如图 1-9 所示。

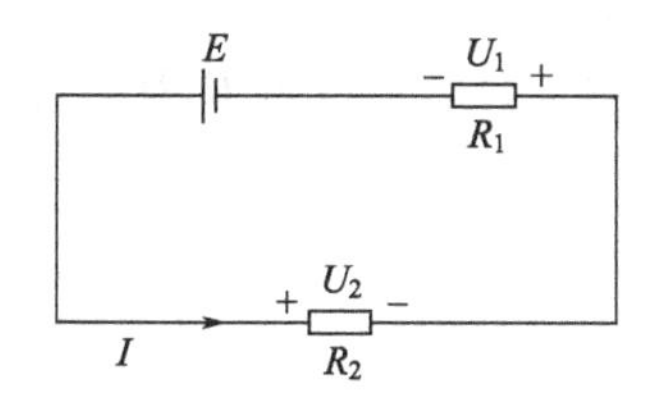

图 1-8　全电路欧姆定律

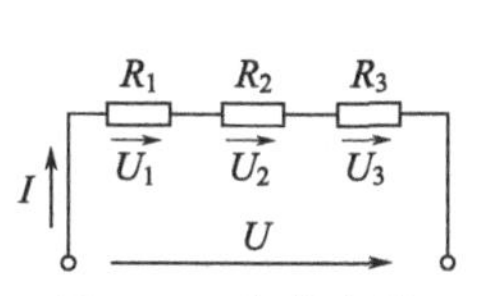

图 1-9　串联电路

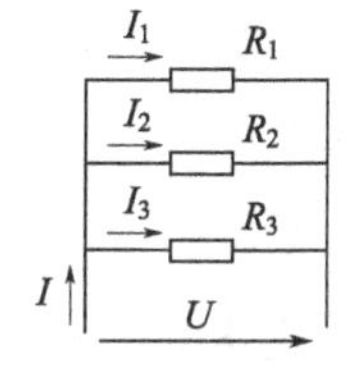

图 1-10　并联电路

② 电阻串联电路的特点　电阻串联电路具有如下特点。

- 通过各电阻的电流相等，即 $I=I_1=I_2=I_3$。
- 串联电路两端的总电压等于各电阻两端电压之和，即 $U=U_1+U_2+U_3$。
- 串联电路的总电阻等于各串联电阻之和，即 $R=R_1+R_2+R_3$。
- 串联电路中，各电阻上分配的电压与各电阻值成正比，即 $U_n=\frac{R_n}{R}U$。
- 串联电路中，各电阻消耗的功率与电阻值成正比，即 $P_1:P_2:P_3=R_1:R_2:R_3$。

③ 电阻并联电路　两个或两个以上电阻，接在电路中相同的两点之间，称为电阻的并联连接，如图 1-10 所示。

④ 电阻并联电路的特点　电阻并联电路具有如下特点。

- 并联电路中各电阻两端的电压相等，均等于电路两端的电压，即 $U=U_1=U_2=U_3$。
- 并联电路中的总电阻的倒数等于各并联电阻的倒数之和，即 $\frac{1}{R}=\frac{1}{R_1}+\frac{1}{R_2}+\frac{1}{R_3}$。

- 并联电路中，各支路电流与支路的电阻成反比，即 $I_1:I_2:I_3=\frac{1}{R_1}:\frac{1}{R_2}:\frac{1}{R_3}$。

- 并联电路中，各电阻消耗的功率与电阻值成反比，即 $P_1:P_2:P_3=\frac{1}{R_1}:\frac{1}{R_2}:\frac{1}{R_3}$。

由于并联电路中各负载上电压相等，工作情况互不影响，因此绝大多数的工业负载、民用负载都采用并联电路。

【例 1-2】 在图 1-11 电路中，$R_1=6\Omega$，$R_2=4\Omega$，$R_3=12\Omega$，电路端电压为 18V。求各电阻消耗的功率。

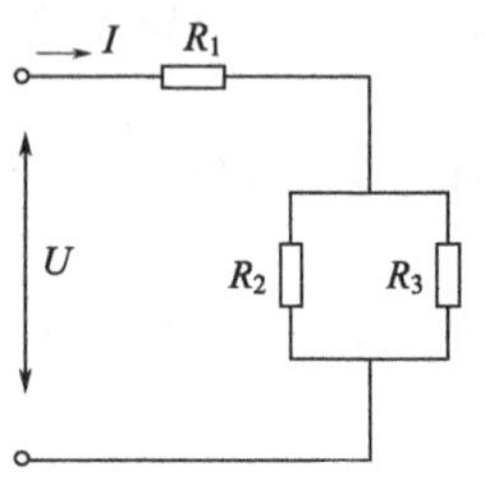

图 1-11　例 1-2 图

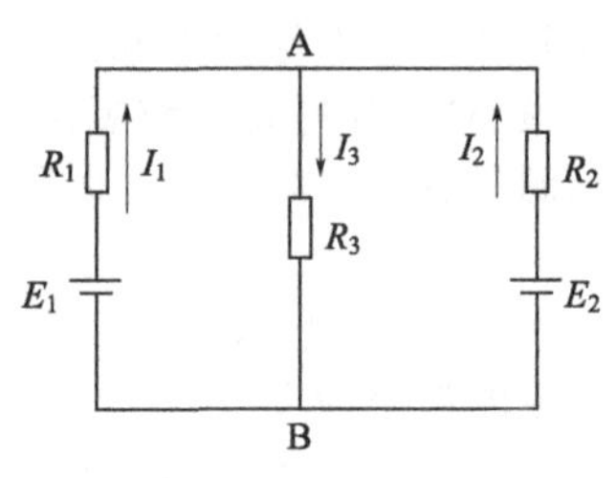

图 1-12　基尔霍夫定律

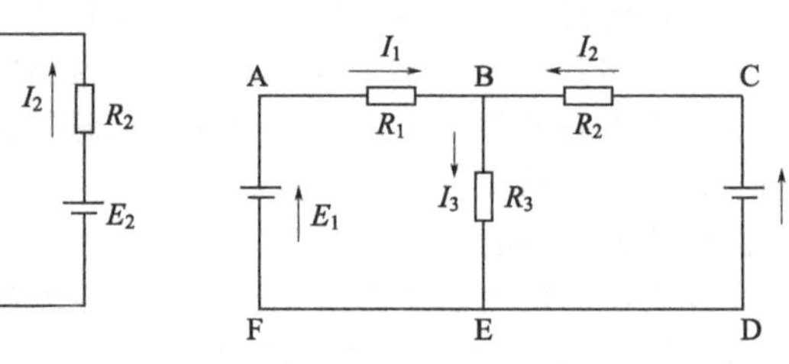

图 1-13　复杂电路

解　R_2 和 R_3 是并联关系，它们的总电阻值为

$$R'=\frac{R_2R_3}{R_2+R_3}=\frac{4\times12}{4+12}=3(\Omega)$$

R'与 R_1 串联，总电阻为

$$R=R'+R_1=3+6=9(\Omega)$$

电路消耗的总功率为 $P=U^2/R=18^2/9=36\text{W}$

根据串联电路功率分配的特点，即 $P_1:P'=R_1:R'=6:3=2:1$，而 $P_1+P'=P$，则 $P_1=24\text{W}$，$P'=12\text{W}$。

P'是 R_2 和 R_3 消耗的功率，根据并联电路功率分配的特点，$R_2:R_3=P_3:P_2=4:12=1:3$，由此可得，R_2 消耗的功率 $P_2=9\text{W}$，R_3 消耗的功率 $P_3=3\text{W}$。

【例 1-3】 电阻 $R_1=48\Omega$，$R_2=16\Omega$，并联在电压为 6V 的电源上，求总电阻 R 及各支路的电流 I_1、I_2。

解　总电阻 $R=\frac{R_1R_2}{R_1+R_2}=\frac{48\times16}{48+16}=12\ (\Omega)$

支路电流 $I_1=U/R_1=6/48=0.125\ (\text{A})$

支路电流 $I_2=U/R_2=6/16=0.375\ (\text{A})$

很多情况下，电路的组成状态既不是单纯串联，也不是单纯并联。如在图 1-12 所示电路中，$E_1=130\text{V}$，$E_2=117\text{V}$，$R_1=1\Omega$，$R_2=0.6\Omega$，$R_3=24\Omega$。各电阻间的关系既不是串联也不是并联，在此情况下，则必须应用基尔霍夫定律求解各电阻上的电流和电压。

基尔霍夫定律包括基尔霍夫电流定律和基尔霍夫电压定律，其中基尔霍夫电流定律应用于节点，基尔霍夫电压定律应用于回路。为便于理解，先熟悉电路中几个基本术语。

① 支路电流　电路中的每一分支称为支路，一条支路中流过的电流称为支路电流。

② 节点　电路中三条或三条以上的支路相连的点称为节点。

③ 回路　电路中任何一条或多条支路所形成的闭合回路称为回路。

图 1-13 为一较复杂的电路，共有 2 个节点，即 B 点和 E 点，有三个回路：ABCDEFA、ABEFA、BCDEB 和三条支路。

基尔霍夫电流定律用来确定连接在同一个节点上的各条支路电流之间关系。由于电流的连续性，电路中任何一点（包括节点在内），均不能堆积电荷。即在任何一瞬间，流向某一节点的电流之和应该等于由该节点流出的电流之和。图 1-12 所示电路中，对节点 B 可以写出关系式：

$$I_1+I_2=I_3 \tag{1-11}$$

或将上式改写成

$$I_1+I_2-I_3=0 \tag{1-12}$$

也可写成

$$\sum I=0 \tag{1-13}$$

此式表明：在任意瞬时，一个节点上电流的代数和恒等于零。如规定向着节点的电流为正方向取正号，则背着节点方向的电流就取负号。

基尔霍夫电压定律用来确定回路中各段电压间的关系。如果从回路中任意一点出发，以顺时针方向或逆时针方向沿回路循行一周，则在这个方向上的电位升之和应该等于电位降之和，回到原来的出发点，该点的电位不会发生任何变化。

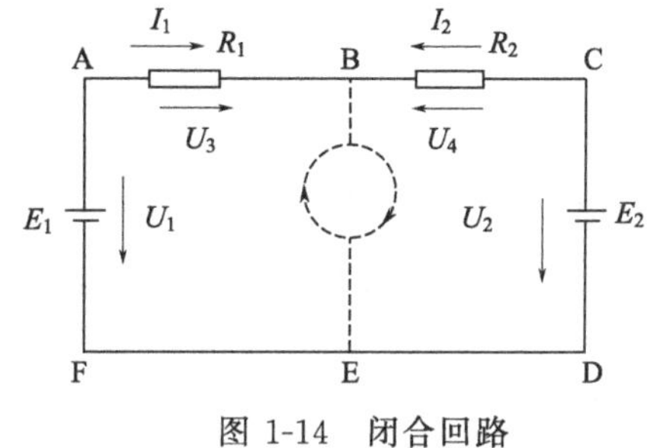

图 1-14 闭合回路

以图 1-14 所示的一个回路为例进行分析（该回路为图 1-12 中的一个回路）。图中，电流和电压的正方向均已标出，按虚线所示方向循行一周，根据电压的正方向可以列出：

$$U_1+U_4=U_2+U_3$$

或写成

$$U_1-U_2-U_3+U_4=0$$

即

$$\sum U=0 \tag{1-14}$$

即在任何一瞬间，沿任一回路循行方向（顺时针方向或逆时针方向），回路中各段电压的代数和恒等于零。如规定电位升取正号，那么电位降就取负号。

上述基尔霍夫两定律，虽以直流电阻电路为例，但基尔霍夫两定律具有普遍性，它们适用于由各种不同元件所构成的电路，适应于任何变化的电流和电压。

1.2 电磁特性

电路分析中，常用到电磁学中的概念，能够吸引金属铁等物质的性质称为磁性，具有磁性的物体称为磁体，如扬声器背面的磁钢就是磁体。电子设备中的许多元器件都采用了磁性材料，各种变压器、电感器中的铁芯、磁芯的组成材料均为磁性材料。

磁铁是一个典型的磁体，如图 1-15 所示。磁铁两端磁性最强的区域称为磁极，一个磁铁有南、北两个磁极：南极用字母 S 表示，北极用字母 N 表示。一块磁铁分割成几块后，每一小块磁铁上都有一个 S 极和一个 N 极，S 极、N 极总是成对出现的。S 极与 N 极之间存在着相互作用的力，同极性相斥，异极性相吸，这一作用力称为磁力。

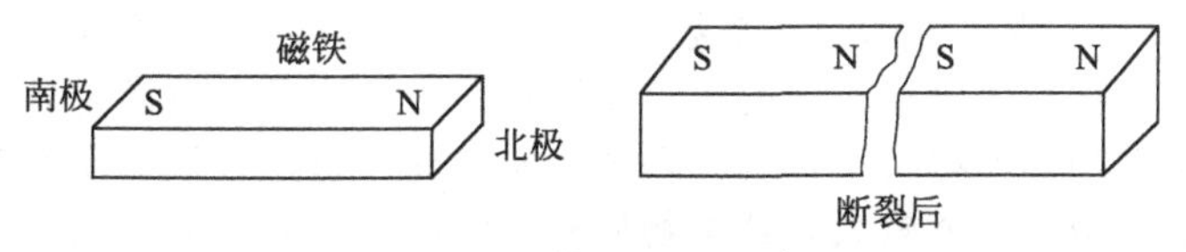

图 1-15 磁铁的磁极示意图

1.2.1 电流的磁场

如图 1-16 所示，一个放在导线旁边的磁针，当导线中通过电流时，磁针会受到一个力的作用而发生偏转，这表明电流有磁效应。电流的磁效应意味着在电流的周围空间存在磁场，图 1-16 中磁针的偏转就是由于电流产生的磁场对磁针的磁力作用而发生的。

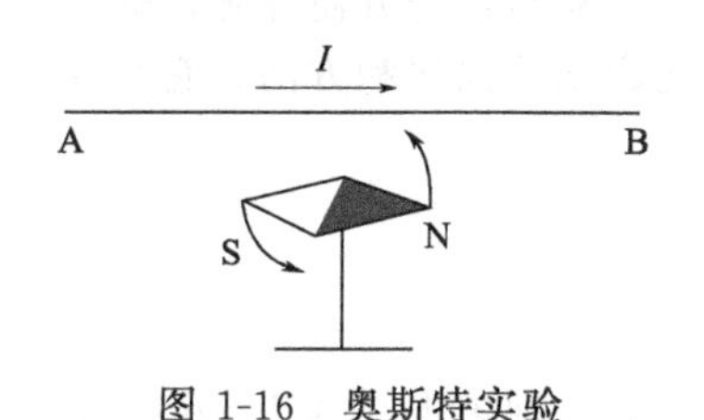

图 1-16 奥斯特实验

实验中发现，导线流过电流的方向不同，磁针偏转的方向也不同，这表明电流所形成的磁场是有方向的，磁场的方向随电流方向的变化而变化。

磁场方向的确定方法如下：把一个可以自由转动的小磁针放在磁场中某一点，当小磁针静止时，N极所指的方向就是该点的磁场方向。

磁体周围存在磁力作用的空间称为磁场，相互不接触的两个磁体之间所存在的作用力是由磁场传递的。磁场看不见、摸不着，为使磁场表述形象化，可借用磁力线来描述磁场。磁力线是一些假想的、闭合的曲线，曲线上任意一点的切线方向，都与该点的磁场方向一致。磁力线的疏密程度表示磁场的强弱程度，如果某个磁场中的磁力线疏密均匀，而且相互平行，那么该磁场称为均匀磁场或匀强磁场。

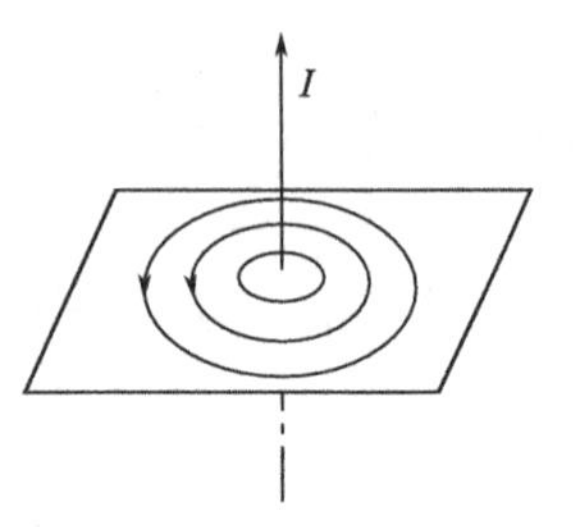

图 1-17 通电导线周围的磁场

图 1-17 表示了一通电导线周围磁场及方向。磁场的方向与产生磁场的电流方向之间的关系，可用右手螺旋定则来判断。在通电直导线所形成的磁场中，用右手握住导线，大拇指指向电流方向，其余四个指头的方向就是磁力线环绕的方向。在通电环形导线和螺旋管所形成的磁场里，右手握住螺旋管，其他四个指头指向电流环绕的方向，大拇指所指的方向就是螺旋管内部的磁场方向。

1.2.2 描写磁场的几个物理量

① 磁通量 磁通量是用来反映磁场中通过某一平面上磁力线多少的量，即衡量磁场的强弱，简称磁通，用字母 Φ 表示。磁通量的单位是 Wb（韦伯），另一较小的磁通量单位是 Mx（麦克斯韦），它们之间的换算关系为 $1\text{Wb}=10^8\text{Mx}$。

② 磁感应强度 截面积一定时，磁通量越大（通过该截面的磁力线越多），磁力线就越密，磁场也就越强。截面积不相等时，就无法只根据磁通量的大小来判定磁场的强弱。衡量磁场的强弱只能根据穿过相同面积上磁力线的多少来判定。为此引入磁感应强度的概念，用磁感应强度来表征磁场的强弱。

磁感应强度是表示磁场中某点磁场强弱及方向的物理量，在数值上等于垂直通过一单位面积的磁力线数，即

$$B=\frac{\Phi}{S} \tag{1-15}$$

磁感应强度是一个矢量，既有大小，又有方向。磁场中某点磁感应强度的方向与该点的磁场方向一致，也就是小磁针在该点静止时 N 极所指的方向。

磁感应强度的单位为 T（特斯拉），$1\text{T}=1\text{Wb/m}^2$，在工程上还经常采用较小的单位：G（高斯），$1\text{T}=10^4\text{G}$。

③ 磁导系数 磁导系数 μ 是表示物质导磁能力的一个物理量，又称为磁导率。磁导率的国际单位是 H/m（亨/米），真空中的磁导系数 $\mu_0=4\pi\times10^{-7}\text{H/m}$ 是一常数。在其他条件均相同的情况下，磁导系数大的物质中磁感应强度大，磁导系数小的物质中磁感应强度小。自然界中的绝大多数物质对磁场强弱的影响都很小，绝大多数物质的磁导系数近似等于真空中的磁导系数 μ_0，只有铁、钴、镍及其合金等 μ 值较大，这类物质称为铁磁性物质。由于此类物质的磁导系数比一般物质的磁导系数大数百倍，因而用此类物质作磁芯的螺旋管在通过电流时，其内部的磁场比空心或用其他物质作磁芯所构成的磁场要强数百倍。

④ 磁场强度 磁场中某点的磁感应强度不仅与产生磁场通电导体的几何形状有关，而且还与磁场中物质的导磁性能（即磁导系数）有关，这使得磁场的计算变得复杂。为方便计算，现引入能描述磁场性质的一个辅助物理量：磁场强度。磁场强度也能描述磁场的强弱和方向，它只决定于磁感应强度 B 与介质的磁导系数 μ 的比值，即

$$H=\frac{B}{\mu} \tag{1-16}$$

若 B 的单位用 T，μ 的单位用 H/m，则磁场强度的单位是 A/m。

图 1-18 所示为一长度为 L（cm），绕有 n 匝线圈的通电螺旋管，其中通电电流为 I（A），该

线圈内部的磁感应强度为

$$B=\mu\frac{nI}{L} \tag{1-17}$$

由磁场强度的定义，有

$$H=\frac{B}{\mu}=\frac{nI}{L} \tag{1-18}$$

由此式可知磁场强度 H 与磁导系数 μ 无关。

磁场强度也是一个矢量，它的方向与磁感应强度的方向一致。

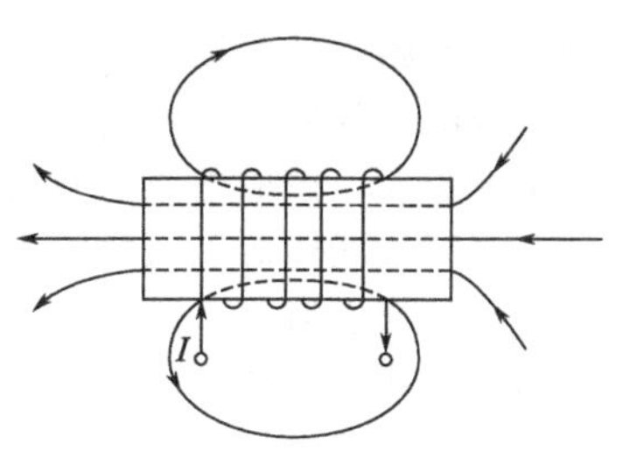

图 1-18　通电螺线管

1.2.3　电磁感应

电流产生磁场，称为电流的磁效应，其相应的逆效应也存在，即运动的磁场产生电流，这称为电磁感应。运动的磁场就是变化的磁场，当导体回路所包围的磁通量发生变化时，回路中将产生感应电动势和感应电流。另外，当导体与磁场之间有相对运动致使导体切割磁力线时，也能使导体产生感应电动势，此时若导体位于一回路中，则回路中就会流过感应电流。上述两种情况，统称为电磁效应。

如图 1-19 所示，一导线在磁场中运动，切割磁力线，产生感应电动势，感应电动势的大小与磁感应强度、导线在磁场中的那部分有效长度，以及导线的运动速度有关，即

$$e=BLv \tag{1-19}$$

式中　B——磁感应强度，T；

L——导体的有效长度，m；

v——导线运动的速度，m/s；

e——感应电动势，V。

感应电流的方向可用右手定则来判定：伸开右手，让拇指与其余四指垂直，在同一平面上使掌心对着磁力线的方向，拇指指向导体运动的方向，则其余四指所指的方向就是感应电流的方向。

著名物理学家楞次在 1833 年通过实验发现如下规律：感应电流亦产生磁场，且感应电流的磁场总是要阻碍产生这个感应电流的磁通量的变化。如果穿过一线圈的原磁通量是增加的，则感应电流所产生的磁场方向和原磁场方向相反，起到削弱原磁通的作用，阻碍原磁通的增加。而如果穿过线圈的磁通减弱，则感应电流所产生的磁场方向和原磁场的方向相同，去阻碍磁场的减弱，这一规律称为楞次定律。楞次定律可以通过图 1-20 所示的实验得到验证。

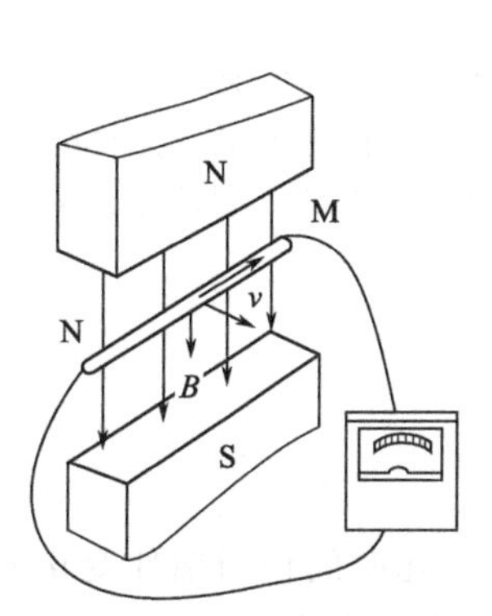

图 1-19　右手定则

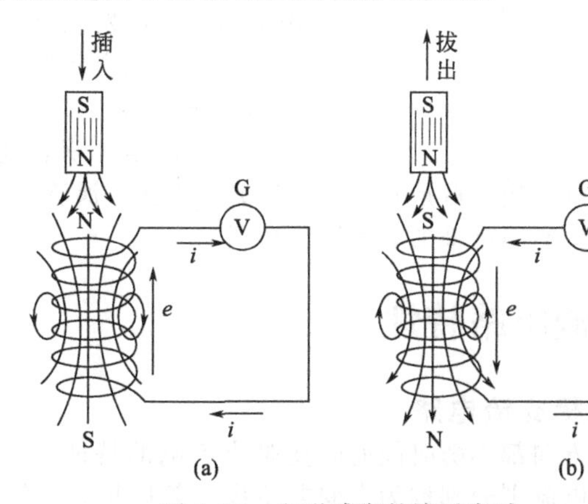

图 1-20　电磁感应的演示实验

如图 1-20 所示，当永久磁铁插入线圈或从线圈中拔出时，接在线圈电路中的检流计指针就会发生偏转，磁铁插入或拔出的速度越快，指针的偏转角度就越大。如果磁铁只放在线圈中不

动，即使磁铁的磁场很强，检流计的指针也不会偏转（检流计中无电流）。这个实验结果表明：只有线圈中的磁场发生变化时，才会在线圈中产生感应电动势和感应电流，磁场变化得越快，感应电流越大，感应电流的方向由楞次定律来确定。

当穿过线圈的磁通量发生变化时，由楞次定律可知线圈中将产生感应电动势，其大小和磁通量变化的快慢有关。磁通量变化越快，感应电动势越大；磁通量变化慢，产生的感应电动势小。磁通量变化的快慢可以用磁通量的改变量 $\Delta\Phi$ 和发生这一变化所需时间 Δt 的比来表示，这一比值称为磁通量的变化率。

单匝线圈中感应电动势的大小与穿过线圈所围的面积的磁通量变化率成正比，这一规律称为电磁感应定律。因这一规律为物理学家法拉第所总结，故称此规律为法拉第电磁感应定律。如果磁通量 Φ 以 Wb 作单位，时间 t 以 s 作单位，感应电动势 e 用 V 作单位，则法拉第电磁感应定律可用数学式表示如下：

$$e=\left|\frac{\Delta\Phi}{\Delta t}\right| \tag{1-20}$$

如果线圈不是单匝而是 n 匝，则

$$e=n\left|\frac{\Delta\Phi}{\Delta t}\right| \tag{1-21}$$

1.2.4　自感、互感、涡流

在电磁感应现象中，有几种感应现象常受到关注，它们是自感、互感和涡流。

① 自感　电流流过线圈，流经线圈的电流发生变化时，会引起线圈产生感生电动势，这种由于线圈自身内部电流的变化而产生的感应现象叫自感现象，所产生的电动势称为自感电动势。

② 互感　两个线圈彼此相距较近，以至于一个线圈的磁力线与另一个线圈的磁力线相交合，其中一个线圈中电流 i 的任何变化，都将引起与第二个线圈相交合的磁通的改变，从而引发在第二个线圈中产生感应电动势 e，其大小正比于第一个线圈中电流的变化速度，这种现象是由于线圈间的相互影响造成的，称为互感现象。互感现象在生产中的应用很广，变压器就是其中之一。

③ 涡流　当磁力线切割整块金属导体时，在金属导体内部也能够产生感应电动势，这一感应电动势在金属块中产生感应电流，如图1-21所示，当线圈中电流由小变大时，线圈内部铁芯中就会产生涡流。

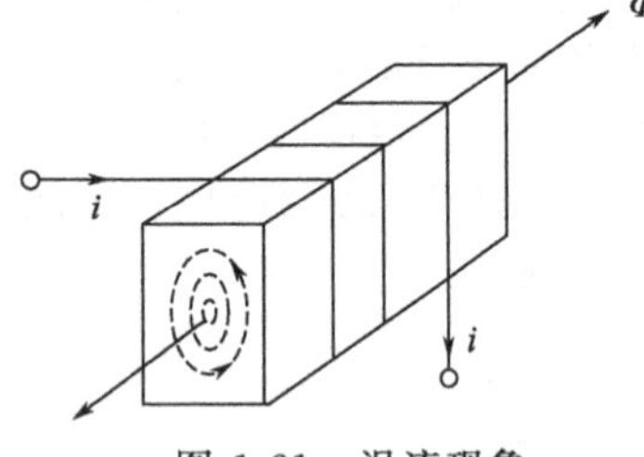

图1-21　涡流现象

变压器的铁芯和电机的铁芯都处于交变磁场之中，因而都会有涡流产生。

由于金属存在电阻，所以在金属中流动的涡流也必然产生电能损失（如发热等），这称为涡流损耗。涡流会产生去磁作用，从而影响变压器和电机的性能。

为减少涡流损耗，工程上通常采用涂有绝缘漆的硅钢片叠成铁芯，以增加涡流电路的电阻，从而减少涡流或涡流损耗。涡流对于电机、变压器是有害的，但另一方面，涡流又是可以利用的，例如，感应电炉就是利用在金属中产生的涡流来加热或熔化金属的。

1.3　交流电路特性

1.3.1　单相交流电路

大小和方向都不随时间而改变是直流电的特征。而大小和方向随时间作周期性变化的电动势、电压和电流则分别称为交变电动势、交变电压和交变电流，简称交流电。

交流电具有很多优点，因而有着极为广泛的应用。交流电机的构造比直流电机简单，成本低廉，工作可靠，便于使用和维修。现代发电厂所发出的电能几乎都是交流的，照明、动力、电热等方面的绝大多数设备也都是采用交流电。交流电作用下的电路称为交流电路。

（1）交流电和正弦交流电

常用的交流电，如发电厂、电力网供给用户的交流电，因其大小和方向是按正弦规律随时间作周期性变化，故称正弦交流电。正弦交流电的波形如图 1-22 所示，正弦交流电完成一次完整的变化（一个循环）所经历的时间叫一个周期，用 T 表示。周期的单位是 s。1s 内所含有的周期数称为交流电的频率，用 f 表示，频率的单位是 Hz（赫兹，简称赫）。周期与频率互为倒数，即 $f=1/T$。

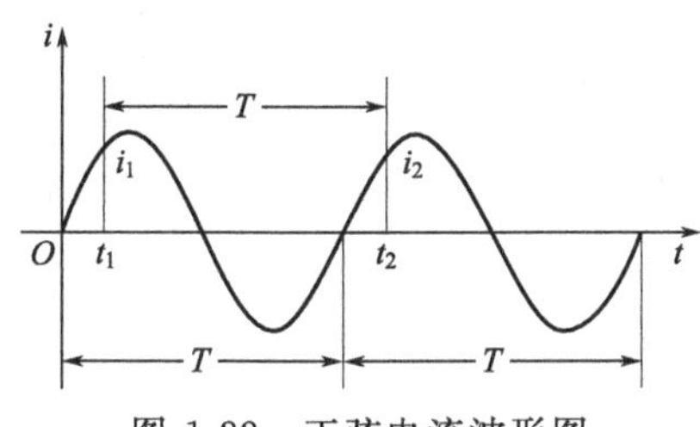

图 1-22　正弦电流波形图

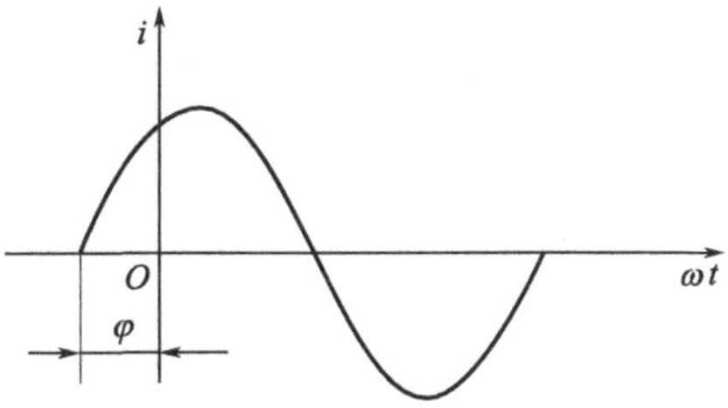

图 1-23　初相位不等于零的正弦波形

中国供电电网所提供的交流电其频率均为 50Hz，这一频率为中国工业用电的标准频率，这一频率的交流电又称为工频交流电。一般交流电动机、照明、电热等设备，都是按照取用 50Hz 的交流电来设计和制造的。

（2）正弦交流电的几个基本物理量

正弦交流电变化一个周期，相当于变化了 2πrad（360°），1s 所变化的角度，称为角频率，记作 ω。

因为
$$\omega T=2\pi$$
所以
$$\omega=2\pi/T=2\pi f \tag{1-22}$$

角频率的单位为 rad/s，工频交流电的角频率 $\omega=314\text{rad/s}$。

正弦交流电的三角函数基本表示式为

$$i=I_{\mathrm{m}}\sin\omega t \tag{1-23}$$
$$u=U_{\mathrm{m}}\sin\omega t \tag{1-24}$$
$$e=E_{\mathrm{m}}\sin\omega t \tag{1-25}$$

分析正弦交流电路时，常需要研究两个以上的同频率的正弦量的关系。而实际中，往往两个同频率的正弦量，它们的变化步调可能很不一致，可能不是同时刻到达零值或最大值。为弄清这一问题，现引入相位、初相位和相位差的概念。

以电流表示式为例，在计时开始瞬间，$t=0$，$\omega t=0$，$i=0$。式（1-23）仅仅表示出正弦量初始值为 0 的特定情况，事实上，正弦量在 $t=0$ 时的初始值不一定为 0，见图 1-23 所示，这一瞬间正弦量的瞬时值应为 $i_0=I_{\mathrm{m}}\sin\varphi$。

经过时间 t，角度又增加了一个 ωt 的值，相应的正弦量瞬时值为

$$i=I_{\mathrm{m}}\sin(\omega t+\varphi) \tag{1-26}$$

此式即为正弦交流量的三角函数表示式的一般形式。式中，$\omega t+\varphi$ 是一个电角度，它随时间 t 而变化，对应于一个确定的时间 t，就有一个确定的电角度（$\omega t+\varphi$），也就有一个确定的正弦量的瞬时值。所以，$\omega t+\varphi$ 是表示交流电变化进程的一个量，称为相位。相位大小表明正弦量在变化过程中所达到的状态，不同的相位对应着不同的正弦量瞬时值，相位能确定正弦量瞬时值的大小及其方向。计时开始时，即 $t=0$ 时的相位 φ 为初相位，简称初相。

正弦交流电的特点是每时每刻都在变化，在某一瞬间的数值称为瞬时值，通常用小写字母 i、u、e 分别表示交流电路中电流、电压和电势的瞬时值。在一个周期中所出现的最大瞬时值称为最大值，也叫峰值或振幅。电流、电压和电势的峰值可分别用 I_{m}、U_{m}、E_{m} 来表示。

式（1-26）中 I_{m} 为电流的最大值（或峰值），ω 为交流电的角频率，φ 为交流电的初相位，此三者构成正弦交流电的三要素。

两个同频率的正弦量的初相角之差叫作相差。如有两个同频率的正弦量：

$$u=U_m\sin(\omega t+\varphi_1) \quad (1\text{-}27)$$

$$i=I_m\sin(\omega t+\varphi_2) \quad (1\text{-}28)$$

则它们两者之间的相位差为 $\varphi=\varphi_1-\varphi_2$。

交流电和直流电一样，通过电路时都可以做功。显然，交流电的瞬时值和最大值都不能客观地反映交流电的做功。为衡量交流电的实际做功能力，现引入交流电有效值的概念。交流电的有效值这样规定：在两个同样的电阻内，分别通以正弦交流电流 i 和直流电流 I，如果在相同的时间内，它们产生的热量相等，就称这个交流电流 i 和直流电流 I 是等效的，此时的直流电流 I 就作为交流电流的有效值。即交流电的有效值，在数值上等于与它的热效应相等的直流电的数值。有效值用 I、U、E 来表示，一般电气设备、电工仪表上标的交流电压和交流电流的值都是有效值。有效值为最大值的70.7%，其具体的数学式为

$$I=\frac{I_m}{\sqrt{2}} \quad (1\text{-}29)$$

$$U=\frac{U_m}{\sqrt{2}} \quad (1\text{-}30)$$

$$E=\frac{E_m}{\sqrt{2}} \quad (1\text{-}31)$$

正弦交流电在一个周期内的平均值为零，通常所说的正弦量的平均值是指电压或电流在半个周期内所有瞬时值的平均数，平均值为最大值的63.7%。

工程上一般所说的交流电流、电压的大小，如无特别说明，均指有效值。设备和器件上标明的额定电压、额定电流也是有效值。但在计算电路中各元件耐压值和绝缘的可靠性时，应当按高于交流电压的最大值来选择。如电冰箱在电路中使用的电源是交流220V，其最大值为 $U_m=\sqrt{2}\times220=1.414\times220\approx311\text{V}$，因此电容器的耐压值至少应大于电源电压的最大值 U_m，再加一定的余量，所以选用耐压400V或500V的电容器。

【例 1-4】 有一只灯泡，其额定值为220V，100W。今将它接到 $u_1=220\sqrt{2}\sin\omega t$（V）的电源上。

问：①它消耗的功率是多少瓦？

② 如果将它接到 $u_2=110\sqrt{2}\sin\omega t$（V）电源上，则它消耗的功率是多少瓦？

解 当将灯泡接到 $u_1=220\sqrt{2}\sin\omega t$（V）时，电源的有效值为

$$U_1=\frac{U_m}{\sqrt{2}}=\frac{220\sqrt{2}}{\sqrt{2}}=220\ (\text{V})$$

所以，灯泡在额定功率下工作时，其消耗的功率为100W。

而将灯泡接到 $u_2=110\sqrt{2}\sin\omega t$（V）时，电源的有效值为

$$U_2=\frac{U_m}{\sqrt{2}}=\frac{110\sqrt{2}}{\sqrt{2}}=110\ (\text{V})$$

根据额定值的概念，灯泡接到220V时的功率为100W，故该只灯泡的电阻值为

$$R=U_1^2/P=220^2/100=484\ (\Omega)$$

该灯泡接到 $u_2=110\sqrt{2}\sin\omega t$（V）电源时，其电流有效值为

$$I_2=U_2/R=110/484=0.23\ (\text{A})$$

$$P_2=I_2U_2=0.23\times110=25\ (\text{W}) \quad (P_2=U_2^2/R=110^2/484=25\text{W})$$

1.3.2 几种简单参数的交流电路

(1) 纯电阻电路

在交流电路中，凡是电阻起主导作用的各种负载（如白炽灯、电阻炉及电烙铁等）都称为电

阻元件，仅由电阻元件组成的电路都叫纯电阻电路。

电阻元件在交流电路中的作用与在直流电路中的作用相同，只影响电流的大小，不改变交流电的相位。

在交流电通过纯电阻电路时，电阻和电压有效值之间的关系符合欧姆定律，即 $I=U/R$。

式中，I、U、R 代表电流的有效值、电压的有效值和电阻值。当交流电通过电阻时，电阻从电源吸取电能，把它转换成热能。

交流电通过电阻时的平均功率为

$P=UI=I^2R=U^2/R$，平均功率的单位是 W（瓦特）。

交流电通过电阻时，如电压为零，电流也为零；电压逐渐增大，电流也随之逐渐增大；电压达到正或负的最大值时，电流亦同时到达正的或负的最大值。电压和电流的这种关系，称为电压和电流同相位，这种关系可以用图 1-24 来表示，其相量图表示见图 1-25。

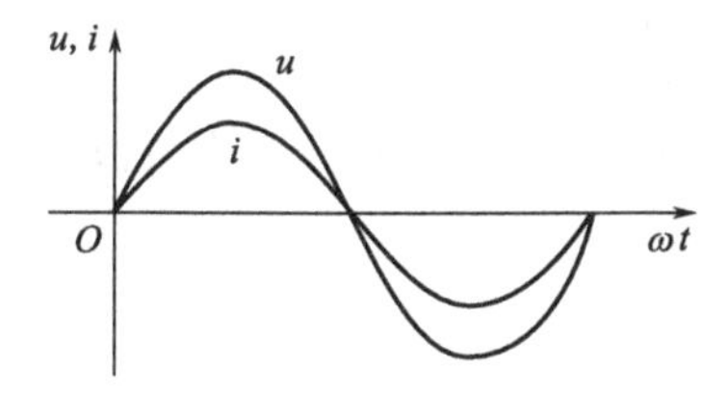

图 1-24　纯电阻电路中电压与电流波形

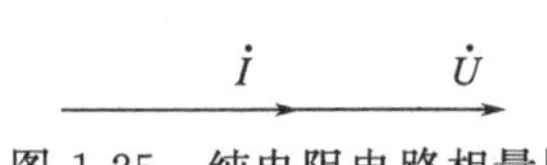

图 1-25　纯电阻电路相量图

（2）纯电感电路

将电感接入交流电路中，由于交流电的大小和方向都在不停地变化着，因感应作用，在电感线圈中便产生出自感电动势。由自感现象的分析可知，自感电动势时刻起着阻碍电流变化的作用。这种对交流电的阻碍作用叫作感抗（X_L），感抗 X_L 值的大小体现了电感对交流电的阻碍作用的大小。

电感的感抗值可通过下式计算：

$$X_L=2\pi fL \tag{1-32}$$

式中，L 称为电感的自感系数，f 为交流电的频率。由此式知：感抗的大小与通过它的电流频率成正比。在直流电路中，由于电流不变化（$f=0$），感抗为零。线圈的自感系数越大，感抗也越大。

自感系数 L 的单位是 H，频率的单位是 Hz，感抗 X_L 的单位是 Ω。

一个不带铁芯且可以忽略其电阻值的线圈与交流电源组成的电路称为纯电感电路，如图 1-26 所示。与电阻电路相类似，在纯电感电路中，电流的有效值、电压有效值与感抗之间的关系同样遵循欧姆定律，即 $I=U/X_L=U/(2\pi fL)$。

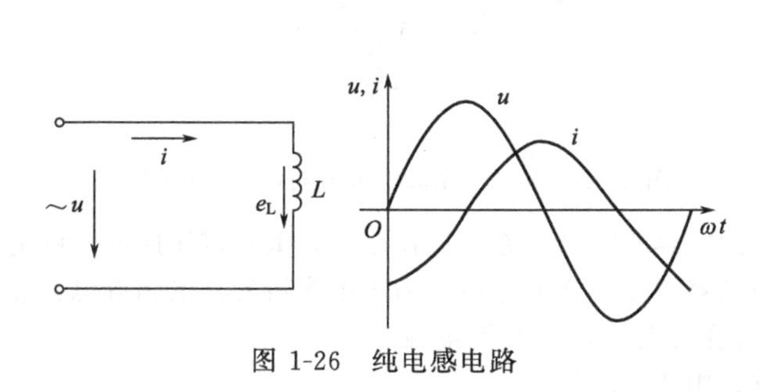

图 1-26　纯电感电路

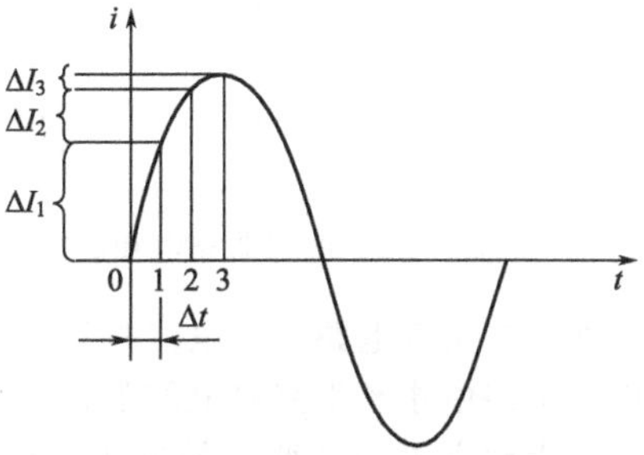

图 1-27　电感交流电路波形

在纯电感电路中，电流强度大小与电压大小成正比，与交流电的频率、线圈的自感系数成反比。由电磁感应原理可知：当通过电感线圈的电流发生改变时，线圈中会产生自感电动势 e_L，自感电动势的大小取决于线圈中电流对时间的变化率和线圈的自感量。在正弦交流电路中，电流每时每刻都在变化，因而电感线圈中始终有自感电动势在作用。正弦电流在一个周期的变化过程中，其变化率并非恒定不变，时刻在变化，变化情况如图1-27所示。

把电流周期的一半划分成许多细小的、相等的时间段Δt，可以看出：在各个时间段Δt内电流的变化量ΔI是不等的，越接近零值，ΔI越大；相反，越接近最大值时，ΔI越小。电流的零值对应着自感电动势的最大值，电流的最大值对应着自感电动势的零值。由于自感电动势总是对抗电流的变化，所以电流从零值向最大值增长阶段，自感电动势与电流方向相反；在电流从最大值向零值减小阶段，自感电动势与电流方向相同。

自感电动势形成对正弦电流的特殊阻力。由基尔霍夫电压定律可知$e_L=-u$，即外加电压u在每一瞬间都要与自感电动势e_L大小相等，方向相反。由于自感电动势的存在，在电感线圈上，电压与电流的变化步调不一致，电压出现正方向最大值比电流出现最大值要超前90°，也就是说，电压在相位上超前电流90°，或电流在相位上滞后电压90°，它们之间有90°的相位差，即$\varphi_u-\varphi_i=90°$（参见图1-26），相量表示见图1-28。

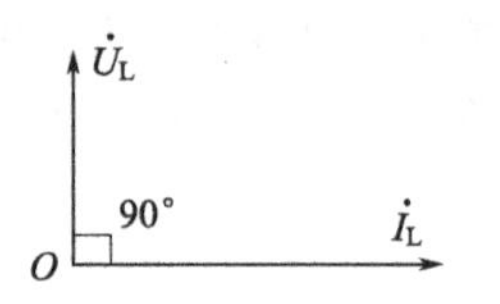

图1-28　纯电感电路相量图

在电感线圈上，电流的有效值与电压的有效值之间的关系为

$$I=U/X_L \tag{1-33}$$

此式称为纯电感交流电路的欧姆定律。

(3) 纯电容电路

电容器是一种能够储存电荷的容器，它由两块导体作极板，中间隔以绝缘物质（如云母、空气、绝缘纸等）而构成，电容器通常起调谐、耦合、滤波、隔直流的作用。在电容器的两端施加电压U，电容器的极板上便积累电荷Q，即$Q=CU$，或$C=Q/U$。式中，C称为电容器的电容值，U为电容器两端外加的电压值，电容电荷量Q与电源U成正比。

如在电容器两端施加正弦交变电压u，如图1-29所示。由于u的大小随时间变化，极板上的电荷q也将随电压作对应的变化，电压u的变化将导致电容器的充电和放电。正弦电压u从零值向最大值增加时，电容器充电，充电电流i与电压u方向相同，正弦交流电压从最大值向零值减小时，电容器放电，放电电流i与电压u方向相反。充电电流和放电电流的大小为

$$i=\Delta q/\Delta t=C\cdot\Delta u/\Delta t \tag{1-34}$$

由此式可见，电流与电压的变化率（$\Delta u/\Delta t$）成正比，电压的零值对应着电流的最大值，电压的最大值则对应着电流的零值。具体波形图参见图1-30所示。由图可见，电流在相位上超前电压90°。纯电容电路中电压与电流的相量关系如图1-31。

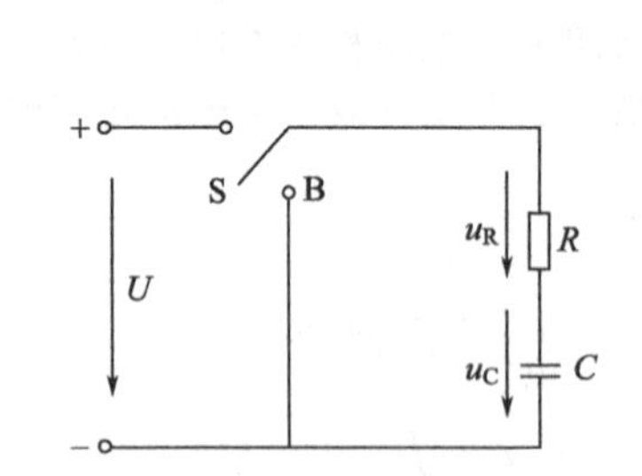

图1-29　电容器充电和放电电路

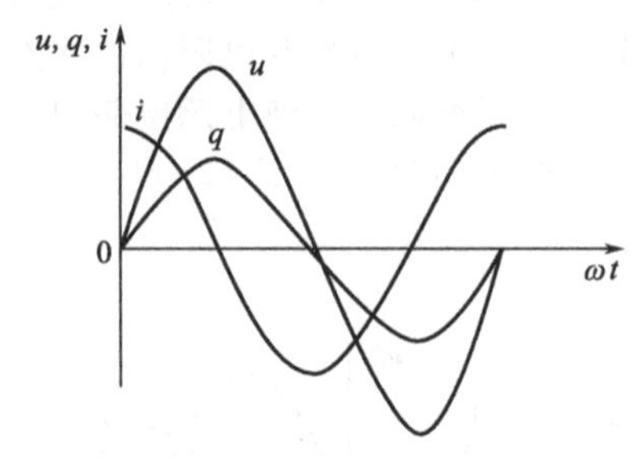

图1-30　电容器充放电电流与电压波形图

在电容交流电路中，电流并不是真的通过电容器，只是在电压作用下，电容器作周期性的充放电，电路中才产生充放电的正弦电流。当电容器接上交流电后，由于电容器的充电和放电，在电容器上建立了一个变化的电压，这个变化着的电压，对交流电流同样具有抵抗作用，这个抵抗作用称为容抗，用X_C表示。

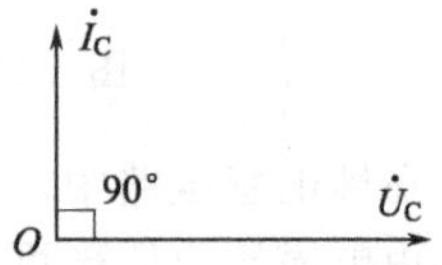

容抗的大小和电容量成反比，原因在于电容量越大，能够容纳的电荷越多，因而充放电电流越大，电路上通过的电流也就越大，意味着电容器的容抗越小。容抗大小还与电源频率f成反比，原因

$\dot{I}_C$　90°　$\dot{U}_C$　O

图1-31　纯电容电路相量图

是频率高时，电容器充电、放电次数增多，每秒钟时间内电荷的移动就增多，电流加大，所以，频率越高，容抗越小。容抗的计算公式为

$$X_C=1/(2\pi fC)$$

在纯电容电路中，电流、电压、容抗三者之间的关系符合欧姆定律，即

$$I=U/X_C=U/[1/(2\pi fC)]=2\pi fCU$$

从式中可看出，电容器在电路中具有通交流、隔直流、通高频、阻低频的作用。

(4) R、L、C 串并联电路

① R-L 串联电路　实际应用中，多数电器都是同时含有电阻和电感或电容，如日光灯、电动机等，这同前几节中所讨论的简单电路有一些差异。下面仅对电阻和电感串联电路及电感、电容并联电路进行研究。

如图 1-32 所示电路为一电阻、电感串联接在交流电源上的电路，图中流过电路的电流为 $i=I_m\sin\omega t$，电流 i 流过电阻时所产生的电阻电压降 u_R 与电流同相位，流过电感 L 时产生电感压降 u_L，它在相位上超前电流 90°。电阻上的压降 u_R 和电感上的压降 u_L 分别用下式表示：

$$u_R=U_m\sin\omega t$$

$$u_L=U_m\sin(\omega t+90°)$$

为分析与计算电阻与电感串联的交流电路，通常把电流、电阻压降与电感压降的有效值和它们的相位概念用矢量图表示出来，如图 1-33 所示。

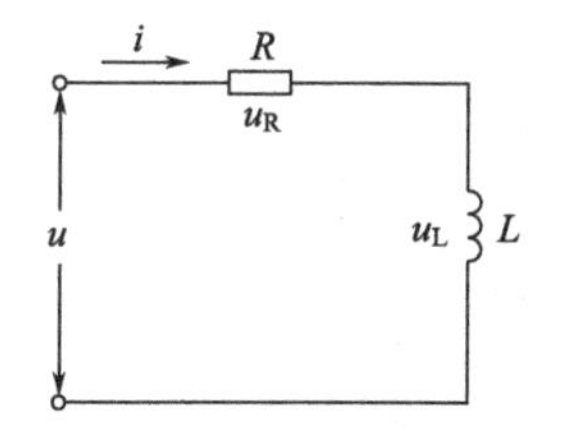

图 1-32　电阻、电感交流串联电路

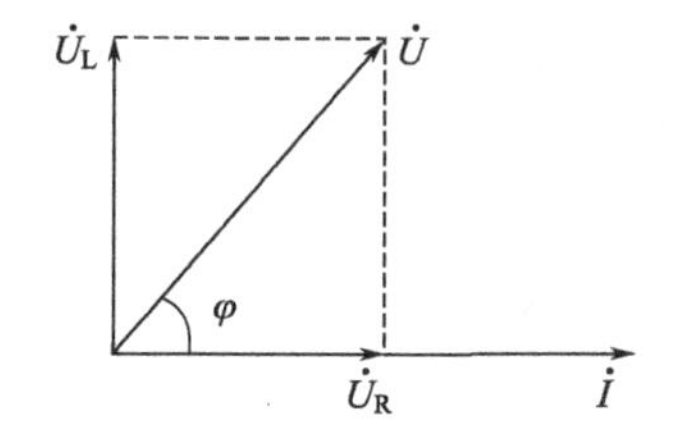

图 1-33　电阻压降、电感压降矢量图

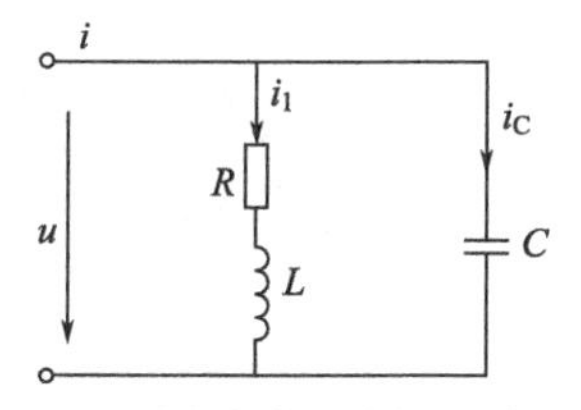

图 1-34　并联谐振电路

外加电压的有效值 U 可以用 $\dot{U}_R$、$\dot{U}_L$ 的矢量和求得。由物理学中的合力的计算方法可知，U_R 和 U_L 的矢量和的求法，是以 U_R、U_L 分别作为一个平行四边形的两条边，其对角线就是 U_R 与 U_L 的矢量和，它等于外加电压 U。由矢量图知，U_R、U_L 和 U 组成一个直角三角形，称为电压三角形，根据勾股定理，则有

$$U^2=U_R^2+U_L^2$$

$\dot{U}$ 与 $\dot{I}$ 的夹角 φ，即为电压与电流之间的相位差，其具体值按下式计算：

$$\varphi=\arctan\frac{\dot{U}_L}{\dot{U}_R} \tag{1-35}$$

由于 $U_R=IR$，$U_L=IX_L$，所以

$$U=\sqrt{U_R^2+U_L^2}=\sqrt{(IR)^2+(IX_L)^2}=I\sqrt{R^2+X_L^2} \tag{1-36}$$

$$I=\frac{U}{\sqrt{R^2+X_L^2}}=\frac{U}{Z} \tag{1-37}$$

式中

$$\sqrt{R^2+X_L^2}=Z$$

Z 称为电阻与电感串联电路的阻抗，单位是 Ω，于是有

$$I=U/Z \tag{1-38}$$

此式称为 R-L 串联交流电路的欧姆定律。

② L-C 并联电路　图 1-34 所示为一电子线路中常见的由线圈与电容器组成的并联谐振电路。在同一电压作用下，如忽略线圈上的电阻，线圈上的电流 i_L 和电容上的电流 i_C 的相位正好相反，如果两者的阻抗相等，即 $\omega L=1/(\omega C)$，此情况下，L-C 回路中的电流一会儿流向电容，一

会儿又流向电感，呈现出磁场能和电场能不断的相互转化，形成通常所说的并联谐振。在忽略电感线圈电阻的情况下，谐振频率为

$$f_0=\frac{1}{2\pi\sqrt{LC}} \tag{1-39}$$

1.3.3 三相交流电路

前面介绍的交流电路都只限于单相交流电路。现实生活中，三相交流电路在生产中的应用最为广泛，发电厂发电和输电一般都采用三相制，工厂和农村的动力设备大多使用三相交流电。所谓三相交流电，是由三个频率相同、最大值相等、在相位上互差120°的单相正弦交流电动势组成的电源，这三相交流电各相的电压瞬时表示式为

$$u_U=U_m\sin\omega t \tag{1-40}$$

$$u_V=U_m\sin(\omega t-120°) \tag{1-41}$$

$$u_W=U_m\sin(\omega t-240°) \tag{1-42}$$

三相交流电的波形及矢量图见图1-35和图1-36所示。这种最大值相等，频率相同，相位相差120°的三相电势，称为对称三相电势。同样，最大值相等，频率相同，相位相差120°的三相电压，称为对称三相电压。产生对称三相电势或电压的电源，叫作对称三相电源。

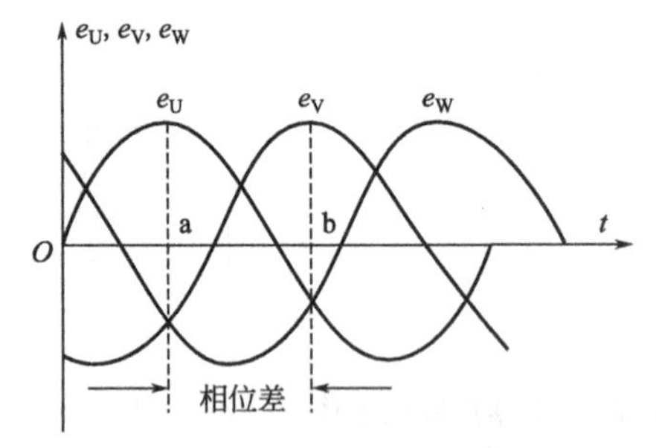

图1-35 三相交流电波形图

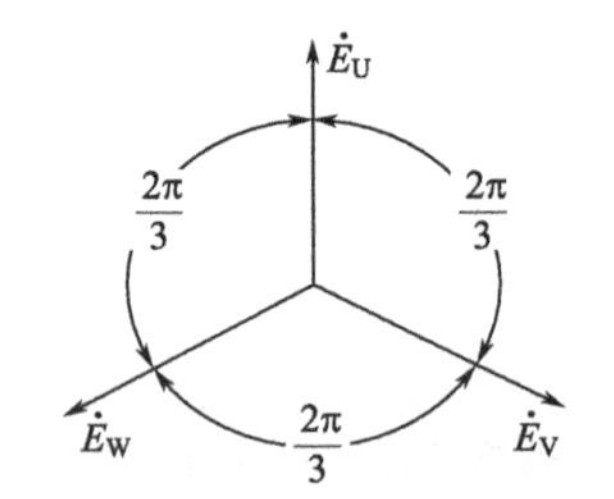

图1-36 三相交流电矢量图

三相电动势达到最大值（或零值）的先后次序叫作三相交流电的相序，由图1-35所示波形可知，三相电动势的相序是U→V→W→U，在工程上，通常用黄、绿、红三色来分别表示U相、V相和W相。按U→V→W→U的次序循环下去的称为顺相序，而按U→W→V的次序循环下去的称为逆相序。

三相发电机的构造与单相发电机基本相同，在电枢上绕有三套独立的完全相同的线圈（或叫绕组），它们在空间位置上互差120°，分别称为U相、V相、W相，如图1-37所示。在实际中，三相电源线分别被涂成黄色、绿色和红色。

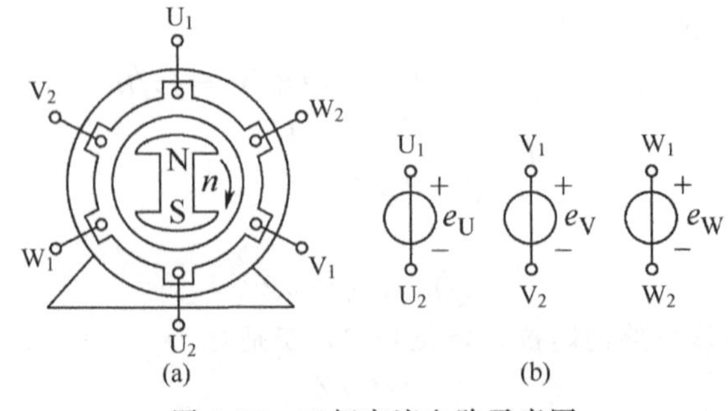

图1-37 三相交流电路示意图

三个电动势的瞬时值表达式分别为

$$e_U=E_m\sin\omega t$$

$$e_V = E_m \sin(\omega t - 120°)$$
$$e_W = E_m \sin(\omega t - 240°)$$

三相电源在接线方法上，分为 Y（星）形和△（三角）形两种。

【例 1-5】 已知某电源电动势 $e=311\sin(314t+30°)$V，试求电动势的最大值、频率、周期、初相位。

解 根据电动势表达式知，电动势最大值 $E_m=311$V

因 $\omega=314$rad/s，则 $f=\omega/(2\pi)=314/(2\times3.14)=50$ (Hz)

$$T=1/f=1/50=0.02 \text{ (s)}$$

初相位为 30°。

(1) 三相交流电路中电源的连接

① 三相电源的星（Y）形连接 如图 1-38 所示，将发电机三相绕组的尾端连接成一点 N，从首端引出三条相线，就是三相绕组的 Y 形连接。

从供电电源引出三根端线，又称火线（相线），由结点 N 引出一根线，叫作中性线（简称中线），结点 N 叫作中性点（简称中点）。如果 N 点接地，则 N 点就叫作零点，中线又称零线。这样，从配电变压器引出的四根线，构成了三相四线制供电系统。三相四线制一般用于低压系统，当电路为对称负载时，可以不接中线，即构成三相三线制（一般多为大于 10kV 高压系统）。

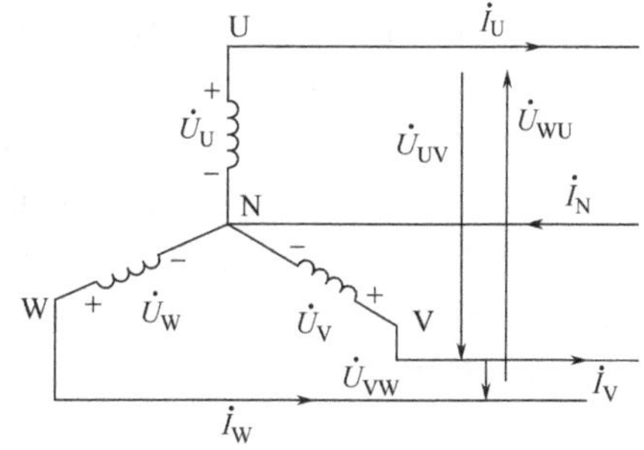

图 1-38 三相电源的星形连接

三相交流电中各相绕组首端和尾端之间的电压称为电源相电压，用 U_U、U_V、U_W 表示相电压有效值。在三相四线制中，星形连接的相电压也就是相应的端线和中线之间的电压。任意两根端线之间的电压称为线电压，用 U_{UV}、U_{VW}、U_{WU} 表示线电压的有效值。

在电路对称的情况下，线电压和相电压存在如下关系：

$$U_U=U_V=U_W=U_p \tag{1-43}$$
$$U_{UV}=U_{VW}=U_{WU}=U_l \tag{1-44}$$
$$U_{UV}=\sqrt{3}U_U \tag{1-45}$$
$$U_{VW}=\sqrt{3}U_V \tag{1-46}$$
$$U_{WU}=\sqrt{3}U_W \tag{1-47}$$
$$U_l=\sqrt{3}U_p \tag{1-48}$$

其中，U_p 为相电压，U_l 为线电压。线电压 U_l 是相电压 U_p 的$\sqrt{3}$倍，且线电压的瞬时值超前于相电压 30°。流过电源每相绕组或负载的电流叫作相电流，流过端线的电流叫作线电流。由图中可见，Y 形连接时，线电流和相电流相同，即 $I_l=I_p$。

在低压供电系统中，最常用的是三相四线制系统，它可同时提供 380V 和 220V 交流电源。通常工农业生产中普遍使用的三相感应电动机是三相 380V，而照明灯、手持电动工具为单相 220V。

② 三相电源的三角（△）形连接 电源的三相绕组的另一种接法是△形连接。将每相绕组的尾端与另一相绕组的首端依次相接，构成一个闭合回路，并从三个连接点各引出一根导线，即端线（火线），就构成三相电源的三角形联接，如图 1-39 所示。

一般发电机的三相绕组都是对称的。在△形连接中，线电压和相电压在数值上是相等的，即

$$U_{UV}=U_U，U_{VW}=U_V，U_{WU}=U_W，U_l=U_p$$

线电流和相电流在负载对称情况下的关系为

$$I_l=\sqrt{3}I_p \tag{1-49}$$

式中，I_l 为线电流，I_p 为相电流。

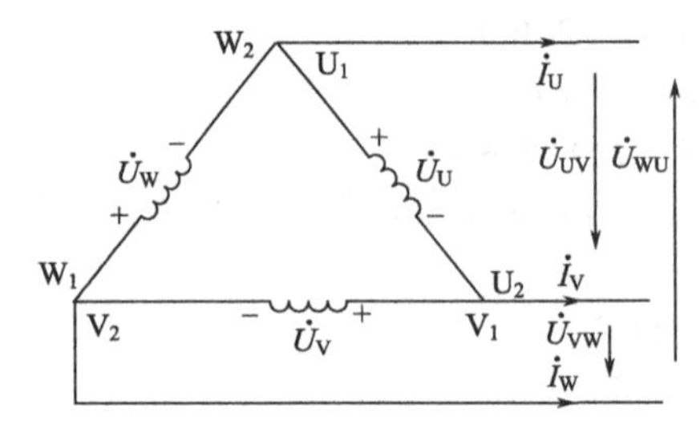

图 1-39　三相电源的三角形连接

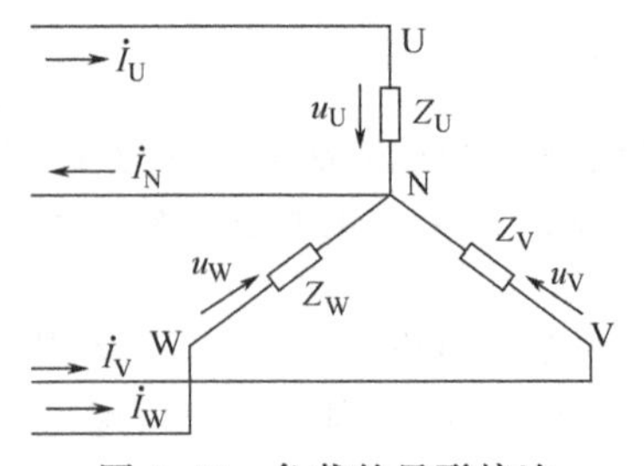

图 1-40　负载的星形接法

（2）三相交流电路中负载的连接　三相交流电路中负载的连接方式也有星（Y）形和三角（△）形接法两种。

① 三相负载星形连接　图 1-40 为负载的三相四线制星形接法。若负载是对称的，各相电流值相等，相位相差 120°，这时中线中的电流等于零。三相电动机就是这种负载。

由于在三相对称负载中，中线中的电流为零，故可将中线去掉，改为三相三线制接法。

但在负载不对称的情况下，则不能采用这种接法。因负载不对称时，各相负载中电流不相等，中线中的电流不为零，必须采用中线。中线能保证三相负载成为三个互不影响的回路。

在负载不对称情况下采用星形连接时，不允许中线断开，也绝对不允许在中线上加保险丝，而且要用机械强度较大的钢线来做中线，以免它自行断开造成事故。

三相负载星形连接时，线电压 U_l 是相电压 U_p 的$\sqrt{3}$倍，线电流和相电流相同，即 $U_l=\sqrt{3}U_p$，$I_l=I_p$。

② 三相负载的三角形连接　将负载接在电源的两端线之间，这种连接方法叫作三角形连接方法，如图 1-41 所示。在这种连接中，各相负载上的电压是由电源的线电压维持的，负载上的相电压 U_p 等于电源线电压 U_l，即 $U_l=U_p$。负载的相电流 I_l 和线电流 I_p 的关系为

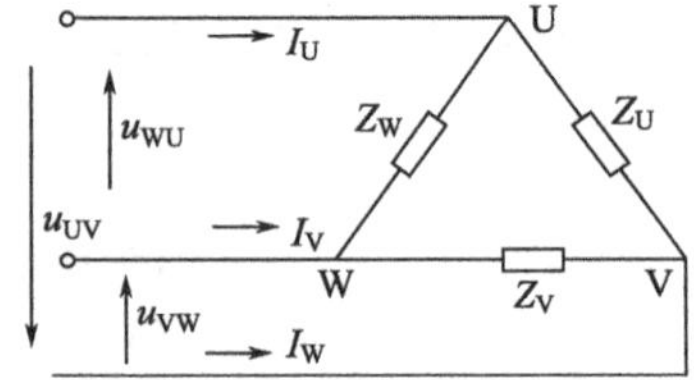

图 1-41　负载的三角形连接

$$I_l=\sqrt{3}I_p \qquad (1\text{-}50)$$

三相负载接到三相电源中，采用星形连接还是采用三角形连接，应根据三相电源的线电压和负载的额定电压的具体情况来确定。

如三相负载的额定相电压等于电源线电压，则该三相负载应接成三角形，若负载的额定相电压等于电源线电压的$\frac{1}{\sqrt{3}}$时，该三相负载应接成星形。例如，三相电动机的铭牌上所标明的额定电压为 220V，当对称三相电源的线电压为 380V 时，此电动机应接成星形。

（3）三相电功率　在正弦交流电路中，通常将电压与电流有效值的乘积称为视在功率，用大写字母 S 表示，即

$$S=UI \qquad (1\text{-}51)$$

视在功率表示电气设备的额定容量，说明了电气设备能发出的最大能量。视在功率不表示负载的实际能量消耗。

交流电路中负载实际能量消耗用有功功率 P 表示，有功功率的计算公式为

$$P=UI\cos\varphi \qquad (1\text{-}52)$$

由计算公式可知，有功功率 P 不仅与电压和电流的有效值有关，还与电压和电流的相位差有关，工程上 $\cos\varphi$ 称为功率因数，φ 为功率因数角。

交流电路中，除有电阻负载外，还存在感性负载和容性负载。在由 R、L、C 组成的正弦交流电路中，储能元件 L 和 C 与电源之间能量交换的规模可用无功功率 Q 表示，无功功率可由下式计算得出：

$$Q=UI\sin\varphi \qquad (1\text{-}53)$$

上式表明，正弦交流电路中总的无功功率不仅与电压、电流有关，也与它们之间相位差 φ 的正弦成正比。

对于三相对称负载，不论负载是接成星形还是接成三角形，计算功率的公式都是一样的，即视在功率：

$$S=\sqrt{3}UI \tag{1-54}$$

有功功率：

$$P=\sqrt{3}UI\cos\varphi \tag{1-55}$$

无功功率：

$$Q=\sqrt{3}UI\sin\varphi \tag{1-56}$$

式中，U 为电源线电压的有效值；I 为电源线电流的有效值；φ 为每相的电压与电流的相位差。

三相电路的有功功率等于各相有功功率之和，即

$$P=P_U+P_V+P_W=U_UI_U\cos\varphi_U+U_VI_V\cos\varphi_V+U_WI_W\cos\varphi_W$$

当三相负载对称时，由于每一相的电压和电流都相等，阻抗角 φ 也相等，所以各相的功率因数也相同，因此三相电路的功率等于 3 倍的单相功率，即

$$P=3U_pI_p\cos\varphi_p$$

式中 P——三相功率；

U_p——负载的相电压；

I_p——负载的相电流；

$\cos\varphi_p$——每相负载的功率因数。

一般情况下，相电压和相电流不容易测量。也可以通过线电压和线电流计算功率，即

$$P=\sqrt{3}U_lI_l\cos\varphi_p$$

式中 P——三相功率；

U_l——负载的线电压；

I_l——负载的线电流；

$\cos\varphi_p$——每相负载的功率因数。

其中，φ_p 仍然是相电压和相电流的相位差，它只取决于负载的性质，而与负载的连接方法无关。

本章小结

① 电路由电源、负载、控制设备及连接导线几部分构成，电路中的电阻、电流、电压三者间满足欧姆定律和基尔霍夫定律。基尔霍夫定律有电流定律和电压定律，电流定律应用于节点，电压定律应用于回路。

② 电流产生磁场，这称为电流的磁效应。变化的磁场产生感应电势，这称为电磁感应。在电磁感应现象中，自感、互感和涡流三种感应现象常受到关注。

③ 方向保持不变的电流叫作直流电流，大小和方向按正弦规律随时间作周期性变化的称为正弦交流电。正弦交流电的峰值、角频率和初相位构成正弦交流电的三要素。通常所说的正弦量的平均值是指电压或电流在半个周期内的平均数，平均值是最大峰值的 63.7%，交流电的有效值在数值上等于与它的热效应相等的直流电的数值，交流电的有效值为峰值的 70.7%。

④ 电阻元件在交流电路中只影响交流电流的大小，不改变交流电的相位。电感元件在交流电路中，由于自感现象产生自感电动势而形成对正弦电流的特殊阻力，使得电流在相位上滞后电压 90°电角度。电容元件的充放电在电容元件上形成了一个对交流电流有阻碍作用的、变化着的电压，该电压在相位上滞后电流 90°电角度。电容元件具有通交流、隔直流、通高频、阻低频的特性。

⑤ 三个频率相同、最大值相等而相位相差 120°电角度的单相交流电动势组成的电路称为三相交流电路。三相交流电路中电源有星形（Y）和三角形（△）两种连接方法，采用星形接法

时，线电压是相电压的1.732倍，采用三角形接法时，线电压和相电压相同。三相交流电路中的负载亦有星形和三角形两种连接方法，采用星形连接时，各相负载的电压为电源的相电压，而采用三角形连接时，各相负载上的电压是由电源的线电压维持的，负载上的电压等于电源的线电压。

习 题 1

1-1 图1-42中的各图都表示处于通路状态下负载 $R=5\Omega$。图中标出的方向都是参考正方向。试写出未知各量的值（注意正负号）；并标出a、b两端的实际极性（电位较高者标“+”极，电位较低者标“−”极）。

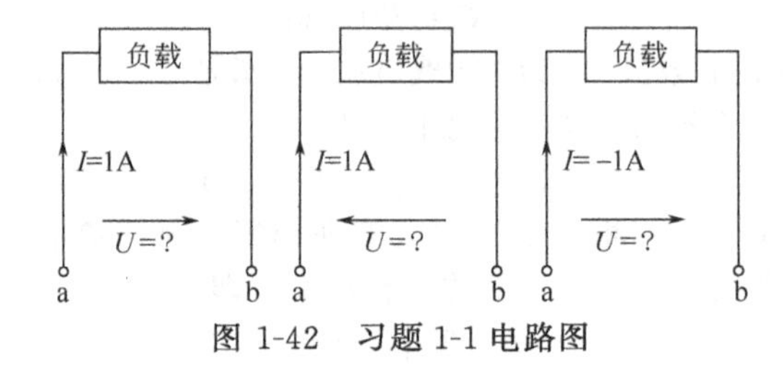

图1-42 习题1-1电路图

1-2 求图1-43中所示的各元件的端电压和通过的电流。

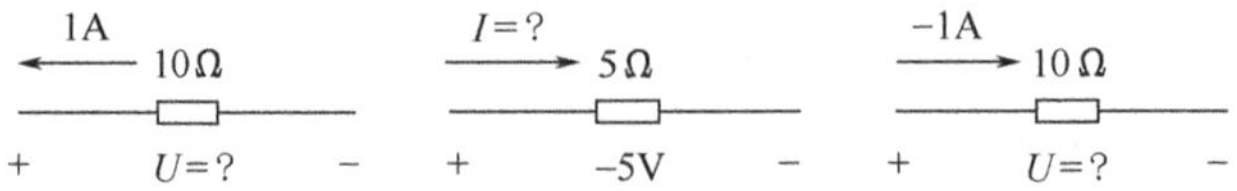

1A 10Ω + U=? − I=? 5Ω + −5V − −1A 10Ω + U=? −

图1-43 习题1-2电路图

1-3 在图1-44中，已知 $E=3V$，$r_0=1\Omega$，$r_L=1\Omega$，$R=7\Omega$，求 I、U、U_1、线路压降、$P_{负载}$及电源在线路上的损耗（注：$r_L=1\Omega$ 表示线路电阻）。

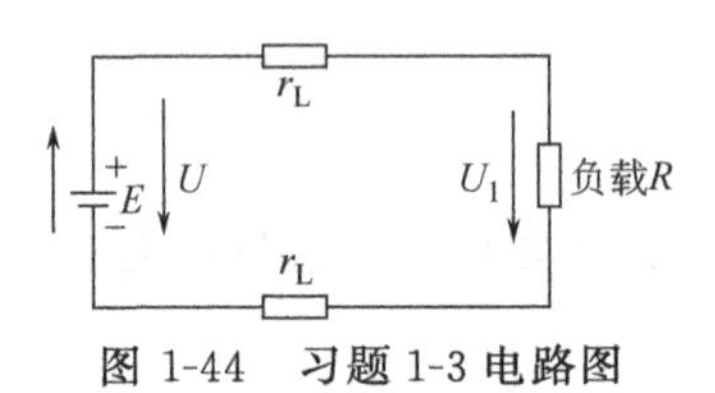

图1-44 习题1-3电路图

1-4 已知正弦电流 i 的幅值为 $I_m=10A$，频率=50Hz，初相位 $\varphi_0=-45°$，求：

① 此电流的周期和角频率；

② 写出此电流 i 的三角函数表达式，并画出波形图。

1-5 已知电流 $i_1=14.142\sin(314t+30°)$ A，$i_2=10\sin(314t-45°)$ A，画出这两个电流的波形图，并比较它们的相位。

1-6 某工厂由一台180kV·A的变压器供电，若用电线路的功率因数 $\cos\varphi=0.8$，问它能提供多少有功功率？

1-7 某三十层大楼由三相四线制电压供电，线电压为 $U_1=380V$，大楼每层安装220V、100W白炽灯400只，现要求计算：

① 某层楼全部电灯接入时，该楼层各相线及中线的电流；

② 某层楼部分电灯接入时（A相接300只，B相接200只，C相接100只），该楼层各相的线电流。

2　电子技术基础

学习目标：

- 了解二极管、三极管等电子元件及应用；
- 了解整流电路、滤波电路的基本组成；
- 了解交、直流放大电路和稳压电路的组成与作用；
- 了解集成电路概念，了解基本逻辑电路及其应用，了解模/数转换与数/模转换的概念。

2.1　基本电子元件

2.1.1　半导体二极管的特性

导电能力介于导体和绝缘体之间的物质称为半导体，如硅、锗、硒等大多数金属氧化物和硫化物都是半导体。半导体的导电原理与金属或导电液导电原理是一样的，都是由物体内带电粒子的移动形成的。导线中的自由电子、导电液体中的正离子和负离子都是带电粒子，平时它们作不规则的热运动，并不能形成电流，当加上外电场时，带电粒子受到电场力的作用作定向运动，形成电流。纯净半导体的导电能力较差，绝缘性能也不强，既不宜作导电材料，也不适于作绝缘材料。如在纯净半导体中掺进微量的某种杂质，则对其导电性能的影响极大，甚至可使其导电能力增加几十万倍以上，现代半导体技术发展的基础主要是利用了半导体的这种掺杂特性。

半导体一般都呈晶体状态，晶体有多晶和单晶之分。所有的原子都是按一定规律整齐排列的称为单晶体，大量的单晶颗粒杂乱排列就组成了多晶体。制造半导体器件需用纯度很高的单晶体材料，所以半导体管也称为晶体管。

日常电子设备中广泛使用的有晶体二极管、晶体三极管、场效应管以及各种集成电路，它们都是由半导体材料制成的，目前主要使用的半导体材料是锗（Ge）和硅（Si）两种。

半导体二极管按结构形式分有点接触式和面接触式两种，有两个引线端子，分别正极和负极。图 2-1 所示为二极管的外形和结构，二极管的符号为 +—▷|—-，电路符号用 VD 表示。二极管的符号形象地描述了二极管工作电流流动的方向，一般情况下，电流从二极管的正极流向负极，也就是二极管符号中三角形所指的方向。

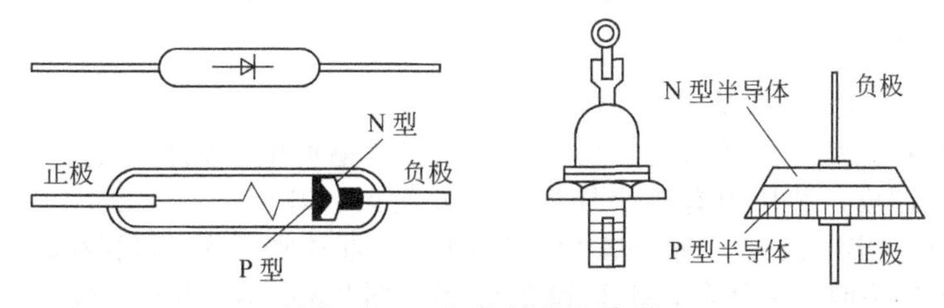

图 2-1　二极管结构和外形

二极管的种类较多，按功能分，有普通二极管、整流二极管、发光二极管、稳压二极管、光敏二极管和变容二极管、开关二极管等。普通二极管按材料分为硅二极管和锗二极管。二极管的应用比较广泛，主要用于限幅电路、稳压电路、整流电路、检波电路、保护电路、控制电路、隔离电路等。

二极管具有单向导电特性，二极管在电压作用下的伏安特性曲线（即电压和电流之间的关系曲线）如图 2-2 所示。由图示可以看出，当外加正电压很小时，二极管呈现出较大的电阻，正向电流很小，这一段称为二极管的死区，硅管的死区电压约为 0～0.5V，锗管约为 0～0.2V。当外

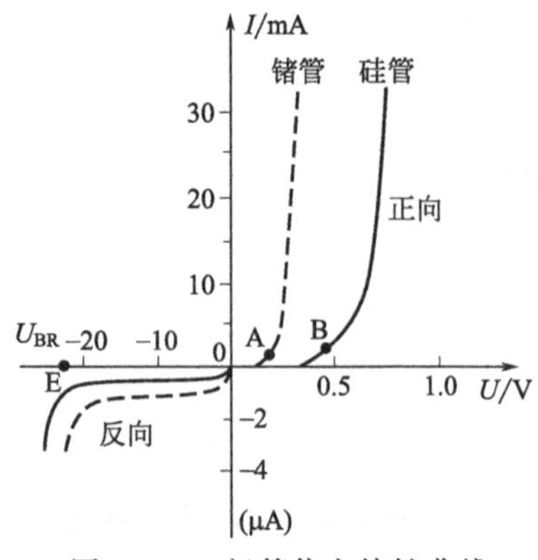

图 2-2　二极管伏安特性曲线

加正向电压超过死区电压以后，二极管的电阻变得很小，正向电流随电压的上升迅速增大，很快达到其最大允许值。二极管正向导通时正向压降很小，硅管一般为0.6～0.7V，锗管一般为0.2～0.3V。

二极管加反向电压时，有很小的反向电流。反向电流有两个特点：一是它随着温度的上升而增长很快；二是在反向电压不超过某一范围时，它的大小基本恒定，不随反向电压的变化而变化。这一相对恒定的反向电流称为反向饱和电流，通常硅二极管的反向电流只有锗管的几十分之一或几百分之一。另外，硅管的温度稳定性比锗管好。

当反向电流增大到一定数值时，外电场将二极管反向击穿，造成反向电流骤然猛增，此时的反向电压称为反向击穿电压，记为U_{BR}。二极管反向击穿后，二极管被烧坏。实际应用中，二极管承受的反向电压应小于其反向击穿电压。

利用晶体二极管的单向导电性，可用它作检波、整流、箝位、开关等。二极管的主要参数如下。

① 最大整流电流 I_{FM}　二极管长时间使用时允许流过的正向平均电流，电流超过这个允许值时，管子将因过热而损坏。

② 最高反向电压 U_{RM}　是保证二极管不被击穿而给出的最高反向电压，一般是反向击穿电压的1/2或2/3。

由二极管伏安特性曲线可以看出以下几点。

（1）二极管正向特性

① 死区　正向电压很低时，正向电流也很小，二极管呈现很大的正向电阻，这一区域叫作二极管的死区。不同材料制成的二极管其死区电压不同。

② 正向导通区　当二极管的正向电压大于死区电压后，随着正向电压的增加电流增长很快，这一区域称为二极管的正向导通区。显然二极管正向导通时，电阻很小，电流较大，相当于开关“闭合的状态”。

（2）二极管反向特性

① 反向截止区　当二极管加反向电压时，其反向电流非常小，几乎为零，这一区域称为二极管的反向截止区，相当于开关“断开的状态”。

② 反向击穿区　当二极管反向电压继续增大到“击穿电压”后，反向电流突然增大，这一区域称为反向击穿区。正常情况下，为防止二极管损坏，尽量避免二极管在这一区域工作，但稳压二极管却工作在这一区域。

2.1.2　三极管（晶体管）及其特性

晶体三极管简称三极管或晶体管，是一种应用很普遍的电子元件，它是在一块很小的基片上，用特殊的工艺制成。芯片中有三个导电区（发射区、基区、集电区），分别引出三个电极（发射极E、基极B和集电极C）。根据基片的材料不同，晶体管可分成锗管和硅管两类，根据三层半导体的组合方式的不同，又分为PNP型和NPN型。图2-3所示为晶体三极管的外形和符号。

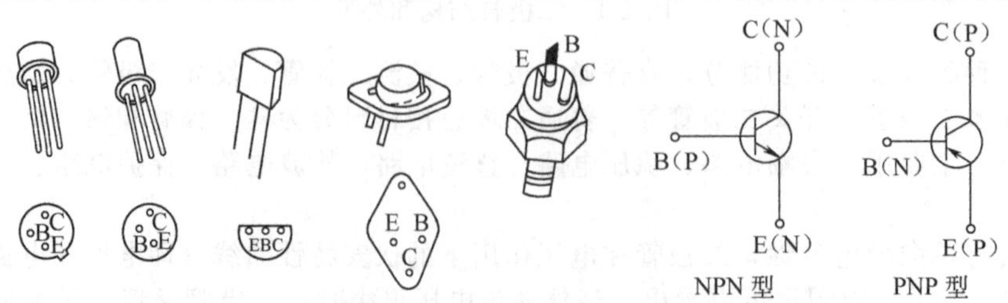

图 2-3　三极管的外形和符号

两种不同类型三极管的工作原理完全相同，只是在电源的使用上极性相反。以下三极管内容均以 NPN 管为例，如果遇到 PNP 管时，只需把电源的极性倒过来即可。

三极管具有电流放大作用，即输入一个较小的电流信号，可输出一个较大的电流信号。下面先来看一个实验。

图 2-4 是三极管放大作用的实验电路图，该电路图的接线原则是：发射结加正向电压（又称正向偏置），集电结加反向电压（又称反向偏置）。图中，E_B 的极性在三极管 B、E 间加正向电压，使发射极源源不断地发射电子注入基极，形成电流。电源 E_C 的极性如图所示，而且 $E_C>E_B$，保证集电结处于反向工作状态。集电极电流、基极电流的方向见图中所示。

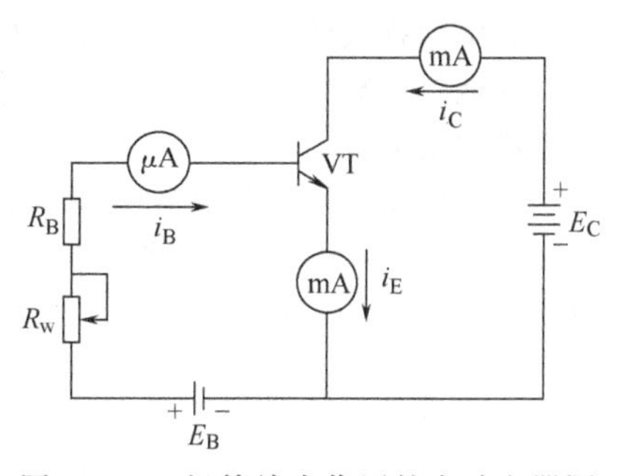

图 2-4　三极管放大作用的实验电器图

通过调节电位器的值来改变基极电流的大小，得到一组集电极电流和发射极电流的数值，具体实验数据见表 2-1。

表 2-1　三极管电流放大实验数据表

电流/mA	实验次数					
	1	2	3	4	5	6
I_B	0	0.01	0.02	0.03	0.04	0.05
I_C	≈0	0.56	1.14	1.74	2.33	2.91
I_E	≈0	0.57	1.16	1.77	2.37	2.96

由表 2-1 所记录数据可得到以下几方面。

① 三个电流之和符合基尔霍夫电流定律，即 $I_E=I_C+I_B$，基极偏流 I_B 很小，而 I_C 与 I_E 相差不多，存在 $I_B \ll I_C \approx I_E$。

② 基极电流 I_B 的微小变化（ΔI_B）能引起集电极电流 I_C 的很大变化（ΔI_C），由第 3 次、第 4 次的两次测试数据可得

$$\Delta I_B=0.03-0.02=0.01\ (\text{mA})$$
$$\Delta I_C=1.74-1.14=0.6\ (\text{mA})$$
$$\Delta I_C/\Delta I_B=0.6/0.01=60$$

此值称为电流放大系数，记作 β。

$$\beta=\frac{\Delta I_C}{\Delta I_B} \tag{2-1}$$

β 值是由管子的结构和制造工艺决定的，并且与工作电流的大小有关，表中第 2 次、第 3 次测试数据表明：$\beta=\Delta I_C/\Delta I_B=(1.14-0.56)/(0.02-0.01)=58$，这同前面计算的 $\beta=60$ 的结果相近似。

③ $I_B=0$（即基极开路）时的 I_C 值称为击穿电流 I_{CE}，是在电源 E_C 作用下穿过晶体管两个 PN 结的电流。

④ I_C 与 I_B 存在以下关系：

$$I_C=\beta I_B+I_{CEO}$$

一般情况下，$I_C \gg I_{CEO}$，所以 $I_C \approx \beta I_B$。

$$\beta \approx \frac{I_C}{I_B}=\bar{\beta}$$

β（三极管交流放大系数）和 $\bar{\beta}$（$\bar{\beta}$ 为三极管直流放大系数）两者近似相等，在工程上没有严格区分，一般在估算时，β 和 $\bar{\beta}$ 两者可以通用。

$$\beta=\bar{\beta}=\frac{I_C}{I_B} \tag{2-2}$$

表中数据表明：三极管正常工作时，其基极电流的微小变化，可以引起集电极电流较大的变化，这就是半导体三极管的电流放大作用，利用基极回路的小电流实现对集电极（发射极）回路大电流的控制。

通常的小功率三极管的β值约在20～150之间。β太小时，放大能力差，但β过大时，工作稳定性差。β值随I_C的变化而有差异，特别是在I_C很小（微安级）或很大（接近最大允许工作电流）时，β值将明显下降。另外，由于工艺上的分散性，即使是同一型号的两只三极管，其β值也会有所不同。

三极管特性也可以用特性曲线来描述，三极管的特性曲线有两组，即输入特性曲线和输出特性曲线，分别表示其输入、输出端电压与电流之间的关系。

三极管的输入特性是指在输出电压U_{CE}（集电极与发射极之间的电压）恒定的条件下，基极电流I_B与输入电压U_{BE}（基极与发射极之间的电压）的关系，即$I_B=f(U_{BE})|_{U_{CE}=常数}$。三极管的输入特性可以用图2-5所示的输入特性曲线来表示。

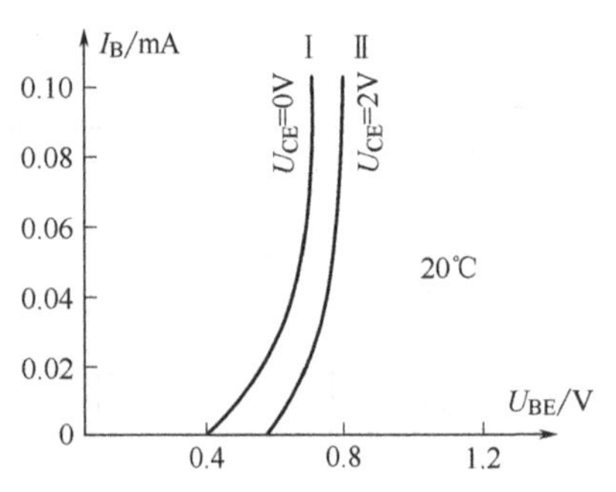

图2-5 三极管的输入特性曲线

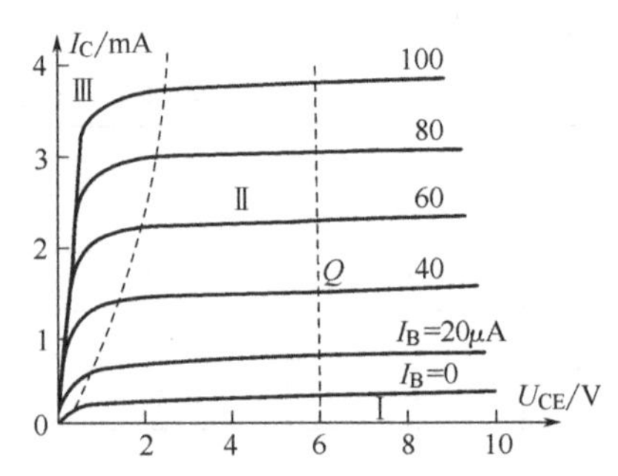

图2-6 三极管的输出特性曲线

三极管的输入特性曲线与二极管的正向特性相似，即开始有一段死区，三极管处于截止状态，基极电流为零；当电压大于死区电压（一般硅管为0.5V左右，锗管为0.1V左右）时，基极电流随着输入电压的增加而增加很快。

三极管正常工作时，发射结压降U_{BE}变化不大，硅管约为0.6～0.7V，锗管约为0.2～0.3V。

三极管的输出特性是指在基极电流I_B恒定的条件下，集电极电流I_C与输出电压U_{CE}(集电极与发射极之间的电压）的关系，即$I_C=f(U_{CE})|_{I_B=常数}$。三极管的输出特性可以用图2-6所示的输出特性曲线来表示。

在三极管输出特性曲线中，对于每个确定的I_B值都可以得到一条I_C随U_{CE}变化的曲线，选择多个不同的I_B值，便得到一族曲线。在图2-6输出曲线中，将三极管的工作状态分为截止、放大、饱和三种状态，三种工作状态的具体特点如下。

① 截止状态　当处于此状态时，三极管的发射结处于反向偏置，集电结也处于反向偏置，这时$I_B\approx0$，$I_C=I_{CEO}$，$U_{CE}\approx E_C$，三极管呈现出高内阻状态，相当于开关断开。

② 放大状态　三极管的发射结处于正向偏置，集电极处于反向偏置，三极管工作在$I_B=0$的曲线上方以及各曲线近似水平的部分，$\Delta I_C=\beta\Delta I_B$，$I_C$与$R_C$、$E_C$基本无关。

③ 饱和状态　此时集电结正向偏置，发射结也正向偏置，因受到电阻R_C的限制，尽管I_B有增加，但I_C却不再变化，$I_{CS}<\beta I_B$，且集电极饱和压降U_{CES}很小，三极管内阻很小，相当于开关闭合。

通常情况下，晶体管都工作在放大区，即特性曲线的线性部分。

2.2 整流与滤波电路

2.2.1 单相半波和全波整流电路

整流就是把交流电变成直流电。根据负载上所得到的整流波形，整流又可分成全波整流和半波整流。

单相半波整流电路如图2-7所示，图中，Tr是电源变压器，又称为整流变压器，VD是二极管，R_L是负载电阻，R_0是整流电路中的电阻（包括变压器线圈电阻和二极管正向电阻）。

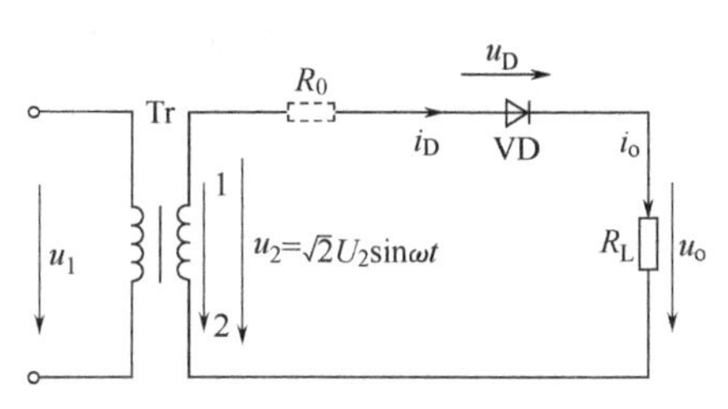

图 2-7 单相半波整流电路

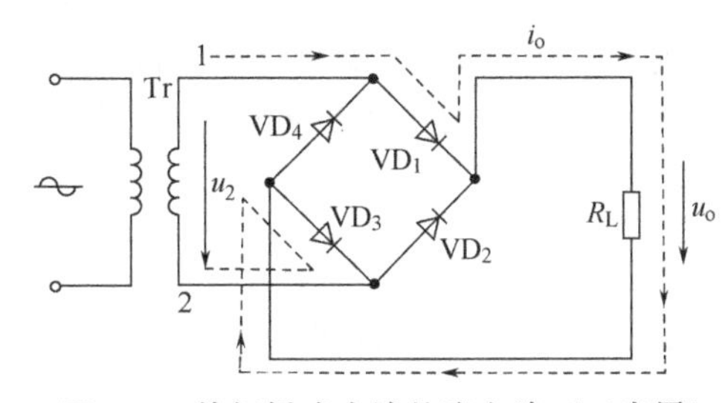

图 2-8 单相桥式全波整流电路（正半周）

正半周时，设变压器的副边电压u_2的瞬时极性是：1点为正，2点为负。这时二极管正向导通，其导电路径为：1→VD→R_L→2点→1。

如忽略内阻R_0，则负载两端的电压的瞬时值就是u_2。

负半周时，u_2的瞬时极性与正半周时相反，2点为正，1点为负，此时二极管反向截止，负载R_L上既无电流也无电压。

整流后，负载上得到的是半个正弦波——脉动的直流电压u_o和直流电流i_o，通常用一个周期的平均值来说明它们的大小，记作U_o和I_o，分别称为整流电压和电流的平均值，简称整流电压、电流。在忽略内阻R_o的情况下，单向半波整流电压与副边电压有效值U_2的关系为

$U_o \approx 0.45U_2$ 或 $U_2 \approx 2.22U_o$；

$I_D = I_o \approx 0.45U_2/R_L$，或 $U_2 \approx 2.22I_oR_L$

在选择整流元件时，还应考虑它在截止时承受的最高反向电压U_{rm}，实际上，U_{rm}等于副边电压的幅值，即

$$U_{rm}=U_{2m}=\sqrt{2}U_2 \tag{2-3}$$

为安全工作，二极管的最高反向电压需高于此值。

半波整流电路虽然结构简单，但变压器利用率较低，整流后脉冲程度大。为克服上述缺点，实际中通常采用桥式全波整流电路。

桥式全波整流电路如图2-8和图2-9所示，将四只二极管接成电桥形式。

工作过程如下：正半周时，1点为正，2点为负。因VD_1的正极接到最高电位1点上，VD_3的负极接到最低电位2点上，所以VD_1、VD_3同时正向导通。导通路径是：1→VD_1→R_L→VD_3→2→1，电流沿自上而下的方向流过R_L，此时，VD_2、VD_4由于都受到反向电压作用而截止。

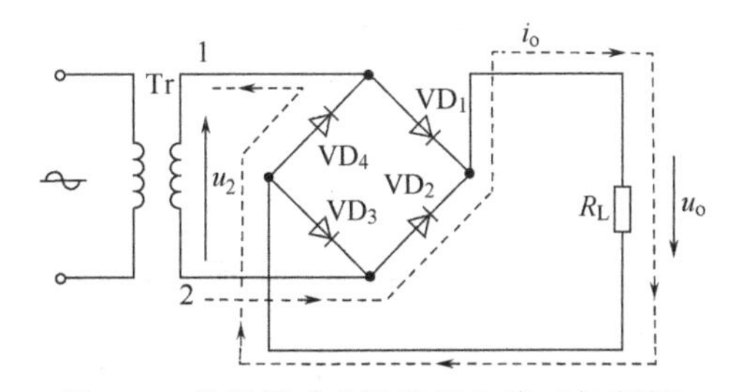

图 2-9 单相桥式全波整流电路（负半周）

而负半周时，1点为负，2点为正。VD_2、VD_4同时正向导通，VD_1、VD_3则由于反向电压的作用而截止，此时的导电路径是：2→VD_2→R_L→VD_4→1→2，电流依然是自上而下流过R_L。

这样，在一个周期内VD_1、VD_3与VD_2、VD_4轮流导通，正负周期内在负载R_L上都得到整流电压U_o，而且还是同一个方向，这种整流方法称为全波整流，所得到的整流电压比半波整流时高出了一倍，负载中的电流$i_o=i_{D1}+i_{D2}$，也是由两个半波合在一起成为同一方向的全波，U_o同U_2的关系为

$$U_o \approx 2\times 0.45U_2 \approx 0.9U_2,\ U_2 \approx 1.11U_o$$

负载电流（整流电流的平均值）为

$$I_o = \frac{U_o}{R_L} \approx 0.9\frac{U_2}{R_L} \tag{2-4}$$

或$U_2 \approx 1.11R_L I_o$，流过每只二极管的电流平均值为负载电流的一半，即

$$I_D = 0.5I_o$$

当VD_1和VD_3导通时，若忽略二极管上的正向压降，截止管VD_2和VD_4的负极电位就等于1点的高电位，它们的正极电位则等于2点的低电位，所以截止管承受的最高反向电压就是变压器的副边电压u_2的幅值：

$$U_{rm} = \sqrt{2}U_2 = \sqrt{2}\frac{U_o}{0.9} = 1.57U_o \tag{2-5}$$

桥式整流电路的其他画法见图2-10、图2-11所示。

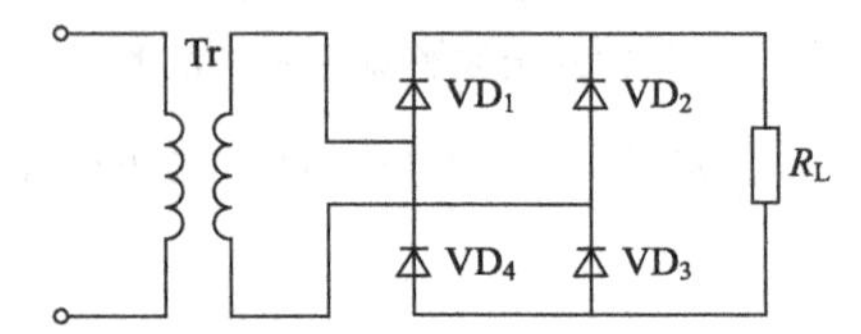

图 2-10 单相桥式全波整流电路的其他画法（一）

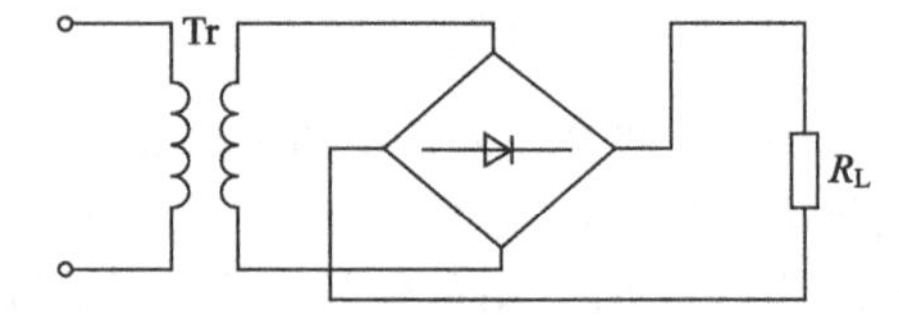

图 2-11 单相桥式全波整流电路的其他画法（二）

2.2.2 滤波电路

整流电路将交变电流转换为脉动的直流，转换后的电流不但含有直流成分，同时还含有交流成分，且经半波整流出来的脉动直流中交流成分更多。为使整流后的电流波形更趋于平直，必须对整流后所得到的脉动直流电进行滤波。滤波过程就是通过电容、电感元件的作用，滤除经整流后得到的脉动电流中的交流成分。

在整流电路后部并接上电容，则在波形变化中电容不断充电和放电，平稳了负载电阻上的电压，抑制了部分交流分量的影响，这就是电容滤波的作用。如在滤波电路中串联电感线圈，电感对交流电信号的阻抗很大（$X_L = 2\pi fL$），而对直流则不存在感抗，交流成分降在铁芯线圈上，直流部分通过线圈加到负载上，从而达到了降低负载上交流成分的目的，这便是电感的滤波原理。

图2-12列出了五种滤波方式，从滤波效果来看，π形LC滤波电路及π形RC滤波电路滤波效果为佳；从输出电压来看，C型滤波电路、π形LC滤波电路及RC滤波电路滤波效果较好；从输出电流来看，L型、LC型滤波效果为好。实际使用中，应根据不同的需要来选择相应的滤波形式。

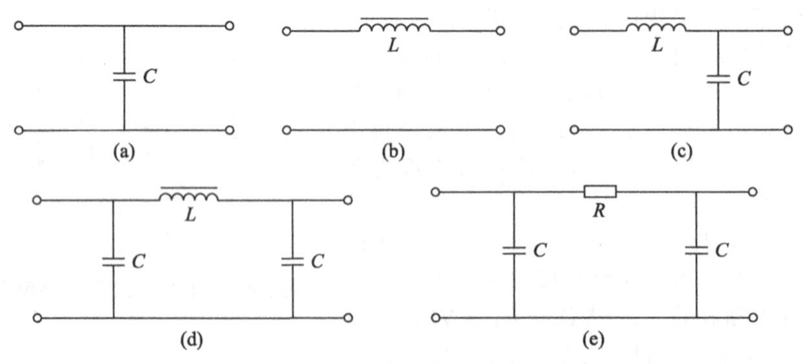

图 2-12 几种典型的滤波器电路

2.3 交流放大电路

2.3.1 晶体管交流放大电路结构及原理

图2-13所示为一简单的单管交流放大电路。被放大的交流电压信号u_i从三极管的基极和发

射极输入，放大后的电压 u_o 则从集电极和发射极输出。因为输入、输出端共发射极，故称此种电路为共射极放大电路，简称共射电路，它是应用最普遍的电路。在此电路中，除晶体管 VT 外，还有以下组成部分。

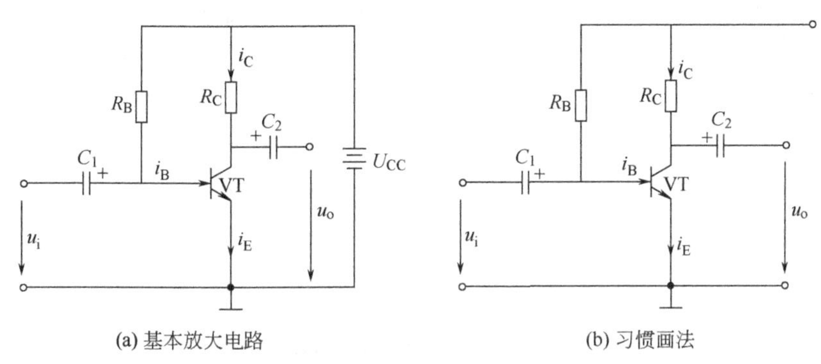

(a) 基本放大电路 (b) 习惯画法

图 2-13 单管交流放大电路

① 电源 U_{CC} 放大器的能源，电路中应注意适当选定电阻 R_B、R_C 的阻值，使得晶体管发射结正向偏置，集电结反向偏置，晶体管工作在放大状态。

② 电阻 R_B 和 R_C 串接在基极回路中的电阻 R_B，称为基极偏流电阻。R_B 的阻值决定基极电流 I_B 的大小，适当调节 R_B 可使得放大器获得合适的静态工作点。电阻 R_C 接在集电极回路中（又称为集电极负载电阻)，可将电流的变化转换为 R_C 上的电压变化，R_C 又称为转换电阻。

③ 电容 C_1 和 C_2 它们分别接在电路的输入端和输出端，因为电容器对直流有隔断作用，简称隔直；电容器对交流电的阻抗很小，交流电流很容易通过，这种情况称为耦合。因此 C_1、C_2 称为隔直耦合电容。它们的作用是：一方面将放大器与信号源和负载之间的直流联系隔断，另一方面又保证了两者之间的交流通道畅通。

为更好地描述晶体管放大器的工作原理及过程，清晰地区分放大电路中电压和电流的静态值（直流分量)、信号量（交流分量）以及二者之间的叠加量，现对有关量的表示作区别规定：静态值的变量符号以及下标都用大写字母；交流信号幅值或有效值的变量符号用大写字母，其下标用小写字母；总量（静态值+信号，即脉动直流）的变量符号用小写字母，其下标用大写字母。详细表示见表 2-2 所列。

表 2-2 单管交流放大电路中的变量规定表示法

变量类型		直流静态值	交流信号			总量(静态+信号)瞬时值
			瞬时值	幅值	有效值	
变量名称	基极电流	I_B	i_b	I_{bm}	I_b	i_B
	集电极电流	I_C	i_c	I_{cm}	I_c	i_C
	发射极电流	I_E	i_e	I_{em}	I_e	i_E
	集-射电压	U_{CE}	u_{ce}	U_{cem}	U_{ce}	u_{CE}
	基-射电压	U_{BE}	u_{be}	U_{bem}	U_{bm}	u_{BE}

图 2-13 所示单管放大电路中，三极管起着电流放大作用，U_{CC} 是提供电流 I_B、I_C 的电源，通常为几伏或十几伏。在三极管发射结正向偏置、集电结反向偏置时，U_{CC} 电压通过 R_B 作用到基极 b 上，使发射结导通，于是有电流通过（静态电流 I_B)，其路径为：U_{CC}→R_B→b 极→发射结→e 极→共地点。当有信号 u_i 输入时，信号经三极管的基极、发射极回路，形成电流 i_b，因为三极管在放大电路中起电流放大作用，因此，在电路中必然还有一个值为 βi_b 的电流 i_c，i_c 电流的路径为：U_{CC}→R_C→c 极→发射结→e 极→共地点。这个经过放大了的电流流经转换电阻 R_C 时，又将电流的变化转换成了电压的变化，从而实现了电压放大。

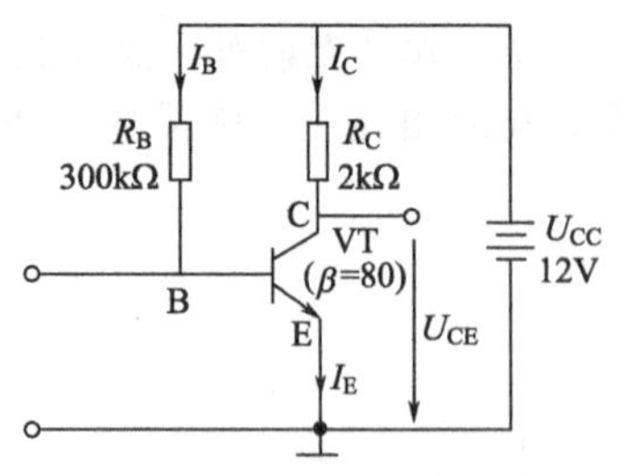

图 2-14　单管交流放大器直流通路

当放大器输入端未输入信号时，$u_i=0$，$i_b=0$，电路的工作状态称为静态。此时，因电路中的电压、电流只有直流成分，故静态时的电路也就是基本放大电路的直流通道，可暂时不考虑交流分量，其直流通道如图 2-14 所示。

在图 2-14 中所示直流通道中，由基尔霍夫电压定律可得

$$R_B I_B + U_{BE} = U_{CC}$$

$$I_B \approx \frac{U_{CC}}{R_B} \tag{2-6}$$

再由三极管的电流放大特性，于是得到 $I_C \approx \beta I_B$。

同理，由基尔霍夫电压定律可得 $R_C I_C + U_{CE} = U_{CC}$，根据电路图上标定的有关数据，可求得

$$I_B = \frac{12-0.7}{300\times10^3} \approx 4\times10^{-5}\text{A} = 40\ (\mu\text{A})$$

$$I_C \approx \beta I_B = 80\times40\mu\text{A} = 3.2\ (\text{mA})$$

$$U_{CE} = U_{CC} - R_C I_C \approx 12 - 2\times10^3\times3.2\times10^{-3} = 5.6\ (\text{V})$$

交流电压放大倍数：

$$A_v = -\beta \frac{R_C}{r_{be}}$$

2.3.2　多级放大器

在实际电路中，一般输入信号是较微弱的信号，往往需要将其放大几千倍甚至几万倍才能满足要求。单级放大电路往往不能达到如此大的放大倍数，实际应用中常将若干个单级放大器连接起来，组成多级放大器，其放大倍数为各单级放大倍数的乘积，如图 2-15 所示。

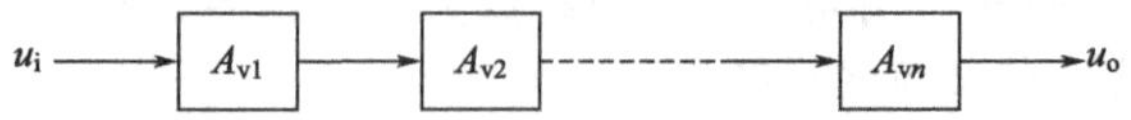

u_i → A_{v1} → A_{v2} ------- → A_{vn} → u_o

图 2-15　多级放大电路框图

$$u_o = (A_{v1} \times A_{v2} \cdots\cdots \times A_{vn}) u_i$$

多级放大器内部各级之间的连接方式称为耦合方式，或称为极间耦合，一般有直接耦合、阻容耦合和变压器耦合等几种方式。图 2-16 表示的为一个简单的多级放大器电路图，现以此电路为例，分析多级放大器的组成。

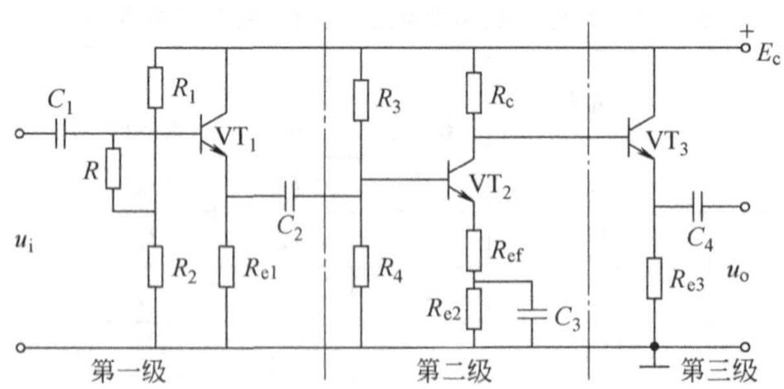

图 2-16　多级放大器电路图

电路分成三级，分别称作接收级、放大级和输出级。第一级的作用在于接收信号源，它的目的是最大限度地、不失真地把信号电压接收进来。这一级称为输入级。输入级应尽可能少地向信号源索取电流，避免信号过多损失在信号电源的内阻上。

第二级的任务是放大电压信号。第二级与第一级之间通过电容连接，这种连接方法为阻容耦合连接。其特点在于可传递交流信号，而不影响各级的静态工作。这种连接方式不适合缓慢变化信号的放大。

第三级是末级，它要驱动喇叭、继电器等执行机构，它不但要输出较高的电压，而且还要有

较大的输出电流，应具有驱动负载的能力，这一级称为功率输出级。它与第二级之间采用直接耦合方式，这种方式的特点是能放大缓慢变化的信号，但各级的静态工作点互相影响。

2.3.3 放大电路中的反馈

凡是将放大电路（或某个系统）输出端的信号（电压或电流）的一部分或全部通过某个电路（反馈电路）引回到输入端，就称为反馈。若引回的反馈信号削弱了输入信号而使得放大电路的放大倍数降低，反馈为负反馈；若反馈信号增强了输入信号，则为正反馈。在电子放大电路中，负反馈广泛得到应用，采用负反馈的目的是为了改善放大电路的工作性能。

在电子线路中，负反馈按反馈信号在放大电路输入端连接形式的不同，可分成串联反馈和并联反馈；按反馈信号所取自的输出信号的不同，可分成电压反馈和电流反馈。凡是串联反馈，不论反馈信号取自输出电压或输出电流，它在放大电路的输入端总是以电压的形式出现的。对于串联负反馈，信号源的内阻 R_S 愈小，反馈效果愈好，因为对反馈电压信号来说，信号源内阻 R_S 是和晶体管的基-射级内阻 r_{be} 串联的，当 R_S 小时，反馈信号 U_f 被它分取的部分也小，基-射极间的压降 U_{BE} 的变化就大了，因而反馈效果好。而并联反馈，由于反馈信号在放大电路中的输入总是以电流的形式出现的，此时信号源内阻 R_S 愈大，则反馈效果愈好，因为对反馈电流来说，R_S 和晶体管基-射极电阻 r_{be} 相并联，当 R_S 大时，反馈电流被 R_S 所在的支路分去的部分少，这时 I_b 变化大，反馈效果好。

按反馈信号所取自的输出信号的不同，反馈又可分为电流反馈和电压反馈。不论输入端是串联或是并联反馈，电流负反馈具有稳定输出电流的作用，电压负反馈则具有稳定输出电压的作用。

由以上四种不同的反馈形式可组成四种类型的负反馈：串联电流负反馈；并联电压负反馈；串联电压负反馈；并联电流负反馈。

负反馈对放大电路的工作性能有如下影响：

① 降低放大倍数；

② 提高放大倍数的稳定性；

③ 改善波形失真；

④ 改变放大电路输入电阻的阻值（串联负反馈使放大电路的输入电阻增大，并联负反馈使放大电路的输入电阻降低）。

2.4 直流放大器与稳压电路

2.4.1 直流放大器的结构组成

在自动检测及控制系统中，经常要将温度、压力、流量、物位、成分、转速等一些非电量通过传感器变换为电信号，经放大后去驱动记录机构或执行机构，实现自动检测或自动控制。此类电信号一般都是变化缓慢、极性往往固定不变、非周期性特性的直流信号，故放大时不能采用前面介绍的交流放大器，必须采用直流放大器来放大信号。

直流放大器在放大原理上同交流放大器是一致的，但由于被放大的信号是直流信号，所以在电路结构上同交流放大器相比有一些特殊的考虑。

对于一个放大器来说，应该保证当输入信号为零时其输出亦为零。由于直流放大器的放大对象是缓慢的直流信号，故不能在放大器的输入级和输出级之间采用阻容耦合的方式，而应该采用直接耦合方式。这样一来，放大器内外的直流干扰信号（如放大器本身，特别是晶体管由于温度变化等原因产生缓慢变化的直流信号）就不能被隔除，同样也被放大，造成输入为零时其输出并不为零。这种现象称为零点漂移，简称零漂。因此，在完成信号放大的前提下，如何抑制零点漂移，便成了直流放大器的首要问题。

2.4.2 直流放大器的零点漂移及其抑制

为克服零点漂移问题，直流放大器结构常采用以下几种结构形式。

① 直接耦合　放大器前后两级直接相连，使输入信号和干扰信号都畅通无阻，另采用多种负反馈和温度补偿方法来抑制零漂。注意：此种情况下，各级静态工作点不再独立，彼此牵连，互有影响。

② 差动放大　直流放大常常采用差动输入放大器。差动放大器是由两个几乎完全对称的单管放大器组合而成，输入端分别引入正负输入信号（差动输入），由两个单管放大器的集电极取输出信号。对差动放大器来说，输入信号视为差模信号（大小相等，极性相反的一对信号），差动放大器只将差模输入信号放大，而共模信号被抵消，因而可以有效地消除零漂。

③ 调制放大　在工业仪表中还常常采用调制放大器放大直流信号，调制放大器的作用在于它将输入的直流信号调制成交流信号后，送交流放大器放大。经交流放大器放大以后的交流信号，再由解调器还原成直流信号输出。这样，实际的放大是在交流放大器中进行的，所以零漂极小。

调制器通常用场效应管构成，在外部或内部的开关信号作用下，场效应管类似于一只开关，一通一断地工作，将直流信号转换为间断的交流信号。

2.4.3　直流稳压电源

交流电经整流电路整流后变为直流，但经整流和滤波的电压往往随着交流电网电压的波动和负载的变化而变化，电压的不稳定有时会产生检测和计算的误差，从而引起检测装置的误检和控制装置的工作不稳定，甚至根本无法正常工作，这将影响电子设备的工作性能。为获得稳定的直流电压，需采用稳压电源给设备供电，常用的稳压电路有稳压管稳压电路、串联型稳压电路、开关型稳压电路、集成稳压器等，其中稳压管稳压电路是最简单的直流稳压电路。

图 2-17 所示是一个硅稳压管稳压电路。电路由电源变压器、整流电路、滤波电路和稳压电路四部分组成。稳压电路是由限流电阻 R 和稳压管组成的，它将经整流和滤波环节得到的直流电压 U_i，稳压为稳定的直流电压 U_o。

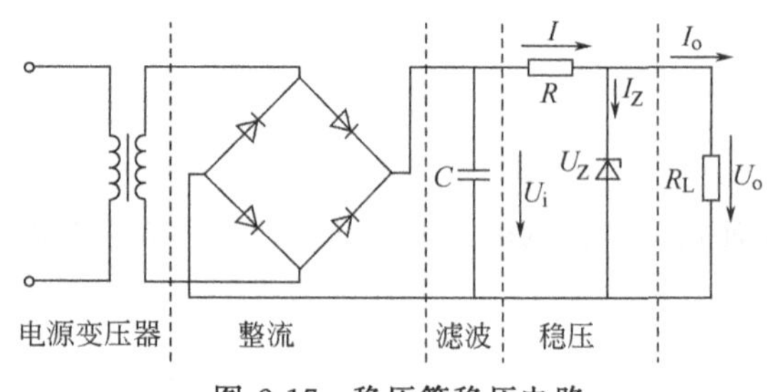

图 2-17　稳压管稳压电路

稳压管是一种特殊的二极管，在电路中其阴极接高电位、阳极接低电位（与普通二极管相反）。由于制作工艺不同，稳压管工作在反向击穿区。在它的正常工作区内，PN 结不会损坏，但如果其反向电流超过最大反向电流 I_{ZM} 时，稳压管也会损坏。电路中引起电压不稳定的主要原因是交流电源电压的波动和负载电流的变化，而稳压电路可以将这种变化引起的电压变化削弱。例如当电源电压升高时，电路中的各种电参量会发生如下变化：

$$u_2\uparrow\longrightarrow U_i\uparrow\longrightarrow U_o\uparrow(U_Z\uparrow)\longrightarrow I_Z\uparrow\longrightarrow I\uparrow(=I_Z+I_o)\longrightarrow IR\uparrow\longrightarrow U_o\downarrow(=U_i-IR)$$

电路将电源电压升高引起的输出电压升高给削弱了，使输出电压被稳定。

当电网没有波动而负载变化时（例如负载减小），电路中的变化过程为：

$$R_L\downarrow\longrightarrow U_o\downarrow(U_Z\downarrow)\longrightarrow I_Z\downarrow\longrightarrow I\downarrow(=I_Z+I_o)\longrightarrow IR\downarrow\longrightarrow U_o\uparrow(=U_i-IR)$$

电路将负载减小引起的输出电压降低给削弱了，使输出电压被稳定。

2.5　线性集成电路与运算放大器

2.5.1　线性集成电路及其应用

前面所讨论的放大电路，都是由相互分开、各自独立的晶体管、电阻、电感线圈和电容等元件组成的，称为分立元件电路。随着半导体技术和半导体器件制作工艺的发展，出现了将整个电路中的晶体管、电阻和导线集中制作在一小块半导体芯片（硅片）上（面积约为 $0.5mm^2$），封装成一个不可分割的整体，称为集成电路（IC）。集成电路是继电子管和晶体管之后具有电路功能较全的电子器件，不但缩小了电路的体积和重量，而且提高了电路的可靠性，使电路的维护和调试更加简单。

集成电路打破了分立元件和分立电路的设计方法，实现了材料、元件和电路的统一。它同晶体管分立电路相比较，其体积小，重量轻，功耗低，更由于减少了电路中的焊接点而提高了可靠性，并且价格便宜，从而使其具有了突出的优点。电子技术的飞速发展，使集成电路的集成度不断得到提高，已从最开始的小规模集成电路（SSI），历经中规模（MSI）、大规模（LSI）发展到超大规模的集成电路（VLSI），达到了在只有几十平方毫米的芯片上，集成的元件超过上百万个。

集成电路的外形通常有三种：双列直插式、圆壳式和扁平式，如图 2-18 所示。集成电路在信号处理方面可以实现信号频率的有源滤波，信号幅度的采样保持、比较和选择；在波形发生方面，可以产生正弦波、矩形波和锯齿波等。

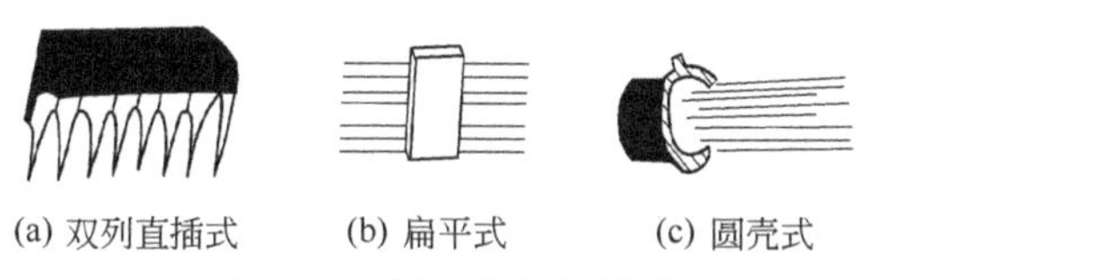

图 2-18 集成电路的外形

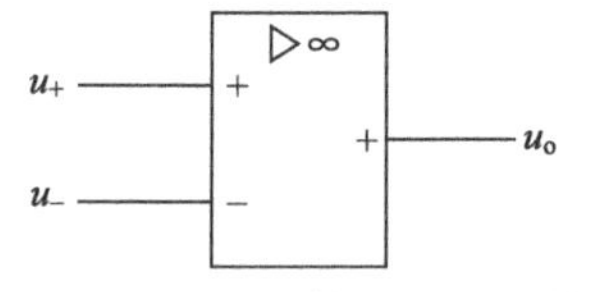

图 2-19 理想运算放大器的符号

半导体集成电路按功能来分类，可分成数字集成电路和模拟集成电路两种，在模拟集成电路中又分成集成运算放大器、集成功率放大器、集成稳压电源、集成数/模转换器和集成模/数转换器等多个品种。数字集成电路广泛应用于计算机技术和自动控制电路中。

2.5.2 运算放大器的应用

集成电路中应用最广泛的属集成运算放大器。集成运算放大器是具有高开环放大倍数并带有深度负反馈的多级直接耦合的放大电路，随着半导体集成工艺的发展，使得运算放大器的运用领域远远超出模拟计算机的界限，在信号运算、信号处理、信号检测及波形产生等方面得到了极其广泛的运用。在运算放大器的输入和输出之间外加不同的反馈网络就可组成具有某种功能的电路，图 2-19 是理想运算放大器的符号。

集成运算放大器有两个输入端，一个输出端。标有“－”号的输入端称为反相输入端，当信号仅由此端输入时，输出电压 u_o 与输入信号 u_- 相位相反；标有“＋”号的输入端称为同相输入端，当信号仅由此端输入时，输出信号 u_o 与输入信号 u_+ 相位相同。若集成运放的放大倍数为 K，输出信号则为 $u_o=Ku_i$，是输入信号 u_i 的 K 倍。

运算放大器的输出级一般由互补对称电路构成，输出电阻低，能输出较大的功率推动负载；中间级一般由共射放大电路构成，能提供足够的电压放大倍数；输入级是运算放大器的关键部分，由差动放大电路构成，其输入电阻高。

集成运算放大器应用电路尽管种类繁多、形式各异，但分析时均可看成是一个理想的运算放大器。理想运算放大器的主要条件是：

开环电压放大倍数 $A_{uo}\to\infty$；

差模输入电阻 $r_{id}\to\infty$；

开环输出电阻 $r_o\to 0$；

共模抑制比 $K_{CMRR}\to\infty$。

工作在线性区内的理想运算放大器有以下两个特点（如图 2-20）。

① 虚短　运算放大器的开环电压放大倍数 $A_{uo}\to\infty$。理想运算放大器的同相输入端与反相输入端的电位近似相等，即 $U_+=U_-$，如果同相输入端接“地”，即 $U_+=0$，由于运算放大器的同相输入端的电位与反相输入端的电位近似相

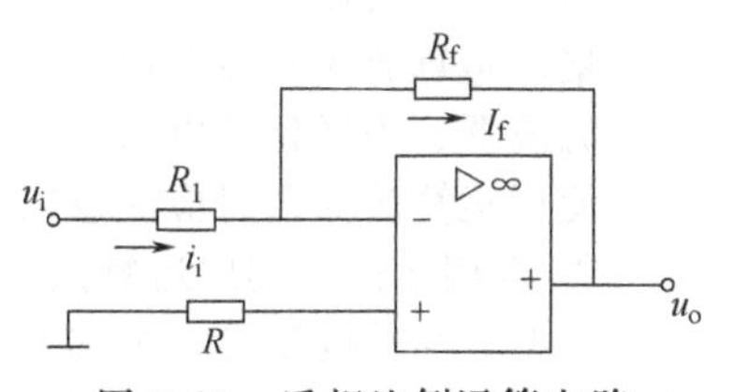

图 2-20 反相比例运算电路

等，则

$U_{-}=0$，反相输入端的电位接近于“地”电位，称为“虚地”。

② 虚断　由于运算放大器的差模输入电阻 $r_{id}\to\infty$，因此理想运算放大器的输入电流等于零，即 $I_{+}=I_{-}=0$。

集成运算放大器在线性区可以进行比例、加法、减法、微分、积分、乘法等运算，下面以运算放大器组成的反相和同相比例运算应用为例，介绍运算放大器在电路中的具体应用。

比例运算有反相运算和同相运算两种接法，如果输入信号从反相输入端引入，便是反相运算；若信号从同相输入端输入，便是同相运算。

反相比例运算器具体电路如图 2-20 所示，输入信号 u_i 经电阻 R_1 送到反相输入端，而同相输入端通过电阻 R 接“地”。反馈电阻 R_f 跨接在输出端和反相输入端之间。根据运算放大器工作在线性区的性质可知：

$$i_i\approx i_f,\quad u_{-}\approx u_{+}=0$$

$$i_i=\frac{u_i-u_{-}}{R_1}=\frac{u_i}{R_1}$$

$$i_f=\frac{u_{-}-u_o}{R_f}=-\frac{u_o}{R_f}$$

于是得到

$$u_o=-\frac{R_f}{R_1}u_i$$

由此可得反相比例运算器的运算系数为

$$A_{uf}=\frac{u_o}{u_i}=-\frac{R_f}{R_1} \tag{2-7}$$

式中的负号表示 u_o 和 u_i 反相。

如果在反相输入端增加若干输入电路，则构成反相加法运算电路，如图 2-21 所示。

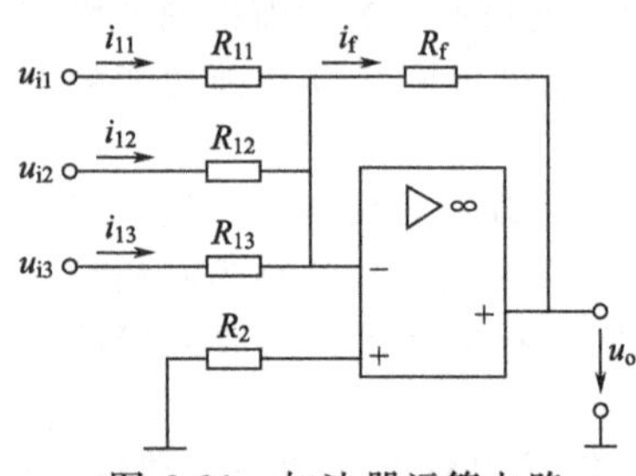

图 2-21　加法器运算电路

根据图示，可以列出：

$$i_{11}=\frac{u_{i1}}{R_{11}}$$

$$i_{12}=\frac{u_{i2}}{R_{12}}$$

$$i_{13}=\frac{u_{i3}}{R_{13}}$$

$$i_f=i_{11}+i_{12}+i_{13}$$

$$i_f=-u_o/R_f$$

$$u_o=-\left(\frac{R_f}{R_{11}}u_{i1}+\frac{R_f}{R_{12}}u_{i2}+\frac{R_f}{R_{13}}u_{i3}\right)$$

当 $R_{11}=R_{12}=R_{13}=R_1$ 时，则有

$$u_o=-\frac{R_f}{R_1}(u_{i1}+u_{i2}+u_{i3}) \tag{2-8}$$

当 $R_f=R_1$ 时，$u_o=-(u_{i1}+u_{i2}+u_{i3})$，从而构成加法器电路。

当运算放大器的两个输入端都有信号输入时，则构成差动输入，可以实现减法运算。

集成运算放大器除在以上介绍的方面得到应用外，还可组成积分运算电路、微分运算电路、有源滤波器、采样保持电路、电压比较器、信号发生器等诸多电路，这里不再一一枚举。

使用运算放大器时应注意以下问题。

① 选用元件　集成运算放大器按其技术指标可分成通用型、高速型、高阻型、低功耗型、大功率型、高精度型等；按其内部电路可分成双极型和单极型；按每一集成片中运算放大器的数目可分为单运放、双运放、四运放等，实际运用时应根据实际需要来选用合适的运算放大器。

② 消振　由于集成运算放大器的内部受晶体管的极间电容和其他寄生参数的影响，很容易产生自激振荡，破坏正常工作。为此，使用时要注意消振。

③ 调零　由于运算放大器的内部参数不可能完全对称，以至于当输入信号为零时仍有输出信号，因此在使用时要进行调零处理。

④ 保护　保护分为输入端保护、输出端保护和电源保护，其目的在于避免输入端所加的差模或共模电压过高时损坏输入级的晶体管，避免输出电压过大和防止正、负电源接反。

2.6　脉冲与数字电路

数字电路的应用程度和发展速度标志着现代电子技术的应用和发展水平，电子计算机、数字式仪表、数字控制装置和工业逻辑系统等各方面都是以数字电路为基础。本节仅就数字电路的基础知识作简单介绍。

数字电路中的信号均为脉冲信号。脉冲信号是一种跃变信号，且持续时间较短暂，短至几微秒甚至几纳秒，常见的脉冲波形有矩形波、尖顶波、锯齿波、梯形波等，图 2-22 和图 2-23 所示的就是矩形波和尖顶波，但实际波形并不像图示波形那样理想。

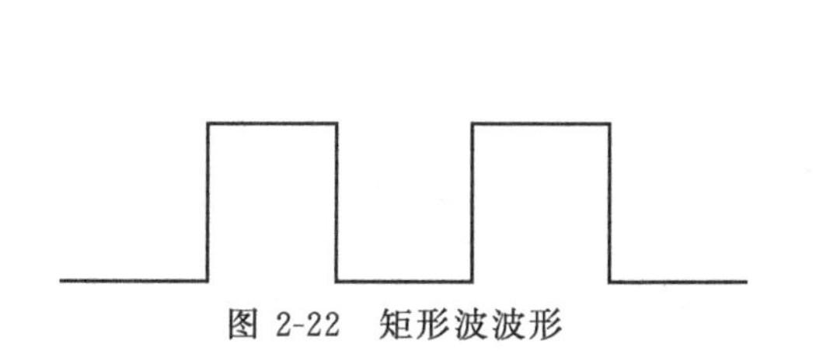

图 2-22　矩形波波形

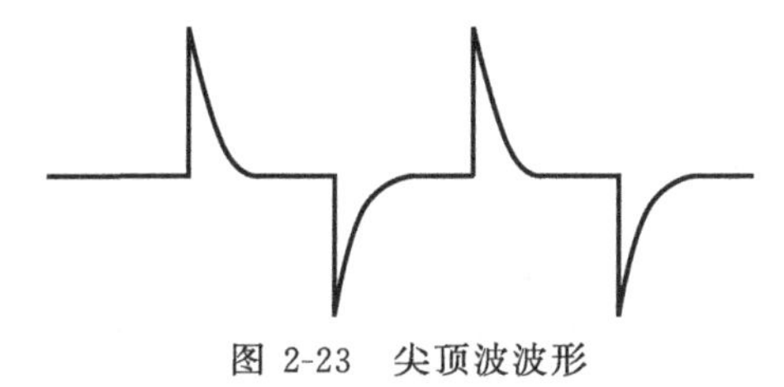

图 2-23　尖顶波波形

现以图 2-24 所示的矩形波为例，介绍信号波形的一些参数。

图 2-24 (a) 中 A 为脉冲幅度，t_w 称为脉冲宽度，T 为脉冲周期，每秒时间内交变周数 f 称为脉冲频率。脉冲开始跃变的一边称为脉冲前沿，脉冲结束跃变的一边称为脉冲后沿。如果跃变后的幅值比起始值大，则为正脉冲，如图 2-24 (b) 所示，反之为负脉冲，如图 2-24 (c) 所示。

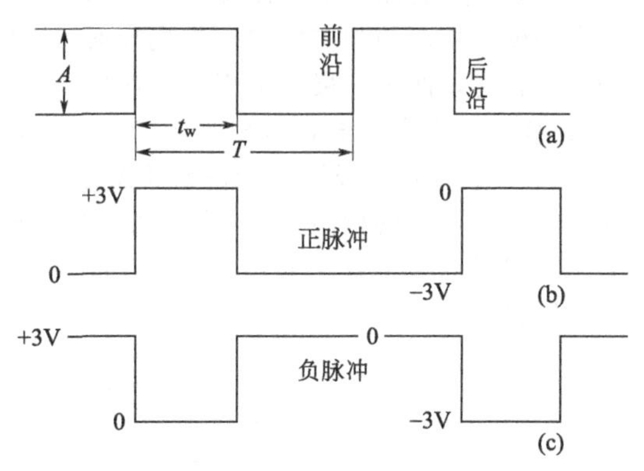

图 2-24　矩形脉冲波分析示意图

2.6.1　脉冲信号与数字的联系

所谓数字就是由“0”、“1”等一些数码组成的串，这些数码串怎样同电路发生联系？电路以何种方式来表示这些数码？为此，先来分析电路的状态。

任何一个电路，不论是简单或复杂电路，都具有这样性质：或导通，或断开；或有输出，或无输出；或输出高电位，或输出低电位，即都具有两种稳定状态。如根据这一特性，把电路输出高电平这一状态理解为“1”，而将电路输出低电平状态看作是“0”，那么数字便可以用电路状态来表示了。如此一来，便可用三极管导通和截止这两种状态分别表示数字“1”和数字“0”，或用输入脉冲的高电平表示“1”，低电平则表示“0”。另一方面，数字除了可用常用的十进制方法表示外，亦可以用二进制计数方法来表示，在二进制计数方法中，只需要“0”和“1”两个数码就行了。

所谓二进制，就是“逢二进一”。例如，$1+1=(10)_2$（即十进制中的 2）；又如，$11+1=(100)_2$（二进制中的 11 即为十进制中的 3，二进制的 100 则为十进制中的 4）等。这样，便能用三极管很方便地构成数字电路的基本单元，利用三极管的开关特性来表示数字，从而使电路和数字融为一体。

在模拟电路中，人们主要研究的问题是弱信号的放大以及各种形式信号的产生、变换和反馈等，而在数字电路中，重点则转向研究各个单元的状态（“0”或“1”）之间的相互关系，即通常所说的逻辑关系。

2.6.2 基本逻辑门电路

逻辑是指一定的因果关系。输入与输出信号之间存在一定逻辑关系的电路称为逻辑电路，逻辑电路中最基本的单元是门电路和触发器。所谓门电路，是指该电路在满足一定条件时，允许信号通过，否则就不能通过，起着类似于“门”的作用，故称为逻辑门。基本门电路有“与门”、“或门”和“非门”等。

①“与”门 “与”门的逻辑关系为：只有当每个输入端都有规定的信号输入时，输出端才有规定的信号输出，这种逻辑关系可以用一个简单的例子来说明。

图2-25所示电路中用两个串联的开关共同控制一个灯泡，只有当两个开关同时都合上时，灯泡才亮。如果其中有一个开关断开，灯就熄灭。灯泡跟这两个开关状态之间的关系就是“与”逻辑。

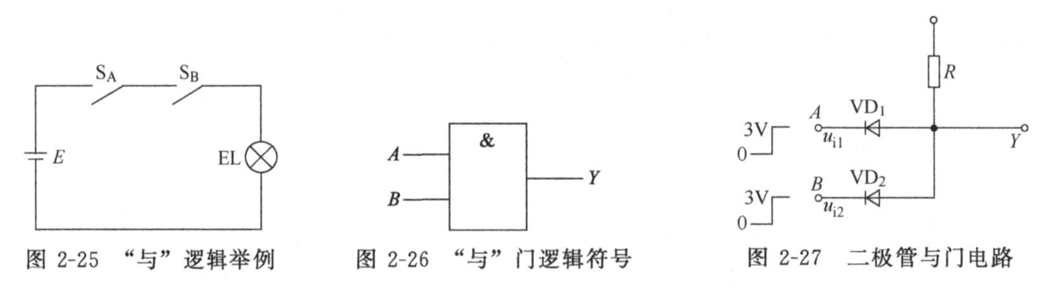

图2-25 “与”逻辑举例 图2-26 “与”门逻辑符号 图2-27 二极管与门电路

图2-26所示为“与”门逻辑符号，图2-27是二极管“与”门电路。由图2-27所示电路可以看出：当A点电位为零时，二极管导通，其正向管压降可忽略不计，即Y点电位和A点电位基本相等，Y点电位被钳制在低电平（0V）。不难分析，在此电路中，只要A、B两个输入端中有一个为低电平而使相应的二极管先导通，则输出端Y电位就被钳制在0V，只有当A、B两点均为高电位时，两个二极管均因正向偏置（12V>3V）而同时导通，但由于二极管正极电位提高在3V而使得输出点Y输出高电平。“与”逻辑又称逻辑乘，其逻辑关系表达式为$Y=AB$。

②“或”门 “或”门的逻辑关系是：只要当几个输入端中某一个输入端有规定的信号输入，输出端就有规定的输出。现将图2-25电路图中的两个串联开关改为并联，如图2-28所示。不难看出，只要电路中有一个开关闭合，灯泡就会亮，这即构成了“或”逻辑。图2-29所示为“或”门逻辑符号。

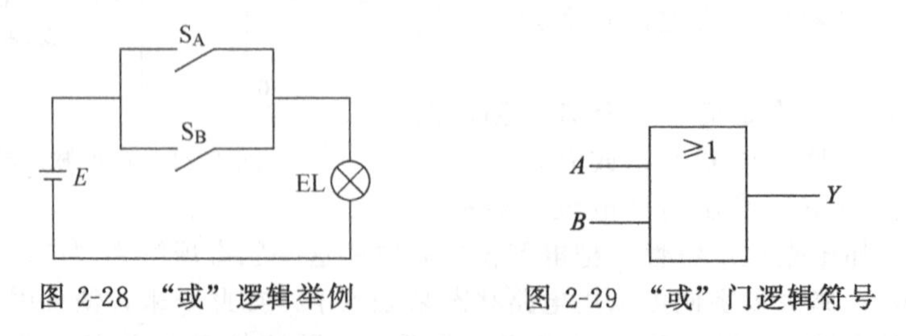

图2-28 “或”逻辑举例 图2-29 “或”门逻辑符号

“或”逻辑又称逻辑加，其逻辑关系表达式为$Y=A+B$。

③“非”门 “非”门电路是一种单端输入、单端输出的逻辑电路，它的逻辑关系可这样来表述：当输入为低电平时，输出为高电平；输入为高电平时，输出为低电平。图2-30表示的是“非”逻辑关系的例子，其中开关S与灯泡并联，当开关S闭合时，灯泡两端因被短路而不亮；当开关S开路时，灯泡因不再被短路而正常工作。这就是“非”门的逻辑关系。“非”门电路也称反相器，其逻辑符号见图2-31。

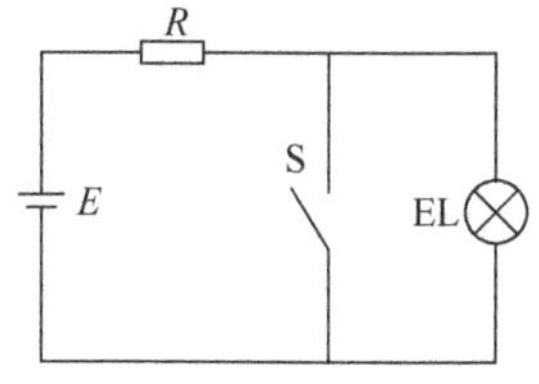

图 2-30 “非”逻辑举例

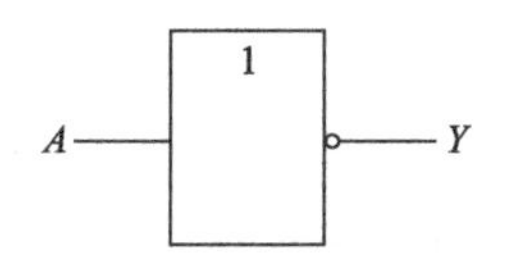

图 2-31 “非”门逻辑符号

“非”门逻辑也称为逻辑非，其逻辑关系表达式为 $Y=\overline{A}$。

“与”门和“非”门还可组成“与非”门，其逻辑关系为先“与”后“非”；“或”门、“非”门可组成“或非”门，其逻辑关系为先“或”后“非”。

上面介绍的为基本逻辑门，实际应用中可以根据需要，组合成各种复杂的门电路，如“异”门、半加器、全加器等电路，从而实现数字运算和处理。

在处理数字信息时，往往还需要将信息予以保存和记忆。前面介绍的各种逻辑门电路，均无记忆功能。也就是说，逻辑输出只决定于当时的输入信号，而与电路原有的状态无关，且一旦撤除输入信号，相应的输出也将消失，不能将其状态保存下来。

如果在组合逻辑门电路中接入某种有记忆功能的电路，则电路便有了一定的记忆能力，相应地，输出就不仅与输入有关，而且与电路原来的状态有关，这样的电路称为时序逻辑电路，简称时序电路。

构成时序电路中的基本电路称为双稳态触发器电路。该电路有“0”和“1”两种稳定的输出状态，当输入某种触发信号时，它由原来的稳定状态翻转为另一种稳定状态；无信号触发时，它将保持原有稳定状态不变。触发器由于具有这种特性而作为储存数字信号的基本单元电路，它是各种时序电路的基础。

目前，触发器大多采用集成电路产品，按逻辑功能的不同，分成 RS 触发器、JK 触发器和 D 触发器等。

2.6.3 计数器与寄存器

作为触发器的一种应用，就是利用触发器构成各种形式的计数器。计数器的应用十分广泛，它不仅可以用于计数，如累计输入脉冲的数目，最后给出累计的总数，还可用作数字系统中的定时电路和执行运算。计数器可以进行加法计数，也可以进行减法计数，或者可以进行两者兼有的可逆计数。最常用的计数器有二进制计数器和十进制计数器，也有五进制、七进制、八进制、十二进制计数器等。

图 2-32 表示的是由 JK 触发器构成的 4 位二进制计数器。

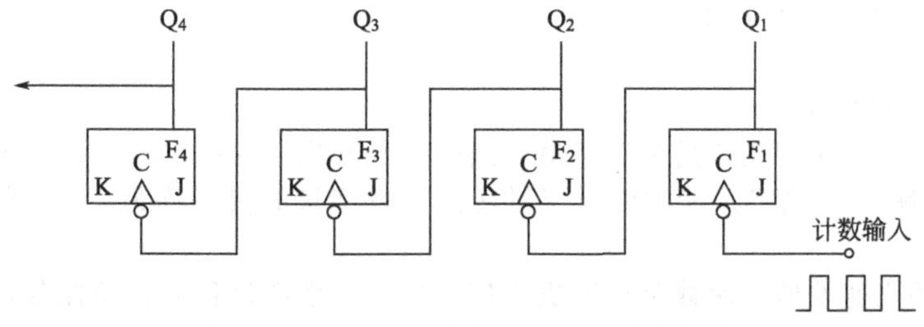

图 2-32 JK 触发器构成的二进制计数器

图中，第一触发器的输入为计数器的输入，此后，前一触发器的输出构成了后一触发器的输入，最后一个触发器的输出作为计数器的输出。当有脉冲输入时，第一触发器每接到两个脉冲后就向第二触发器发出一个脉冲，第二触发器每得到两个脉冲后就向第三触发器发出一个脉冲；如此继续下去，要使第四个触发器发出一个脉冲（即计数器有一个输出，实际上也就是完成 4 位二进制计数），累计总输入的计数脉冲数为 $2^4=16$。

二进制计数器的结构简单，但读数不习惯，所以在某些场合下仍采用十进制计数器。十进制计数器是在二进制计数器的基础上改进得出的，它用4位二进制数来代表一位十进制数，所以也称为二-十进制计数器。

4位二进制的触发器可计16个脉冲数，即有16个稳定的电路状态，但十进制只需要10个稳定状态的电路就够了，因此在4位二进制计数器的基础上，只需设法除去6个电路状态，就能满足要求，这在技术上很容易实现。

触发器的另一种应用是用作寄存器。寄存器是具有存放数码功能的一种逻辑部件，因为一个触发器可以存储一位二进制代码，所以用 N 个触发器组就可以组合成一个存储 N 位二进制代码的寄存器，用以存放二进制的数据和代码。常用的寄存器有数码寄存器和移位寄存器。

① 数码寄存器　由具有记忆功能的触发器构成。一个触发器只能存放一位二进制数码，需要存放多位时，就得用多个触发器。寄存器中的每个触发器有一个输入端，用以接收寄存信号；每个触发器还有一个复位端，用于使触发器置0，在接收数码之前必须先置0。

② 移位寄存器　这种寄存器具有移位的功能。所谓移位，就是每当一个移位脉冲到来时，触发器的状态便向左或右移动一位，即寄存器中储存的数码，在移位信号的作用下依次移位。移位寄存器有两个输入端，一个用于输入数码，另一个输入控制电位。只有当控制电位为高电位时，输入数码才能在移位脉冲到来时移进寄存器。移位脉冲分别送入各个触发器的输入端，移位寄存器的每个触发器都有一个输出端，以便并行输出移进寄存器的数码。

图2-33、图2-34分别给出了用JK触发器和RS触发器构成的移位寄存器的逻辑图。

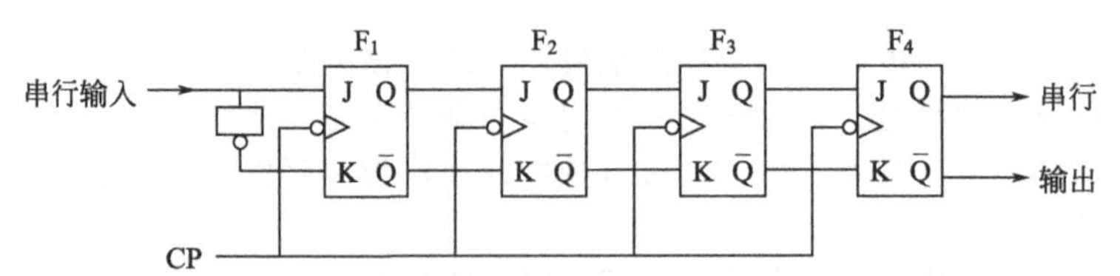

图2-33　JK触发器构成的移位寄存器逻辑图

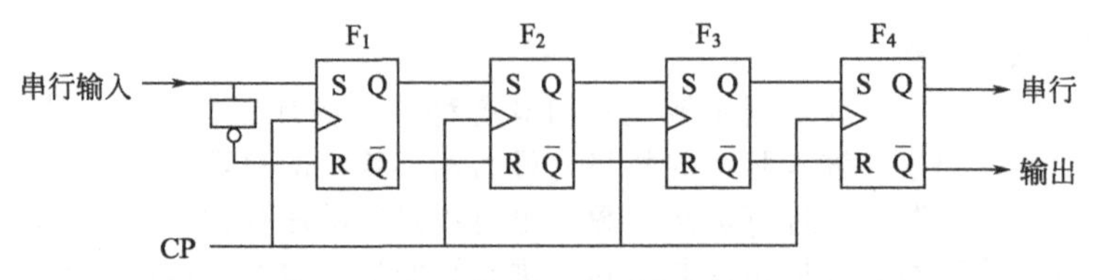

图2-34　RS触发器构成的移位寄存器逻辑图

2.7　模/数与数/模转换

2.7.1　A/D转换概念

实际应用中，需要实现模拟量和数字量之间的相互转换，这种将模拟量变为数字量的转换称为模/数转换，简称A/D转换。能够将模拟量转换成数字量的装置称为模/数转换器，也称A/D转换器或称ADC。

计算机技术的飞速发展，使数字计算机已广泛应用于生产过程的自动控制，但数字计算机能计算和处理的量是数字量而不是模拟量，而生产过程中的参数（如压力、温度、流量、物位、转速、成分等）大多是连续变化的模拟量，必须将这些模拟量通过相应的传感器转化为连续变化的另一模拟量——电压或电流，才能实现计算机控制。此外，在许多数字式仪器仪表中，也需将检测来的模拟信号转换成数字信号才能实现数字信号处理与显示。

2.7.2　D/A转换概念

在生产过程的控制过程中，除常进行A/D转换之外，还需要将计算机的运算结果作为控制信号，去控制现场执行机构的动作，以调整工艺生产过程中的一些介质输入输出量。但现场执行机构能接受的信号只能是模拟信号，因此，需要将数字计算机输出的数字信号转换成模拟信号，这种转换称为数/模转换，简称 D/A 转换。能够将数字量转换为模拟量的装置称为数/模转换装置，也称 D/A 转换器或 DAC。ADC 和 DAC 是联系数字系统和模拟系统的“桥梁”，也叫两者之间的接口。图 2-35 表示的就是数/模转换和模/数转换的原理框图。

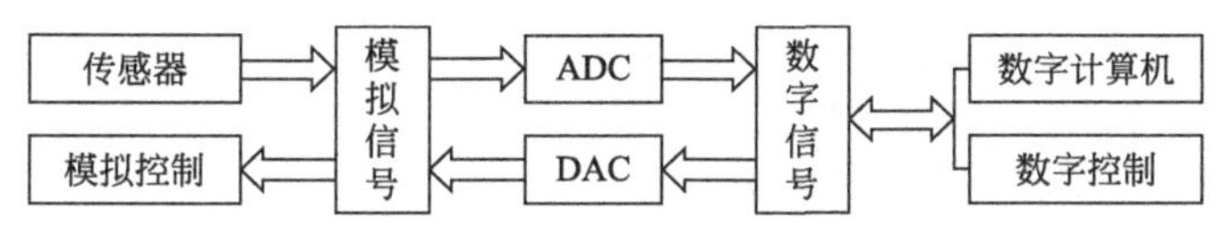

图 2-35　数/模转换和模/数转换的原理框图

本章小节

① 半导体二极管具有单向导电性。外加正向电压时二极管导通，有较大的正向电流，呈低阻状态；外加反向电压时截止，有微弱的反向电流，呈高阻状态；当反向电压增加到一定数值时，二极管被反向击穿，反向电流增加。三极管是一种电流控制器件，通过基极电流的较小变化去控制集电极电流的较大变化。三极管有三个工作区域：截止区域、放大区域和饱和区域，通常情况下，三极管工作在线性放大区域。

② 利用二极管的单向导电特性，可将交流整流为直流。整流电路有半波整流和全波整流两种，半波整流电路结构简单，但变压器的利用率较低，且整流后所得的直流脉动程度大，实际应用中常采用桥式全波整流电路进行全波整流。滤波电路的作用是减小整流后脉动直流信号中的脉动成分，滤波电路有多种形式，实际应用时应根据需要选择合适的滤波电路。

③ 单管放大电路是模拟电路中一种最基本、最常用的放大电路。放大电路的实质是实现能量的控制，即用小能量的输入信号控制较大能量的输出信号。单管放大电路利用三极管的电流放大作用，通过负载电阻的转换实现了信号的倒相放大。通过正确选择元件的参数，可使放大电路的静态工作点定位合理，使三极管工作在线性放大区域，取得较好的放大效果。单管放大电路的放大倍数有限，对微弱信号的放大往往借助于多级放大器。为使放大信号稳定，常采用负反馈技术，电流负反馈具有稳定输出电流的作用，电压负反馈的作用在于使输出电压稳定。

④ 直流放大器和交流放大器的原理一致，只是被放大的信号不同。对于直流放大器应在电路结构上考虑零点漂移的抑制问题。直流电源的功能是将交流电压转换为直流电压，为电子设备提供所需的直流电压和电流，一般由电源变压器、整流电路、滤波电路和稳压电路等部分组成。

⑤ 集成运算放大器是模拟电路中应用最广、通用性最强的集成组件，集成运放几乎可以应用于电子技术的各个方面。在分析集成运放应用电路时，一般均将实际运放按理想运放处理。

⑥ 在数字电路中，半导体器件一般均工作在开或关两种状态下，对应于数字“1”或“0”。门电路是构成数字电路的基本单元，用于实现各种逻辑关系。时序电路的特点是具有记忆功能，构成时序电路的基本电路是双稳态触发器，利用双稳态触发器还可构成计数器、寄存器等。

习　题　2

2-1　二极管具有什么作用？其图形符号是怎样表示的？

2-2　什么叫整流？整流有几种方式？什么叫滤波？滤波有几种方式？

2-3　三极管具有什么特性？其图形符号是怎样表示的？

2-4　单管交流放大器为什么具有倒相作用？多级放大器为什么要采用阻容耦合？

2-5　什么叫放大器的反馈？反馈通常有几种形式？正、负反馈各在什么情况下使用？电压负反馈、电流负反馈各在什么情况下使用？

2-6　简述直流放大器的作用，直流放大器为什么会有零点漂移？怎样抑制零点漂移？

2-7　脉冲与数字是怎样联系到一起的？数字电路为何采用二进制计数？

2-8 数字电路与模拟电路的主要区别是什么？数字电路有何优点？

2-9 将下列二进制数改用十进制表示：

①101；②1010；③1000；④11011；⑤11111；⑥111000

2-10 将下列十进制数改用二进制表示：

①7；②13；③16；④255；⑤128；⑥63

2-11 运算放大器有哪些特性？使用运算放大器时应注意哪些问题？

2-12 脉冲信号有哪些用途？如何描述一个脉冲信号？

2-13 简述门电路、触发器、寄存器的含义。

2-14 为什么要进行模/数转换和数/模转换？

3 变 压 器

学习目标：

- 了解变压器的种类、作用及基本工作原理；
- 掌握变压器的主要参数及铭牌识读方法。

变压器是一种实现电压或电流变换的电气设备，它能将某一数值的交流电压或电流变换为频率相同而数值不同的交流电压或电流。在电力系统中，发电厂发出的交流电，经输电线路输送到用电单位，供给电气设备使用。在电能输送过程中，为减少线路损耗，远距离输电的电压都在35kV以上，这样的高电压，不能由交流发电机直接产生。为此，发电机发出的电，必须用升压变压器将电压升高到所需的电压，进行远距离输电。各类用电设备所需要的电压不一定相同，多为380/220V，也有3000V、6000V或36V等，这些电压要用降压变压器将输电线路上的高压电降到所需电压。由此可见，变压器是电力系统中不可缺少的电气设备。图3-1为输配电系统的示意图。

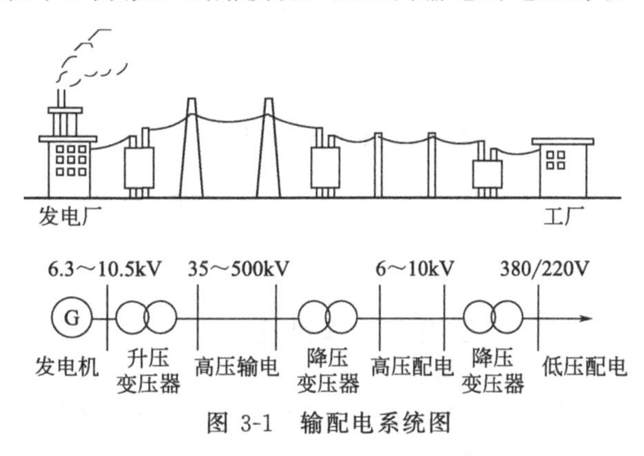

图 3-1 输配电系统图

变压器除在电力系统中应用外，在电子系统中也经常使用，用来耦合电路、传递信号，或实现阻抗变换。

变压器的种类很多，除有电力变压器外，还有自耦变压器、互感器及专用变压器等，如电焊机中的电焊变压器。图3-2为常见变压器的外形。

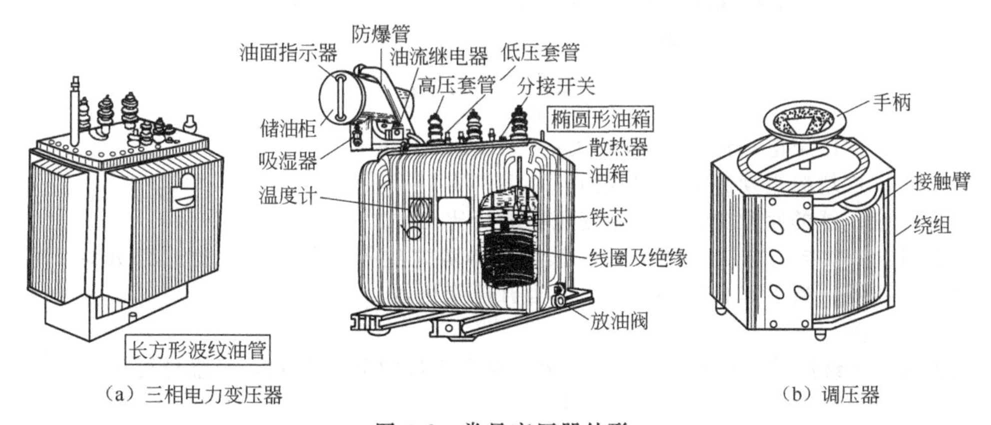

(a) 三相电力变压器　　(b) 调压器

图 3-2 常见变压器外形

3.1 变压器的结构及工作原理

3.1.1 变压器的结构

变压器的基本结构是由硅钢片叠成的铁芯与套装其上的绕组所组成，如图3-3所示。

铁芯是变压器的磁路部分，为减小磁滞损耗和涡流损耗，铁芯通常采用0.35～0.5mm厚度的硅钢片叠成，每片硅钢片之间都涂有绝缘漆。

绕组是变压器的电路部分，一般是用高强度的漆包线绕制的线圈。与电源连接的绕组称一次绕组（又称初级绕组、原绕组），与负载连接的绕组称二次绕组（又称次级绕组、副绕组）。一台变压器可能有多个二次绕组，以产生不同的输出电压。

由图3-3可见，虽变压器结构形式不相同，但绕组总是放在铁芯上。图3-3（a）所示的是绕组在外面，即绕组包围铁芯，故称芯式结构；而图3-3（b）所示形式为铁芯在外，即铁芯包围绕组，称壳式结构。

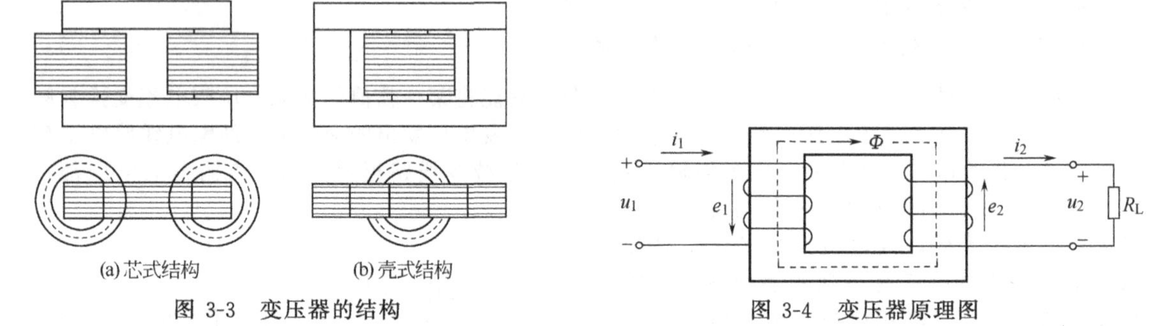

图3-3　变压器的结构

图3-4　变压器原理图

变压器在工作时，铁芯与绕组都会发热，对于小容量的变压器，通常用空气自然冷却。对于大容量的变压器，是将铁芯和绕组浸放在装有变压器油的油箱里进行散热，同时提高变压器的绝缘性能。

3.1.2　变压器的工作过程

（1）电压变换

如图3-4所示的变压器中，规定一次侧的电压、电流、功率和匝数分别为U_1、I_1、P_1和N_1；二次侧的电压、电流、功率和匝数分别为U_2、I_2、P_2和N_2。当一次侧绕组接在交流电源上，在交流电源u_1的作用下，流过一次绕组的交变电流为i_1，铁芯里产生交变磁通Φ，沿铁芯形成闭合回路。磁通Φ同时穿过二次绕组，根据电磁感应定律，磁通Φ在二次绕组中产生感应电动势e_2，二次绕组两端形成同频率的交流电压。

假设变压器空载，$i_2=0$。存在：

$$\frac{U_1}{U_2}\approx\frac{E_1}{E_2}=\frac{N_1}{N_2}=K$$

式中　E_1——一次绕组电动势e_1的有效值；
E_2——二次绕组电动势e_2的有效值；
K——变压器的匝数比，又称为变压器的变比。

上式表明：一次绕组与二次绕组中的感应电动势之比等于其匝数之比。当$K>1$时，$U_1>U_2$，为降压变压器；当$K<1$时，$U_1<U_2$，为升压变压器。

（2）电流变换

变压器的二次绕组接入负载Z_L时，二次绕组中流过的电流为I_2，经推导可得：

$$\frac{I_1}{I_2}\approx\frac{N_2}{N_1}=\frac{1}{K}$$

上式表明：一次、二次绕组中的电流之比等于其匝数比的倒数，匝数较多的高压侧绕组中的电流较小，匝数较少的低压侧绕组中的电流较大。

（3）阻抗变换

除可以实现电压、电流变换外，变压器还能进行阻抗变换，实现负载阻抗的匹配。负载获得最大功率的条件是负载的电阻等于信号源的内阻，用变压器可以实现阻抗匹配的任务。

在图3-5（a）中，负载阻抗$|Z_L|$接在变压器的二次侧，图中虚线框部分可用一个阻抗$|Z'_L|$来代替，如图3-5（b）所示，$|Z'_L|$与虚线框内的电路等效，保持电压与电流不变。由此可得出

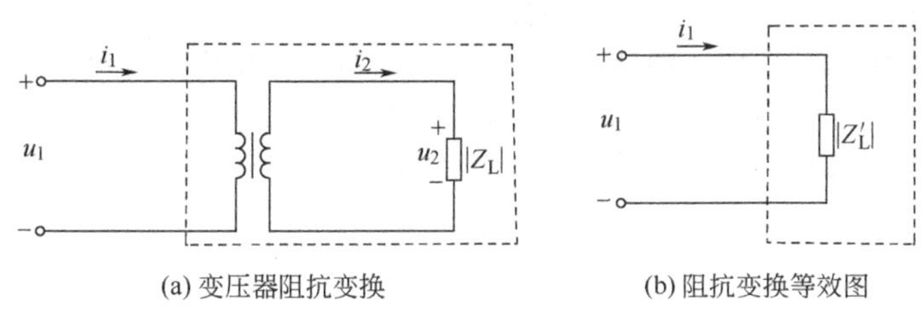

(a) 变压器阻抗变换　　(b) 阻抗变换等效图

图 3-5　负载阻抗变换

$$\frac{U_1}{I_1}=\frac{\frac{N_1}{N_2}U_2}{\frac{N_2}{N_1}I_2}=\left(\frac{N_1}{N_2}\right)^2\frac{U_2}{I_2}$$

由图 3-5 可知

$$\frac{U_1}{I_1}=|Z_L'|,\quad \frac{U_2}{I_2}=|Z_L|$$

即

$$|Z_L'|=\left(\frac{N_1}{N_2}\right)^2|Z_L|=K^2|Z_L|$$

上式说明接在二次侧的负载阻抗$|Z_L|$，相当于接在一次侧的一个与$|Z_L|$有比例关系的阻抗$|Z_L'|$，$|Z_L'|$将$|Z_L|$扩大了K^2倍，实现了阻抗转换。

3.2　变压器的分类

变压器的种类很多，根据其用途不同，可分为电力变压器、控制变压器和自耦变压器。另根据其相数不同还可分为单相变压器和三相变压器。下面介绍几种常见的变压器。

(1) 自耦变压器

自耦变压器是一种特殊的变压器，其特点是二次绕组为一次绕组的一部分，它的电路原理图如图 3-6 所示。

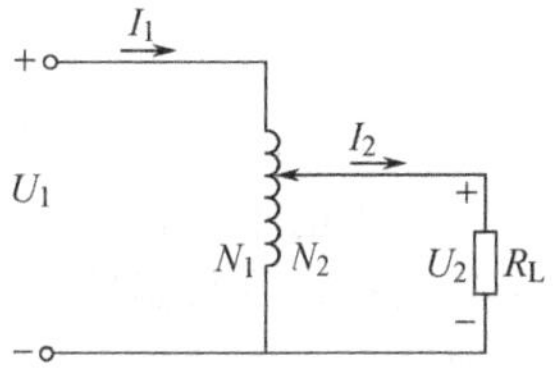

由图 3-6 可知，一次电压与二次电压之比为

$$\frac{U_1}{U_2}\approx\frac{N_1}{N_2}=K$$

$$\frac{I_1}{I_2}\approx\frac{N_2}{N_1}=\frac{1}{K}$$

图 3-6　自耦变压器原理图

实际中常用的调压器就是一种自耦变压器，改变二次绕组的匝数就可以得到所需要的输出电压。

(2) 电流互感器

电流互感器是根据变压器的原理构成的，它主要用来扩大交流电流表的量程，同时使测量电路与高压电路隔离，保证设备和人身安全。电流互感器的接线原理图及符号如图 3-7 所示。

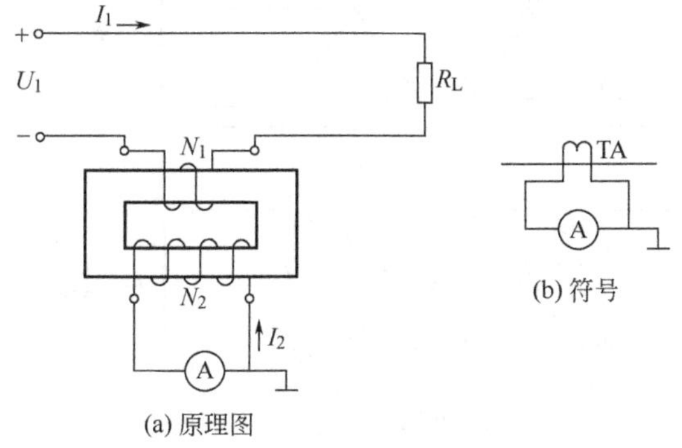

(a) 原理图　　(b) 符号

图 3-7　电流互感器原理图及符号

电流互感器一次绕组的匝数很少，它与负载相连；二次绕组的匝数较多，与电流表相连接。根据变压器的原理有

$$\frac{I_1}{I_2}\approx\frac{N_2}{N_1}=K_i$$

即

$$I_1=K_iI_2$$

式中，K_i 为电流互感器的变换系数（通常二次绕组的额定电流设计成标准值 5A 或 1A）。

实际使用时，二次侧电路不能断开。为了安

全起见，电流互感器的铁芯及二次绕组应该接地。

钳形电流表是电流互感器的一种变形，如图3-8所示。使用钳形电流表测量导线电流时，把压钳张开，将被测电流导线套入钳形铁口内。这时导线就相当于电流互感器的一次绕组（一匝），二次绕组在铁芯上并与电流表直接连接。用钳形电流表可方便地检测导线中的电流，而无需断开被测电路。

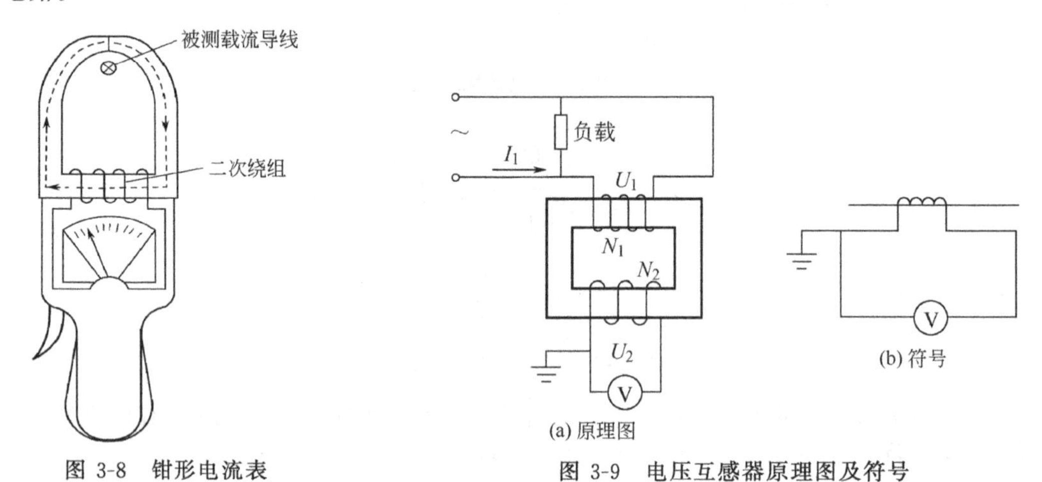

图3-8 钳形电流表

(a) 原理图　(b) 符号

图3-9 电压互感器原理图及符号

（3）电压互感器

电压互感器是一台小容量的降压变压器，其原理图和符号如图3-9所示。它的一次绕组匝数较多，并联在被测电路上；二次绕组匝数较少，接到电压表或其他保护、测量装置上，指示一次电压的大小。

根据变压器的工作原理，可得

$$\frac{U_1}{U_2} \approx \frac{N_1}{N_2} = K_U$$

或

$$U_1 = K_U U_2$$

式中，K_U 为电压互感器的变压比（通常二次绕组设计成标准值为100V）。

使用电压互感器时，电压互感器的二次绕组不得短路。为安全起见，在一次绕组和二次绕组端分别接入熔断器进行保护，同时，电压互感器的铁芯、金属外壳和二次绕组的一端必须可靠接地。

（4）三相变压器

三相变压器的工作原理与单相变压器相同，要变换三相交流电压可采用三相变压器，如图3-10所示。

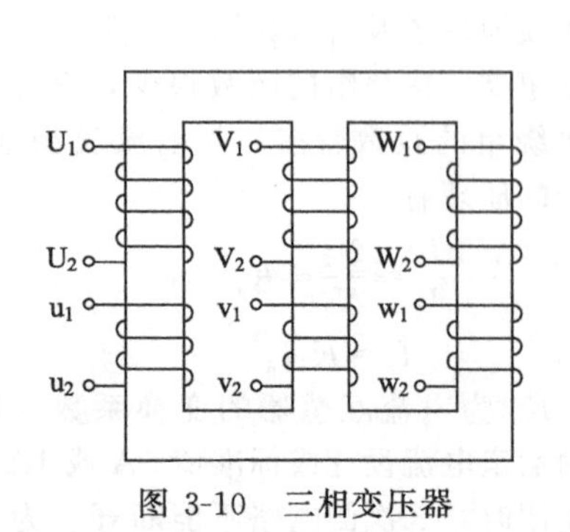

图3-10 三相变压器

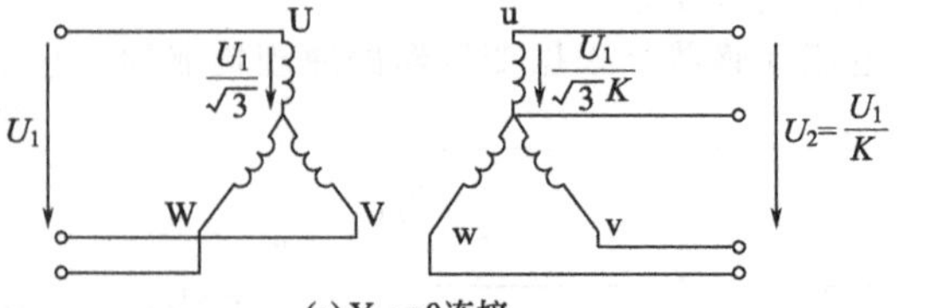

(a) Y, yn0连接

(b) Y, d连接

图3-11 三相变压器连接实例图

高压绕组（一次绕组）的首端和末端分别用 U_1、V_1、W_1 和 U_2、V_2、W_2 表示，低压绕组（二次绕组）的首端和末端分别用 u_1、v_1、w_1 和 u_2、v_2、w_2 表示。

三相变压器的绕组有星形和三角形两种连接方式，图 3-11 所示是三相变压器连接两例。

3.3 变压器的铭牌

变压器外壳上都有一块铭牌，标有变压器型号和主要参数，如表 3-1 所示。

表 3-1 变压器铭牌

电力变压器

产品型号	SL7-500/10	标准代号	××××
额定容量	500kV·A	产品代号	××××
额定电压	10kV	出厂序号	××××
额定频率	50Hz 3 相		
连接组别	Y,yn0		
阻抗电压	4%		
冷却方式	油冷		
使用条件	户外		

开关位置	高压		低压	
	电压/V	电流/A	电压/V	电流/A
Ⅰ	10500	27.5		
Ⅱ	10000	28.9	400	721.7
Ⅲ	9500	30.4		

××电力变压器厂 ××××年××月

变压器的铭牌数据包括以下几方面。

① 变压器的型号 表示变压器的性能。如型号为 SL7-500/10，具体表示为：S—三相，L—铝线，500—额定容量为 500kV·A，10—高压侧电压为 10kV，7—设计序号。

② 额定电压 规定工作方式运行时，一次绕组所允许的电压为额定电压 U_{1N}，由变压器的绝缘强度和允许温升来确定。二次绕组的额定电压 U_{2N} 是指一次绕组加上额定电压时二次绕组的空载电压，对于单相变压器是指电压有效值，对三相变压器则指线电压的有效值。单位是 V 或 kV。

③ 额定电流 变压器在额定负载运行时，一次、二次绕组所允许通过的最大电流，即 I_{1N}、I_{2N}，它由变压器允许温升来确定。对单相变压器是指电流有效值，对于三相变压器是指线电流的有效值，单位是 A 或 kA。

④ 额定容量 额定容量是指变压器二次绕组的额定电压与额定电流的乘积，其单位为 V·A（伏·安）或 kV·A（千伏·安），用符号 S_N 表示。

对于三相变压器 $S_N=\sqrt{3}U_{2N}I_{2N}\approx\sqrt{3}U_{1N}I_{1N}$

⑤ 变压器的效率 变压器与交流铁芯线圈一样，功率损耗包括铁损 ΔP_{Fe} 和绕组上的铜损 ΔP_{Cu} 两部分。变压器的效率 η 由下式确定：

$$\eta=\frac{P_2}{P_1}\times100\%=\frac{P_2}{P_2+\Delta P_{Fe}+\Delta P_{Cu}}\times100\%$$

式中 P_2——变压器的输出功率；

P_1——变压器的输入功率；

η——变压器的效率。

由于变压器的功率损耗很小，因此变压器的效率一般都很高，通常在 95%以上。

【例 3-1】 某台变压器，原绕组电压为 220V，副绕组电压为 55V，原绕组为 1000 匝，若副绕组接入阻抗为 10Ω，问：①变压器的变比为多少？②副绕组的匝数为多少？③原、副绕组中电流各为多少？

解 变压器的变比 $K=U_1/U_2=220/55=4$

副绕组的匝数 $N_2=N_1U_2/U_1=(1000\times55)/220=250$ 匝

副绕组的电流 $I_2=U_2/Z_2=55/10=5.5$ (A)

原绕组的电流 $I_1=I_2N_2/N_1=(5.5\times250)/1000=1.375$ (A)

【例 3-2】 某台变压器，一次电压 $U_1=3000\text{V}$，二次电压 $U_2=220\text{V}$，若二次电流为 114A，求变压器一次电流为多大？

解 由 $I_1/I_2=N_2/N_1=U_2/U_1$ 得

$$I_1=I_2U_2/U_1=(220\times114)/3000=8.36\ (\text{A})$$

【例 3-3】 某台用于照明的三相变压器，其参数如下：$S_N=100\text{kV}\cdot\text{A}$，$U_{1N}=6000\text{V}$，$U_{2N}=400\text{V}$，$f=50\text{Hz}$，绕组接成 Y，yn0 形。由测试得铁损 $\Delta P_{Fe}=600\text{W}$，额定负载时铜损 $\Delta P_{Cu}=2400\text{W}$。试求：①变压器的额定电流；②额定负载时的效率。

解 ① 由前面公式得

$$I_{2N}=\frac{S_N}{\sqrt{3}U_{2N}}=\frac{100\times10^3}{\sqrt{3}\times400}=144.3\ (\text{A})$$

$$I_{1N}=\frac{S_N}{\sqrt{3}U_{1N}}=\frac{100\times10^3}{\sqrt{3}\times6000}=9.62\ (\text{A})$$

② 额定负载时效率为

$$\eta=\frac{P_2}{P_2+\Delta P_{Fe}+\Delta P_{Cu}}\times100\%=\frac{100\times10^3}{100\times10^3+600+2400}\times100\%=97.1\%$$

【例 3-4】 一台输出变压器二次侧接有 8Ω 的扬声器，一次侧输入信号源内阻是 512Ω。当输出最大功率时，求变压器线圈的匝数比。

解 由于

$$|Z_L'|=\left(\frac{N_1}{N_2}\right)^2|Z_L|=K^2|Z_L|$$

所以

$$K=\frac{\sqrt{Z_L'}}{\sqrt{Z_L}}=\frac{\sqrt{512}}{\sqrt{8}}=8$$

即匝数比为 8。

变压器还有一些参数，如温升、阻抗电压、连接组别等参数，这里不再一一介绍，读者可参阅有关资料。

本章小结

① 变压器由绕组、铁芯等部分组成。

② 变压器具有变换电压、电流和阻抗的功能，应用广泛。

③ 变压器是常用的电气设备，有单相与三相变压器、电力变压器、控制变压器和自耦变压器等。

④ 电流互感器是一种特殊的变压器，使用时切勿将二次绕组开路，二次绕组的一端与铁芯应有可靠接地，以保证安全。

⑤ 变压器的主要参数有额定电压、额定电流和额定功率等。使用时，一次、二次侧不能接反。当变压器接到超过额定电压的电源上时，铁芯处于高度饱和状态，将使电流增加，导致变压器烧毁。

习 题 3

3-1 在电能输送过程中，为什么都采用高压输电？

3-2 单相变压器由哪两部分组成？各部分有何作用？

3-3 变压器的额定电压为 220/36V，如果不慎将低压侧接到 220V 的电源上，问将产生什么后果？

3-4 变压器铭牌上标出的额定容量的单位为 kV·A，而不是 kW，为什么？

3-5　有一台电压为 220/110V 的变压器，$N_1=2000$ 匝，$N_2=1000$ 匝。若将匝数减小到 1000 匝和 500 匝，能否使变比 K 保持不变？

3-6　某低压照明变压器，原绕组 $U_1=380$V，$I_1=0.263$A，$N_1=1010$ 匝，副绕组 $N_2=103$ 匝，求副绕组对应的输出电压 U_2 及输出电流 I_2，该变压器能否给一只 60W、36V 的低压白炽灯供电？

3-7　有一照明变压器，容量为 10kV·A，电压为 3300/220V，变压器在额定状态下运行。欲在二次侧接上 220V、60W 的白炽灯，求可接入电灯的个数，并求出一次侧、二次侧的额定电流。

3-8　图 4-12 所示为一台具有 3 个二次绕组的单相变压器，试问能得到多少种输出电压？

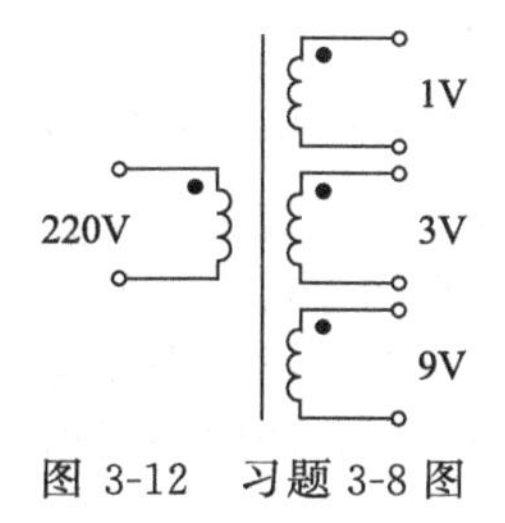

图 3-12　习题 3-8 图

3-9　某扩音器的输出阻抗为 250Ω，要接一个负载为 8Ω 的扬声器，现用一台变压器来进行匹配，试求输出变压器的变比 K。

4　异步电动机

学习目标：

- 了解三相异步电动机的结构和工作过程；
- 了解三相异步电动机有关参数概念，理解铭牌数据的具体含义；
- 了解三相异步电动机的启动、反转、制动方法和调速方法；
- 了解单相异步电动机的工作原理；
- 了解三相异步电动机的控制、保护设备及巡检内容，掌握电动机的保养、使用方法。

电动机的作用是将电能转换为机械能，实现能量的转换，或者完成传递控制。现代日常生活与企业生产中各种机械都广泛使用电动机作为驱动设备，如在电风扇、洗衣机、车床中都有电动机。

电动机分为交流电动机和直流电动机两大类，交流电动机又分异步电动机（或感应电动机）和同步电动机，生产中交流电动机最为常用，特别是三相异步电动机，直流电动机只是用在需要均匀调速的生产或运输机械中。

对于电动机应主要了解以下几个方面的问题：

① 电动机的基本构造；

② 电动机的基本工作过程；

③ 电动机的转矩特性；

④ 电动机的启动、调速、制动和反转控制方法；

⑤ 电动机的使用场合以及正确使用、维护方法。

4.1　三相异步电动机

三相异步电动机由两个基本部分构成：不动部分称为定子；转动部分称为转子。图 4-1 所示为笼型电动机拆开后的各个部件的形状。

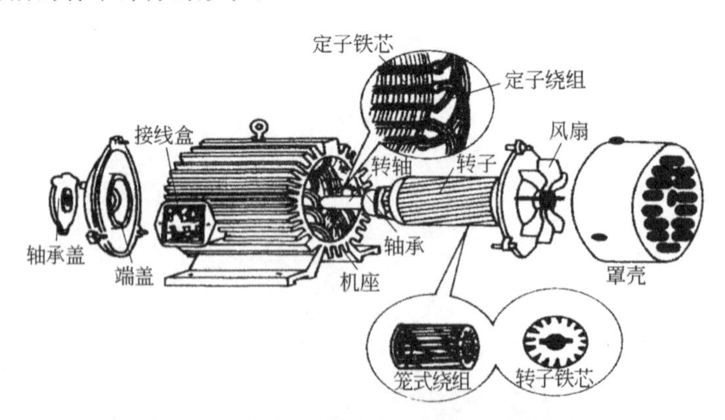

图 4-1　三相笼型异步电动机的组成部件图

4.1.1　三相异步电动机的组成

（1）定子

电动机的定子主要包括定子机座、铁芯、定子绕组等部件。

① 机座　机座是电动机机械结构的组成部分，通常用铸铁或铸钢制成，其作用是固定定子铁芯和定子绕组，机座以两个端盖支承着转子，同时也起着散热作用。

② 定子铁芯　定子铁芯是电动机磁路的一部分，一般用互相绝缘的0.35～0.5mm厚的硅钢片叠装成圆筒形，硅钢片相互之间彼此绝缘，以减少涡流损耗，铁芯内圆上冲有均匀分布的槽，用以嵌放三相定子绕组。绕组是根据电动机的磁极对数和槽数按照一定规则排列与连接的。通常把定子铁芯压入机座内成为一个整体，图4-2（a）、（b）分别为未装绕组的定子和定子铁芯的冲片。

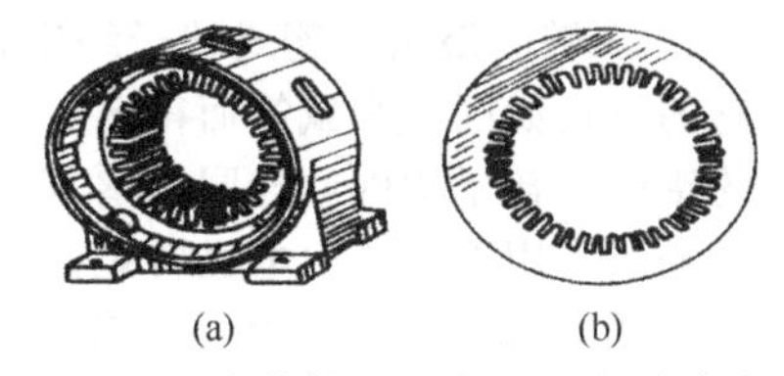

图 4-2　未装绕组的定子和定子冲片

③ 定子绕组　定子绕组是电动机的电路部分，其作用是通入三相对称交流电后产生旋转磁场，一般用绝缘铜线绕制而成三相对称绕组。三相绕组彼此独立，按互差120°的电角度嵌放在铁芯槽内，并与铁芯绝缘。三相绕组的六个出线端（即U_1、U_2；V_1、V_2；W_1、W_2）引到机座的接线盒内。

根据电网的线电压与各绕组的额定电压之间的关系，定子绕组可以接成星形或三角形。为便于改变接线，三相绕组的六个端子都接到外面的接线盒内，接线盒内接线柱的位置分布图如图4-3（a）、（b）所示，其中图4-4（a）、（b）分别为表示图4-3（a）、（b）接法的电路。

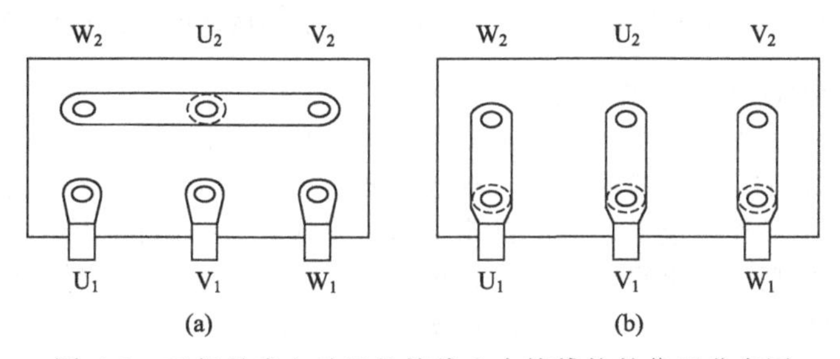

图 4-3　三相异步电动机的接线盒中接线柱的位置分布图

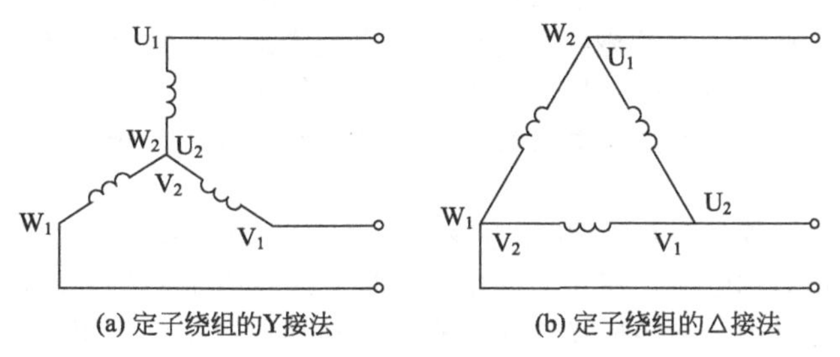

图 4-4　定子绕组的接法

（2）转子

转子是电动机的旋转部分，由转子铁芯、转子绕组和转轴三部分组成。

① 转子铁芯　转子铁芯是由互相绝缘的0.5mm厚的硅钢片叠装成圆柱形铁芯，直接套装在转轴上。在硅钢片的外圆上冲有均匀分布的槽，用以嵌放转子绕组，如图4-5（a）所示。转子铁芯和定子铁芯及定子与转子间的空隙一起构成电动机的完整磁路。

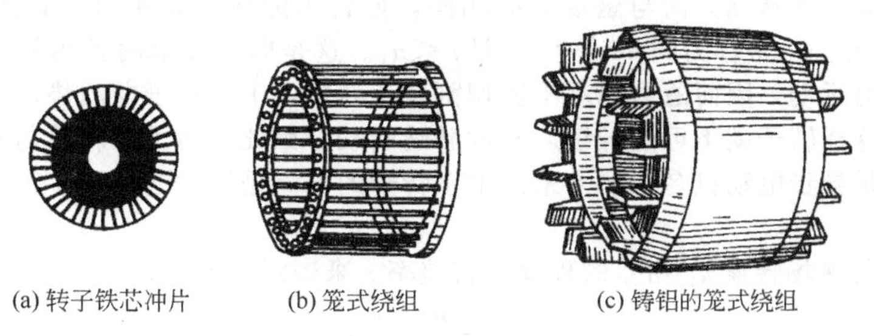

图 4-5　笼式转子

② 转子绕组　笼式转子绕组是在转子铁芯槽内嵌放铜条，两端分别焊在两个铜环上，因为它的形状如同一个鼠笼而得名，如图 4-5（b）所示。小型电动机一般采用铸铝式结构，即将熔化的铝倒入转子槽内，连同风扇等一起铸成整体结构［见图 4-5（c）］。转子绕组的作用是在旋转磁场的作用下，产生电磁转矩。

③ 转轴　转轴一般由中碳钢或合金钢制成，其作用是支承转子的重量，传递电动机输出的机械转矩，电动机定子与转子间有一定的均匀气隙。一般中小型异步电动机转子与定子间的气隙约为 0.2～1.0mm。

具有上述笼式转子的异步电动机称为笼型异步电动机，这类电动机的外形如图 4-6 所示。

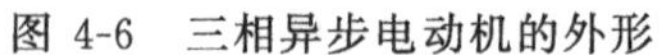

图 4-6　三相异步电动机的外形

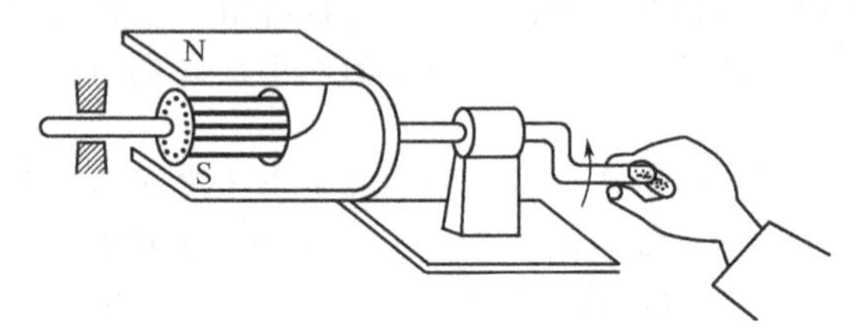

图 4-7　异步电动机转子转动的演示实验

4.1.2　三相异步电动机的工作过程

三相异步电动机接上电源就会转动，其工作过程可通过下面实验来说明。

图 4-7 所示为一装有手柄的蹄形磁铁，磁极间放有一个可以自由转动的、由铜条组成的转子，铜条两端分别用铜环连接起来，形似鼠笼，称为笼式转子。磁极和转子之间没有机械联系。当摇转磁极时，结果发现转子也跟着磁极一起转动。手柄摇转得越快，转子转动也越快；磁极转动减慢时，转子转动也随之减慢；反方向摇转磁极，转子随之反转。

（1）旋转磁场

异步电动机转子转动的原理与上述实验相似，当磁极顺时针旋转时，磁极的磁力线切割转子铜条，铜条中感应出电动势，电动势的方向由右手定则来确定。在电动势的作用下，闭合的铜条中形成电流，该电流与旋转磁极的磁场相互作用，而使转子铜条受到电磁力 F，F 的方向可用左手定则来确定。电磁力在转子上产生电磁转矩，使转子转动起来，转子转动的方向与磁极转动方向相同。

三相异步电动机定子铁芯中的三相对称绕组 U_1U_2、V_1V_2 和 W_1W_2 连成星形，接在三相电源上，绕组中通入三相对称电流，三相对称电流共同产生的合成磁场随着电流的交变而在空间不断地旋转着，形成旋转磁场。旋转磁场同磁极在空间转动所产生的作用是一样的，即旋转磁场也切割转子导体，在导体中感应出电动势和电流，转子中电流与旋转磁场相互作用产生力矩使电动机转动起来。

电动机的转子转动方向和磁场的旋转方向是相同的，如要使电动机反转，则必须改变磁场的旋转方向。如果将与三相电源连接的三根电源线中的任意两根的一端对调位置（例如对调了 U 和 W 两相），则电动机三相绕组的 U 相和 W 相因此而互换，于是旋转磁场将反转，电动机也就跟着改变转动方向反转起来。

虽然电动机转子的转动方向与磁场方向相同，但转子的转速 n 不可能达到旋转磁场的转速 n_1（旋转磁场的转速 n_1 常称为同步转速），即 $n<n_1$。这是因为如果两者相等，则转子与旋转磁场之间就没有相对运动，因而磁力线就不能切割转子导体，于是转子电动势、转子电流以及转矩也都不复存在，这样转子就不可能继续以 n 的转速转动。因此，转子的转速与磁场转速之间必须要有差别，这就是异步电动机名称的由来。由于转子的电流是通过电磁感应产生的，故称感应电动机。

转子转速 n 与磁场转速 n_1 相差的程度用转差率 s 来表示，即

$$s=\frac{n_1-n}{n_1} \tag{4-1}$$

转差率是异步电动机的一个重要的物理量，转子的转速愈接近磁场转速，则转差率愈小。由于三相异步电动机的额定转速与同步转速相近，所以它的转差率很小，通常异步电动机在额定负载时的转差率约为1%～9%。

当$n=0$时（启动的初始瞬间），$s=1$，此时转差率最大。

式（4-1）还可写成

$$n=(1-s)n_1$$

（2）电磁转矩

电动机的电磁转矩T简称转矩，是三相交流异步电动机重要的物理量之一，由旋转磁场的各极磁通Φ与转子电流I相互作用而产生的，与Φ和I都成正比关系，并与定子每相电压U的平方成比例。当电源电压有所变动时，对转矩的影响很大。电动机的转矩可由公式$T=9950(P_2/n)$确定。

公式中P_2是电动机轴上输出的机械功率，n为转速，转矩的单位是N·m（牛顿·米），功率的单位是kW，转速的单位是r/min（转/分）。电动机在额定负载时的转矩称为额定转矩。根据上述转矩公式和电动机铭牌上标定的额定功率（输出机械功率）及额定转速，可求得额定转矩。

电动机除有额定转矩概念外，还有最大转矩T_{max}和启动转矩T_{st}的概念。电动机刚启动时的转矩称为启动转矩，启动转矩同电源电压U_1的平方成比例，当电源电压U_1降低时，启动转矩就会减小。电动机启动时，要求启动转矩大于负载阻力转矩，启动转矩过小时，不能启动，或者使启动时间拖得很长。但如果启动转矩超过负载阻力转矩太多时，则会使得电动机启动时加速过猛，可能导致传动机械（例如齿轮）受到过大的冲击而损坏。

电动机转矩的最大值叫最大转矩，又称为临界转矩，当负载转矩超过最大转矩时，电动机就无法带动负载，发生所谓闷车现象。闷车情况出现后，电动机的电流马上升高六七倍，电动机严重过热，以致烧坏电动机。

4.1.3　三相异步电动机的额定值及铭牌

电动机按照制造厂规定的条件运行时，称为额定运行，额定运行的数据标明在铭牌上。要正确使用电动机，首先要了解电动机的各有关额定数据，必须看懂铭牌。

图4-8所示为一三相异步电动机的铭牌，异步电动机的铭牌上一般包括下列数据。

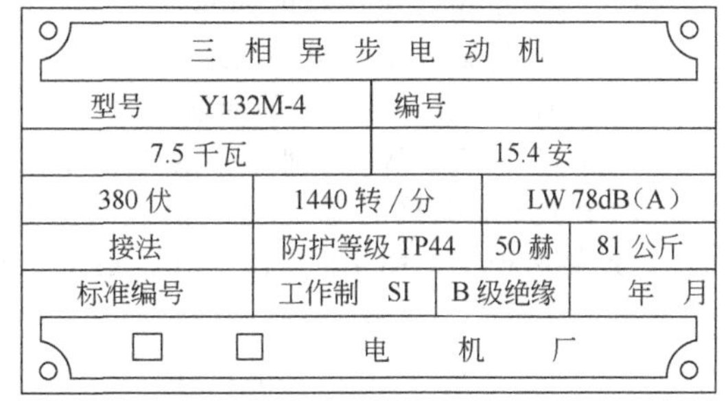

图4-8　三相异步电动机铭牌

① 额定功率P_N　额定运行时电动机轴上输出的机械功率，以kW计。

② 额定电压U_N　额定运行时，定子绕组端应加的线电压，以V或kV计。

③ 额定频率f　额定电压的频率，中国的标准工频为50Hz。

④ 额定电流I_N　额定运行时的线电流值，以A计。

⑤ 额定转速n_N　额定运行时的转速，以r/min计。

⑥ 额定功率因数$\cos\varphi_N$　额定运行时，定子绕组相电压与相电流之间的相位差角的余弦值。

⑦ 额定效率　额定运行时的效率，通常在铭牌上不标明，可利用下式计算：

$$\eta_N=\frac{P_N}{\sqrt{3}U_N I_N\cos\varphi_N}\times100\% \qquad (4\text{-}2)$$

⑧ 工作制　工作制即电动机的运行方式，根据发热条件可以分为连续运行、短时运行、断续（间断）运行三种。

- 连续运行（S1）。电动机持续工作时间较长，温升可达稳定值，此类的生产机械如风机、压缩机、离心泵、机床主轴等。异步电动机多数属于这一种。

• 短时运行（S2）。工作时间较短，温升未达稳定值时就停止运行，且间歇时间足以使电动机冷却到环境温度，例如闸门、节气阀、机床的辅助运动等。中国规定的短时运行标准有15min、30min、60min、90min 四种。

• 断续运行（S3）。周期性地工作与停机，每一周期不超过 10min，工作时温升达不到稳定值，停机时也来不及降到环境温度，例如起重、冶金等机械。一周期内工作时间所占的比率称为负载持续率。中国规定的负载持续率有 15%、25%、40%、60%四种。

⑨ 绝缘等级和额定温升　绕组采用的绝缘材料按耐热程度共划分为 Y、A、E、B、F、H、C 七个等级，中国规定的标准环境温度为 40℃。电动机运行时因发热而升温，其允许的最高温度与标准环境温度之差称为额定温升，额定温升是由绝缘等级决定的，具体对应值如表 4-1 所示。

表 4-1　电动机绝缘等级同额定温升对应表

绝缘等级	Y	A	E	B	F	H	C
额定温升	50℃	65℃	80℃	90℃	110℃	140℃	>140℃

⑩ 噪声等级（标注 LW，单位 dB）、电机重量等。

⑪ 型号　为了适应不同用途和不同工作环境的需要，电动机制成不同的系列，每种系列用相应的型号来表示。型号表示方法具体说明如下：

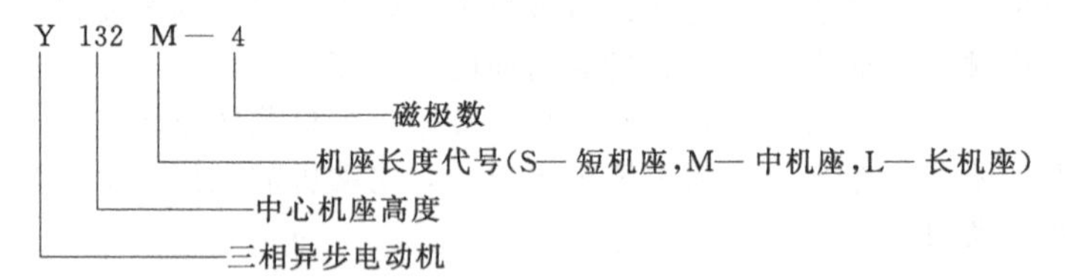

⑫ 接法　指定子三相绕组的接法，一般笼型电动机的接线盒中有六根引出线，分别标有 U_1、V_1、W_1、U_2、V_2、W_2，其中：

U_1、U_2 是第一相绕组的两端；

V_1、V_2 是第二相绕组的两端；

W_1、W_2 是第三相绕组的两端。

如果 U_1、V_1、W_1 分别为三相绕组的始端（头），则 U_2、V_2、W_2 是相应绕组的末端（尾）。

六个引出端在接电源之前，相互间必须正确连接，连接方法有星形（Y）连接和三角形（△）连接两种，如图 4-9 与图 4-10。通常三相异步电动机自 4kW 以下者，连接成星形，自 4kW 以上者，连接成三角形。

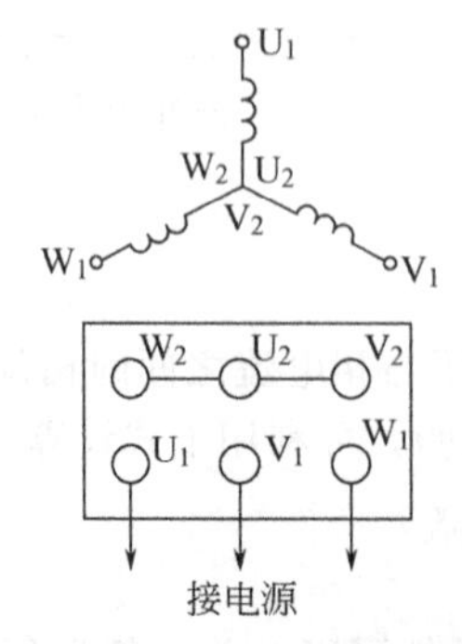

图 4-9　定子绕组的星形连接图

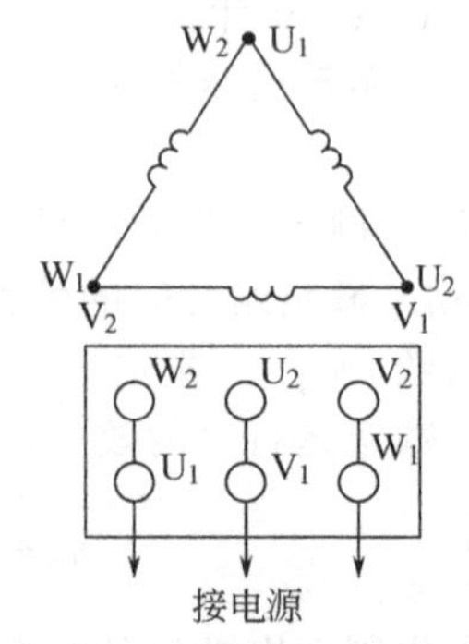

图 4-10　定子绕组的三角形连接图

电动机型号表示的产品名称代号及其汉字意义参见表 3-2。

表 4-2　交流异步电动机产品名称及其代号对应表

产品名称	型号		型号汉字意义
	新	旧	
异步电动机	Y	J	异步
		JO	异、封闭
绕线式异步电动机	YR	JR	异、绕线
高启动转矩异步电动机	YQ	JQ	异、高启动
多速异步电动机	YD	JD	异、多速
		JDO	异、多速、封闭
起重、冶金用异步电动机	YZ	JZ	异、起重
隔爆型异步电动机	YB	JB	异、隔爆

4.1.4　三相异步电动机的启动、制动及正反转控制

异步电动机从接入电源开始转动到稳定运转的过程称为启动。异步电动机的启动过程大致如下：启动时电磁转矩 T_{st} 必须大于负载转矩 T_L，转子才能启动并加速旋转。随着转子转速的增大，电磁转矩亦逐渐增大，至最大转矩 T_m 后开始减少回调，一直减少到 $T=T_L$ 为止，此后，电动机便以某一转速等速地稳定运转。常用的笼型三相异步电动机有两种启动方法：直接启动和降压启动。

(1) 直接启动和降压启动

① 直接启动　容量不大的笼型异步电动机转子的转动惯量不大，启动后能在极短时间内达到正常转速，启动电流也随之极快地降到正常值，因此不需要附加任何启动设备，直接将电动机接入供电线路即可。这种方法称为直接启动法，如图 4-11。

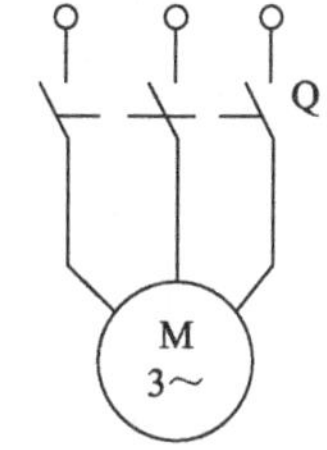

图 4-11　直接启动线路

电动机启动初始，由于旋转磁场对静止的转子有着很大的相对转速，磁力线切割转子导体的速度很快，转子绕组中感应出的电动势和产生的转子电流都很大。由变压器原理可知，转子电流增大，定子电流必然增大。一般中小型笼型电动机的定子启动电流与额定电流之比约为5～7。过大的启动电流短时间内会在线路上造成较大的电压降落，使得负载端的电压降低，影响邻近负载的正常工作。例如对邻近的异步电动机来说，电压的降低不仅会影响它们的转速和电流，甚至可能使它们的最大转矩 T_{max} 降到小于负载转矩，以致电机停转。由于这一原因，对一台异步电动机能否直接启动有着一定的规定。如规定电动机的容量小于变压器容量的 20%时，允许直接启动。一般情况下，容量不超过 10kW 的异步电动机可采用直接启动法。

② 降压启动　如果电动机直接启动时引起的线路电压降过大，则必须采用降压启动方法，在启动时降低加在电动机定子绕组上的电压，以减小启动电流。常用的降压方法有以下几种。

• Y-△启动法。此法只适用于正常工作时定子绕组为△形连接的电动机。启动时，先把定子绕组接成 Y 形，待转速达到相当高时，再改为正常的△形连接。这需要一个 Y-△启动器，用手动和自动控制线路就可实现，图 4-12 是此接法的接线图。启动开始时，定子绕组的相电压减低到额定相电压的 1/1.732，因此启动电流得以减小，但由于 $T\propto U_1^2$，所以启动转矩也降低为额定电压启动转矩的 1/3，因此，这种启动方法适用于电动机空载或轻载启动。

• 自耦变压器启动方法。如图 4-13 所示，利用自耦变压器可进行电动机的降压启动。启动时，先把开关扳到启动位置，此时加在定子绕组上的电压小于电网电压，从而减小了启动电流。当转速接近额定值时，再把开关扳到运行位置，切除自耦变压器。

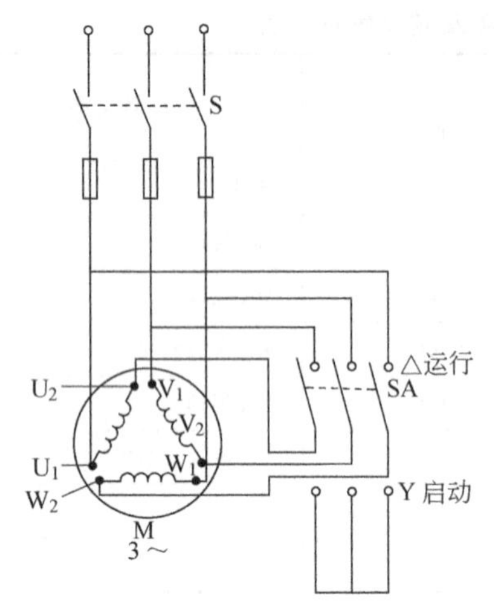

图 4-12　应用 Y-△启动笼型异步电动机的接线图

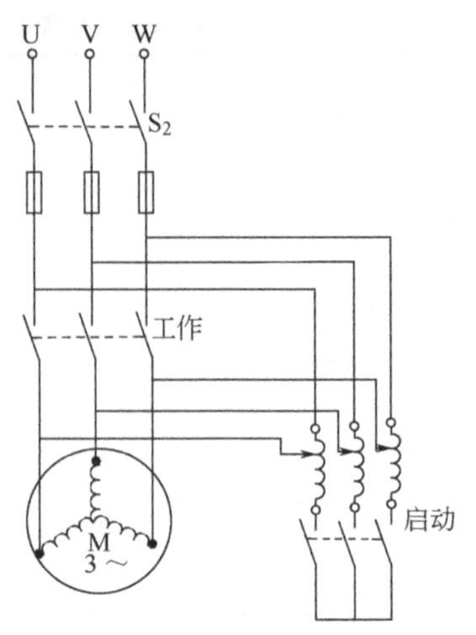

图 4-13　应用自耦变压器降压启动笼型异步电动机的接线图

自耦变压器一般备有若干个抽头，以便得到不同的电压（如为电源电压的 73%、64%、55%等），实际应用时，应根据对启动转矩的要求而选用。

自耦变压器启动适用于容量较大的，或正常运行时连成星形且不能采取 Y-△启动器的笼型异步电动机。

至于绕线式电动机的启动，只要在转子电路中接入大小适当的启动电阻 R_{st}，便可以达到减小启动电流的目的，同时也提高了启动转矩。这种方法常用在要求启动转矩较大的生产机械上，例如卷扬机、锻压机、起重机及转炉等。启动完毕后，将接入电路的启动电阻 R_{st} 逐段切除。

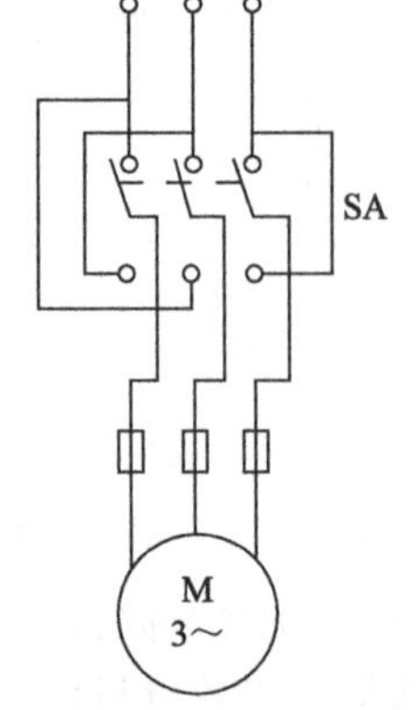

图 4-14　异步电动机的反转控制接线图

（2）调速与制动

如将电动机接到电源的三根线中的任意两根对调位置，电动机的旋转磁场会立即改变旋转方向，反向旋转，于是造成转子中的感应电动势、感应电流及转动力矩也都反向，从而使电动机反向旋转。图 4-14 所示为双掷刀开关改变电动机旋转方向的接线图。

改变电动机的旋转方向，一般应在电动机停车之后换接。如果电动机正在高速旋转时突然将电源反接，这实际上成为反接制动，会造成电动机的强烈冲击，且电流大。如果无防范措施，容易发生事故。

异步电动机的调速就是在同一负载下能得到不同的转速，以满足生产过程的要求。为达到此目的，现来研究转子的转速公式：

$$n=n_1(1-s)=\frac{60f_1}{p}(1-s) \tag{4-3}$$

式中，f_1 为电源的频率，p 为定子极对数，s 为转差率。

此式表明，改变电动机转速有三种可能的方法，即改变电源的频率 f_1、改变磁场极对数 p 或改变转差率 s。其中前两者是针对笼型电动机的调速方法，后者是针对绕线式电动机的调速方法。

① 变极调速　由公式（4-3）可知，如果极对数 p 减小一半，则转子的转速 n 将提高一倍，改变 p 就可以得到不同的转速。改变极对数 p，可通过改变定子绕组的方法来实现。

旋转磁场的极数和三相绕组的安排有关，每相绕组只有一个线圈，绕组始端之间相差为 120°空间角，产生的磁场具有一对极，即 $p=1$。如果每相绕组有 2 个线圈串联，绕组始端之间相差 60°空间角，则产生的旋转磁场具有二对极，即 $p=2$；同理，要产生三对极，即要求 $p=3$ 的旋转磁场，则每相必须在空间均匀安排串联的三个绕组，且各相中绕组始端之间相差为 40°空间角（120°/p）。

增加极对数将能使电动机的转速降低，反之，若将每相绕组中的线圈由原来的串联接法换为并联接法，极数亦将发生改变（例如，原每相为三个线圈串联，$p=3$，并联后，变化为 $p=1$；原每相绕组为2个线圈串联，$p=2$，并联后，$p=1$），减少极对数则能提高电动机的转速。

注意，运用变极调速的方法只能分级调速，而不能均匀调速。

② 变频调速　近年来变频调速技术受到极大关注，发展速度很快。变频技术的主要原理是使用了图4-15所示的变频装置，它由晶闸管整流器和晶闸管逆变器组成。整流器先将50Hz的交流电变换为直流电，再由逆变器变换为频率可调、电压有效值可调的三相电，供给笼型异步电动机，得到电动机的无级调速手段，平滑地调节交流电频率，实现均匀调速。随着半导体变流技术的不断发展，工作可靠、性能优异、价格便宜的变频调速装置将不断出现，变频调速的应用将日益广泛，会从根本上解决笼型异步电机的调速问题。

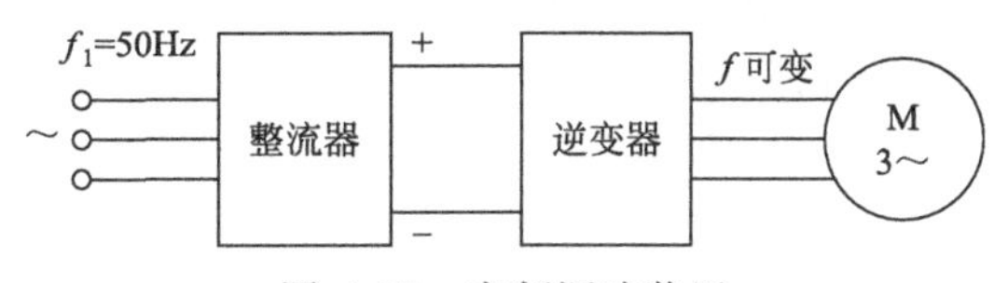

图 4-15　变频调速装置

③ 绕线式电动机调速　对于绕线式转子的电动机，只要在其转子电路中接入一调速电阻（和启动电阻一样接入），通过改变电阻值的大小，就可得到平滑调速。增大调速电阻，转差率 s 上升，转速 n 下降；反之，减少调速电阻，转速 n 上升。这种调速方法的优点是设备简单，投资少，但能量损耗较大，适用于起重机械设备中。

在电动机启动时应注意以下一些注意事项：

• 注意检查电动机附近有无杂物影响运行；

• 当接通电源后，发现不能启动或虽能启动但转速很低及声音不正常时，应立即切断电源检查原因；

• 启动多台电动机时，应根据容量按从大到小的顺序，一台一台启动，不能同时启动，以免启动电流过大使低压断路器等跳闸；

• 避免电动机频繁启动或尽量减少启动次数，防止电动机过热，影响使用寿命。

（3）三相异步电动机的制动

电动机的转速有惯性，当把电源切断后，电动机会继续转动一定时间才停止，这种停电后不加强制的停转称为自由停车。为了缩短辅助工时，提高生产机械的效率，往往要求电动机能够迅速停车，这需要对电动机进行制动。对电动机制动，也就是要求电动机的转矩与转子的转动方向相反，此时的转矩称为制动转矩。异步电动机的制动常用下列几种方法。

① 能耗制动　异步电动机能耗制动接线如图4-16（a）所示。制动方法是在切断电源开关 Q_1 同时闭合开关 Q_2 触点，在定子两相绕组间通入直流电流。于是定子绕组产生一个恒定磁场，转子因惯性而旋转切割该恒定磁场，在转子绕组产生感应电动势和电流。由图4-16（b）可判得，转子的载流导体与恒定磁场相互作用产生电磁转矩，其方向与转子转向相反，起制动作用，因此转速迅速下降，当转速下降至零时，转子感应电动势和电流也降为零，制动过程结束。制动期间运转部分所储藏的动能转变为电能消耗在转子回路的电阻上，故称为能耗制动。

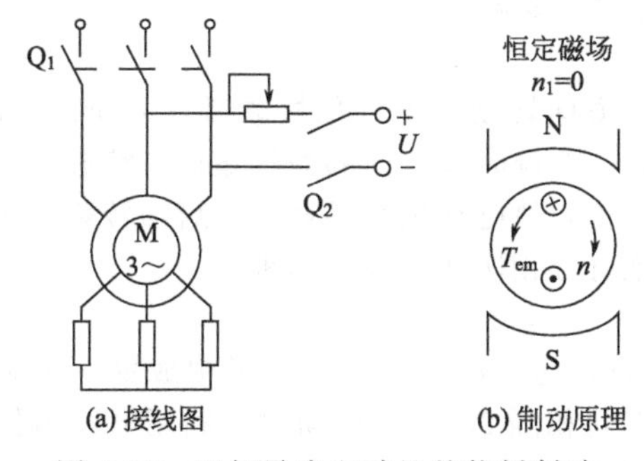

图 4-16　三相异步电动机的能耗制动

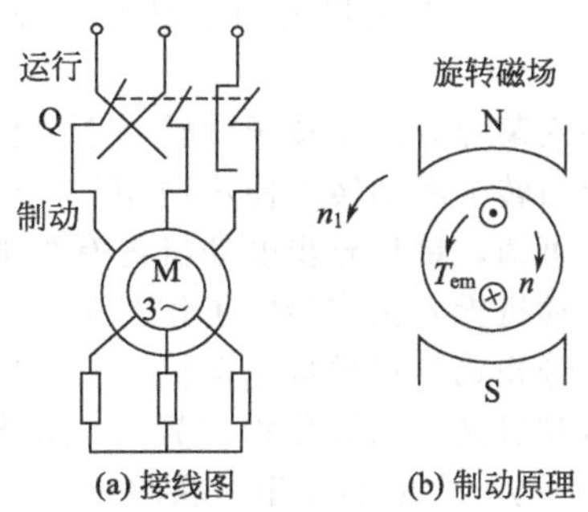

图 4-17　三相异步电动机的反接制动

对笼型异步电动机，可调节直流电流的大小来控制制动转矩的大小，对绕线式异步电动机，还可采用转子回路串电阻的方法来增大初始制动转矩。

能耗制动能量消耗小，制动平稳，广泛用于要求平稳准确停车的场合，也可用于起重机一类机械上，用来限制重物下降速度，使重物匀速下降。

② 反接制动 异步电动机反接制动接线如图 4-17（a）所示。制动时将电源开关 Q 由“运行”位置切换到“制动”位置，把它的任意两根电源接线对调。由于电压相序反调，故定子旋转磁场方向随之反调，但转子由于惯性仍继续按原方向旋转，所以此时转矩方向相反，如图 4-17（b）所示，成为制动转矩。

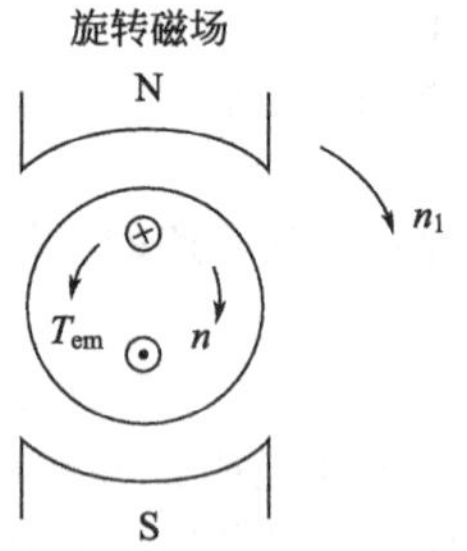

反接制动方法比较简单，制动效果较好，在某些中型机床主轴的制动中常采用，但能耗较大。

③ 回馈制动 回馈制动发生在电动机转速 n 大于旋转磁场转速 n_1 的场合。当起重机放下重物时，重物拖动转子，使转速 $n>n_1$，这时转子绕组切割定子旋转磁场方向与原电动机状态相反，转子绕组感应电动势和电流方向相反，电磁转矩方向转向变为反向，成为制动转矩，如图 4-18 所示，使重物受到制动而匀速下降。实际上这台电动机已转入发电机运行状态，它将重物的势能转变为电能而回馈到电网，故称为回馈制动。

图 4-18 三相异步电动机回馈制动原理图

对于变极调速电动机，当从高速（少极）调至低速（多极）瞬间，转子的转速高于多极的同步转速，就产生回馈制动作用，迫使电动机转速迅速下降。

4.2 单相异步电动机

单相异步电动机的构造与三相笼型异步电动机相似，它的转子也是笼式，而定子绕组是单相的。单相异步电动机常使用在只有单相交流电源或负载所需功率较小的场合，如在电扇、电冰箱、洗衣机及某些电动工具上。图 4-19 为单相异步电动机的结构原理图。

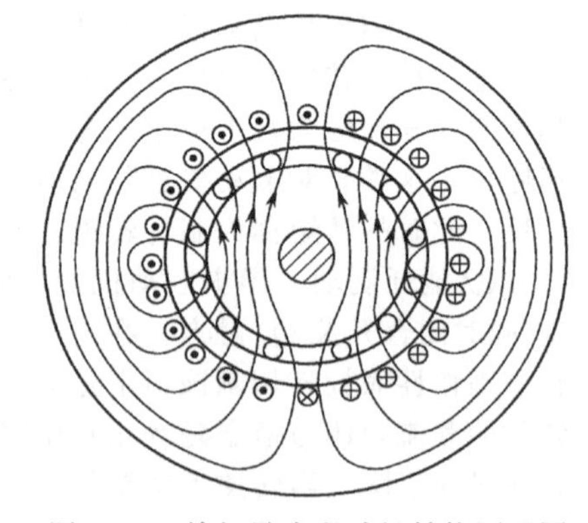

图 4-19 单相异步电动机结构原理图

当定子绕组通入单相交流电时，便产生一个交变的脉动磁通，这个磁通的轴线即为定子绕组的轴线，在空间保持固定位置。每一瞬时，空气隙中各点的磁感应强度按正弦规律分布，同时随电流在时间上作正弦交变。

该交变磁通实际上可分解为两个等量、等速而反向旋转的磁通，如图 4-20 所示。

转子不动时，这两个旋转磁通与转子间的转差相等，分别产生两个等值而反向的电磁转矩，净转矩为零。也就是说，单相异步电动机的启动转矩为零，这是它的主要缺点之一。

如果用某种方法使转子旋转一下，使它按某个方向转动一下（如按顺时针方向），这时两个旋转磁通与转子间的转差便不再相等，转子会受到一个顺时针方向的净转矩而持续旋转起来。

由此可知，单相异步电动机需有附加的启动设备，使电动机获得初始的启动转矩，才能使单相异步电动机投入正常旋转工作。常用的启动措施有分相法和罩极法两种。

（1）分相式单相异步电动机

该电动机又称电容分相式异步电动机，具体的启动方法是：在其定子中放置一个启动绕组 B，绕组 B 与一个电容器相串联同工作绕组 A 在空间相隔 90°角。启动时，利用电容器使启动绕组 B 中的电流在相位上比工作绕组 A 中的电流超前近 90°的相位角，使得在单相电源作用下，在

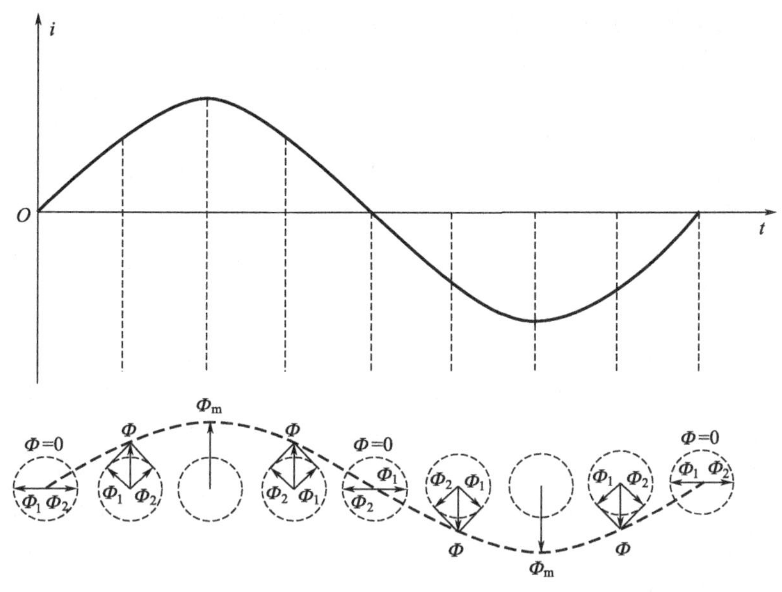

图 4-20 脉动磁通分解为两个反向旋转磁通的分解示意

两绕组中形成了两相电流，即所谓的分相。这两相相位相差 90°相位角的电流，也能产生一个旋转磁场，继而在旋转磁场的作用下，电动机的转子就转动起来。当接近额定转速时，借助于离心力的作用把连接启动绕组的开关 S 断开（在启动时是靠弹簧使其闭合的），切断启动绕组。开关也可用继电器来替代，继电器的吸引线圈串接在工作绕组的电路中，在启动时由于电流较大，继电器动作，其常开触头闭合，将启动线圈与电源接通，随着转速的升高，工作绕组中的电流减少，当减少到一定值时，继电器复位，切断启动绕组的作用。

如将一只容量很小的电容器与启动绕组串联，在电动机已正常运行时，启动绕组仍不切断，一直保持两相交流的特性，这种运行时仍接有电容器的电动机称为电容式电动机。如图 4-21 所示为电容分相式异步电动机，它比一般单相异步电动机具有较高的功率因数，目前这种分相式结构的单相异步电动机得到广泛使用。

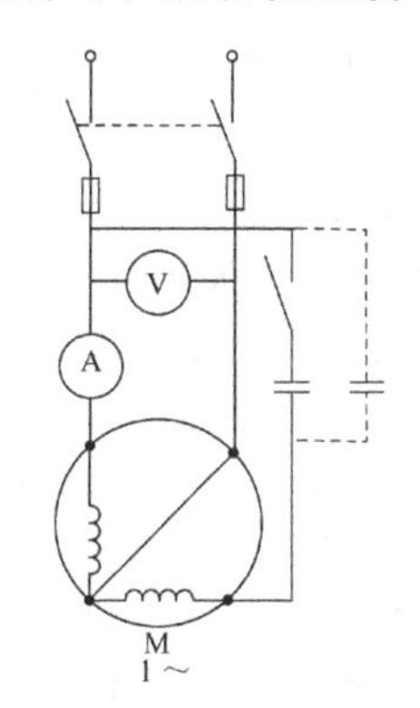

图 4-21 电容分相式异步电动机

除用电容器之外，还可以在启动绕组中串接适当的电阻（或启动绕组本身的电阻比工作绕组的电阻大得多），达到分相的目的。

（2）罩极式单相异步电动机

容量很小的单相异步电动机常利用有隙磁极（罩极法）来产生启动转矩。这种电机的定子制成具有凹槽的凸出磁极，各磁极上套装有单相绕组，凹槽将每个磁极分成大、小两部分，较小的部分套有铜环，称被罩部分；较大的部分未套铜环，称未罩部分。

当电动机通电后，单相绕组内的电流开始增加，引起感应电流和感应磁通的变化，由于磁极部分罩有铜环，部分未罩，因此感应磁通对原磁极磁通的影响不一致，当单相绕组（主线圈）中的电流和磁通随时间作正弦变化时，罩极式磁极的磁通在空间产生移动，不论单相线圈中的电流方向如何变化，磁通总是从未罩部分移向被罩部分。这种持续移动的磁场，其作用与旋转磁场相似，因而可以使转子获得启动转矩。

单相异步电动机的优点是可使用单相电源供电，缺点是效率、功率因数、过载能力都比较低，而且造价比同容量的三相异步电动机要高，因此，单相异步电动机的容量一般都在 1kW 以下。

应注意：如果三相异步电动机接到电源的三根导线由于某种原因断开了一根，它就成为单相运行的电动机了。假如是在刚刚启动时就断开一线，则电动机不能启动，只能听到“嗡嗡”声，此时电动机的电流很大，时间稍长，电动机就被烧坏。如电动机在运行中只断开了一相，电动机仍将继续旋转，但若此时还带动额定负载，则势必超过额定电流，长时间运行，也会使电动机烧坏（这种情况往往还不易察觉，特别是在无过载保护的情况下）。在使用三相异步电动机时必须注意这些情况，以免发生事故。

4.3 常用低压电器

生产过程中，绝大多数生产机械都是由电动机来拖动的，为满足生产过程和加工工艺的要求，必须用一定的控制设备或控制电路对电动机进行控制。控制电器的种类很多，按其工作电压可分为高压电器和低压电器，按其工作性质又分为手动电器和自动电器。通常将交、直流电压为1200V及以下的电器，称为低压电器。低压电器是电力控制系统中基本的组成元件，它与控制系统的可靠性、先进性、经济性等有着直接的关系，工程技术人员必须熟悉低压电器的结构、原理，并能正确选用和维护。

4.3.1 低压电器的分类

低压电器结构各异、品种繁多、用途广泛，通常有以下分类方法。

（1）按用途分类

① 控制电器　用于各种控制电路和控制系统的电器，如接触器、各种控制继电器、控制器、启动器等。

② 主令电器　用于各种控制电路和控制系统的电器，如控制按钮、主令开关、行程开关、万能转换开关等。

③ 保护电器　用于保护电路及用电设备的电器，如熔断器、热继电器、各种保护继电器、避雷器等。

④ 配电电器　用于电能的输送和分配的电器，如高压熔断器、隔断开关、刀开关、断路器等。

⑤ 执行电器　用于完成某种动作或传动功能的电器，如电磁铁、电磁离合器等。

（2）按工作原理分类

① 电磁式电器　依据电磁感应原理来工作的电器，如交直流接触器、各种电磁式继电器等。

② 非电量控制电器　靠外力或某种非电物理量的变化而动作的电器，如刀开关、行程开关、按钮、速度继电器、压力继电器、温度继电器等。

（3）按执行功能分类

① 有触点电器　利用触点的接触和分离来通断电路的电器，如刀开关、接触器、继电器等。

② 无触点电器　利用电子电路发出检测信号，达到执行指令并控制电路目的的电器，如电感式开关、电子接近开关、晶闸管式时间继电器等。

4.3.2 手控电器

手控电器广泛应用于配电线路，用作电源的隔离、保护与控制，常用的有刀开关、转换开关、控制按钮、行程开关等。

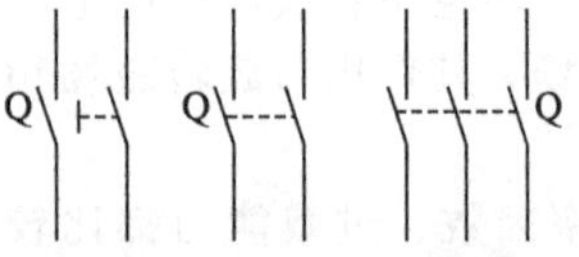

开关是使负载和电源接通或断开的装置，常用的开关有刀开关、铁壳开关、转换开关等。

(a) 单极　(b) 双极　(c) 三极

图 4-22　刀开关的电路符号

① 刀开关　刀开关又称为闸刀开关，是一种结构简单、应用广泛的手控电器，目前常用的刀开关是HK1、HK2系列，H代表刀开关，K代表开启式。刀开关由操作手柄、触刀、静插座和绝缘底板组成，按刀数可分为单极、双极和三极，其电路符号如图4-22所示，

结构如图 4-23 所示。

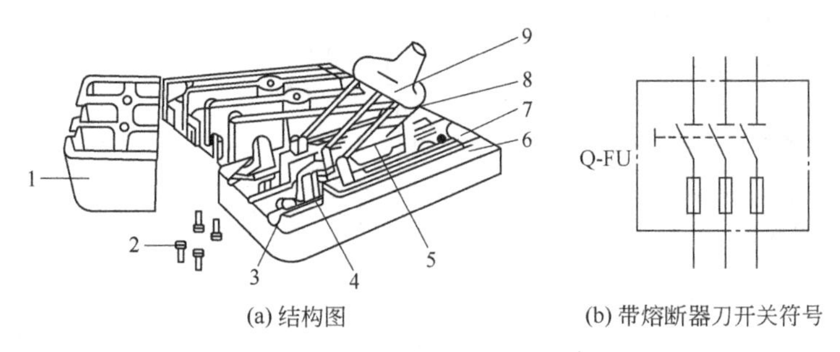

(a) 结构图　(b) 带熔断器刀开关符号

图 4-23　HK 系列瓷底胶盖刀开关

1—胶盖；2—胶盖固定螺钉；3—进线座；4—静触点；5—熔丝；6—瓷底；7—出线座；8—动触点；9—瓷柄

② 铁壳开关　铁壳开关又称负荷开关，常用的 HH 系列结构和外形如图 4-24 所示。操作机构中，在手柄与底座间装有速动弹簧，使刀开关的接通与断开速度与手柄操作速度无关，这样有利于迅速灭弧。为保证安全，操作机构装有机械联锁，使盖子打开时手柄不能合闸，在手柄合闸时盖子不能打开。

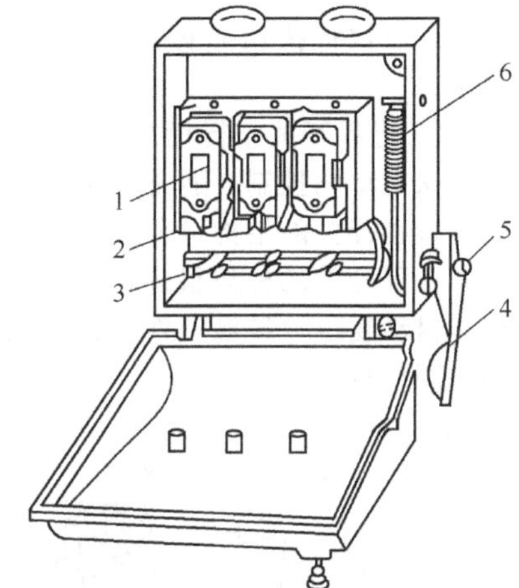

图 4-24　HH 系列铁壳开关

1—熔断器；2—夹座；3—闸刀；4—手柄；5—转轴；6—速动弹簧

③ 转换开关　转换开关又称组合开关，它有多对动触片和静触片，分别装在由绝缘材料隔开的胶木盒内，其静触片固定在绝缘体垫板上，动触片套装在有手柄的绝缘转动轴上。转动手柄，可改变触片的通断位置以达到接通或断开电路的目的。转换开关一般用于电气设备中不频繁地通断电路、转换电源和负载，或用于小容量电动机不频繁的启停控制。

转换开关的种类很多，常用的是 HZ10 系列，H 代表刀开关，Z 代表组合式，其外形、结构及表示符号如图 4-25 所示，转动手柄可以将三对触片（彼此相差一定的角度）同时接通或断开。

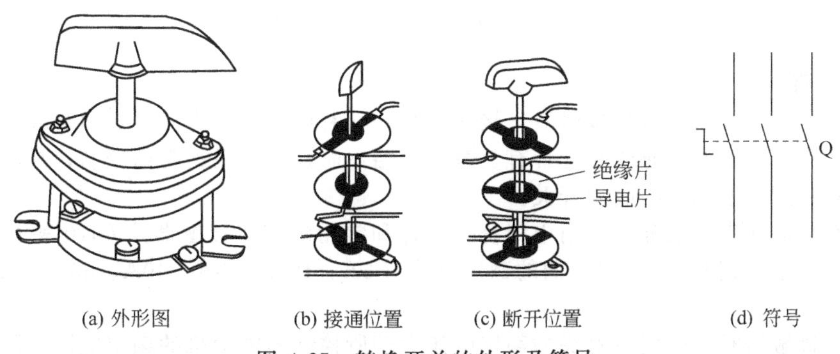

(a) 外形图　(b) 接通位置　(c) 断开位置　(d) 符号

图 4-25　转换开关的外形及符号

④ 控制按钮　按钮是一种简单的手动开关，用来接通或断开小流量控制电路。按钮有两对静触头和一对动触头，动触头的两个触点之间是导通的。正常时，上面的两个静触头与动触头接通，处于闭合状态，称为常闭触头；而另一对静触头则是断开的，称为常开触头。当用手指将按钮按下时，常闭触头断开，常开触头闭合。手指放开后，触头在弹簧的作用下，又恢复原来的状态。图 4-26 所示为控制按钮的外形、结构和电路符号图。

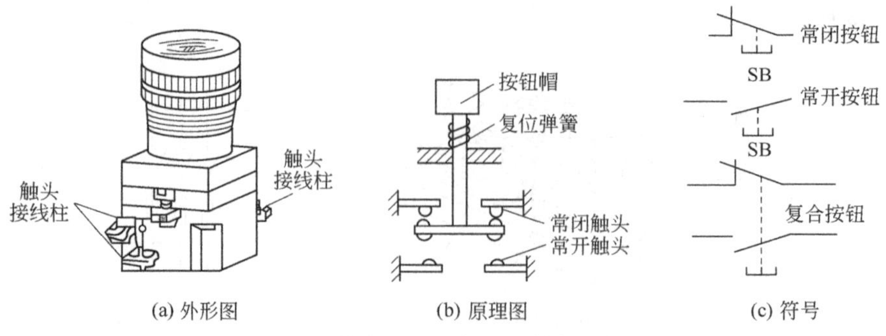

图 4-26　控制按钮的外形、结构及符号

按钮在结构上有多种形式：旋转式——用手动旋钮进行操作；指示灯式——按钮内装有信号灯显示信号；紧急式——装有突起的蘑菇形按钮帽，以便紧急操作；带锁式——即用钥匙转动来开关电路，并在钥匙抽出后不能随意动作，具有保密和安全功能。为便于区别各按钮不同的控制作用，通常将按钮帽做成不同的颜色，以免误操作。常用红色表示停止按钮，绿色表示启动按钮。

⑤ 行程开关　行程开关也称为位置开关或限位开关，能将机械信号转换为电信号，以实现对机械运动的控制。通常这类开关被用来反映机械动作或位置，并能实现运动部件极限位置的保护。行程开关的结构可分为三部分：操作机构、触点系统和外壳。

行程开关的种类很多，按其机构可分为直动式、转动式和微动式；按其复位方式可分为自动和非自动复位；按触点性质分为有触点式和无触点式。图 4-27 所示为 JLXK 系列行程开关的外形和图形符号。

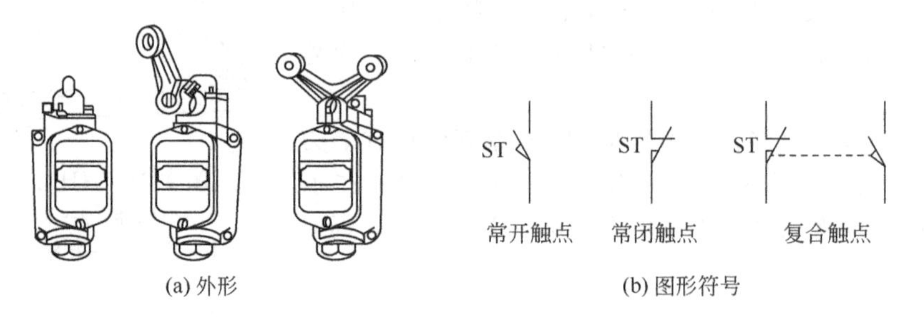

图 4-27　JLXK 行程开关的结构及符号

4.3.3　接触器

电动机的另一种控制电器是接触器。接触器是一种利用电磁吸力使触头闭合或断开的自动开关，它不仅可用来频繁地接通或断开带有负载的电路，而且能实现远距离控制，具有失压保护的功能。接触器常用作电动机的电源开关。

接触器有交流和直流之分。目前中国统一设计和常用的交流接触器是 CJ10 和 CJ20 系列，C 代表接触器，J 代表交流，其吸引线圈的额定电流有 5A、10A、20A、40A、60A、110A 和 150A 七种。

选择交流接触器时，应使主触头的额定电流大于所控制的电动机的额定电流，同时应考虑吸引线圈额定电压的大小和类型，以及辅助触头的数量是否满足等要求。接触器的外形、结构和符号如图 4-28 所示。

由接触器的结构图可以看出，接触器主要由铁芯线圈和触头组成，线圈装在固定不动的静铁芯上，动铁芯和若干个动触头连在一起。铁芯线圈通电后，产生电磁吸力将动铁芯吸合，带动动触头向下运行，使常开触头闭合，常闭触头断开。当线圈断电时，电磁力消失，于是在反作用弹簧的作用下，使动铁芯释放，各触头又恢复到原来的位置。

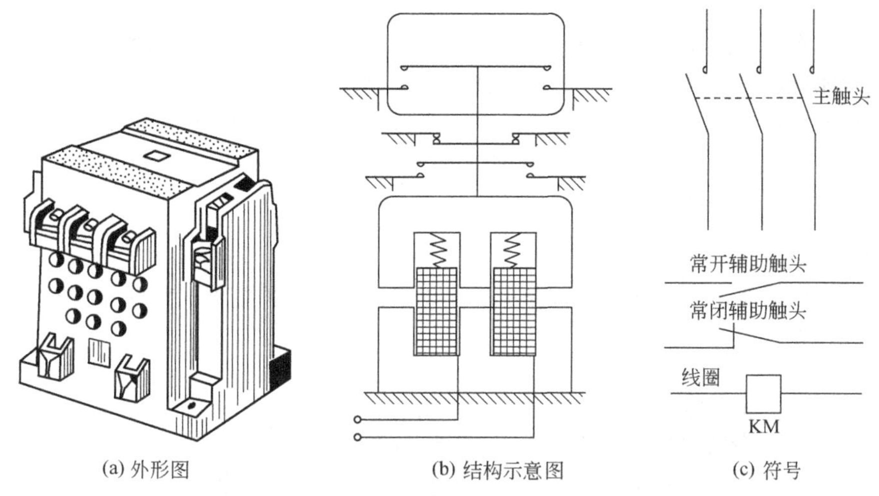

(a) 外形图　(b) 结构示意图　(c) 符号

图 4-28 交流接触器的外形、结构及符号

4.3.4 继电器

继电器是一种根据电量（电流、电压等）或非电量（压力、转速、时间、热量等）的变化来接通或断开控制电路、完成控制和保护任务的电器。

继电器种类很多，主要有控制继电器和保护继电器两类。按反应的不同信号，可分为电压继电器、电流继电器、中间继电器、热继电器和速度继电器等；按工作原理可分为电磁式继电器、感应式继电器、电动式继电器、电子式继电器和热继电器等。

热继电器利用电流的热效应而动作，常用作电动机的过载保护，其外形、结构、符号如图 4-29 所示。

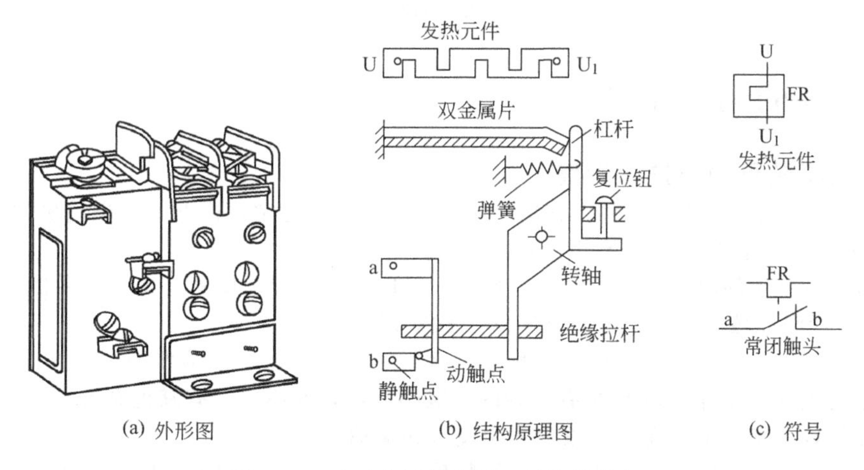

(a) 外形图　(b) 结构原理图　(c) 符号

图 4-29 热继电器的外形、结构及符号

图中的发热元件是一个串接在主电路中的电阻片，发热电阻片下面有一双金属片，双金属片是由两层线胀系数不同的金属片经热轧黏合而成，一端固定在支架上，另一端是自由端。双金属片中外层金属片的线胀系数较大，受热后使双金属片下翘。当电动机正常工作时，双金属片受热而膨胀下翘的幅度不大，其自由端能顶住有弹簧拉紧的杠杆。当电动机过载时，电流增大，经一定时间后，发热元件温度升高，双金属片受热而下翘过多，顶不住杠杆，杠杆在弹簧作用下逆时针方向旋转，拉动绝缘拉杆向右移动，于是静触点断开。通常利用这个触点去断开控制电动机的接触器中吸引线圈的电路，使线圈失电，接触器跳闸，从而使电动机脱离电源而起到保护

作用。

热继电器动作后，需经一定时间，待双金属片冷却后，再人工按压复位钮，使继电器复位，触点闭合，才能重新工作（也有一些继电器能自动复位）。

常用的热继电器有 JR0、JR5、JR15、JR16 等系列产品。热继电器是根据整流电流来选定的，当热元件中通过的电流超过整流电流的 20%时，热继电器在 20min 时间内动作。热继电器的整流电流应等于所保护电动机的额定电流。

4.3.5 熔断器

熔断器又称保险器，是一种低压电路中防止电路短路的保护电器。熔断器有管式、插入式和螺旋式等多种，它们的外形如图 4-30 所示。

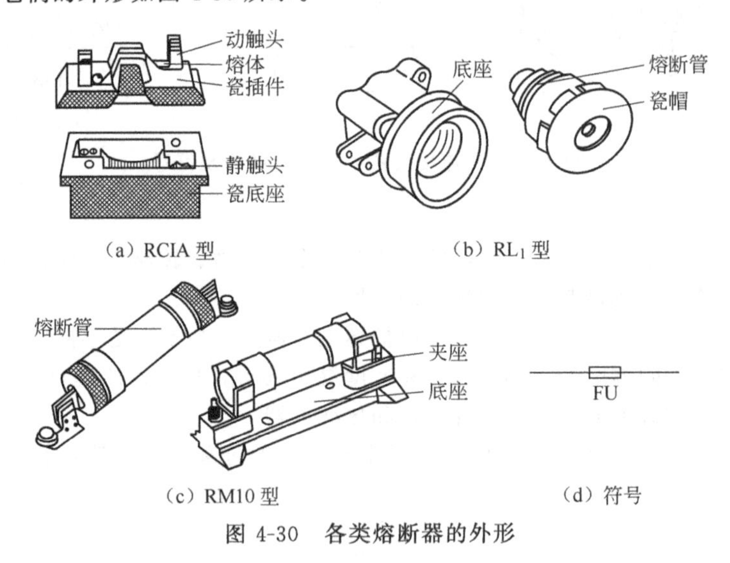

图 4-30 各类熔断器的外形

4.4 电动机的运行维护

4.4.1 电动机轴承的维护和润滑

电动机的轴承是一个重要部件，它决定电动机转动是否正常。因此，对电动机的轴承应注意经常维护和润滑，主要应做好以下几方面的工作。

① 经常检查轴承的温度。轴承温度的检查，可以用温度计来检测，也可用手的触觉来检查，若手能长时间紧密接触发热体，那么温度应在 60℃以下。

② 经常监听轴承运行时有无异常的噪声。运行正常的滑动轴承应没有噪声（不考虑油环转动的声音），运行正常的滚动轴承则有均匀的“嗡嗡”声，而不应该有其他杂音。

③ 要保持轴承密封情况良好，以免灰尘侵入和漏油。

④ 轴承的润滑油脂应保持清洁和标定的数量。对于滑动轴承的电动机，在运行 1000～1500h 后要添加一次油，运行 2500～3000h 后应注意更换润滑油脂。加入的润滑油脂应按各设备说明书中所要求的型号选取。

除按规定对电动机的轴承进行维护和润滑外，还应在日常工作中对电动机的运行进行巡视和检查，其中主要包括以下一些内容。

- 检查电源电压是否正常，一般要求电源电压的变化不低于额定电压的 5%，不高于额定电压的 10%，三相电压的差别不大于 5%。
- 注意电动机的电流不得超过铭牌上规定的额定电流。
- 注意监视电动机的温升不超过允许值。监视温升是监视电动机运行状况的直接可靠的方法，当电动机的电压过低、电动机过载运行、电动机缺相运行或定子绕组短路时，都会使电动机产生不正常的温升。

- 电动机运行时不应有摩擦声、尖叫声或其他异常声。当发现有不正常声音时应及时停车检查，消除故障后才可继续运行。
- 检查电动机有无焦糊气味，当发现电动机内部冒烟时，说明绕组绝缘已受到破坏，应立即切断电源，停车后检查修理。
- 检查电动机及开关设备的金属外壳是否漏电和接地不良。用电笔检查发现带电时，应停车处理。

4.4.2 异步电动机的简单故障分析

三相异步电动机常见故障有以下几方面。

① 合上闸刀，电动机接通电源后不能启动，且有响声。这种现象的故障原因可能是来自于电动机本身，也可能来自于电动机的外部。

属于电动机外部因素的故障有：

- 单相运行（电源一相或两相断路）；
- 电动机过载；
- 启动设备发生故障等。

属于电动机本身因素的故障有：

- 轴承损坏，转子与定子相摩擦；
- 轴承内有异物；
- 定子绕组断路或短路；
- 转子与定子的槽配合不对；
- 绕组连接错误。

最后两项情况多发生在经过改绕或重绕的电动机中。

② 电动机启动无力，转速较低，电动机摆动不停。出现这种现象的故障原因一般都在电动机本身，大致有如下几种：

- 原应为三角形接法误接为星形接法；
- 笼式转子端环、笼条断裂或脱焊；
- 定子绕组短路；
- 绕线式转子的绕组断路，电刷磨损或规格不对，滑环表面有油垢或粗糙不平。

③ 电动机启动后声音不正常。这种现象的故障既有属于绕组方面的，如定子绕组局部短路或接地、绕组连接错误等，也有机械结构方面的，如：

- 机壳破裂；
- 轴与轴承之间松动；
- 轴承故障（滚珠磨损，轴套间隙过大，严重缺油等）；
- 转子与定子相擦；
- 定子铁芯在机座内松动；
- 铁芯损坏；
- 其他结构零件松动等。

④ 电动机启动后过热，冒烟。这类情况发生时，说明由于电动机本身的故障或外部原因以致温升过高。一般说来，可能有以下几种原因：

- 电源电压过低或三相电压相差过大，以致电流增大；
- 电动机过载；
- 电源一相断开或定子绕组一相断路，造成电动机单相运行；
- 定子绕组局部短路，匝间、相间短路，绕组接地；

- 转子与定子相擦；
- 绕线电动机的电刷压力太大或与滑环不配合；
- 绕线式转子绕组断路；
- 环境温度过高。

⑤ 轴承发热。轴承发热说明轴承内部有了额外的严重摩擦，其原因有：

- 电动机与传动机连接机构轴偏；
- 传动皮带过紧；
- 轴承外环对轴承板压得过紧；
- 轴承弯曲；
- 轴承磨损，轴承内有异物；
- 轴承缺油；
- 轴承规格不合（低速轴承误用在高速电动机上）。

本章小结

① 交流异步电动机是一种得到广泛使用的驱动设备，分为三相异步电动机和单相异步电动机，单相异步电动机仅用于只有单相电源或负载功率较小的场合。

② 异步电动机由定子和转子两个基本部分构成，定子绕组用于产生旋转磁场，使转子产生电磁转矩，驱动转子转动并带动负载。

③ 三相异步电动机有直接启动和降压启动两种启动方式，其中直接启动时的启动电流较大，一般是额定电流的5～7倍。过大的启动电流短时间内会在线路上造成较大的电压降落，使负载端电压降低，影响邻近负载的正常工作。降压启动分为Y-△启动和自耦变压器启动两种方法，Y-△启动方法适用于正常工作时定子绕组为△形连接的电动机，自耦变压器启动方法适用于容量较大，或正常运行时连成Y形的电动机。

④ 三相异步电动机有变极和变频两种调速方法，可采用反接和能耗两种制动方法对电动机进行制动。

⑤ 电动机常用手动控制设备有开关、按钮和接触器等，常用低压保护设备有熔断器、热继电器等。

习 题 4

4-1 三相异步电动机的定子和转子的铁芯为什么要用硅钢片叠成？

4-2 三相异步电动机的旋转磁场是如何产生的？怎样确定它的转速和转向？

4-3 如何从结构上识别笼型和绕线式异步电动机？

4-4 试说明异步电动机铭牌上的型号、功率、电压、电流、接法等的含义。

4-5 三相异步电动机常用启动方法有哪些？一台380V、Y接的笼型电动机，是否可以采用Y-△换接启动？为什么？

4-6 单相异步电动机为什么需要启动绕组？试述其工作原理。

4-7 常用低压控制电器有哪些？试述其功能和符号。

4-8 三相异步电动机接通电源后，如果转轴受阻，长久不能启动，将会给电动机造成什么影响？为什么？

4-9 日常工作中对电动机的巡检主要包括哪些内容？

5　电工量检测与仪表

学习目标：

- 了解常用电工量测量方法，了解电工测量仪表的分类、名称和规格；
- 了解过程检测及检测误差概念，了解仪表的精度与量程概念；
- 了解电流表、电压表、功率表、功率因数表、电度表的使用、维护方法；
- 了解万用表的性能、用途，掌握万用表的使用方法；
- 了解数字式仪表使用方法。

电工量测量是指对电路中各种电磁量的测量，用于测量电量或磁量的仪器称为电工测量仪表。常见的电量有电压、电流、电阻、电功率、频率、功率因数等参数，常见的磁量有磁通、磁感应强度、磁导率、磁滞损耗等参数。电工测量及电工测量仪表在现代工业生产中占有重要的地位，本章主要介绍常用电量的测量和电工测量仪表的基本结构、工作原理和使用方法。

5.1　检测过程及检测误差

5.1.1　检测过程

生产过程中需要检测的参数多种多样，检测方法和检测原理虽各不相同，但检测过程却有相同之处。检测过程实质上是将被测变量与其相应的标准单位进行比较，从而获得确定的量值，实现这种比较的工具就是过程检测仪表。如对温度的检测就是利用测温元件将温度转换成毫伏信号，然后将毫伏信号转换或放大，转换成检测仪表的指针位移或数字信号，显示出被测温度的数值。

5.1.2　检测误差

检测的目的是为获得真实值，而检测值与真实值不可能完全一样，检测值与真实值之间存在一定的差值，这个差值就是检测误差，误差有多种分类方式。

(1) 按误差的表示方式分类

① 绝对误差　仪表的检测值与被检测真实值之差称作绝对误差。

$$\Delta = Z - Z_t \approx Z - Z_0 \tag{5-1}$$

式中　Z——检测值，即检测仪表的指示值；

Z_t——真实值，通常用更精确仪表的指示值 Z_0 近似地表示真实值；

Δ——绝对误差。

绝对误差越小，说明检测结果越准确，越接近真实值。但绝对误差不具可比性。

② 相对误差　相对误差即绝对误差与近似真实值的百分比。相对误差表示测量误差较为确切。

$$\delta = \Delta / Z_0 \times 100\% \tag{5-2}$$

③ 引用误差　引用误差也叫满度百分误差，用仪表指示值的绝对误差与仪表的量程之比的百分数来表示，即

$$\delta = \Delta / M = \Delta / (X_{上} - X_{下}) \times 100\% \tag{5-3}$$

式中　δ——引用误差；

M——仪表的量程，$M = X_{上} - X_{下}$；

$X_{上}$——仪表量程上限值；

$X_{下}$——仪表量程下限值。

绝对误差与相对误差的大小，反映了测量结果的准确程度，引用误差的大小反映了检测仪表性能的好坏。

（2）按误差出现的规律分类

① 系统误差（或称规律误差）　大小和方向具有规律性的误差叫系统误差，一般可以克服。

② 过失误差（或称疏忽误差）　测量者在测量过程中，因疏忽大意造成的误差叫过失误差。操作者在工作过程中，应加强责任心，提高操作水平，可以克服疏忽误差。

③ 随机误差（或称偶然误差）　同样条件下反复测量多次，每次结果均不重复的误差叫随机误差。随机误差是由偶然因素引起的，不易被发觉和修正。

（3）按误差的工作条件分类

① 基本误差　仪表在规定的工作条件（如温度、湿度、振动、电源电压、电源频率等）下，仪表本身所具有的误差。

② 附加误差　在偏离规定的工作条件下，使用仪表时产生的附加误差。此时产生的误差等于基本误差与附加误差之和。

5.1.3　仪表的品质指标

检测仪表常用以下品质指标来衡量其性能。

（1）精度（准确度）

仪表的精度是描述仪表测量结果准确程度的指标。实际检测过程中，都存在一定的误差，其大小一般用精度来衡量。仪表的精度，是仪表最大引用误差 δ_{max} 去掉正负百分号后的数值。

工业过程中，用仪表的精度等级来表示仪表的测量准确程度，仪表精度等级也是仪表允许的最大引用误差，仪表精度等级大致有：

Ⅰ级标准表——0.005、0.02、0.05；

Ⅱ级标准表——0.1、0.2、0.35、0.5；

一般工业用仪表——1.0、1.5、2.5、4.0。

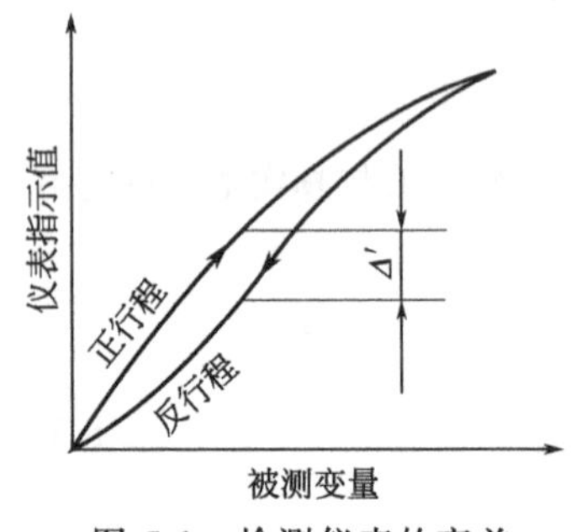

图 5-1　检测仪表的变差

仪表精度等级越小，精确度越高。一台仪表的精度等级确定以后，仪表的允许误差也随之确定。仪表的允许误差用 $\delta_{表允}$ 表示，合格仪表的精度 δ_{max} 不能超过其仪表的最大允许误差 $\delta_{表允}$，称为精度合格。

（2）变差（回差）

外界条件不变的情况下，用同一台仪表对某一参数进行正、反行程测量时，所得到的仪表指示值是不相等的，在同一点所测得的正、反行程的两个读数之差称为该点的变差（也叫回差），如图 5-1 所示。变差用来表示测量仪表的恒定度，描述了仪表的正向（上升）特性与反向（下降）特性的不一致程度。变差可用下式表示：

$$变差=\frac{(X_{上}-X_{下})_{最大}}{M}\times 100\% \tag{5-4}$$

式中　$(X_{上}-X_{下})_{最大}$——同一点所测得的正、反行程的两个读数之差的最大值；

M——仪表的量程。

在确定仪表的精度等级的同时，应考虑仪表的量程。所谓量程，即仪表可以检测到的变量上限值与下限值之差。如某仪表的检测范围为 200～1000℃，则该表的量程为 800℃。

合格仪表的最大变差不能大于仪表的最大允许误差 $\delta_{表允}$，称为恒定度合格。

一台合格仪表必须同时满足精度和恒定度（变差）合格，缺一不可。此外，在工业生产过程中，仪表需要满足工艺要求，即仪表的最大允许误差 $\delta_{表允}$ 要不超过工艺允许的最大误差 $\delta_{工允}$。

一般来说，一台合格仪表至少要满足：

$$|\delta_{max}| \leqslant |\delta_{表允}| \tag{5-5}$$

$$|变差_{max}| \leqslant |\delta_{表允}| \tag{5-6}$$

仪表的定级或校验通过上述公式计算（即确定仪表的精度等级）。

一台能满足工艺要求的合格仪表必须通过下述公式计算（即选择仪表的精度等级）：

$$|\delta_{表允}| \leqslant |\delta_{工允}| \tag{5-7}$$

【例 5-1】 某台电压表的量程范围为 100～600V，在校验时发现最大绝对误差为±7V，试确定该仪表的精度等级。

解 由于该表的最大绝对误差 $\Delta_{max}=\pm 7\text{V}$，根据式（5-3）有

$$\delta_{max}=\frac{\Delta_{max}}{M}\times 100\%=\frac{7}{600-100}\times 100\%=1.4\%$$

去掉%后，该表的精度值为 1.4，介于国家规定的精度等级 1.0 和 1.5 之间。按式（5-5），这台测温仪表的精度等级定为 1.5 级，即仪表的最大允许的引用误差 $\delta_{表允}=1.5\%$。

【例 5-2】 工艺要求检测温度指标为 300℃±3℃，现拟用一台 0～500℃的温度表来检测该温度，试选择该表的精度等级。

解 因为

$$\delta_{工允}=\frac{\Delta_{工允}}{M}\times 100\%=\frac{\pm 3}{500-0}\times 100\%=\pm 0.6\%$$

按准则公式（5-7）可知，该表应选择 0.5 级的精度等级，即符合 $|\delta_{表允}| \leqslant |\delta_{工允}|$，0.5⩽0.6。

【例 5-3】 仪表工得到一块 0～4MPa，1.5 级的普通弹簧管压力表的校验单（表 5-1），试判断该表是否合格？

表 5-1　弹簧管压力表校验单

被校表显示值/MPa		0	1	2	3	4
标准表显示值/MPa	上行	0	0.96	1.98	3.01	4.02
	下行	0.02	1.03	2.01	3.02	4.02

解 由表可得

$$\Delta_{max}=1-0.96=0.04\ (\text{MPa})$$

则

$$\delta_{max}=\frac{\Delta_{max}}{M}\times 100\%=\frac{0.04}{4}\times 100\%=1\%$$

$$\delta_{表允}=1.5\%$$

$$|X_{上}-X_{下}|_{max}=1.03-0.96=0.07\ (\text{MPa})$$

$$变差=\frac{|X_{上}-X_{下}|_{max}}{M}\times 100\%=\frac{0.07}{4}\times 100\%=1.75\%$$

根据合格仪表的条件，可判断该表不合格。因为在校表时，要求仪表的精度、变差都小于仪表的允许误差，该表的允许误差为 1.5%，而其最大引用误差为 1%，变差为 1.75%，虽然精度合格，但恒定度不合格，故该表不合格。

【例 5-4】 一台精度为 0.5 级，量程为 600～1200℃的温度检测仪表，其最大允许的绝对误差为多少？校验时，如其中的某一点最大误差为 4℃，问此表是否合格？

解 根据 $\delta_{max}=\Delta_{max}/M=\Delta_{max}/(X_{上}-X_{下})\times 100\%$　可得

$$\Delta_{max}=(x_{上}-x_{下})\delta_{max}=(1200-600)\times 0.5\%=3\ (℃)$$

最大允许绝对误差为 3℃，而校验时某点的最大绝对误差是 4℃，大于 3℃，所以此表不合格。

【例 5-5】 校验一台量程为 0～100kPa 的差压变送器，差压由 0 上升至 60kPa 时，差压变送器的读数为 59kPa，当从 100kPa 下降至 60kPa 时，读数为 61kPa。问此表在该点的变差是多少？

解 $变差=\dfrac{|X_{上}-X_{下}|}{M}\times 100\%=\dfrac{2}{100}\times 100\%=2\%$

该点的变差为2%。

仪表的精度等级是衡量仪表准确度的一个重要指标，其数值一般都用符号标记在仪表的面板上，如1.0或(1.0)及△1.0等。精度等级的数值越小，其精度越高，仪表的价格也就越贵。工业生产使用仪表的精度等级，一般在0.5～2.5级之间。

(3) 灵敏度与灵敏限

灵敏度是表征仪表对被测变量变化的灵敏程度的指标，反映了仪表的输入变化量与仪表的输出变化量（指示值）之间的关系，可用一个比值即输出量、被测量（输入量）的比来表示，在数值上等于单位被测变量变化量所引起的仪表指针移动的距离（或转角）。对同一类仪表，标尺刻度确定后，仪表的测量范围越小，灵敏度越高，但灵敏度高的仪表精度不一定高。

灵敏限是指能引起仪表指示值发生变化的被测量的最小变化量。一般来说，灵敏限的数值不应大于仪表最大允许绝对误差的一半。

5.2 电工量测量及仪表

工业检测仪表的品种繁多，结构各异，但是它们的基本构成是相同的，一般均有测量、传送和显示（包括变送）三部分组成。

测量部分一般与被测介质直接接触，由敏感元件构成，将被测变量转换成与其成一定函数关系信号；传送部分主要起信号传送放大作用；显示部分作用是将中间信号转换成与被测变量相应的测量值，显示并记录下来。

5.2.1 常用电工测量仪表及分类

常用电工测量仪表是由测量机构和测量线路两部分组成。测量机构将被测量转换成指针的机械位移，通常包括固定部分和可动部分。测量线路的作用在于把被测量转换成测量机构可以接受的电量。电工测量仪表的框架结构如图5-2所示。

被测量 → 测量线路 → 电量 → 测量机构 → 指示值

图5-2 电工测量仪表构成原理

测量机构通常由能产生转动力矩、反作用力矩和阻尼力矩的三部分机构所组成，如图5-3所示。

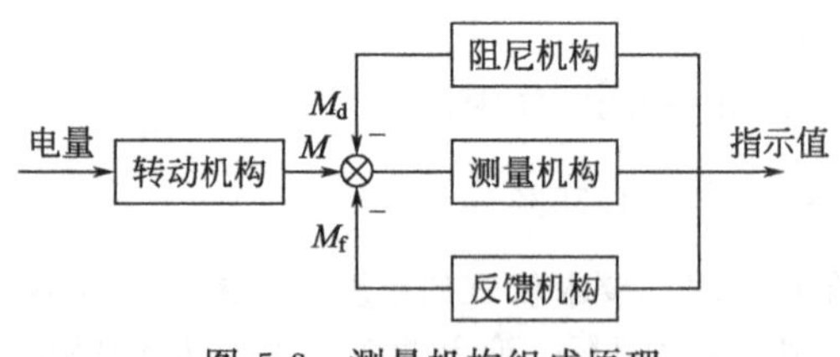

图5-3 测量机构组成原理

仪表的指针与转动部分相连接，驱动仪表转动的力矩称为转动力矩M，其大小与被测电量的大小成线性对应关系。与转动力矩方向相反、大小成正比的力矩称反作用力矩M_f。当$M=M_f$时，仪表转动部分处于平衡状态，指针示值（偏转量）表示被测量的大小。仪表的反作用力矩一般由游丝或张力产生，该力矩大小与扭曲变形的程度有关。

阻尼力矩M_d一般由阻尼机构产生，其作用是使仪表的指针尽快地稳定在指示被测量大小的位置上。阻尼力矩的大小只与偏转机构的变化速度有关，与偏转机构偏转量的大小无关。

常用电工测量仪表的分类方法很多，按其工作原理、结构形式和精度等级不同，可分类如下。

① 按照被测电量的名称可分为电流表、电压表、功率表、兆欧表、电度表、功率因数表等。

② 按照被测电量的种类可分为直流表、交流表、交直流两用表。

③ 按照仪表的结构形式可分为磁电系、电磁系、电动系、整流系和感应系仪表。

④ 按照电工测量仪表的精度等级可分为0.1、0.2、0.5、1.0、1.5、2.5和5.0七个等级，其基本误差和使用场合见表5-2。仪表的精度等级数字越小，其精度等级越高，价格越贵。

表 5-2 电工测量仪表的精度等级

精度等级	0.1	0.2	0.5	1.0	1.5	2.5	5.0
基本误差	±0.1%	±0.2%	±0.5%	±1.0%	±1.5%	±2.5%	±5.0%
使用场合	标准表		实验用表		工程测量用表		

各种电工测量仪表在其表盘上都用一些符号标记，用来表示电工仪表的各种技术性能，常用的仪表盘表面标记如表 5-3 所示。

表 5-3 常用电工测量仪表的符号

符号	名 称	符号	名 称	符号	名 称
—	直流表	⊥	垂直	⊙	感应系仪表
～	交流表	⊓	水平		整流系仪表
≃	交直流表	✕	公共端	(1.5)	准确度等级 1.5 级
(A)	电流表		磁电系仪表	☆	绝缘强度试验电压 500V
(V)	电压表		电磁系仪表	[Ⅱ]	Ⅱ级防外磁场
(W)	功率表		电动系仪表	△B	使用条件 B 组仪表

5.2.2 电流、电压测量与仪表

5.2.2.1 电流检测及仪表

(1) 电流的检测

用来检测电流的仪表称为电流表，因电流有交直流之分，在测量电流时，应注意遵循以下原则。

① 明确电流的性质。若被测电流是直流电，应使用直流电流表，若被测电流是交流电，则使用交流电流表。

② 必须将电流表串联在被测电路中，如图 5-4 (a) 所示。

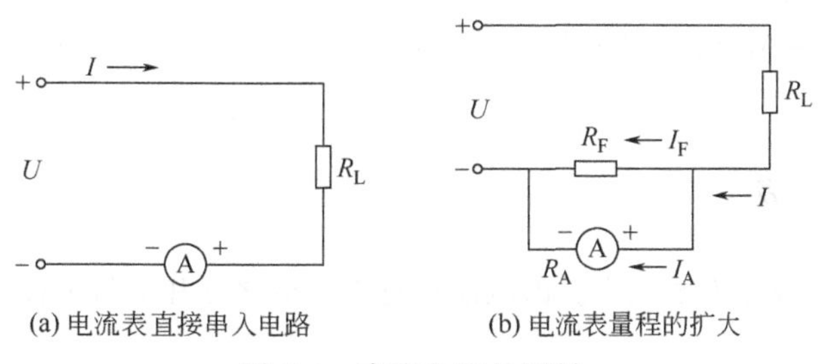

(a) 电流表直接串入电路 (b) 电流表量程的扩大

图 5-4 直流电流的测量

由于电流表具有一定内阻，串电流表后，总的等效电阻会有所增加，从而使实际测得的电流小于被测电流。为减小这种误差，要求电流表内阻越小越好。因电流表内阻很小，故严禁将电流表并联在负载 R_L 的两端，避免发生短路现象。

③ 极性连接正确。串联电流表时，应使电流从标有“+”接线端子流入，从标有“−”接线端子流出。

④ 注意电流表量程范围。对于多量程的电流表，使用时应先估计被测电流的大小，选择合

适量程。若测量值超过量程，则有可能导致仪表损坏。

(2) 直流电流表量程的扩大

当被测电流大于仪表表头量程时，在不更换表头情况下，可借助外接分流电阻 R_F 扩大电流表的量程，如图 5-4（b）所示。若电流表头电阻为 R_A，仪表量程为 I_A，被测大电流为 I，并联的分流电阻值为 R_F 的具体计算方法如下。

根据电路定律有

$$I_F R_F = I_A R_A；(I - I_A) R_F = I_A R_A$$

当 $K = \frac{I}{I_A}$（量程扩大倍数）

有 $R_F = \frac{I_A}{I - I_A} R_A = \frac{1}{\frac{I}{I_A} - 1} R_A = \frac{1}{K-1} R_A$

(3) 交流电流表的量程扩大

交流电流表的量程扩大方法与直流电流表有所不同，当被测交流电流大于仪表量程时，可用电流互感器来扩大其量程，如图 5-5 所示。

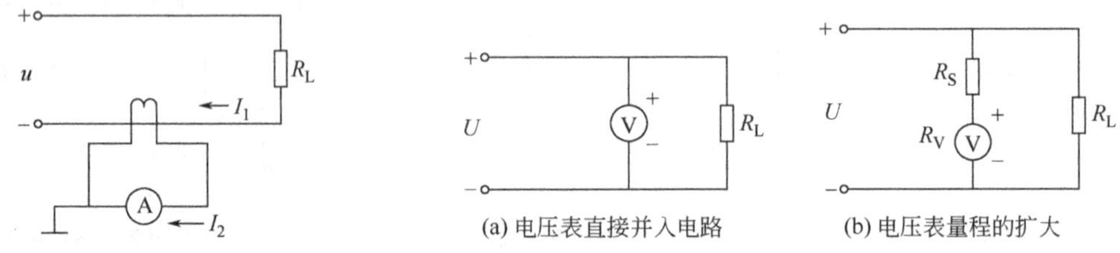

图 5-5 交流电流表量程的扩大

图 5-6 直流电压的测量

由于电流互感器具有变换电流的作用，对于图 5-5 所示电路，有

$$\frac{I_1}{I_2} = \frac{N_2}{N_1} = K_i$$

即

$$I_1 = K_i I_2$$

一般二次侧电流表均用量程为 5A，只要改变电流互感器的电流比，就可测出不同的一次侧电流。如一只额定电流为 600/5 的电流互感器与一只 5A 的电流表配套使用，当测出二次侧电流为 2A 时，则可知一次侧电流 $I_1 = (600/5) \times 2 = 240\text{A}$。这样实现交流电流表量程的扩大。

【例 5-6】 有一量程 $I_A = 100\mu\text{A}$，内阻 $R_A = 1000\Omega$ 的电流表，现欲扩大成量程为 5A 的电流表，试求分流电阻 R_F 的阻值。

解 由题意，当 $I = 5\text{A}$ 时，流过电流表表头的电流应为 $100\mu\text{A}$，则

$$R_F = \frac{I_A}{I - I_A} R_A = \frac{100 \times 10^{-6}}{5 - 100 \times 10^{-6}} \times 1000 = 0.02\ (\Omega)$$

5.2.2.2 电压检测及仪表

(1) 电压的测量

用于测量电压的仪表称为电压表。因电压也有交直流之分和测量量程不同，所以在测量电压时应注意以下几点。

① 明确电压的性质。选择对应的交流或直流电压表进行测量。

② 电压表应并联在负载两端，如图 5-6（a）所示。

由于电压表具有一定的内阻，并入电路后使负载两端的等效电阻下降，从而使实际测得的电压比负载两端的真实电压略低。为减小这种误差，要求电压表的内阻尽可能大。

③ 注意电压表的正、负极性连接正确。

④ 如果被测电压的数值大于仪表量程，就必须扩大电压表量程。

(2) 电压表量程的扩大

当被测电压高于仪表量程时，可通过串联一个附加电阻 R_S 来进行分压，使电压表本身所承受的最大电压保持不变，扩大仪表量程，如图 5-6（b）所示。

若电压表的内阻为 R_V，串联电阻为 R_S，电压表本身量程为 U_V，被测电压为 U，则根据电路定律可得

$$\frac{U-U_V}{R_S}=\frac{U_V}{R_V}$$

可推出

$$R_S=\left(\frac{U}{U_V}-1\right)R_V$$

设 $m=\frac{U}{U_V}$ 为电压表扩大量程的倍数，则

$$R_S=(m-1)R_V$$

由此计算出需要串联电阻的数值。

【例 5-7】 有一量程为 250V，内阻为 500kΩ 的电压表，现欲将其量程扩大为 500V。试确定串联电阻的阻值。

解　$m=\frac{U}{U_V}=\frac{500}{250}=2$

串联电阻　$R_S=(m-1)R_V=(2-1)\times 500=500\ (\text{k}\Omega)$

由此可见，只要将一只 500kΩ 的电阻与电压表串联，就可使电压表的量程扩大到 500V。

5.2.3　电能测量与电能表

电能测量是指测量某一段时间内发电机发出电能或负载消耗电能的多少，如使用 1 度电是指消耗了 1kW·h 的电能。通常称此类仪表为电度表或千瓦时表。电度表是日常生活中必不可少的一种电工仪表，凡是需要计量用电量的地方，都要使用电度表。

交流电能的测量大多数采用感应系电度表。这种仪表的转矩大，成本低，是一种广泛用于电力生产、工农业生产及家庭的电工仪表。

(1) 电度表的分类

电度表的种类很多，有多种不同的分类方法。

① 按其测量的相数分类，分为单相电度表（DD 系列）和三相电度表，三相电度表又分为三相三线有功电度表（DS 系列）、三相四线有功电度表（DT 系列）。

② 按额定电压分类。单相电度表的额定电压一般为 220V，用于 220V 的单相供电线路中。三相电度表的额定电压有 380V、380/220V 及 100V 三种，分别用在三相三线制、三相四线制以及使用电压互感器时接入高压供电系统中。

③ 按测量有功功率或无功功率分类，分为有功电度表和无功电度表。

④ 按额定电流分类，有 1A、1.5A、2A、3A、5A、10A 等多个等级，表示电度表允许长期流过的最大安全电流。有时，电度表的额定电流标有两个值，如 3（6）A，表示该电度表的额定电流为 3A，但如果通过电流不超过 6A 时，也能保证其测量的准确度。

中国电网的频率为 50Hz，所以电度表的工作频率也为 50Hz。

(2) 单相交流电度表的基本结构与原理

交流电度表一般是采用电磁感应原理制成的，因此叫感应系电度表。单相电度表的结构示意图如图 5-7 所示，其主要组成部分可分为以下几部分。

① 驱动部分　由电流部件和电压部件组成，用来将交变的电流和电压转变为交变的磁通，切割转盘形成转动力矩，使转盘转动。

② 转动部分　由铝制圆盘和转轴等部件组成，它能在驱动部件所建立的交变磁场作用下连续转动。

③ 制动部分　由制动永久磁铁和铝盘等部件组成，其作用是在转盘转动时产生制动力矩，使转盘转速与负载的功率大小成正比，从而使电度表能反映出负载所消耗的电能。

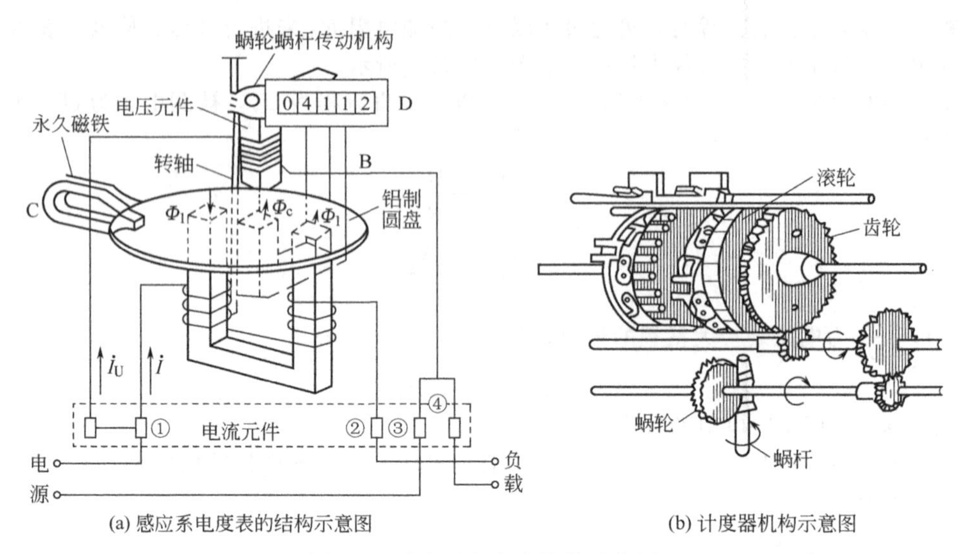

(a) 感应系电度表的结构示意图　　(b) 计度器机构示意图

图 5-7　感应系电度表结构示意图

④ 积算机构　由一套计数装置组成，用来计算电度表转盘的转数，显示所测定的电能。

上述四部分称为一套电磁系统。单相电度表因具有一套电磁系统，称为单元件电度表；具有两套电磁系统的三相电度表称为二元件三相电度表（两套电磁系统共用一个积算机构）；具有三套电磁系统的三相电度表称为三元件三相电度表（三套电磁系统共用一个积算机构）。

(3) 单相电度表直入式接线方法

单相电度表主要用来测量单相电能，每个电度表的下部都有一个接线盒，接线盒内设有四个引出线端钮，如图 5-8 所示。电度表的接线盒盖上一般都有电路接线图，其直入式接线方法有跳入式、顺入式，其接线原理如图 5-9 和图 5-10 所示，目前所用电度表的接线方式多数为跳入式。

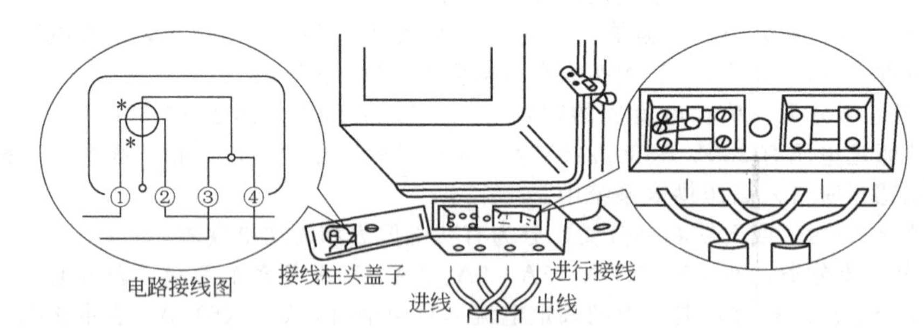

图 5-8　单相电度表的接线方法（跳入式）

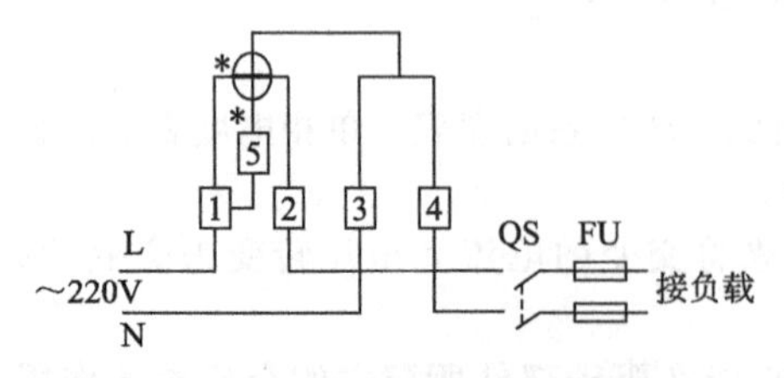

图 5-9　单相电度表跳入式接线原理图

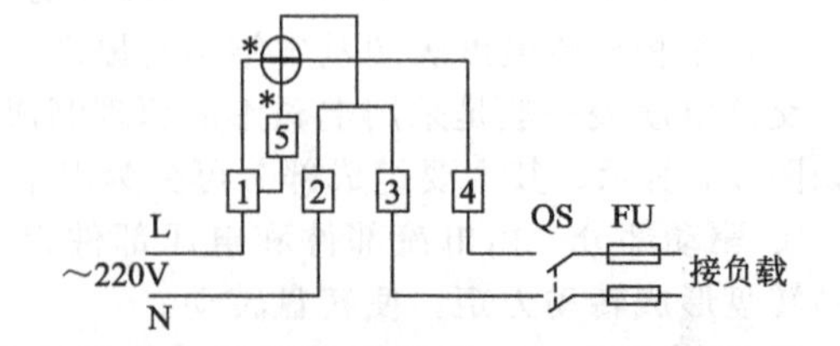

图 5-10　单相电度表顺入式接线原理图

(4) 单相电度表直入式接线要求

① 接线前，检查电度表的型号、规格应与负荷额定参数相适应；检查电度表的外观，应

完好。

② 与电度表连接的导线必须使用铜芯绝缘导线，导线的截面积应能满足导线的安全载流量及机械强度的要求。

③ 极性要正确：相线是1进3出，零线是2进4出，在接线盒里端子的排列顺序，总是左为首端1，右为尾端4。

④ 开关、熔断器应接于电度表的负荷侧。

⑤ 直入式电度表的电压连片（电压小钩）必须连接牢固。

⑥ 三相三线（DS系列）、三相四线（DT系列）有功电度表的接线方式分别如图5-11和图5-12所示。

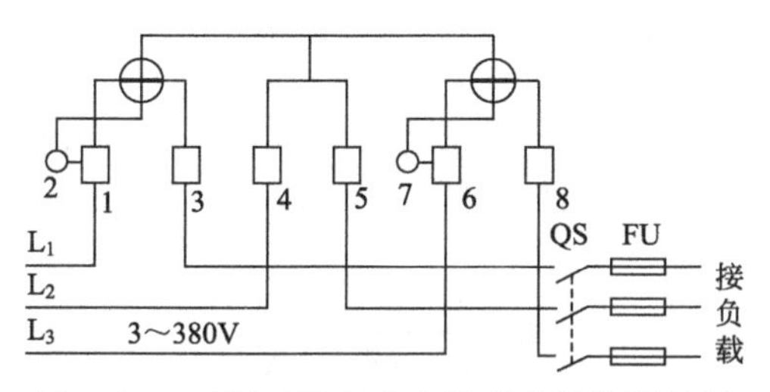

图5-11 三相三线有功电度表的接线原理图

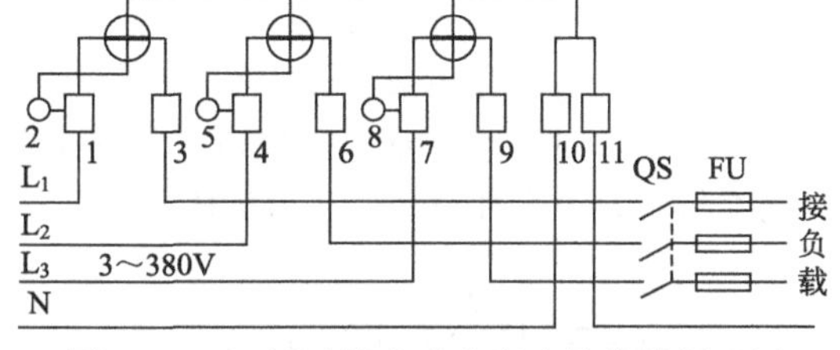

图5-12 三相四线有功电度表的接线原理图

⑦ 在低压大电流线路中测量电能，电度表需通过电流互感器将电流变小后接入。

(5) 直入式单相有功电度表的读数

使用单相有功电度表计算用户消耗的电能时，应将用户电度表的本次读数减去电度表的上次读数，差值即为在这一段时间内用户消耗的电能。

(6) 电度表的正确使用

了解了电度表的结构、基本工作原理，对于正确使用电度表测量电能是非常必要的，具体使用中还应注意以下几个方面。

① 正确选择电度表 应根据任务要求，适当选择电度表的类型。单相用电时（一般家庭用电），选用单相电度表；三相用电时选用三相四线制、三相三线制电度表，除成套配电设备外，一般不采用三相三线制电度表。

② 选择电度表的额定电压、额定电流 电度表铭牌上都标有额定电压和额定电流，使用时，应根据负载的最大电流、额定电压以及测量的准确度来选择电度表的型号。应使电度表的额定电压与负载的额定电压相符，电度表的额定电流应大于或等于负载的最大电流。

(7) 电度表的安装要求

电度表的具体安装要求很多，主要有以下几点。

① 通常要求电度表与配电装置在一处。安装电度表的位置应注意防潮。

② 电度表应安装在配电装置左方或下方。除成套开关柜外，电度表上方一般不设经常操作的电气设备。安装在露天、公共场所及人易接触的地方，应加装表箱。

③ 安装电度表时，表身必须与地面垂直，否则会影响电度表的准确度。

④ 对电度表的安装高度、安装场所也有具体要求。

5.2.4 功率因数表

功率因数即 $\cos\varphi$，它是交流电路中电压和电流之间相位差 φ 的余弦。若有功功率为 P，视在功率为 S，则

$$\cos\varphi=\frac{P}{S}$$

功率因数表是测量交流电路中某一时刻功率因数大小的仪表。图5-13所示为功率因数表的外形，其测量范围是0.5～1～0.5，该表的“零点”在标尺的中间，即 $\cos\varphi=1$。

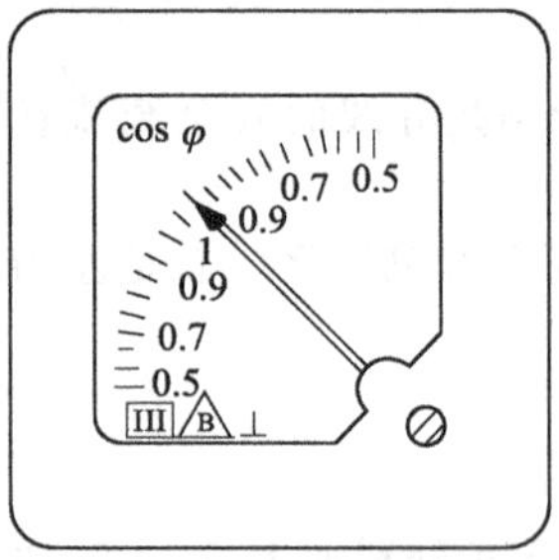

图 5-13　三相功率因数表

当指针向右偏移时，即标尺上侧的 1～0.5 之间，表明是感性负载，即电流滞后电压；当指针向左偏移时，即标尺下侧的 0.5～1 之间，表明是容性负载，即电流超前电压。

(1) 功率因数表的组成和工作原理

功率因数表分为单相和三相两种，按组成原理可分为电动系和整流系两种。下面介绍单相和三相电动系功率因数表。

图 5-14 所示为单相功率因数表原理图，它由装在同一转轴上的两个相互交叉又可转动的动圈和两个固定线圈组成。电流线圈 A 中通过负载电流 I 滞后电压 U 的相位为 φ。电压线圈 B 串联一个电阻 R；另一个电压线圈 C 和一电感 L 相串联后同电源相并联，线圈 C 中的电流 I_2 滞后电压 U 约 90°。电流线圈 A 产生磁场，电压线圈 B 和 C 中的电流 I_1、I_2 受电磁力作用产生转矩 M_1 和 M_2，两者方向相反，这样可动部分的偏转角就取决于电路的相位差 φ，指针指示的就是负载的功率因数角 $\cos\varphi$ 数值。若指针向右偏移，说明电压超前于电流，负载为感性负载，φ 和 $\cos\varphi$ 为正值；反之，指针向左偏转，为容性负载，φ 为负值。

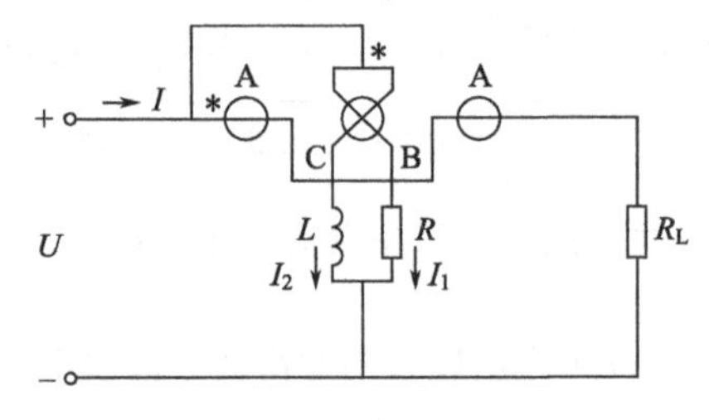

图 5-14　单相功率因数表原理图

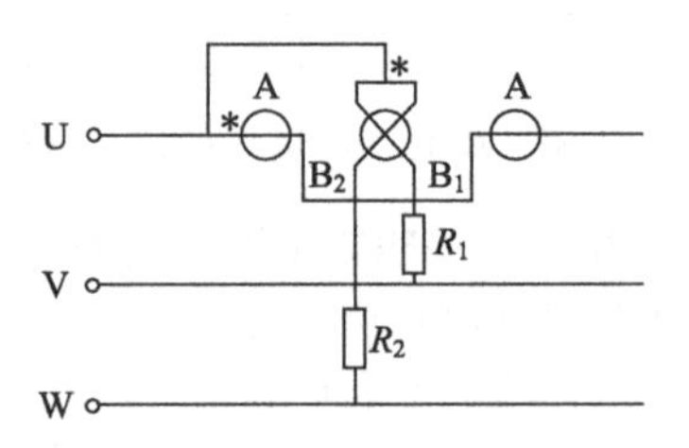

图 5-15　三相功率因数表接线图

三相功率因数表的组成和原理与单相功率因数表相似，其接线原理如图 5-15 所示。

(2) 功率因数表的使用

① 使用时，注意功率因数表的电压和电流量程。

② 接线端子要正确，注意标有“*”端子要极性正确。

三相功率因数表使用时，应使相序正确。

5.2.5　功率测量与仪表

用来测量电路功率的仪表称为功率表（或称瓦特表）。功率表内部有一个电流线圈 AA′和一个电压线圈 BB′，分别连接到被测电路中，如图 5-16 所示。

功率表电流线圈的电流就是被测电流 i，电压线圈两端的电压就是被测电路两端的电压 u。

由于单相交流电路的功率为 $P=UI\cos\varphi$，因此功率表指针偏转角度 $\alpha\propto P$。为保证在测量时功率表的指针正向偏转，必须使其电流线圈和电压线圈的“同名端”（用符号“*”表示）接到电源的同一极性上。

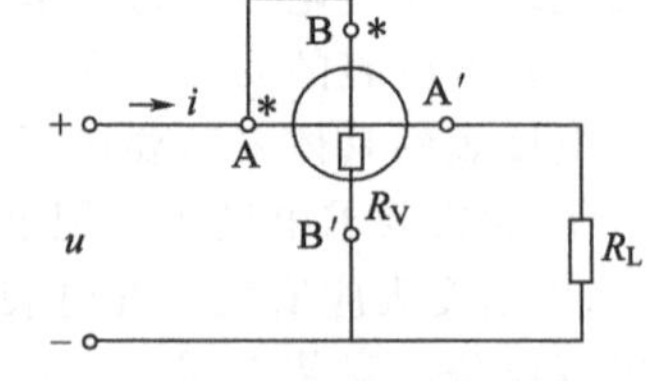

图 5-16　单相功率表测量原理图

电动系列功率表不论测量交流或直流电路的功率，其指针偏转角均与被测电路的功率成正比，而且其标尺刻度是均匀的。

5.3　万用表及应用

5.3.1　万用表的性能特点与结构

万用表是一种多功能、多量程的电工测量仪表。万用表可进行直流电压、直流电流、交流电压、电阻和晶体管参数的测量，功能相当于电流表、电压表、欧姆表等基本电工仪表的组合。

万用表主要由磁电系表头（测量机构）、测量线路、转换开关和面板四部分组成。以 MF47 型指针式万用表为例，其构成如下。

① 面板　万用表的面板上设有多条标度尺的表盘、表头指针、转换开关的开关柄、机械调零旋钮、电阻挡零欧姆调节旋钮和表笔插孔。其面板如图 5-17 所示。

② 表头与表盘　表头是万用表进行各种不同测量的公用部分，是一只高度灵敏的磁电式直流电流表，万用表主要性能指标基本取决于表头的性能。表头灵敏度越高，内阻越大，则万用表性能越好。

表盘上的多条标度尺与各种测量项目相对应，如图 5-18 所示，使用时应熟悉每条标度尺上的刻度及所对应的被测量。

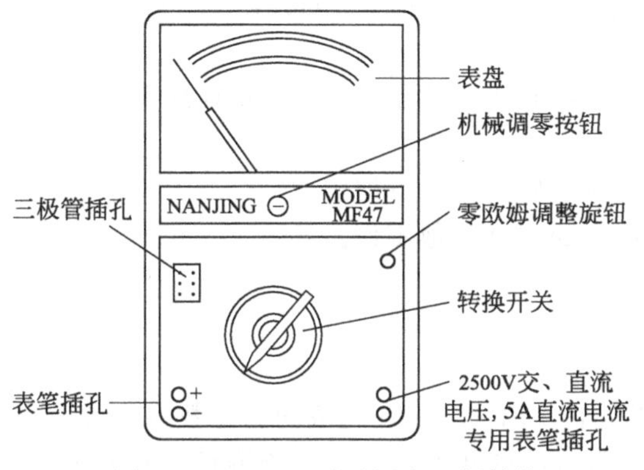

图 5-17　MF47 型万用表面板结构

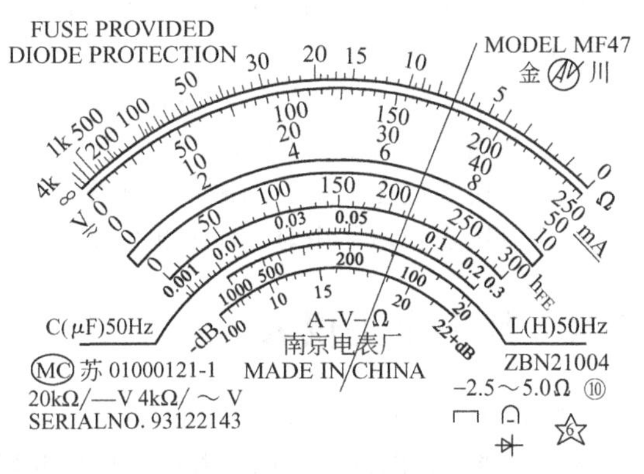

图 5-18　MF47 型万用表表盘

③ 测量线路　万用表用一只表头完成对多种电量进行多量程的测量，关键在于万用表内设置了一套测量线路，电路由各基本参量（电流、电压、电阻等）的测量电路综合而成。旋转面板上的转换开关可选择所需要的测量项目和量程。

④ 转换开关　万用表转换开关由固定触点、可动触点和开关柄组成，其作用是按测量种类及量程选择的要求，在测量线路中组成所需要的测量电路。

5.3.2 万用表的使用

（1）万用表的使用方法

MF47 型万用表共有六条标度尺，上面第一条测量电阻；第二条测量直流电流、电压和交流电压；第三条测量晶体管参数；第四条测量电容量；第五条测量电感量；第六条测量音频电平。

使用之前需调整表头机械调零旋钮，使指针准确地指示在标度尺的零位上（指电流、电压刻度的零位），否则测量结果不准确。然后将测试表笔红、黑两短杆分别插入万用表面板上的"+"、"−"插孔内。具体方法如下。

① 直流电流的测量　根据待测电流的大小，将选择开关旋至与直流电流相应的量程上，将测试笔红、黑两长杆串接在被测电路中，电流从红表笔（电表正极）流入，从黑表笔（电表负极）流出。指针在标度尺上对应的数值，即为被测电流的大小。

② 直流电压的测量　根据待测电压的大小，将选择开关旋至与待测电压大小相应的直流电压量程上。测电压时应将两支表笔并联在要测量的两点上。红表笔应接在电压高的一端，黑表笔接电压低的一端。

③ 交流电压的测量　将选择开关旋至与待测的交流电压相应的量程上，交流电无正负极性之分，测量时不必考虑极性的问题。测量交流电压时应注意，表盘上交流电压的刻度是有效值，只适用于正弦交流电测量。

④ 电阻的测量　测量电阻之前，应选择适当的倍率挡，并在相应挡调零，即将两表笔直接相接，旋动零欧姆调节器，使表针指示在 0Ω 处，然后将两表笔分开，接入被测元件。当表笔短

路调零时，调整零欧姆调节器，指针不能调至零时，可能是电池电压不足，应更换新电池。

(2) 使用万用表的注意事项

① 测量前，根据被测量的种类和大小，把转换开关置于合适的位置。选择适当量程，使指针接近刻度尺满刻度的2/3左右。

② 在测试未知量时，先将选择开关旋转至最高量程位置，然后自高向低逐次向低量程挡转换，避免造成电路损坏和打弯指针。

③ 测量高压和大电流中，不能在测量时旋动转换开关，避免转换开关的触头产生电弧而损坏开关。

④ 测量电阻时，应先将电路电源断开，不允许带电测量电阻。测量高电阻值元件时，操作者手不能接触被测量元件的两端，也不允许用万用表的欧姆挡直接测量微安表表头、检流计、标准电池等仪器、仪表的内阻。

⑤ 测量完毕，应将转换开关置于交流电压最高挡，防止再次使用时，因不慎损坏表头。

⑥ 被测电压高于100V时需注意安全。

⑦ 万用表应在干燥、无振动、无强磁场、环境温度适宜的条件下使用。

⑧ 万用表长期不用时，应取出电池，防止电池腐烂面损坏其他零件。

5.4 数字电工仪表

随着电子技术的飞速发展，采用新技术、新工艺，由LSI和VLSI构成的新型数字仪表及高档智能仪器大量问世，这标志着电子仪器领域的一场革命，也开创了现代电子测量技术的先河。数字仪表以模块化技术为支撑点，由标准化、通用化、系列化的模块所构成，新一代数字仪表正朝着标准模块化的方向发展。这给电路设计和安装调试、维修带来极大方便。

数字仪表一般具有以下特点。

① 广泛采用新技术，不断开发新产品。

② 坚持模块化的发展方向。

③ 多重显示。为彻底解决数字仪表不便于观察连续变化量的技术难题，“数字/模拟条图”双显示仪表已成为国际流行款式，它兼有数字仪表准确度高、模拟式仪表便于观察被测量的变化过程及变化趋势的两大优点。

④ 安全性。仪器仪表在设计和使用中的安全性，对于生产厂家和广大用户都是至关重要的问题。生产厂家必须为仪表设计安全保护电路，并使之符合国际标准（例如美国UL认证，欧洲GS认证，ISO9001国际标准质量认证）；用户必须安全操作，时刻注意仪表上的各种安全警告指示。仪表的保护电路在于最大限度地减小或防止因误操作而造成的危害。

5.4.1 数字电压表

数字电压表简称DVM，它采用数字化测量技术，将直流输入电压从连续的模拟量形式转换成不连续、离散的数字形式，并予以显示。目前，由各种单片A/D转换器构成的数字电压表，已被广泛用于电子及电工测量、工业自动化仪表、自动测试系统等领域。与此同时，由DVM扩展而成的各种通用及专用数字仪器仪表，也把电量及非电量测量技术提高到崭新水平。

数字电压表与传统的模拟电压表相比，有如下特点。

① 显示清晰直观，读数准确。数字电压表采用先进的数显技术，读数过程中不会引入人为的测量误差，测量结果一目了然，在仪表未发生跳读现象的情况下，测量结果是唯一的。

② 显示位数多，精度高。

③ 分辨率与准确度高。数字电压表在最低电压量程上末位1个字所代表的电压值，称为仪表的分辨率，它反映仪表灵敏度的高低。随着数字仪表显示位数的不断提高，其分辨率亦随之不断提高，仪表的准确度也随之不断提高。

④ 扩展能力强，测量范围宽。在数字电压表的基础上，还可扩展成各种通用及专用数字仪表、数字多用表（DMM）和智能仪表，以满足不同的需要。多量程 DVM 一般可测量 0～1000V 直流电压，配上高压探头还可测上万伏的高压。另外，智能数字电压表还带有微处理器和标准接口，可配合计算机和打印机进行数据处理或自动打印，构成完整的测试系统。

⑤ 测量速度快。数字电压表在每秒钟内对被测电压的测量次数，叫测量速率，单位是“次/s”。它主要取决于 A/D 转换器的转换速率，其倒数是测量周期。

⑥ 输入阻抗高。数字电压表具有很高的输入阻抗，通常为 10～10000MΩ，最高可达 1TΩ。

⑦ 集成度高，功耗低，抗干扰能力强。新型数字电压表普遍采用 CMOS 大规模集成电路，整机功耗很低。大部分 DVM 采用积分式 A/D 转换器，其串模抑制比、共模抑制比分别可达 100dB、80～120dB。高档 DVM 还采用数字滤波、浮地保护等先进技术，进一步提高了抗干扰能力，共模抑制比可达 180dB。

5.4.2 数字万用表

数字万用表具有精度高、功能全、显示直观、耗电少、性能稳定、可靠性高等优点，得到广泛的应用，已成为电工测量和维修各种电气设备的常用仪表。

（1）面板结构与功能

面板主要包括液晶显示器、电源开关、量程选择开关、输入插孔等，如图 5-19 所示。

① 电源开关　电源开关为按键开关，当按键按下时，开关置于“ON”位置，电源接通。按键弹起，对应“OFF”位置，电源关闭。

② 量程选择开关　所有量程均由一个旋转开关进行选择。根据被测信号的性质和大小，将量程开关置于所需挡的挡位即可。

③ 液晶显示器　在屏上显示数字、小数点、极性符号。

④ 输入插孔　测试笔输入插孔，应根据测量范围选定。黑笔始终插入“COM”孔。

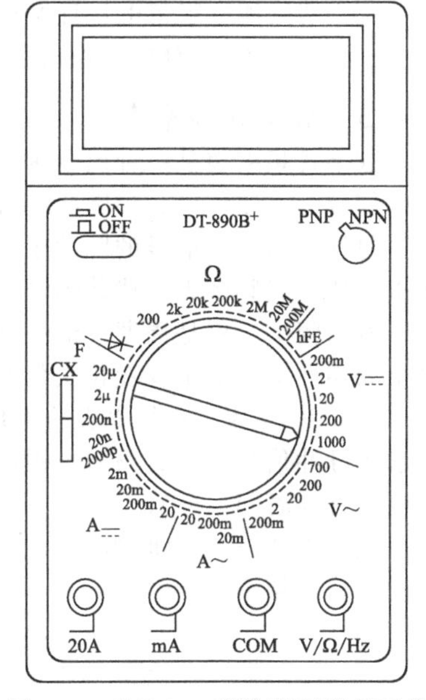

图 5-19　DT-890 型数字万用表面板

（2）数字万用表的使用

数字万用表在使用前，应注意检查以下几点。

① 将电源开关打开，显示器应有数字显示，若显示器出现低电压符号应及时更换电池。

② 表笔旁的 ⚠ 符号，表示测量时输入电流、电压不得超过量程的规定值，否则损坏内部测量电路。

③ 测量前转换开关应置于所需量程。若未知被测值的大小，可将转换开关置于最大量程挡，在测量中按需要逐步下调。

④ 如果显示器只显示“1”，表示量程偏小，应将转换开关置于更高量程。

⑤ 当转换开关置于“Ω”、“ ⊳⊢ ”挡时不得引入电压。

数字万用表的用法与指针式万用表基本相同，需注意以下几点。

① 直流电压的测量　DT-890B 型数字万用表直流电压的测量范围为 0～1000V，共分五挡，测量不高于 1000V 的直流电压。

- 将黑表笔插入 COM 插孔，红表笔插入 V/Ω 插孔。
- 将转换开关置于直流电压挡的相应量程。
- 将表笔并联在被测电路两端，红表笔接高电位端，黑表笔接低电位端。

② 直流电流的测量　DT-890B 型数字万用表直流电流的测量范围为 0～20A，共分四挡。测量范围在 0～200mA 时，将黑表笔插入 COM 插孔，红表笔插“mA”插孔，测量范围在

200mA～20A时，红表笔应插“20A”插孔。

- 转换开关置于直流电流挡的相应量程。
- 两表笔与被测电路串联且红表笔接电流流入端，黑表笔接电流流出端。
- 量程选择较低时，电流会烧坏保险丝。

③ 交流电压的测量　DT-890B型数字万用表交流电压的测量范围为0～700V，共分五挡。

- 将黑表笔插入COM插孔，红表笔插入V/Ω插孔。
- 将转换开关置于交流电压挡的相应量程。
- 红黑表笔不分极性且与被测电路并联。

④ 交流电流的测量　DT-890B型数字万用表交流电流的测量范围为0～20A，共分三挡。

- 表笔插法与“直流电流的测量”相同。
- 将转换开关置于交流电流挡的相应量程。
- 表笔与被测电路串联，红黑表笔不需考虑极性。

⑤ 电阻的测量　DT-890B型数字万用表电阻的测量范围为0～200MΩ，共分七挡。

- 将黑表笔插入COM插孔，红表笔插入V/Ω插孔（红表笔极性为“＋”）。
- 将转换开关置于电阻挡的相应量程。
- 表笔开路时，显示为“1”。
- 仪表与被测电路并联。
- 严禁被测电阻带电，且所得阻值直接读数，无需乘倍率。
- 测量大于1MΩ电阻值时，几秒钟后读数方能稳定，这属于正常现象。

5.4.3 数字式频率表

数字式频率表是一种用十进制数字显示被测信号频率的数字测量仪器，它的基本功能是测量正弦信号、方波信号、尖脉冲信号及其他各种单位时间内变化的物理量。频率测量的基本原理是计算每秒内的周期信号的脉冲个数，由信号发生器产生一个任意频率的脉冲信号，通过信号输入端接入数字式频率表，待数码管稳定后显示的频率就是待测频率。

所谓频率，就是周期性信号在单位时间（1s）内变化的次数。若在一定时间间隔T内测得这个周期性信号的重复变化次数为N，则其频率可表示为$f=N/T$。

图5-20为数字式频率表的原理框图，由图可见，被测信号v_x经放大整形电路变成计数器所要求的脉冲信号Ⅰ，其频率与被测信号的频率f_x相同。时基电路提供标准时间基准信号Ⅱ，其高电平持续时间$t_1=1s$。当1s信号来到时，闸门开通，被测脉冲信号通过闸门，计数器开始计数，直到1s信号结束时闸门关闭，停止计数。若在闸门时间1s内计数器计得的脉冲个数为N，则被测信号频率$f_x=N$Hz。

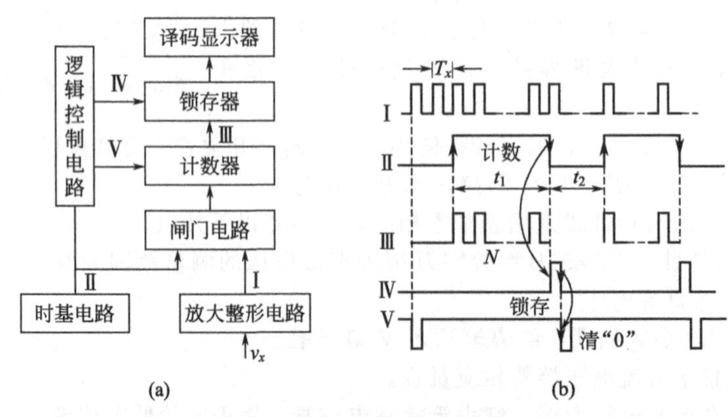

图5-20　数字式频率表原理图

逻辑控制电路的作用有两个：一是产生锁存脉冲Ⅳ，使显示器上的数字稳定；二是产生清

“0”脉冲V，使计数器每次测量从零开始计数。

本章小结

① 检测过程存在误差，误差表示方法有绝对误差和相对百分误差。

② 检测仪表的误差来源有系统误差、偶然误差和粗大误差三种。

③ 仪表的精度等级是用最大相对百分误差来衡量的，相对百分误差不仅与绝对误差的大小有关，而且与仪表的量程有关。确定仪表精度等级是评价仪表品质指标的首要问题。仪表品质指标除精度等级外，还有灵敏度等其他一些指标。

④ 尽管检测仪表的原理和结构各不相同，但其基本上是由检测元件、传送放大环节和显示单元三个部分组成。

⑤ 电工测量及电工测量仪表在现代工业生产和科研中占有重要地位。电工仪表主要有电流表、电压表、功率表、电度表、功率因数表和万用表等。

⑥ 电工仪表按其指示方式分为指针式和数字式；按工作原理不同，可分为磁电系、电磁系、电动系、感应系和整流系等，前三种使用较多。

⑦ 扩大电流表表头量程的方法是采用分流法，即在电流表两端并联分流电阻，使电路中较大的电流经过分流电阻分流。扩大电压表表头量程的方法是采用分压法，即与电压表串联分压电阻，使电路中部分电压降在分压电阻上。

⑧ 指针式万用表由测量机构和测量线路以及转换开关组成。指针式万用表的用途很多，可以测量交直流电压、直流电流和电阻等电量，数字式万用表还可以测量交流电流等电工参数。掌握万用表的使用方法，对于获得正确的测量结果，以及确保人身和仪表的安全十分重要。

⑨ 新型数字仪表以模块化技术为支撑点，由标准化、通用化、系列化的模块所构成，具有显示清晰直观、读数准确、显示位数多、分辨率与准确度高、扩展能力强、测量范围宽、测量速度快、输入阻抗高、集成度高、功耗低、抗干扰能力强等多种特性。

习 题 5

5-1 什么是检测？什么是误差？误差有哪些表示方法？

5-2 什么是绝对误差？什么是相对百分误差？它们之间有何联系？

5-3 检测仪表的精度等级是如何确定的？仪表的品质指标主要有哪些？

5-4 检测仪表主要由哪几个部分组成？其各组成部分的功能如何？

5-5 2只仪表的指示标尺完全相同，其量程分别是0～10MPa和0～100MPa，若它们的最大绝对误差均为0.4MPa，试问哪块仪表的精度高？哪块仪表的灵敏度高？

5-6 一台电子电位差计，其量程范围为0～1000℃，校验中发现其最大绝对误差为±12℃，试确定该表的精度等级。

5-7 被测温度为400℃，现用量程范围为0～500℃、精度等级为1.5级和量程范围为0～1000℃、精度等级为1.0级的两块仪表来检测，试问用哪块仪表更好些？

5-8 电工测量仪表的用途是什么？试叙述其分类方法。

5-9 设被测电压为250V，今用准确度1.5级、量程为250V和准确度为1.0级、量程为500V的两个电压表来测量，试问哪一块表的读数较准确？

5-10 磁电系电流表、电压表的量程扩大采用什么方法？各有什么特点？

5-11 有一只磁电系仪表，内阻为200Ω，额定压降为60mV，现需改为150mA的电流表，求需要接多大的分流电阻？

5-12 设有一只磁电系电压表，额定电压为100mV，线圈电阻为200Ω，现需改为20V的电压表，求需要接多大的分压电阻？

5-13 指针式万用表和数字式万用表的结构有何不同？它们的功能有哪些？

5-14 某万用表在$R\times1$挡进行电气零位调节时，出现不能将指针调到零位，而在欧姆的其他倍率挡时，指针可以调到零位，试分析产生上述现象的原因。

6 安全用电及节约用电

学习目标:

- 了解日常安全用电及缆线和保护电器的选用常识，掌握电气设备的防火措施；
- 了解安全电压概念，了解普通照明线路的接线方式、接地和接零措施；
- 了解触电及危害性，掌握基本的防范触电的有效方法，掌握基本的触电急救措施；
- 了解节电的作用和方法。

6.1 化工企业供电

6.1.1 企业供电特点

随着生产力的发展和人们生活水平的日益提高，电力与人们日常生活的联系越来越密切，安全用电尤为重要，稍不注意，就可能造成电气设备损坏，引起火灾甚至造成人身伤亡。安全用电包括供电系统的安全、用电设备的安全和人身安全。

6.1.2 供电系统及装置

为统一管理和调度电力，常将一个区域各发电厂所发的电并网构成一个区域电力网。电力网的超高压（220～500kV）输电网或高压（35～110kV）输电网经变电站变电处理，分配给用户高压（10～35kV）配电网和1kV以下的低压配电网，如图6-1所示。

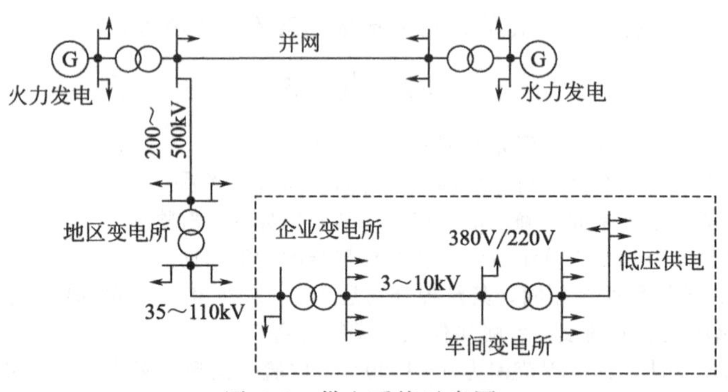

图6-1 供电系统示意图

图6-1中虚线框内表示企业内部的供电系统。大型企业先将35～110kV的电压降到3～10kV后向车间变电所供电。为避免停电造成的事故，保证生产的正常进行，一般有两路电源进行供电。

车间变电所将3～10kV的电压变换为380/220V低压，分配给用电设备，单台变压器的容量在1000kV·A以下。配电设备主要是由电气控制设备、母线、保护电器及测量仪表构成。

工厂企业内部输配电线路，可以采用架空方式，也可采用地下敷设电缆的方式。工厂中安全用电应注意以下几点。

① 正确选择控制设备、保护设备、电线电缆，并按规定接地、接零。

② 严格按照安全操作规程，定期检查电气设备的安全性能，严禁带电操作。

③ 经常操作的机械设备的照明，必须按规定使用安全电压（36V）。照明开关必须装在相线上，螺口灯头的螺旋套应接零线。

④ 切断电源检修电气设备时，在控制开关处挂上“有人工作，严禁合闸！”的警示牌。

⑤ 在电气设备场所内，按规定配备消防器材，以防万一。

6.2 电气安全知识

随着控制技术的发展，工厂中借助于电气设备及自控装置来管理生产的方式日益普遍，人们接触到电气设备的机会更多，应注意电气安全用电，防止事故，确保生产的正常进行。

6.2.1 触电危害及触电方式

6.2.1.1 触电危害

电流对人体的伤害就是通常说的触电。当人体接触到带电体，或人体与带电体之间形成电弧放电时，电流将通过人体，造成人体伤害或死亡，称为触电。发生触电的情况有两种：

- 因操作不慎触及到带电导体；
- 因设备漏电而造成。

触电时会给人体造成伤害。人体触电后，电流流过人体，对人体生理机能造成破坏，人体会有麻、痛等感觉，严重者会引起颤抖、痉挛、心脏停止跳动乃至死亡。通过人体的电流越大，人体的生理反应越明显，人的感觉越强烈。通电时间越长，越容易引起心室颤动，电击危险性也越大。

触电时对人体的伤害程度，与通过人体的电流强度有关。研究发现，当人体中通过 50mA AC 电流 1s，就可能造成生命危险。一般认为 10mA AC 和 50mA DC 以下的电流，对人体来说是安全电流。

人体各自条件不同，不同的人对电流的敏感程度不完全相同，不同的人在遭受同样电流的电击时其危险程度也不完全相同。儿童摆脱电流能力较低，遭受电击时比成人更危险。人体患有心脏病时，受电击伤害比健康人严重。

电流对人体的伤害种类可分为电击和电伤。

(1) 电击

电击是指电流通过人体，人体肌体组织受到刺激，肌肉不自主地发生痉挛性收缩造成的伤害。大部分触电死亡事故都是因电击而造成，通常所说触电事故基本上是指电击而言。按照人体触及带电体的方式和电流通过人体的途径，触电可分为以下三种情况。

① 单相触电　人体触到电源的某一根相线，如图 6-2 所示。其中图 6-2 (a) 为中性点接地系统的单相触电，电流经人体、大地和接地装置构成闭合回路。由于接地装置电阻很小（一般小于 10Ω），人体承受电压接近相电压 220V，极为危险。图 6-2 (b) 为中性点不接地系统的单相触电，由于电源另两根相线对地的分布电容 C 和阻抗 Z 存在，电流经人体、大地和绝缘阻抗构成闭合回路，其电流大小也可达到危害生命的程度。

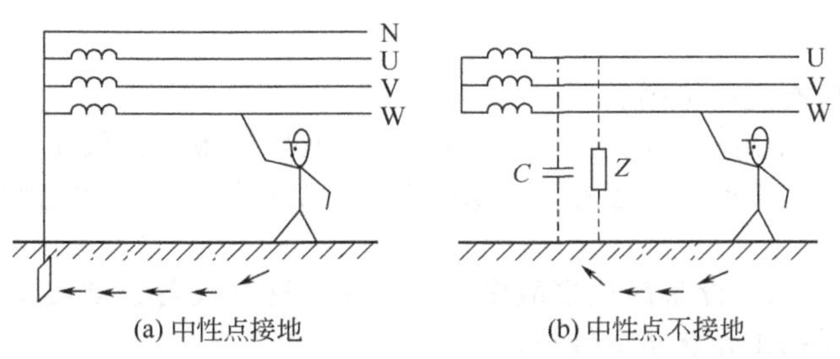

图 6-2 单相触电

对于高压带电体，虽然人体未直接接触到它，但如果其距离小于安全距离时，可能产生电弧放电，造成单相触电。单相触电占触电事故中的绝大部分。

② 两相触电　人体同时接触到两根相线，人体承受的电压为 380V，不论中性点是否接地，都会造成触电事故，如图 6-3 所示。显然，两相触电比单相触电更危险。

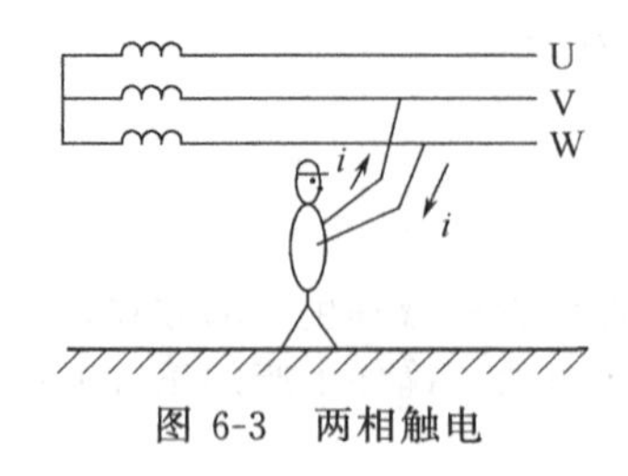

图 6-3 两相触电

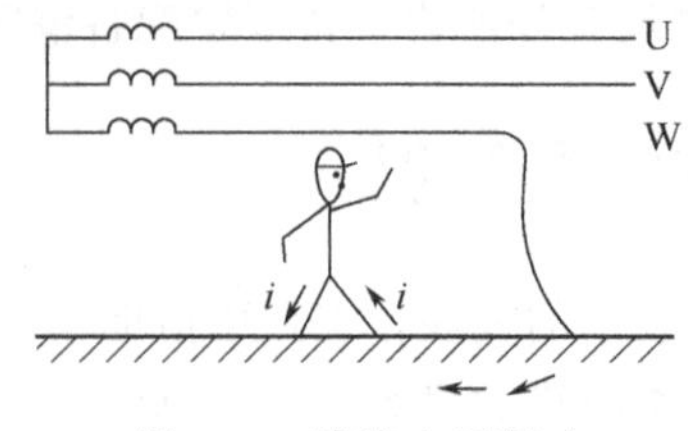

图 6-4 跨步电压触电

③ 跨步电压触电 当高压电线或带电体发生接地事故时，接地电流通过大地流散，在接地点周围的地面上产生电压降。在这个电压降区域内，人体两脚之间就有一定的电压差，称为跨步电压。当跨步电压较高时，就会造成人体跨步电压触电，如图 6-4 所示。跨步电压大小与线路的电压大小、人体跨步的大小以及人体到接地体的距离有关。离接地体越近，人体步伐越大，线路电压越高，跨步电压触电的危险性就越大。离接地体 20m 以外，一般就不会发生跨步电压触电。

(2) 电伤

电伤是指由电流的热效应、化学效应、机械效应等对人体造成的伤害，电伤会在肌体表面留下明显的伤痕。

电伤包括电烧伤、电烙印、机械损伤、电光眼等多种伤害。电烧伤是最常见的电伤，大部分触电事故中都含有电烧伤成分。

6.2.1.2 触电事故的原因

除偶然因素造成的事故外，绝大部分触电事故是可以避免的。原因归纳起来有以下几点。

① 缺乏电气安全知识 如在高压线附近放风筝；爬上杆塔掏鸟窝；架空线断落后误碰；用手触摸破损的胶盖刀闸、导线；用手触摸灯头、插座或拉线等。

② 违反操作规程

• 高压情况下：带电拉隔离开关；工作时未验电、未挂接地线、未戴绝缘手套；巡视设备时未穿绝缘鞋；修剪树木时不慎碰触带电导线等。

• 低压情况下：带电接临时线；带电修理电动工具、搬动用电设备；火线与中性线接反；湿手状态接触带电设备等。

• 其他违反规程情况：高压导线与建筑物之间的距离不符合规程要求；高压线和附近树木距离太近；电力线与广播线、通信线等同杆架设且距离不够；低压用电设备进出线未包扎好裸露在外；台灯、洗衣机、电饭煲等家用电器外壳没有接地，漏电后碰壳；低压接户线、进户线高度不够等。

③ 维修管理不及时 大风刮断导线或洪水冲倒电杆后未及时处理；刀闸胶盖破损长期未更换；瓷瓶破裂后漏电接地；相线与拉线相碰；电动机绝缘或接线破损使外壳带电；低压接户线、进户线破损漏电等。

6.2.1.3 触电事故的规律

触电原因很多，但有规律可循。

① 低压触电事故多于高压触电事故。原因在于：低压设备多，低压电网广，与人接触机会多；低压设备简陋，管理不严，思想麻痹；缺少电气安全知识。应将触电预防工作的重点放在低压方面。

② 便携式设备和移动式设备触电事故多。原因在于这些设备经常移动，工作条件差，易发生故障，且经常处于手携工作状态的缘故。

③ 单相触电事故多。统计资料表明，单相触电占触电事故的 70%以上。防止触电的技术措施应着重考虑单相触电的危险。

④ 误操作事故多。安全教育不够，安全措施不完备。

触电事故往往发生得很突然，了解触电事故的规律和原因，预先实施相关的安全措施，对于防止触电事故的发生有着重要意义。

6.2.1.4 安全用电常识

触电事故的发生，多因为不重视安全用电常识，不遵守安全操作规程，以及电气设备受损和老化所致。掌握安全用电常识，严格遵守操作规程是防止触电的首要保证。

① 安全电压的规定 安全电压是制定安全措施的依据，安全电压决定于人体允许的电流和人体电阻。

② 人体允许电流 在装有防止触电的速断保护装置的场合，人体允许电流可按 30mA 考虑。在空中、水面等可能因电击造成二次事故的场合，则按 5mA 考虑。此处所指的人体允许电流，是指人体短时间能够承受的电流。

③ 人体电阻 通常人体的电阻值在 600Ω～100kΩ 之间。但在皮肤潮湿、多汗、有损伤、带有导电粉尘、接触面积加大、接触压力增加、通过的电流增大、通电的时间加长、接触电压增高等情况下，人体电阻值会降低。

④ 安全电压 安全电压是为防止触电事故而采用的由特定电源供电的电压系列。此电压系列的上限值为：在正常和故障情况下，任何两导体间或任一导体与地之间均不得超过交流（50～500Hz）有效值 50V。安全电压的等级及选用如表 6-1 所示。

表 6-1 安全电压的等级及选用举例

安全电压(交流有效值)		选用举例
额定值/V	空载上限值/V	
42	50	在有触电危险的场所使用的手持式电动工具等
36	43	在矿井、多导电粉尘等场所使用的照明灯等
24	29	可供某些人体可能偶然触及的带电体的设备选用
12	15	
6	8	

6.2.1.5 电气消防知识

因漏电、短路、接触不良、触点打火或负载超载、过热而引起的火灾称为电火灾。一旦发生电火灾，或电气设备附近发生火警时，应采用正确的方法灭火。

① 当电气设备或电气线路发生火警时，应尽快切断电源，防止火情蔓延和灭火时发生触电事故。

② 不可用水或泡沫灭火器灭火，尤其是有油类的火警。应采用黄砂、二氧化碳或 1211 灭火器灭火。

③ 灭火人员必须避免身体及手持的灭火器材碰到有电的导线或电气设备。

此外，雷电也可能会造成设备或设施的损坏，造成大规模停电，或引起火灾和爆炸，危及人身安全，应注意防范。打雷时，不要使用手机。

6.2.2 绝缘、屏护、接地及接零

(1) 绝缘

用绝缘材料将带电体隔离或封闭起来成为绝缘。良好的绝缘是保证线路和电气设备运行安全的必要条件。常用的绝缘材料有变压器油、开关油、电容器油、绝缘线、绝缘板（管）、绝缘纱、绝缘漆、云母、电工塑料、电工用橡胶等。单独涂漆方式不能作为防止触电的绝缘措施。

(2) 屏护

使用屏护装置将带电体与外界隔离开称为屏护。常用屏护装置有遮栏、护罩、护盖和栅栏等。电气设备的外壳、金属网罩和金属外壳都属于屏护装置。金属屏护装置应可靠接地，有足够的机械强度、较好的耐热及耐火性能。

(3) 间距防护

为防止人体触及或过分接近带电体，避免车辆或其他设备碰撞或过分接近带电体，防止过电压放电及短路事故，在带电体与地面之间、带电体与带电体之间、带电体与其他设备之间均应保持一定的安全距离。

(4) 接地与接零

① 工作接地　能保证电气设备在正常和事故情况下可靠工作而进行的接地称工作接地，如电力系统的中性点直接接地、防雷接地、电流互感器二次侧接地等均为工作接地。工作接地可以保证电源或用电设备在事故状态下可靠工作，能维护负载电压稳定。

② 保护接地　将电气设备的金属外壳与接地装置可靠连接，称为保护接地。接地电阻小于4Ω。如图6-5所示。

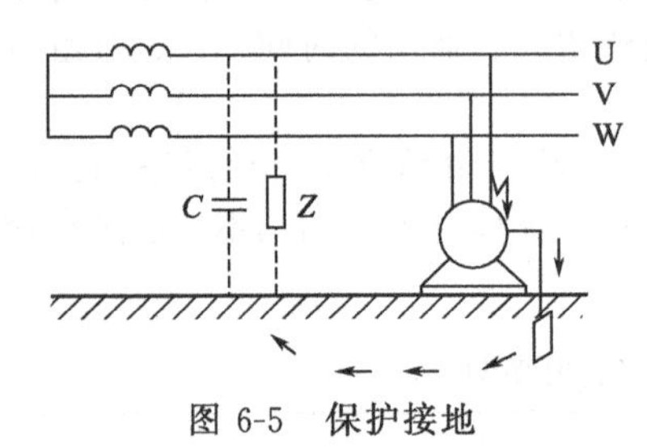

图6-5　保护接地

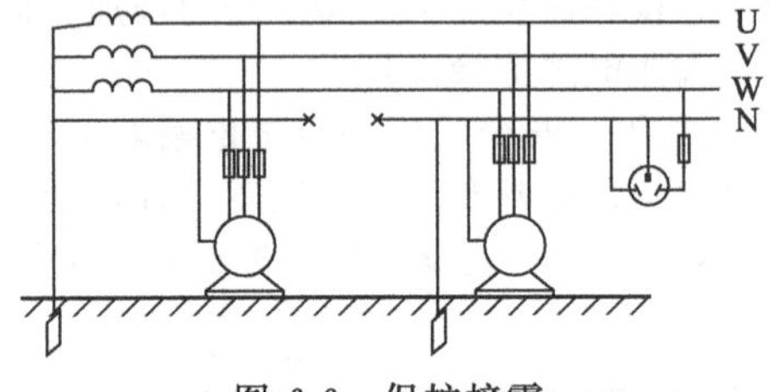

图6-6　保护接零

由图6-5可看出，电动机漏电时，由于电气设备外壳已接地，且接地电阻很小，绝大部分电流主要通过外壳和接地体流入大地，使人体承受的电压很小，从而避免触电事故的发生，保证人身安全。在电源中性点不接地的情况下，电气设备必须采取保护接地。

③ 保护接零　三相四线制供电系统中，将电气设备的金属外壳与电源中性线（零线）相连，称为保护接零，如图6-6所示。

当电气设备的外壳连接到电源中性线后，如果设备漏电，设备外壳就会形成相线对中性线（零线）的单相短路。因短路电流很大，一般能使保护装置迅速动作，切断电源，以保证人身安全。

应指出：当采用保护接零时，电源中性线绝不允许断开，否则保护失败，并带来更严重的触电事故。因此，电源中性线不允许安装熔断器、开关。在实际应用中，为防止中性线断开，用户端常常将中性线重复接地，确保用电安全，如图6-6所示。

图6-6中单相三眼插座中间的一个插孔为保护接零，其对应的插脚长于插头中另外两个插脚。在家庭单相用电设备中，应把用电器的外壳用导线接到三脚插头中间那个较粗或较长的插脚上，并通过插座与中性线相连。

在一般低压供电系统中，电源中性点大多接地，即电源采取工作接地方式，因此，用电设备一般采用保护接零方式保证用电安全。

6.2.3　静电的危害与防护

(1) 静电与静电危害

两种物体相互摩擦后，就会产生静电，高价介电常数的物质带正电，低价介质带负电。在生产和生活中常常有静电产生，静电技术在如静电除尘、静电喷涂、静电复印、工业生产过程等多方面得到应用。静电也会造成危害，如电气火灾、爆炸事故等，必须予以重视。

静电引起危害，原因在于静电放电具有点燃能力。在工业生产中，尤其是化工生产中，周围经常存在有爆炸性气体，静电产生的火花，可使易燃气体着火。

静电作用会妨碍生产的正常进行。如在造纸过程和塑料制品加工过程中，就必须考虑静电对生产的影响。

静电产生后，带电体上静电累积到一定程度，会形成很高的电压，并在一定的条件下放电，伴有火花，能量有时很大，不仅会引起火灾，而且会给操作者带来伤害。

在工业生产中，很多情况都会产生静电，如：

① 传动带和传动轮的摩擦，纸张与辊轮的摩擦，塑料制品的压制过程等会产生静电；

② 高速运动的粉状物料，会产生静电；

③ 流体在喷射、流动、剧烈晃动过程中能产生静电。

(2) 静电的防护

防止静电放电引起的爆炸和火灾等危害，主要措施是减少静电的产生和积累，提供泄放静电路径等方法。静电防护的主要途径如下。

① 用工艺控制方法 从工艺、材料选择、设备结构等方面采取措施，减少和控制静电的产生。如在传动带上涂上增强导电性能的润滑剂；液体在管道内传输时采用光滑管、控制流速等。

② 泄漏消散法 在工艺过程中，可采用接地、增加湿度等方法，将静电向大地泄漏流散，达到安全生产目的。如将加工、储存、运输易燃液体、气体的设备接地；或将工厂车间的氧气、乙炔管道连成一体并接地等。

③ 中和静电荷法 利用反极性的电荷中和静电荷，达到安全生产目的。如采用感应式中和器、高压中和器、放射性中和器等。

④ 封闭削尖法 利用静电屏蔽、尖端放电等方法，使静电不造成危害。如将带电体用接地的金属板、金属网将带电体对外部的影响限制在屏蔽层内，保障系统的安全。

⑤ 人体防静电法 可以利用接地、防静电鞋、防静电工作服等方法，减少人体静电的积累，提供静电泄放通路。

6.3 触电急救常识

安全用电的原则是避免接触带电体，不靠近高压带电体。为防止和避免触电事故的发生，除要求工作人员遵守电工操作规程、增强安全用电意识外，还需了解一系列安全用电措施，掌握触电情况发生后一般的应急处理方法。

触电后，应迅速采取措施，防止事故进一步扩大，一般应采取以下措施。

发现有人触电，应根据事故现场情况尽快使触电者脱离电源。如电源开关或插头在附近，应立即拉断闸刀开关或拔去电源插头，然后根据触电者的情况，采取及时有效的措施，将触电者平卧，解开上衣和腰带，必要时，应做人工呼吸，并让医生来抢救。

无法切断电源时，可使用绝缘工具或干燥的木棒、木板等不导电物体使触电者脱离带电体；可站在绝缘垫或干燥的木板上（如木椅等），使触电者脱离带电体（应尽量用一只手且用右手进行操作）；可戴上绝缘手套或用干燥的衣物等绝缘物包在手上，再使触电者脱离带电体；或直接抓住触电者干燥而不贴身的衣服脱离带电体，但要注意此时不能碰到金属物体和触电者裸露的身躯。如图 6-7 所示。

(a) 用绝缘柄工具切断电线

(b) 挑开触电者身上电线

(c) 站在绝缘板上将触电者拉离电源

图 6-7 脱离电源的方法

6.4 节约用电

能源是发展国民经济的重要物质基础，也是制约国民经济发展的一个重要因素。

自然界天然存在的能源称为天然能源或一次能源。天然能源通过加工转化而形成的新能源，称为人工能源或二次能源。电能是应用最为广泛的一种二次能源。

6.4.1 工厂电能节约的一般措施

工业生产是第一电力用户，工厂的节电意义重大。应大力宣传节电的重要意义，大力提高工厂供用电技术水平，提高人们的节电意识。工厂供用电系统的节电应从科学管理和技术改造两方面同步采取措施。

工厂供用电系统的科学管理，包括以下几个方面。

① 实行计划供用电，提高电能的利用率，把电能的供应、分配和使用纳入计划，加强管理，防止浪费。

② 实行负荷调整，“削峰填谷”，提高供电能力。根据供电系统的电能供应情况及各类用户不同的用电规律，合理、有计划地安排和组织各类用户的用电时间，降低负荷高峰，填补负荷的低谷，充分发挥变电设备的潜力，提高系统的供电能力。

③ 实行经济运行方式，降低电力系统的能耗。如两台并列运行的变压器可在低负荷时切除一台，又如长期轻载运行的电动机可更换较小容量的电动机等。

④ 加强运行维护，提高设备的检修质量。如及时维修导线接头处接触不良、发热严重等故障点，既保证安全供电，又减少电能损耗。

工厂供用电系统的技术改造包括以下一些措施。

① 逐步淘汰现有低效率供用电设备，以高效节能用电设备替换低效率的用电设备。以电力变压器为例，采用节能型的变压器时，其空载损耗比老型号的热轧硅钢片变压器低50%左右。

② 改造现有的供配电系统，降低线路损耗。

③ 合理选择供用电设备容量，或进行技术改造，提高设备的负荷率。对于长期处于低负荷运行供电系统，应更换较小容量的设备。

④ 提高功率因数。功率因数是衡量供电系统电能利用程度及电气设备使用状况的重要指标。工厂用电设备主要是电动机和变压器，它们均为感性负载，功率因数低。为减小无功功率，应采用电容器补偿，提高功率因数。提高功率因数可以降低电能损耗，是节电的一项重要措施。

6.4.2 合理选用供用电设备

电能一般都是被转换为其他形式的能量来使用的。如电能通过电动机转换为机械能，通过电灯转换为光能，通过电热设备转换为热能等。在使用电能的过程中，合理选用供用电设备，使电能发挥更大的作用，是节约电能的关键问题。

工厂供用电设备主要包括电力变压器、电动机、电焊机、电热设备及电气照明装置等，合理选用供用电设备的原则包括以下几方面。

① 合理使用变压器。使用节能型低损耗变压器，使变压器在较高的效率下运行。

② 合理选用电气设备类型。

③ 合理选用电气设备的容量，避免“大马拉小车”现象。

④ 积极应用新技术，采用新材料，使用新工艺。如应用晶闸管可控技术，提高整流效率。使用变频技术，使电动机在较低能耗状态下运行。

日常照明用电也是电能消耗的另一重要方面。我国照明用电量约占总用电量的7%～8%，个别地区高达15%以上，因此节约照明用电潜力巨大。节约照明用电要在保证合理照度的前提下，设法降低照明用电负荷，尽可能提高电能的有效利用率。照明节电的基本措施有以下几方面。

① 采用新型高效电光源，提高光源的效率。推广紧凑型荧光节能灯，采用发光效率高的气体放电光源、新型节能灯、日光灯等。

② 降低照明电路的损耗，提高综合光效。

③ 充分利用自然光源。从建筑设计上优化照明条件，尽可能增加采光面积，充分利用自然

光源。缩短白天电气照明时间，合理选择照明方式，提高照明效率，达到节电的目的。

④ 采用科学合理的照明控制设备和电路。对公共照明设备，可采用光控、声控或自控装置来控制开灯时间。

随着工农业生产的迅速发展，社会对电能的需求正日益增加，电能的生产与消费间的矛盾也日趋尖锐。因此，在开发利用新能源的同时，节约用电显得尤为必要，它是缓和电力供需矛盾的一项重要措施，对于促进国民经济的可持续发展，具有十分重要的意义。

本章小结

① 安全用电包括供电系统、用电设备和人身三方面的安全，它们之间是相互联系的。

② 工厂企业单位的供电配电系统一般是将35～110kV的高压电经工厂总降压变电所变换成6～10kV的高压，然后送到车间变电所再降压成380/220V的电压供给用电设备。

③ 安全用电主要包括安装规程、检修规程和安全操作规程，是生产正常的必要保证。

④ 触电方式有单相触电、两相触电和跨步电压触电三种。

⑤ 为防止设备和人身事故，工厂中常常采用工作接地、保护接地和保护接零三种接地保护方式。

⑥ 静电放电会造成爆炸或火灾，应采取减少静电产生、积累，提供泄放通路等方法对静电进行防护。

⑦ 节约用电就是节约能源，采用合理的节电途径和方法，在现实生活中十分重要。

习　题　6

6-1　试叙述中国供电系统的大致情况。

6-2　安全用电要注意哪些事项？

6-3　人体触电有哪几种方式？试比较其危害程度。

6-4　接地有哪几种方式？有何特点？

6-5　什么是静电？在哪些情况下会产生静电？怎样作静电防护？

6-6　为什么在电源中性线上不允许装开关或熔断器？

6-7　工业中节约用电的主要措施有哪些？

6-8　家庭用电中，应如何注意安全用电与节约用电？

第2篇　工业自动化系统

7　过程控制系统概述

学习目标：

- 了解过程控制系统的组成及各环节的功能；
- 掌握过程控制系统的品质指标；
- 了解控制器参数对过程质量的影响；
- 掌握简单控制系统的投运及参数整定方法。

7.1　过程控制系统的作用及组成

7.1.1　过程控制系统的作用及特点

自20世纪40年代以来，随着工业生产的迅速发展，自动化技术发展很快。在国防建设、交通运输、工业生产等方面应用很广。如飞机、导弹和宇宙器等的起飞、发射、航行、投弹、着陆等，汽车、轮船等的自动导航系统都是自动化系统典范的例子。在工业生产中使用自动控制系统的目的是取代人工控制，使生产在一定程度上自动进行。在化工生产上，为了保证产品的质量和产量，需要对化工生产过程的温度、压力、流量、物位、成分等进行自动控制。

在化工生产中的自动控制系统的作用是保证工艺生产的变量按照生产要求稳定或者是按照某种要求变化。

过程控制系统利用自动化装置代替人工操作，使生产在一定程度上自动运行。

7.1.2　过程控制系统的组成

自动控制是在人工控制的基础上发展起来的，它利用自动化仪表等自动化装置代替人的眼睛、大脑和双手，实现观察、比较、判断、运算和执行动作，按照控制规律自动地完成控制过程。控制规律是在人工操作经验的基础上发展起来的。图7-1所示为换热器温度自动控制原理图。图中，自动化装置包括检测元件及变送器、控制器、调节阀三部分。检测元件（热电阻）和温度变送器的作用是检测换热器出口物料温度，并转换成相应的检测信号。控制器即根据温度变送器来的检测信号与设定值（工艺规定值）进行比较得出偏差，按设定的控制规律对偏差进行运算，发出控制信号给调节阀，开大或关小蒸汽阀门，实现控制作用，使换热器物料出口温度回复到设定值。

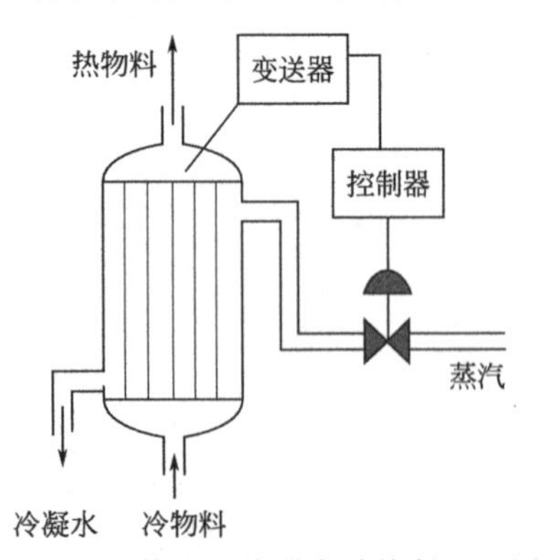

图7-1　列管式换热器自动控制原理图

上例所述控制系统可用方块图表示控制系统的组成，如图7-2所示。自动化系统组成包括：取代人的眼睛，完成工艺变量检测和信号转换的检测元件与变送器；取代人的大脑，完成比较、判断和运算功能的控制器；取代手脚，根据控制器信号动作来改变物料流量或能量流的执行装置；另外，把需要实现控制的设备、机器或生产过程（如换热器），称为被控对象或被控系统；被控对象中工艺需要维持、通过控制能达到工艺要求的变量称为被控变量（如换热器出口温度）；被控变量的预定值称为设定值，设定值与被控变量的测量值之差称为偏差。控制系统中为保证被控变量而引出的可调节的被控对象的物料量或能量（如换热器中加热蒸汽的流量）称为操纵变量。除操纵变量外，作用于过程并引起被控变量变化的因素，称为扰动（如冷流体流量波动，蒸汽阀前压力变化等）。其实，操纵变量在没有确定成操纵变量之前，也属于扰动的一种，操纵变量是会引起被控变量变化的内在因素，其作用是使被控变量向设定值方向变化。

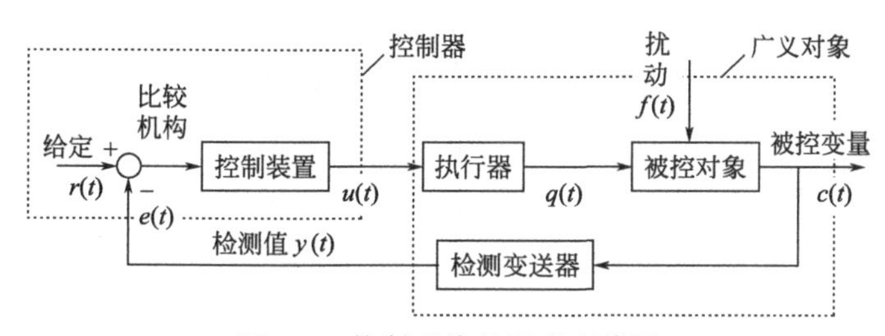

图 7-2　控制系统的组成方块图

检测元件和变送器的作用是把被控变量转化为控制器能够识别的信号，例如用热电阻或热电偶测量温度，利用热电阻或热电偶将温度信号转换成电阻或电势，根据控制器的情况，或者是用温度变送器将其转换成统一的电信号（4～20mA 或 1～5V）或气压信号（20～100kPa），或者是直接送到控制器。

比较机构的作用是将设定值与测量值比较并输出其差值。控制装置的作用是根据偏差的正负与大小变化情况，按某种预定的控制规律计算，其输出信号传递给执行机构，完成控制作用。比较机构和控制装置通常组合在一起，称为控制器。目前应用最广的控制器是电动Ⅲ型调节器和以 CPU 为核心的智能化控制器或计算机。

执行器的作用是接受控制器送来的信号，经转换后，相应改变操纵变量。最常用执行器分为气动、液动和电动式。化工生产中最主要的执行装置是气动薄膜调节阀。

在控制系统中，由于控制器的形式和控制规律是可以调整的，设计控制器的算法用以提高控制系统的质量，所以把控制器以外的被控对象、执行器、检测元件与变送器组合一起统称广义对象。

7.1.3　过程控制系统的符号与图例

过程控制系统中，为了清楚地表示控制系统的类型、所用仪表的种类，定义了许多符号和图例。工艺工程技术人员要想熟练地看懂带控制点的工艺流程图，除了要懂得工艺原理、熟悉工艺流程图外，还必须了解仪表及控制系统在带控制点的工艺流程图中的表示方法。

（1）被测变量和仪表功能的字母代号

TdRC 几个字母组合在化工自动化中具有特定的含意。Td 称为第一位字母，其中，T 代表被测变量——温度，d 为 T 的修饰词，含意是“差”，即 Td 代表温差；RC 称为后继字母，它可以是一个字母或更多，都分别代表不同的仪表功能，R 代表“记录或打印”，C 代表“控制”。这就是说，TdRC 实际上是“温差记录控制系统”的代号。表 7-1 列出了有关被测变量和仪表功能代号的含义。

由表 7-1 可以看出以下几点。

① 同一字母在不同的位置有不同的含义或作用，处于首位时表示被测变量或初始变量；处于次位时作为首位的修饰，一般用小写字母；处于后继位时代表仪表的功能。因此不能脱离所处位置来说某个字母的含义。

② 后继字母的确切含义，根据实际情况可作相应解释。例如，“R”可以解释为“记录仪”、“记录”或“记录用”；“T”可理解为“变送器”、“传送”或“传送的”等。

③ 后继字母“G”表示功能“玻璃”，指过程检测中直接观察而无标度的仪表；后继字母“L”表示单独设置的指示灯，表示正常工作状态，例如，“LL”表示显示液位高度的指示灯；后

表 7-1 检测、控制系统字母代号的含义

字母	第一位字母		后继字母	字母	第一位字母		后继字母
	被控变量	修饰词	功能		被控变量	修饰词	功能
A	分析		报警	N	供选用		供选用
B	喷嘴火焰		供选用	O	供选用		节流孔
C	电导率		控制	P	压力、真空		实验点
D	密度	差		Q	数量	积算	积分、积算
E	电压		检测元件	R	放射性		记录、打印
F	流量	比		S	速度、频率	安全	开关或联锁
G	尺寸		玻璃	T	温度		传送
H	手动			U	多变量		多功能
I	电流		指示	V	黏度		阀、挡板
J	功率	扫描		W	重量或力		套管
K	时间		手操器	X	未分类		未分类
L	物位		指示灯	Y	供选用		继动器
M	水分			Z	位置		驱动、执行

继字母“K”表示设置在控制回路内的自动-手动操作器，例如，“FK”表示流量控制回路的自动-手动操作器，区别于“H”——手动和“HC”——手动控制。

④ 当“A”作为分析变量时，一般在图形符号外标有分析的具体内容。

⑤ 字母“H”、“M”、“L”可表示被测变量的“高”、“中”、“低”值，一般标注在仪表圆圈外；“H”、“L”还可表示阀门或其他通、断设备的开关位置，“H”表示全开或接近全开，“L”，表示全关或接近全关。

⑥ 字母“U”表示多变量或多功能时，可代替两个以上的变量或两个以上的功能。

⑦ 字母“X”代表未分类变量或未分类功能，使用中一般另有注明。

(2) 仪表位号及编制方法

① 在检测、控制系统中，构成一个回路的每台仪表（或元件）都应有自己的位号。仪表位号由字母代号组合和阿拉伯数字编号组成。仪表位号中，第一位字母表示被测变量，后继字母表示仪表的功能。如 TRC-1 中，T 表示温度是被测变量，RC 表示有记录控制功能，1 为数字编号。数字编号可按装置或工段（区域）进行编制。按装置编制的数字编号，只编回路的自然顺序号，如 TRC-1 中的 1。按工段编制的数字编号，包括工段号和回路顺序号，一般用三位或四位数字表示。这时上例变为 TRC-131，其中，数字编号的第一位“1”表示工段代号，后二位或三位表示序号。

② 在带控制点工艺流程图和仪表系统图中，仪表位号的标注方法是：圆圈上半圆中填写字母代号，下半圆中填写数字编号。圆圈的表示方式不同，代表仪表的安装位置和控制装置的类型不同。表 7-2 为仪表安装位置及功能的主要图形符号。

③ 多机组的仪表位号一般按顺序编制，例如，锅炉给水泵通常有两台，一用一备，每台泵出口压力都需要一个压力指示仪表，仪表的位号为 PI-1 和 PI-2。如果同一个仪表回路中有两个以上具有相同功能的仪表，用仪表位号后附加尾缀（英文大写字母）的方法加以区别。例如，FT-101A 和 FT-101B 分别表示同一系统中的两台流量变送器。

④ 当属于不同工段的多个检测元件共用一台显示仪表时，仪表位号只编顺序号，不表示工段号。例如，多点温度指示仪的仪表位号为 TI-1，相应的检测元件仪表位号为 TE-1-1、TE-1-2、……当一台仪表由两个或多个回路共用时，应标注各回路的仪表位号。例如，用一台双笔记录仪记录流量和压力两个变量时，显示仪表位号为 FR-121/PR-132。用于记录两个回路的压力时，仪表位号应为 PR-111/PR-112 或 PR-111/112。

表 7-2 仪表安装位置及功能的图形符号

图形符号	表示内容	图形符号	表示内容
	表示就地安装仪表		集中仪表盘后安装
	集中仪表盘安装		就地仪表盘后安装
	就地仪表盘安装		计算机集中控制

⑤ 表示仪表功能的后继字母按 IRCTQSA（指示、记录、控制、传送、积算、开关或联锁、报警）的顺序标注。具有指示和记录功能时，只标注字母代号“R”，而不标注“I”；具有开关和报警功能时，只标注字母代号“A”，而不标注“S”；当“SA”同时出现时，表示具有联锁和报警功能；一台仪表具有多功能时，可以用多功能字母代号“U”标注。例如，TU 可以表示一台具有高限报警、温度变送、温度指示、记录和控制等功能的仪表。另外，当仪表多个被测变量或功能可能产生混淆时，应以多个相切的圆圈表示，分别填入被测变量和功能字母代号。

⑥ 在带控制点工艺流程图中，构成一个仪表回路的一组仪表可以用主要仪表的位号或仪表位号的组合来表示。例如，TRC-121 可以代表一个温度记录控制回路。

在带控制点工艺流程图上，一般不表示出仪表冲洗或吹气系统的转子流量计、压力控制器、空气过滤器等设备，而另有详图表示。

⑦ 随设备成套供应的仪表，在带控制点工艺流程图上也应标注位号，并在位号圆圈外标注“成套”或其他符号。

⑧ 仪表附件，如冷凝器、隔离装置等，不标注位号。

(3) 仪表符号图实例

表 7-3 列出带控制点流程图实例。

表 7-3 带控制点流程图实例

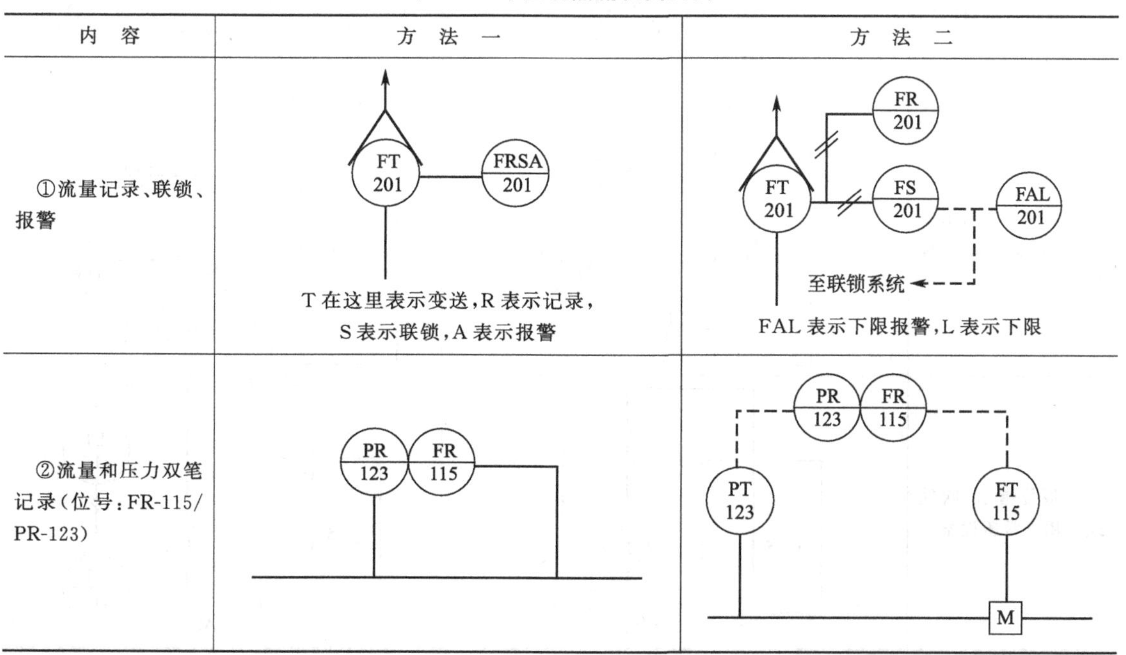

内容	方法一	方法二
①流量记录、联锁、报警	T 在这里表示变送，R 表示记录，S 表示联锁，A 表示报警	FAL 表示下限报警，L 表示下限
②流量和压力双笔记录（位号：FR-115/PR-123）		

续表

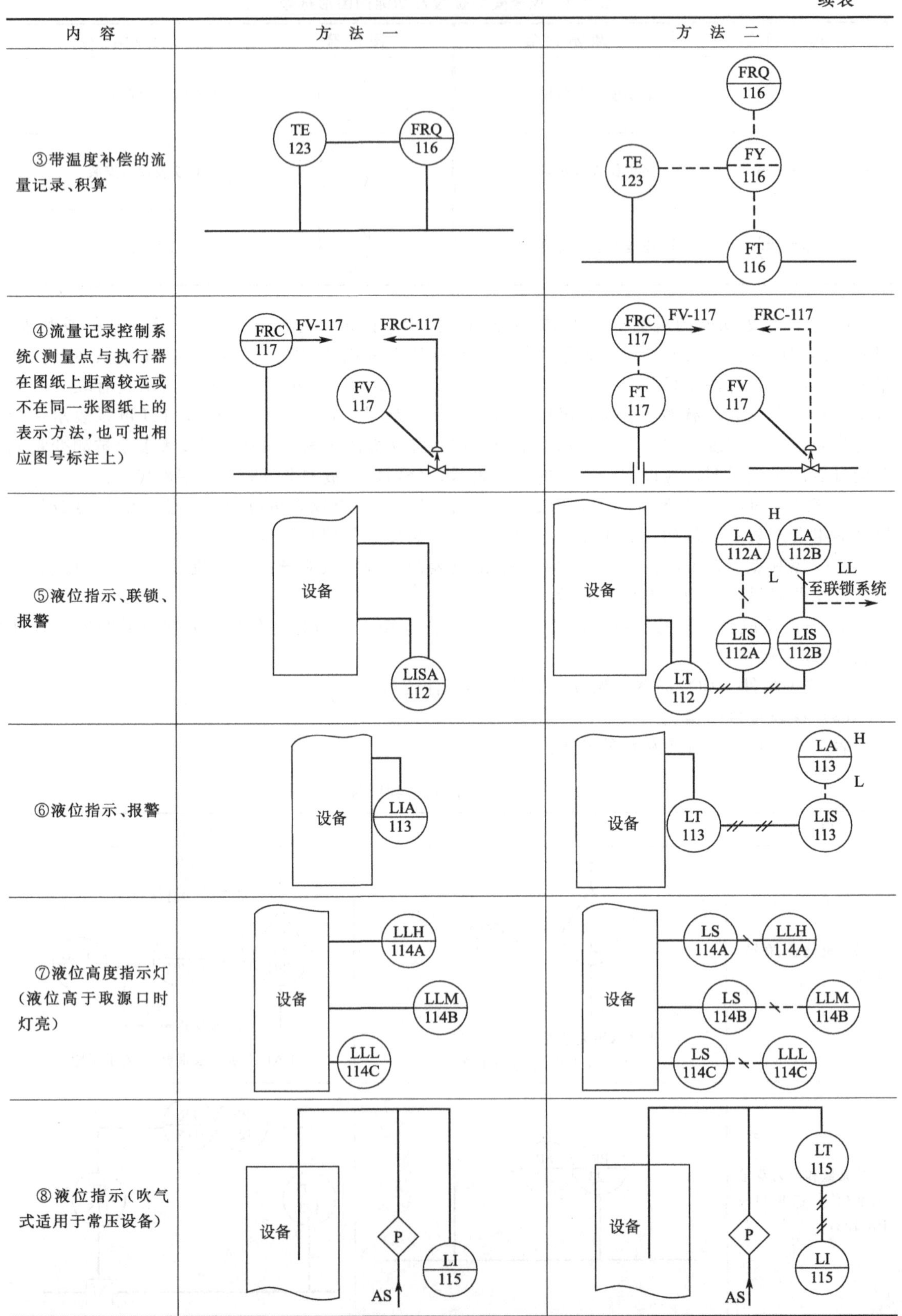

内容	方法一	方法二
③带温度补偿的流量记录、积算		
④流量记录控制系统(测量点与执行器在图纸上距离较远或不在同一张图纸上的表示方法,也可把相应图号标注上)		
⑤液位指示、联锁、报警		
⑥液位指示、报警		
⑦液位高度指示灯(液位高于取源口时灯亮)		
⑧液位指示(吹气式适用于常压设备)		

7.2 过程控制系统的品质指标

控制系统能否达到控制要求，取决于根据不同控制对象而设置的控制装置。被控对象和控制装置的特性用环节特性来表示，判断控制系统的好坏依据控制系统品质指标。

7.2.1 环节的特性

环节的特性是指环节的输出信号跟随输入信号变化的规律。

自动控制系统的质量取决于组成系统的各个环节，其中被控对象是否易于控制，对整个控制系统运行的好坏有重大影响。在化工生产过程中，最常遇到的被控对象是各类热交换器、塔器、反应器、贮液槽、泵、压缩机等。这些对象的特性各不相同，有的生产过程较易操作，工艺变量能够控制得比较平稳；有的生产过程却很难操作，工艺变量容易产生大幅度的波动，只要稍不谨慎就会越出工艺允许范围，轻则影响生产，重则造成事故。

对象特性就是指对象在输入信号作用下，其输出变量即被控变量随时间而变化的特性。由图7-2所示的控制系统方块图可知，被控对象有两个输入，即操纵变量的控制作用和外界扰动的作用。因此，对象特性应由两部分构成，即以控制作用为输入的控制通道特性和以扰动作用为输入的扰动通道特性。这里的通道是指输入变量对输出变量的作用途径。

(1) 对象的基本特性

① 对象的负荷　当生产过程处于稳定状态时，单位时间内流入或流出对象的物料或能量称为对象的负荷或生产能力。例如，液体贮槽的物料流量、精馏塔的处理量。根据生产需要经常会调整生产的负荷，生产负荷的改变，往往会引起对象特性的改变。因此，研究对象特性时，也应了解、分析负荷变化对对象特性三个参数的影响。

在自动控制系统中，对象负荷的变化也是扰动，它直接影响控制过程的稳定性。如果负荷变化很大，又很频繁，控制质量就难以保证，所以，对象的负荷稳定有利于过程控制。

② 对象的自衡性　如果对象的负荷改变后，无需外加控制作用，被控变量能自行趋于一个新的稳定值，这种性质称为对象的自衡特性。图7-3 (a) 所示为普通液体贮槽，稳定状态时，流入量与流出量相等，液位保持在某一高度。如流入量突然增加，液位逐渐上升。由于液位的升高，流出量将随着液体静压力的增大而增加，流入、流出量的差值逐渐减小，液位上升速度渐慢，最后使流入量与流出量重新相等，液位又自行稳定在一个新的高度。这就是一个常见的有自衡对象的例子。其响应曲线如图7-3 (b) 所示。

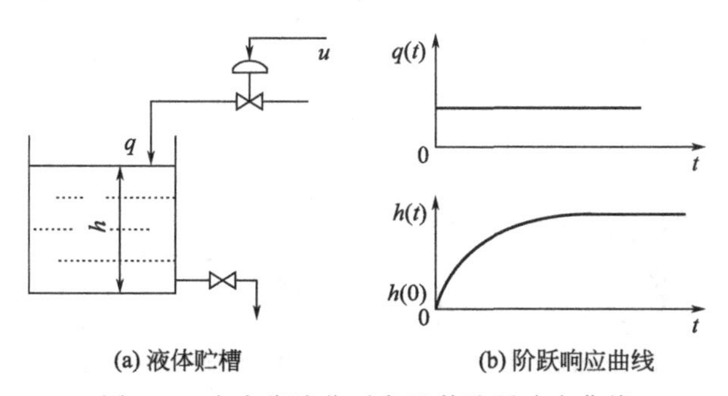

图7-3　有自衡液位对象及其阶跃响应曲线

在图7-3 (a) 中，若在贮槽出口处安装一台泵，情况将发生变化。因为此时流出量是由泵的转速决定而与液位高度无关。如流入量突然增加，则液位将一直上升，不能自行重新稳定，所以它是无自衡性质的对象。

可见，具有自衡特性的对象便于控制，控制器选用简单的控制规律就能获得满意的控制质量。除了部分化学反应器、锅炉汽包及上述用泵排液的对象之外，大多数的对象都具有一定的自衡性。

(2) 对象特性参数

描述有自衡对象的特性参数有放大系数 K、时间常数 T 和纯滞后时间 τ。

① 放大系数 K　放大系数 K 是指系统稳定后，输出的变化量与引起该变化的输入变化量的比。它反映了输入对输出的最终影响情况。以水槽为例，当入水流量发生阶跃变化时，液位必然发生变化。当系统达到新的稳定状态，液位的变化量与入水流量的阶跃变化的比即为对象的放大系数，如图 7-4 所示，$K=\Delta h/\Delta q$。如将入水流量作为操纵变量，此时的放大倍数为控制通道的放大倍数，它反映的是控制作用对系统的影响；如入水流量不是操纵变量，则 $K=\Delta h/\Delta q$ 为扰动通道的放大系数。

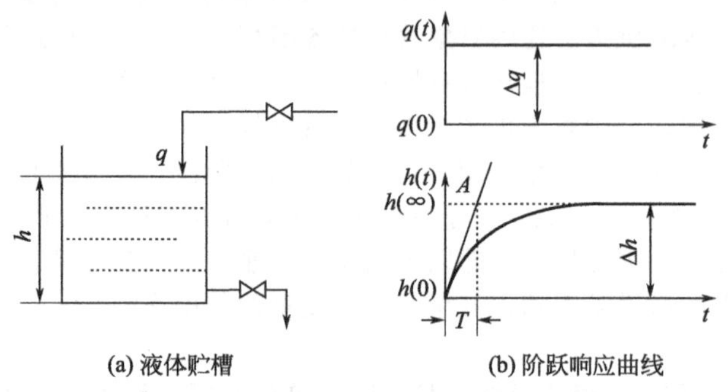

(a) 液体贮槽　　(b) 阶跃响应曲线

图 7-4　一阶液位对象及其阶跃响应曲线

由图 7-4 可知，对象的放大系数与过程的起点和终点有关，而与变化过程无关，所以它们代表对象的静态特性，通常也称为对象的静态放大系数。用 K_o 表示对象控制通道的放大系数，K_f 称为对象扰动通道的放大系数。

② 时间常数 T　在实际生产中不难发现，有的对象在输入变量作用下，被控变量的变化速度很快，迅速地达到新的稳态值；有的对象在输入变量作用下，惯性很大，被控变量经过长时间才达到新的稳态值。由图 7-5 可见，截面大的水槽与截面小的水槽相比，当进口流量作相同数值变化时，截面小的水槽液位变化很快，并有可能迅速稳定在新的液位数值上，如图 7-5 (a) 所示。而截面积大的水槽惰性大，液位变化慢，要经过很长时间才能达到新的稳定状态，如图 7-5 (b) 所示。对象的这种特性用时间常数 T 来表示。

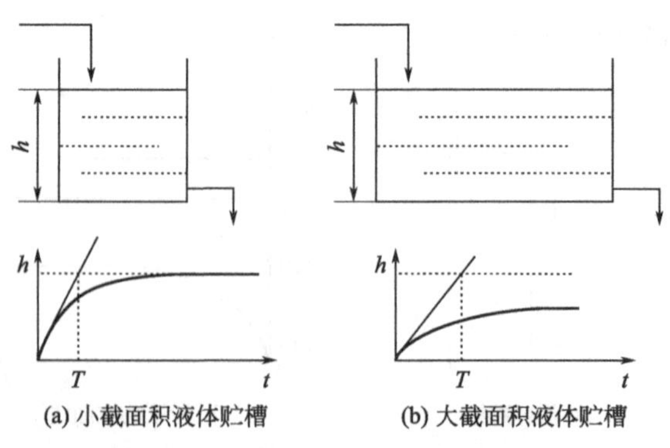

(a) 小截面积液体贮槽　　(b) 大截面积液体贮槽

图 7-5　不同时间常数的响应曲线

观察响应曲线可以看出，时间常数 T 越大，被控变量变化就越慢，达到新的稳定值所需的时间也越长。

时间常数 T 的大小反映了被控对象的输出信号响应输入信号的速度快慢。

③ 纯滞后时间 τ　一些被控对象在输入变量变化后，输出变量不是随之立即变化，而是需要间隔一定时间后才开始发生变化。这种对象的输出变化落后于输入变化的现象称为滞后现象，输

出变化落后于输入变化的这段时间称为纯滞后时间 τ，纯滞后时间是描述对象滞后现象的动态参数。

7.2.2 过程控制系统的品质指标

控制系统在受到扰动作用时，要求被控变量能平稳、迅速和准确地趋近或恢复到设定值。为此，在稳定性、快速性和准确性方面提出了相应的控制指标，以便衡量其控制品质。

(1) 控制系统的过渡过程

在自动化领域内，把被控变量不随时间变化的相对平衡状态称为系统的静态。这时，各变量都保持常数不变。当系统受到扰动作用后，被控变量就要偏离设定值产生偏差，控制器等控制装置也发生变化，施加控制作用以克服扰动的影响，使被控变量又回到设定值上，系统达到新的平衡状态。这种被控变量随时间而变化的不平衡状态称为系统的动态，系统从初始平衡状态过渡到新的平衡状态的整个过程称为自动控制系统的过渡过程。图 7-6 所示为在阶跃扰动输入下过渡过程的几种基本形式。其中，图 7-6 (a) 所示为发散振荡过程，它表明系统在受到阶跃扰动作用后，控制作用非但不能把被控变量调回到设定值，反而使其越来越剧烈地振荡，从而远离设定值；图 7-6 (b) 为等幅振荡过程，它表明控制作用使被控变量在设定值附近作等幅振荡，不能稳定下来；图 7-6 (c) 为衰减振荡过程，它表明被控变量经过一段时间振荡后，最终能趋向于一个稳定状态；图 7-6 (d) 为非周期衰减的单调过程，被控变量经过很长时间才能趋近设定值；图 7-6 (e) 为非周期的发散过程。图 (a)、(b)、(e) 属于不稳定过程，图 (c) 和图 (d) 属于稳定的过渡过程，其中，图 (d) 是理想的过渡过程。

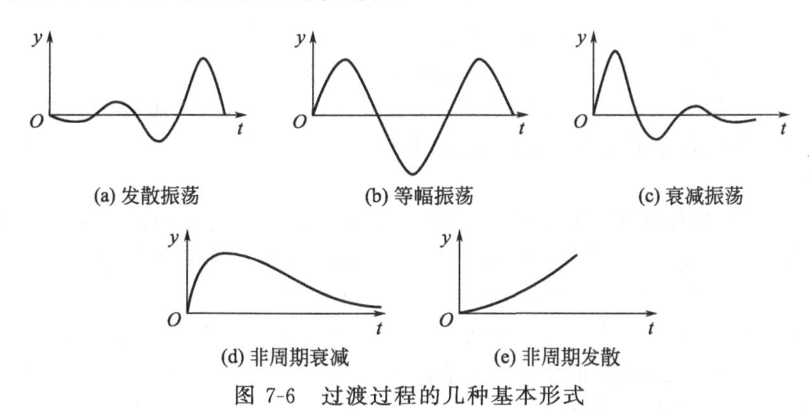

图 7-6 过渡过程的几种基本形式

(2) 控制系统的控制质量指标

图 7-7 所示为定值控制系统的过渡过程曲线，过渡过程控制质量指标如图所示。用过渡过程评价系统质量时，常有下面几项指标。下面以定值控制系统为例，介绍这些指标的定义，这些指标均以原来的稳定状态为起点，作参照。

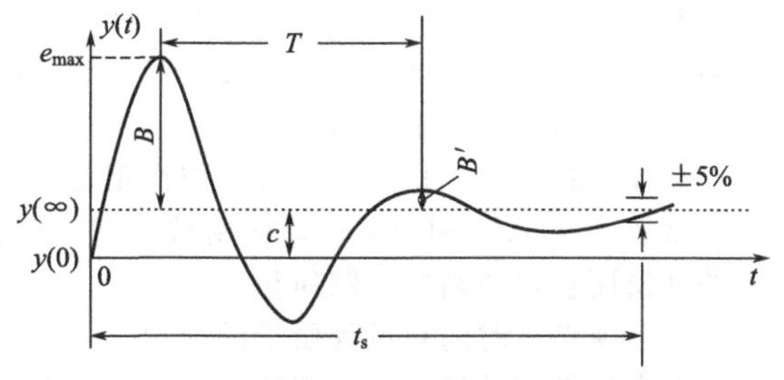

图 7-7 控制系统的控制指标示意图

① 余差 $e(\infty)$(又称静偏差) 余差是控制系统过渡过程终了时，设定值 r 与被控变量稳态值 $y(\infty)$ 之差，即 $e(\infty)=r-y(\infty)$。对于定值控制系统，在原来的稳定状态下，设定值与被控变量的检测值相等，即 $r=y(0)$。余差在图 7-7 中以 c 表示。余差是反映控制准确性的一个重要的稳态指标，从这个意义上说越小越好，但不是所有系统对余差要求都很高。

② 衰减比 n 衰减比是衡量过渡过程稳定性的动态指标，它是指过渡过程曲线第一个波的振幅 B 与同方向第二个波的振幅 B' 之比，即 $n=B/B'$。显然，衰减比等于 1 时，过渡过程为等幅振荡，系统不稳定；衰减比小于 1，过渡过程为发散过程；衰减比越大，过渡过程越接近单调

过程，过渡过程时间越长。一般认为，衰减比选择在4∶1～10∶1之间为宜。

③ 最大动态偏差 e_{max} 与超调量 δ 动态偏差和超调量是描述被控变量偏离最大程度的物理量，也是衡量过渡过程稳定性的一个动态指标。对于扰动作用下的控制系统，过渡过程的最大动态偏差是指被控变量第一个波的峰值与设定值之差。在设定作用下的控制系统中通常采用超调量来表示被控变量偏离设定值的程度，其定义是第一个波的峰值与最终稳态值之差。最大偏差或超调量越大，表明生产过程瞬时偏离设定值就越远。对于某些工艺要求比较高的生产过程需要限制动态偏差。

④ 振荡周期 T 过渡过程曲线同方向相邻两波峰之间的时间称作振荡周期或工作周期，它是衡量系统控制过程快慢程度的一个质量指标，一般希望短一些好。

⑤ 过渡时间 t_s 过渡时间是指系统受到扰动作用开始，到进入新的稳态所需要的时间。新的稳态一般指被控变量的波动范围在稳态值的±5%内。过渡时间也是衡量系统控制过程快慢程度的一个质量指标，一般希望短一些好。

实际工程上还有其他一些指标，此处不作一一介绍。

7.2.3 环节特性对过程质量的影响

环节特性直接决定过程质量的好坏，必须根据控制系统的要求确定控制系统的几个环节。

(1) 放大系数对过程质量的影响

对象控制通道放大系数 K_o 反映了对象以原有稳定状态为基准，被控变量在进入新的稳定状态的变化量与操纵变量之间的关系。操纵变量所对应的 K_o 的数值大，就表示它的控制作用显著。因而，在工艺上有几个变量可选作操纵变量时，应选择 K_o 适当大一些的，并且可以有效控制的变量作为操纵变量，以使系统具有较强的抗干扰能力。

有的对象控制通道放大系数不随时间或状态改变而改变，这种对象称为线性对象，控制起来比较容易。有些对象的控制通道的放大系数随时间而变化，这种对象称为非线性对象，控制起来有一定的难度。

K_f 值表示对象受到扰动作用后，被控变量从原有稳定状态达到新的稳定状态的变化量与扰动幅度之间的关系。因此，在相同的扰动作用下，K_f 值越大，被控变量偏离系统设定值的程度也越大。可以说 K_f 反映了扰动作用影响被控变量的灵敏度。

如系统中同时存在几个扰动，由于扰动的种类和进入系统的位置不同，实际形成多个扰动通道，因此，更应该注意次数频繁而对被控变量影响又较大的扰动。控制系统应能尽可能保证快速克服这种扰动，提高系统的控制质量。

(2) 时间常数对过程质量的影响

对于控制通道而言，如果时间常数 T 太大，被控变量响应速度缓慢，控制作用不及时，最大偏差增大，过渡时间延长。时间常数 T 小，被控变量响应操纵变量的速度快，控制作用及时，控制质量比较容易保证。但如果被控对象的时间常数太小，被控变量响应速度过快，容易引起振荡，使控制系统的质量反而下降。

在控制系统中，扰动作用与控制作用是一对矛盾，它们对被控变量的影响相反。扰动通道的时间常数 T 越大，相当于扰动作用被延缓，对被控变量的影响比较缓和，能很快得到被控制作用的补偿而获得较高的控制质量。

(3) 纯滞后时间对过程质量的影响

在自动控制系统中，控制通道中的纯滞后不利于系统的控制。如检测装置迟迟不能将被控变量的变化及时传递给控制器，使控制器只能仍然按过时的信息进行控制，便不可能保证控制系统能将被控变量的变化矫正，降低控制系统的质量，使最大偏差和超调量增大，振荡加剧，控制过程延长。因此，构成控制系统时，应尽最大努力避免或减小纯滞后的影响，通过改进工艺（如减少不必要的管道），合理选择检测元件和执行器的安装位置或者选择更好的控制方案来实现。

扰动通道滞后与控制通道滞后对控制系统质量的影响大不相同。扰动通道的纯滞后只相当于将扰动作用的时间推迟了。由于其对过渡过程曲线的形状不改变，因此也就不会影响控制质量。

7.3　控制系统中控制器的选择

控制器是控制系统的核心，是决定控制系统控制质量的主要环节之一。控制器的选择应根据广义对象的特性，考虑到生产工艺的特点以及企业整体自动化的水平来选择。

7.3.1　控制器的类型选择

作为自动控制系统的控制器有多种类型，可以采用电气设备搭接逻辑回路，也可以利用电子元器件自行设计，但最多的是采用定型的仪表或计算机类装置。

控制器类型的选择主要依据以下原则。

① 根据设计的控制系统的要求　如工艺要求采用新型控制系统，则应采用计算机作为控制装置。

② 根据企业的自动化水平　企业的情况不同，采用的控制装置则不完全相同。相同的工艺过程，采用的控制装置亦可以不同。对于大型企业现在多采用集散控制系统或现场总线控制系统，对于小型企业可以采用常规电动单元组合仪表或智能化的控制器或调节器。

③ 根据工艺变量的要求选择　如果工艺过程以开关量控制为主，有个别连续模拟量控制，可以采用计算机控制或者采用带有 PID 功能的中大型可编程控制器（PLC）作为控制装置。若大多是模拟量的连续控制，一般不选用 PLC，而可采用常规调节器或可编程调节器等。

7.3.2　控制器的控制规律选择

在自动控制系统中，由于各种干扰的作用，使被控变量偏离了设定值，即产生了偏差。控制器根据偏差的情况按一定的控制规律输出相应的控制信号，使执行器动作，改变操纵变量，以消除干扰的影响，使被控变量回到设定值，这就是一般闭环控制系统的控制过程。习惯上将这种情况下的专门控制器称作调节器。

调节器总是按照人们事先规定好的控制规律来动作，控制规律就是调节器输入信号以后，它的输出信号（即控制信号）的变化规律。调节器的工作原理和结构形式各不相同，但基本的控制规律只有几种，即双位控制、比例控制、积分控制、微分控制等。实际应用中多是它们的某种组合，如比例积分控制、比例积分微分控制等。

7.3.2.1　常用的控制规律

(1) 双位控制

所谓的双位控制也就是开关控制，控制规律实施起来非常简单，但控制精度较低，过渡过程成等幅振荡形式。一般用在对控制精度、控制时间要求低的中间设备中。如在化工生产中的中间贮罐、普通的抽水马桶的液位控制都可以采用这种形式。图 7-8 为利用电磁阀控制的水箱液位控制原理图，图 7-9 为其水位控制的过渡过程曲线。

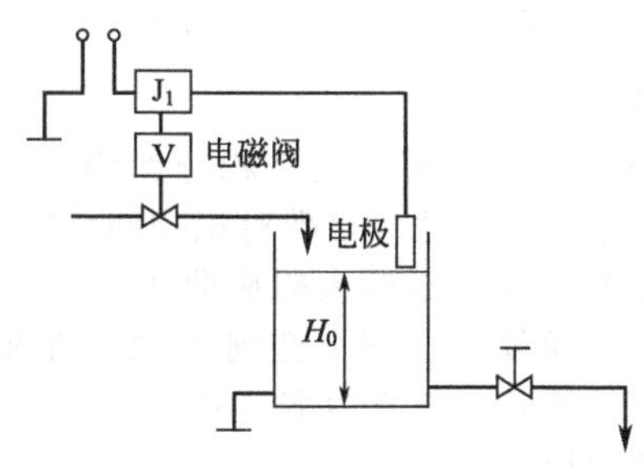

图 7-8　双位液位控制系统示意图

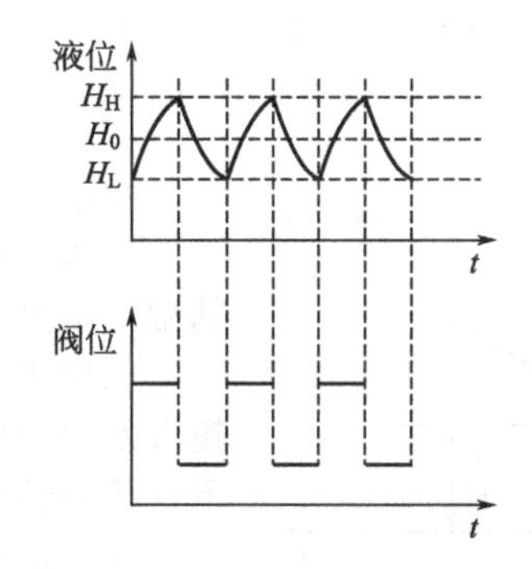

图 7-9　双位控制过渡过程曲线

(2) 比例控制规律

纯比例控制规律一般应用于对控制质量要求不是特别准确，即允许有一定的静偏差存在，而且广义对象的时间常数又不是太大，扰动较小，负荷变化不大的场合。

比例控制规律的表达式为

$$u(t)=K_c e(t)$$

式中，K_c 表示比例放大倍数，K_c 越大比例作用越强。

采用纯比例的控制器一般把积分作用置于最大值，微分作用切断。其开环阶跃响应曲线如图7-10所示。比例作用的输出变化与输入变化成正比，且时间上没有滞后。

在常规控制器中，一般用比例度 δ 表示比例作用的强弱。比例度 δ 定义为

$$\delta=\frac{e/(z_{max}-z_{min})}{u/(u_{max}-u_{min})}\times 100\%$$

式中，e 为控制器输入信号的变化量；u 为输出信号的变化量；$z_{max}-z_{min}$ 为输入信号的变化范围；$u_{max}-u_{min}$ 为输出信号的变化范围。

对于单元组合式仪表，由于其输入信号与输出信号的范围相等，因此，可以简化为

$$\delta=\frac{1}{K_c}\times 100\%$$

比例度越小，比例放大倍数越大，比例作用也就越强。反之，比例度越大，比例作用也就越弱。

(3) 比例积分控制规律

在纯比例控制规律的基础上，将积分时间调整到适当的值，即增加积分作用，就形成了比例积分控制规律。比例积分控制规律主要用在广义对象时间常数不大，控制精度要求高，扰动不太频繁的场合。

单纯的积分作用的开环阶跃响应曲线如图7-11所示。由图可见，积分作用的特点在于：只要偏差存在，控制器的输出就不断变化，控制操纵变量，直至被控变量达到系统的设定值，克服偏差。但积分作用的动作较慢，因此，一般不单独使用纯积分作用。

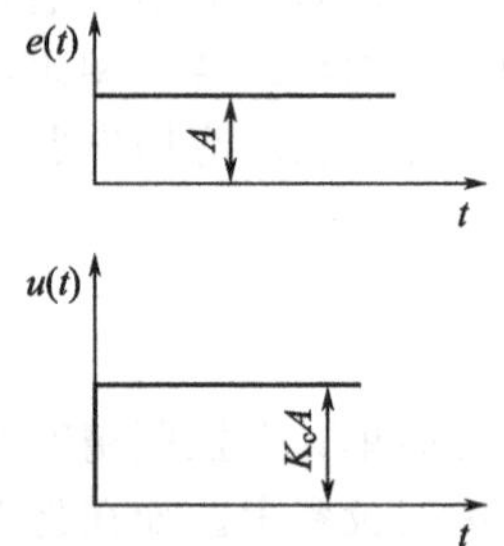

图7-10 比例规律开环阶跃输入响应曲线

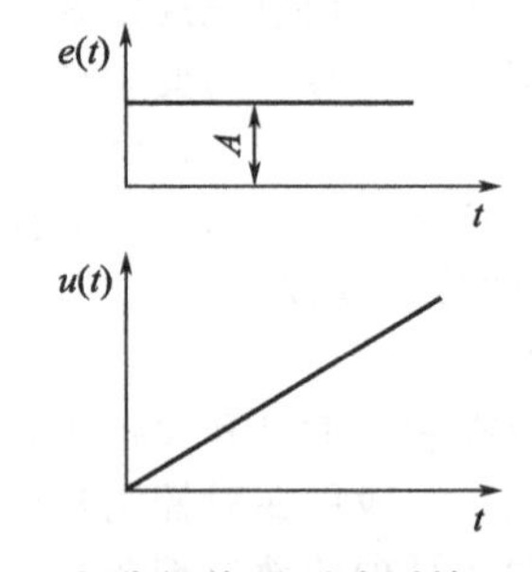

图7-11 积分规律开环阶跃输入响应曲线

比例积分作用的表达式为

$$u(t)=K_c e(t)+\frac{K_c}{T_i}\int_0^t e(t)\mathrm{d}t$$

式中，T_i 表示积分时间。

T_i 越小，积分作用越强。显然，比例积分作用是在比例作用的基础上，增加了积分环节，比例放大倍数对积分部分亦有一定影响。

比例积分控制规律的开环阶跃输入响应曲线如图7-12所示。当输入发生阶跃变化后，比例输出立即突变到 K_cA。在积分部分作用下，控制输出随时间线性增长，斜率为 K_c/T_i。

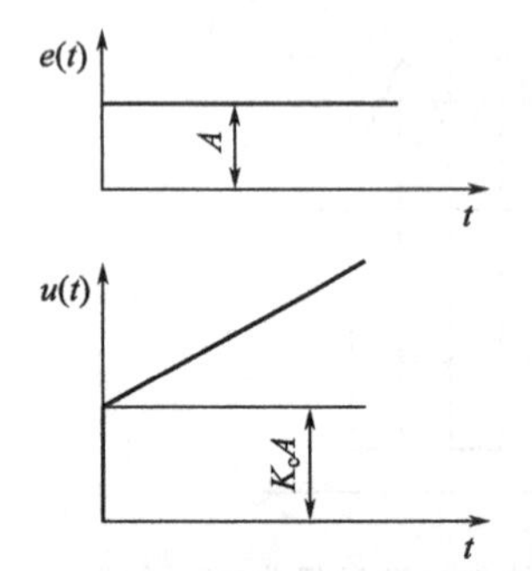

图7-12 比例积分规律开环阶跃输入响应曲线

(4) 比例微分控制规律

单纯的微分控制规律的开环响应曲线如图7-13所示。在实际中，微分控制规律的阶跃输入响应曲线如图7-13(b)所示。从曲线可以

看出，微分作用的特点在于只要偏差有变化趋势，即便偏差为0，输出都有变化，具有超前控制的特点。因微分作用具有这种敏感性，往往成为不稳定因素，故微分作用也很少单独使用。

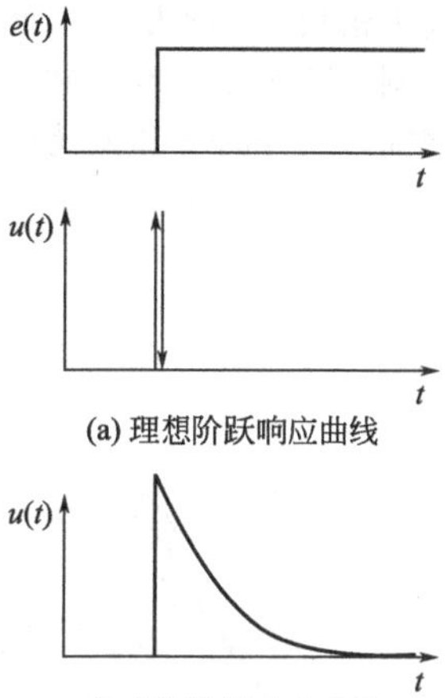

比例微分控制规律是在比例作用的基础上，增加了微分控制规律。比例微分控制规律一般应用于控制质量要求不是很严格，允许静偏差存在，而广义对象的时间常数较大的场合。

比例微分控制规律的表达式为

$$u(t)=K_{c}e(t)+K_{c}T_{d}\frac{de(t)}{dt}$$

式中，T_d 表示微分时间。

T_d 越大，微分作用越强。显然，比例微分控制规律是在比例作用的基础上增加了微分控制规律，比例作用的大小同时影响到微分环节。

(a) 理想阶跃响应曲线

(b) 实际阶跃响应曲线

图 7-13　微分环节阶跃响应曲线

比例微分控制规律的开环阶跃输入响应曲线如图 7-14 所示。微分增益 K_d 与控制器的类型有关，电动Ⅲ型调节器的微分增益为 10。在输入阶跃的瞬间，调节器的输出达到最大值 K_cK_dA，其中微分部分的输出为 $K_cA(K_d-1)$，然后输出按照指数规律下降。

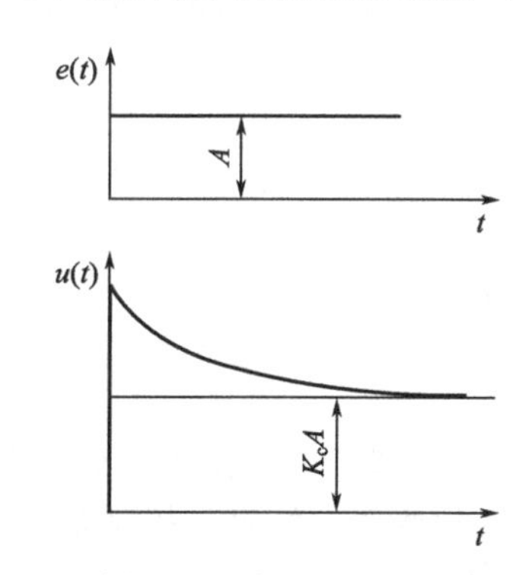

图 7-14　比例微分规律开环阶跃输入响应曲线

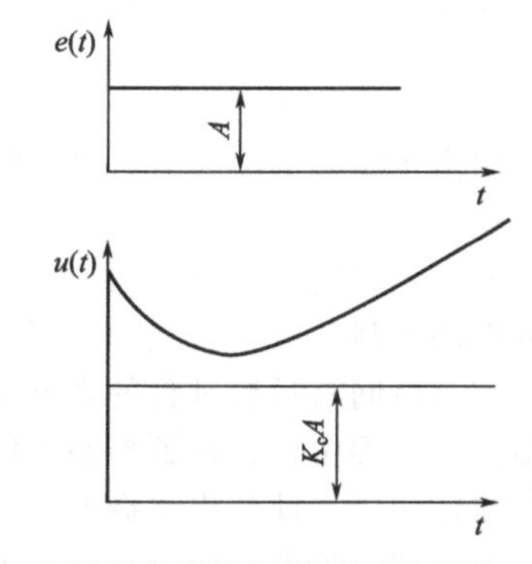

图 7-15　比例积分微分规律开环阶跃输入响应曲线

(5) 比例积分微分控制规律

由以上分析可知，比例积分控制规律和比例微分控制规律都具有各自的优缺点，如将二者综合形成比例积分微分（PID）控制规律，则达到较好的效果。在控制要求指标较高，时间常数又比较大的场合，应采用比例积分微分控制规律。从理论上讲，PID 控制规律是最好的控制规律，但由于参数整定及投运都比较困难，因此，没有较高要求时并不采用。

比例积分微分控制规律的表达式为

$$u(t)=K_{c}e(t)+\frac{K_{c}}{T_{i}}\int_{0}^{t}e(t)dt+K_{c}T_{d}\frac{de(t)}{dt}$$

比例积分微分控制规律的开环阶跃输入的响应曲线如图 7-15 所示。在阶跃输入的瞬间，控制器输出为比例微分部分，随着时间的增加，微分部分逐渐下降，积分部分逐渐增加，最后为比例积分输出。

7.3.2.2　控制器参数对控制质量的影响

在选择了比例、比例积分、比例微分和比例积分微分四种规律中的其中一种规律后，还需要根据控制对象选择控制参数（δ、T_i、T_d）。控制参数不同，控制系统的过渡过程也不同。究竟选择多大值应通过参数整定来确定。

(1) 比例度对过渡过程的影响

比例作用是最基本的控制规律，比例度的大小直接影响控制质量。随着比例度 δ 的减小（比

例放大倍数 K_c 增大)，比例控制作用增强，控制系统的稳定性将变弱，即衰减比减小，系统振荡加剧。随着比例度 δ 减小，控制系统的余差减小，最大偏差变小，超调量由于余差的减小而略有增加，上升时间和振荡周期由大变小。同一控制系统在相同的阶跃输入前提下，改变比例度的大小，过渡过程形式如图 7-16 所示。

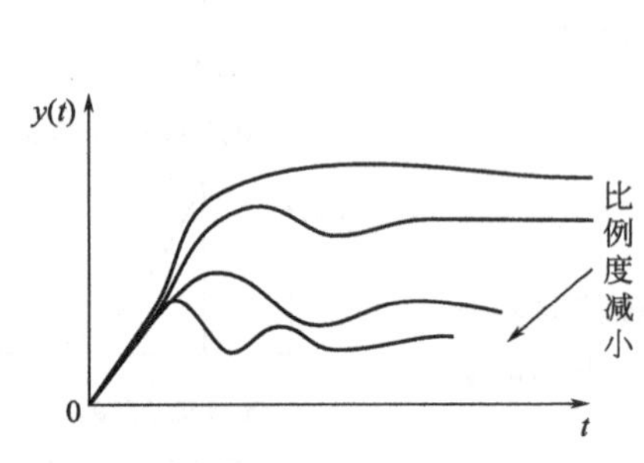

图 7-16　不同比例度下的过渡过程曲线

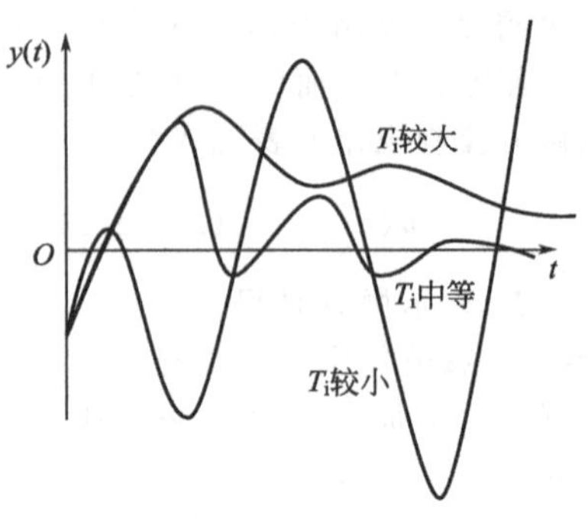

图 7-17　不同积分时间下的过渡过程曲线

广义对象的时间常数和放大倍数不同，对过渡过程也有影响，为保证控制系统的质量指标，要根据广义控制对象适当选择比例度的大小。广义对象的放大倍数大时，比例度也适当选择大些；而广义对象的时间常数大时，比例度适当选择小些。如温度控制系统的时间常数较大，因此，控制器的放大倍数选择较大值，即比例度选择小的值，增强比例作用。

(2) 积分时间对过渡过程的影响

积分作用由于能够消除余差，对最终控制质量有帮助，在控制精度要求高的控制系统中，一般要求包含积分规律。

在不改变比例度的前提下，增加积分作用，使系统的稳定性变差，即衰减比减小。积分时间越小，积分作用越强，消除余差的时间也就越短，但振荡过程将加剧，甚至使系统过程变成发散振荡过程。积分时间对过渡过程的影响如图 7-17 所示。

在实际使用过程中，为保证控制系统的稳定性，如保持 4∶1 振荡，在增加了积分作用以后，一般要减弱比例作用，即减小比例放大倍数（增加比例度）。这种改变的结果是控制系统的稳定性保持了，但控制系统的动偏差加大，上升时间、振荡周期将加大。

(3) 微分时间对过渡过程的影响

微分作用具有一定超前控制作用，主要用于广义对象时间常数较大的系统的控制。增加了微分作用以后，对干扰有提前抑制作用，系统的稳定性有所增强，系统振荡频率加快，振荡程度减弱，衰减比增加，系统周期减小。但对系统的余差没有影响。

为了保证振荡衰减比保持 4∶1，通常在增加了微分控制规律以后，适当地增加比例放大倍数（减小比例度），使系统的最大偏差、余差减小，振荡周期缩短，使得控制系统的过渡过程的质量指标全面提高。

需注意：微分作用不能加得太大，微分时间 T_d 太长，超前控制作用就太强，会引起被控变量大幅度的振荡。因此，一般在控制对象时间常数很小的情况下，极少加入微分控制作用。

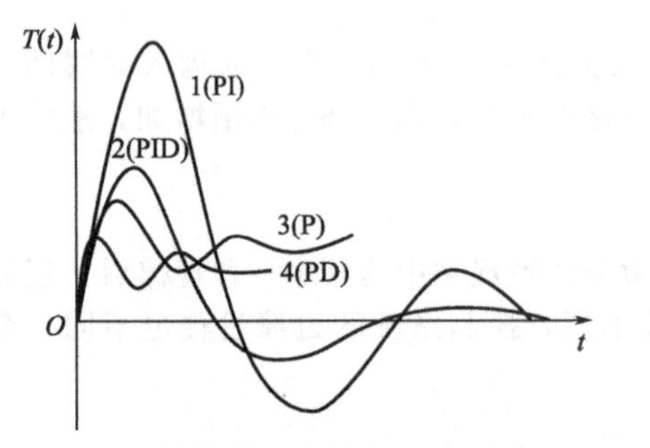

图 7-18　不同控制规律下的过渡过程曲线比较

(4) 不同控制规律下的过渡过程比较

同一温度控制系统，采用不同的控制规律，调整各控制规律参数，使控制系统过渡过程具有相同的衰减比，控制系统过渡过程示意如图 7-18 所示。

系统采用 P、PD 控制规律后，有余差存在，而引入微分作用后，要保证衰减比就必须减小比例度，从而使系统的最大偏差、振荡周期等减小。因此，可以判断出曲线 3、4 分别为 P、PD 控制规律。而积分规律可以使系统受到扰动后，经控制作用后没有余差，因此曲线 1、2 含有 I 规律。同理，根据微分作用的优点，曲线 1、2 分别为 PI、PID 控制规律。

7.3.2.3　控制器控制规律的选择

不同的控制规律适用于不同特性和要求的工艺生产过程。如控制规律选用不当，既增加了投资，也不能满足工艺生产的要求，甚至造成严重的生产事故。因此，必须了解控制器的基本控制规律及其适用条件，然后根据工艺生产对控制系统控制指标的要求，结合具体过程以及控制系统其他各个环节的特性，对控制器的控制规律作出正确的选择。

根据被控对象、检测元件、变送器、执行器及控制作用途径等的特性，即广义对象控制通道的特性，选择相应的控制规律。选择的基本原则可归纳为以下几点。

① 广义对象控制通道的时间常数大，或多容量引起的容量滞后大时，如温度控制系统，采用微分作用有良好效果，可采用 PD 规律；如控制系统不希望出现余差，则可采用积分作用，选用 PID 控制规律。这种情况一般不选用 PI 控制规律，积分作用因有滞后而影响控制质量。

② 当广义对象控制通道存在纯滞后时，仅采用微分作用来改善控制质量是无效的，需要采用特殊方法，或设计成复杂控制系统，或采用 Smith 补偿等新型控制系统。

③ 当广义对象控制通道时间常数较小，而负荷变化也较小时，为消除余差，可以采用 PI 控制规律，如流量控制系统。

④ 当广义对象控制通道时间常数较小，而负荷变化很大时，选用微分作用易引起振荡，一般采用 P 或 PI 控制规律。如果控制通道时间常数非常小，可采用反微分作用来提高控制质量。

⑤ 当广义对象控制通道时间常数或时滞很大，而负荷变化又很大时，简单控制系统无法满足要求，可以采用复杂控制系统来提高控制质量。

7.3.3　简单控制系统中控制器的正、反作用判断

闭环控制系统之所以能够克服偏差的原因是具有负反馈，换言之，闭环控制系统只有具有负反馈才能保证被控变量稳定在设定值附近，因此，必须保证设计的控制系统的各个环节连接在一起后，被控变量的检测值与设定值成相减的关系。

组成控制系统的四个环节中，其他环节的特性不宜改变，只有在其他三个环节确定以后，通过选择控制器的正反作用方向来保证整个环节具有负反馈。

（1）环节的作用方向的定义

所谓环节的作用方向是指，当环节的输入发生变化以后，输出随之变化的方向。如输出变化的方向与输入变化的方向一致，则该环节为正作用方向。否则，为反作用方向。

① 检测元件与变送器环节　该环节的输入是被控变量，输出是变送器的输出信号。一般情况下，变送器的信号与被控变量的变化方向一致，为正作用方向。个别情况下，检测元件的信号变化可能与被控变量不一致，如温度的检测采用热敏电阻时，但转换完的信号一定与被控变量的变化方向一致。

② 执行器环节　在化工生产中的执行器多为气动薄膜控制阀，其输入为控制器输出控制信号，输出为阀门开度。因此，气开阀为正作用方向，气关阀为反作用方向。阀门的气开、气关是可以选择的，选择依据是保证在断电或断气的故障状态，阀门的状态能使工艺处于安全的或节能的或保证产品质量的状态。

③ 被控对象环节　对于控制通道，对象的输入是操纵变量，输出是被控变量。若操纵变量增加，被控变量也增加，被控对象为正作用方向。否则，为反作用方向。

④ 控制器环节　控制器的输入信号是偏差，输出信号是送往控制阀上的控制信号。由于偏差比较机构与控制器为一整体，因此，控制器的输入信号有被控变量的检测值和设定值两个。为了便于判断，此处定义如下：当控制器处于正作用时，检测信号增加，控制器的输出也增

加；反作用时相反。由于检测信号与设定信号方向相反，因此，设定信号增加相当于检测信号减小。

(2) 简单控制系统中控制器作用方向判断方法

欲使整个系统具有负反馈，只需使组成系统的四个环节的作用方向相乘为负，即四个环节分别为“三反一正”或“三正一反”。

控制器的作用方向判别方法：依次判断被控对象、控制阀、检测元件与变送器的作用方向，然后根据“三反一正”或“三正一反”的原则，对号入座确定控制器的正、反作用。

(3) 控制器作用方向判断举例

某加热炉出口温度控制系统如图7-19所示，燃料流量为操纵变量。基于安全和节能的考虑，控制阀采用气开式，为正作用，记作“+”；温度检测与变送器也为正作用，也记作“+”；当燃料流量增加时，出口温度应该上升，因此，对象为正作用，也记作“+”；根据“三正一反”原则，控制器应选用反作用。

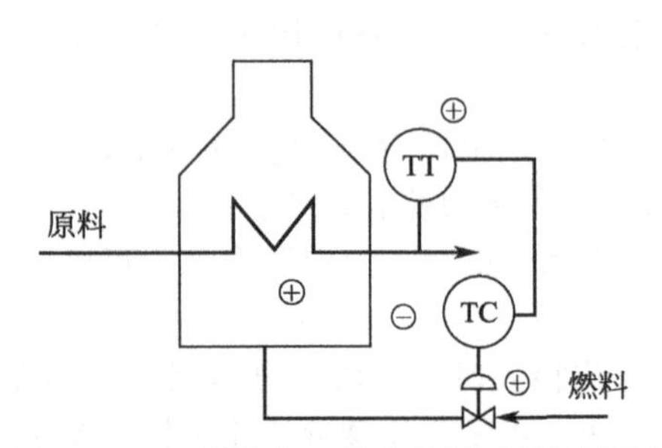

图7-19　加热炉出口温度控制系统原理图

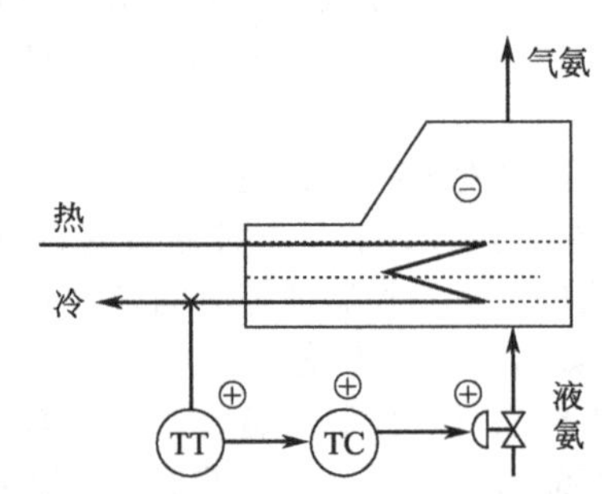

图7-20　氨冷器的出口温度控制系统

又如氨冷器的出口温度控制系统，如图7-20所示。为了安全和节能的原因，控制阀采用气开式，为正作用，记作“+”；温度检测与变送器也为正作用，也记作“+”；当液氨流量增加时，出口温度应该下降，因此，对象为反作用，记作“-”；根据“三正一反”原则，控制器应选用正作用。

7.4　简单控制系统的投运及参数整定

7.4.1　控制器参数的工程整定

按设计要求安装调试好的控制系统必须设置合适的控制器参数（比例度、积分时间和微分时间）才能提高控制系统的品质指标，如果控制器的参数设置不当，则不能得到良好的控制质量，甚至成为一个不稳定的控制系统。设置和调整PID参数，统称为控制器参数整定。

整定控制器参数的方法有两大类，即理论计算整定法和工程整定法。这里主要介绍工程整定中的经验法、临界比例度法和衰减曲线法。

(1) 经验法

经验法是根据参数整定的实际经验，根据控制系统广义对象的特点，按照表7-4给出的参数大致范围，将控制器参数预先设置该范围内的某些数值上，然后施加一定的人为扰动（如改变设定值等），观察控制系统的过渡过程，若不够理想，则按一定程序改变控制器参数，经过反复凑试，直到获得满意的控制质量为止。

在P、I、D三个作用中，P作用是最基本的作用，一般先凑试比例度，再加积分，最后引入微分作用。

先将T_i置于最大，T_d置于零，比例度取表7-4中常见范围的某一数值。将控制系统投入自动，观察控制情况，若过渡时间过长，则减少比例度；若振荡过于激烈，则加大比例度，直到取得两个完整波形的过渡过程为止。

在引入积分作用时，可将比例度适当调大10%～20%，然后将积分时间 T_i 由大到小不断凑试，直到取得满意的过渡过程。

微分作用加入时，δ 和 T_i 都可相应减少些。按 T_i 的1/2～1/4选取微分时间 T_d，再不断凑试，以使过渡时间最短，超调量最小。

这里需要说明以下几点。

① 表7-4所列数据是各类系统参数的常见范围。在特殊情况下，参数的整定值可能会较大幅度超越所列范围。例如，某些时间常数很小的流量过程，比例度需取200%以上，系统才能稳定；时间常数大的温度过程，T_i 需大到15min甚至更长；对贮气柜等容量很大的压力过程，δ 小到5%，而在控制某些管道压力时，δ 需大到100%以上。

表7-4 控制系统的控制器参数经验值范围

被控变量＼控制器参数	δ/%	T_i/min	T_d/min
温度	20～60	3～10	0.5～3
流量	40～100	0.1～1	
压力	30～70	0.4～3	
液位	20～80		

另外，变送器量程的大小对选取 δ 的大小也有一定的关系，若变送器量程较大，则检测变送环节的放大倍数小，因此，比例度的数值需适当取小些，才能对相同的偏差产生同样的控制作用。

② δ 过大，或 T_i 过大，都会使被控变量变化缓慢，不能使系统很快达到稳定状态。这两者的区别是，δ 过大，曲线飘动较大，变化较不规则，如图7-21中曲线a；T_i 过大，曲线虽带有振荡分量，但逐渐接近设定值，如图7-21中曲线b。

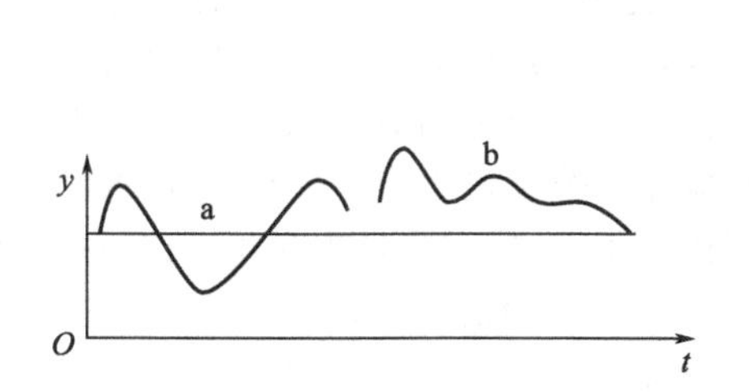

图7-21 比例度和积分时间过大的两种曲线比较

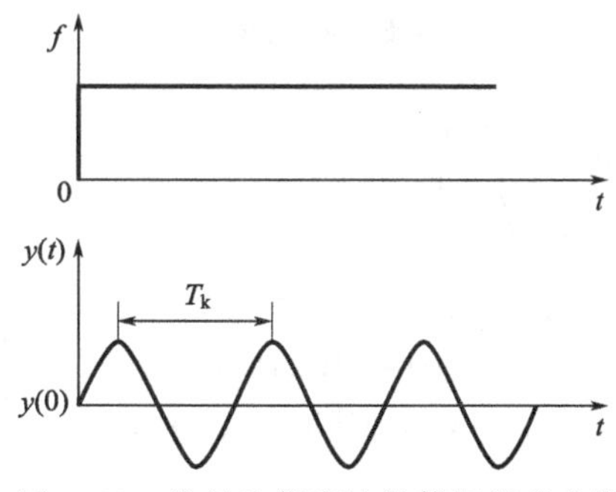

图7-22 临界比例度法的等幅振荡曲线

③ δ 过小，或 T_i 过小，或 T_d 过大，都会使系统振荡剧烈，甚至等幅振荡。它们的区别是，T_i 过小，系统的振荡周期较长；T_d 过大，振荡周期较短；δ 过小，过程振荡周期介于上述两者之间。

④ 等幅振荡的出现，不一定是由参数整定不当所引起的。例如，阀门定位器、控制器或变送器调校不良，控制阀的传动部分存在间隙，往复泵输送液体时的脉冲等，都表现为被控变量的等幅振荡。当系统内存在正弦扰动时，也可能使被控变量产生等幅振荡。必须根据具体情况进行分析，作出正确判断。

经验法的实质是"看曲线、作分析、调参数、寻最佳"。经验试凑法简单可靠，对与外界扰动比较频繁的系统，尤为合适，因此，在生产上得到较为广泛的应用。但由于对过渡过程曲线没有统一的标准，曲线的优劣在一定程度上取决于整定者的主观意愿，因此这种整定方法控制质量不高。另外，在需要凑试 δ、T_i、T_d 三个参数时，花费的时间较多。

(2) 临界比例度法

这种方法是将控制系统处于纯比例作用下，即先将控制器的 T_i 置于最大，T_d 置于零。在系统处于稳定的状态，人为地增加扰动，由大到小地逐步改变比例度值，直到系统出现等幅振荡为止。记下此时的比例度和振荡周期，分别称为临界比例度 δ_k 和临界周期 T_k，如图 7-22。再按照表 7-5 给出的参数经验公式求出控制器的各个参数。先把比例度放到比计算值略大的数值上，根据需要依次将计算的积分时间和微分时间施加到控制器上，观察控制曲线，适当调整。

表 7-5 临界比例度法整定控制器参数经验公式

控制规律 \ 控制器参数	δ/%	T_i/min	T_d/min
P	$2\delta_k$		
PI	$2.2\delta_k$	$0.85T_k$	
PID	$1.7\delta_k$	$0.5T_k$	$0.125T_k$

此法简单明了，容易判断整定质量，因而在生产上也得到一定的应用。但是当工艺上约束条件较为苛刻，不允许被控变量等幅振荡时，此法不宜采用。特别是当 δ 小或 T_d 小或 τ 大的过程，振幅可能很宽，工艺上往往不允许。

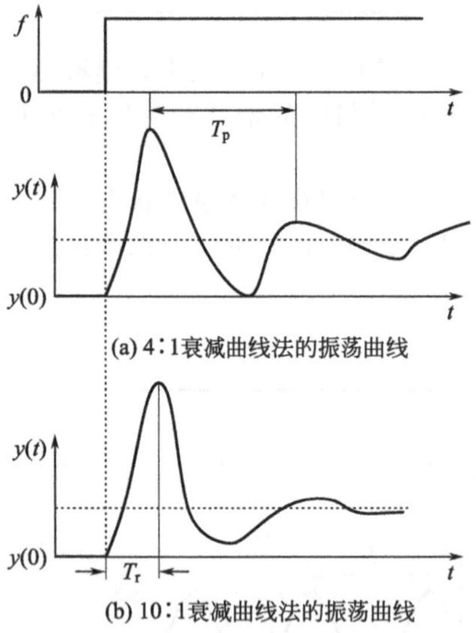

(3) 衰减曲线法

衰减曲线法是在临界比例度法的基础上提出来的，具体做法是：先在纯比例作用基础上，找出达到规定衰减比的比例度值，然后用一些半经验公式求取 P、I、D 参数。有 4∶1 衰减曲线法和 10∶1 衰减曲线法两种。

4∶1 衰减曲线法以 4∶1 的衰减比为整定要求。先选定某一比例度，将系统闭合，待系统稳定后，改变设定值或生产负荷，加以幅度适宜的阶跃扰动，观察过渡过程曲线的衰减比，若衰减比大于 4∶1，则将比例度减小一些，直到出现 4∶1 的衰减过程为止，记下这时的比例度 δ_s 和振荡周期 T_p，如图 7-23 (a)。根据表 7-6 所列数据整定控制器参数。

(a) 4∶1衰减曲线法的振荡曲线

(b) 10∶1衰减曲线法的振荡曲线

图 7-23 衰减曲线法的振荡曲线

表 7-6 4∶1 衰减曲线法整定控制器参数经验公式

控制规律 \ 控制器参数	δ/%	T_i/min	T_d/min
P	δ_s		
PI	$1.2\delta_s$	$0.5T_p$	
PID	$0.8\delta_s$	$0.3T_p$	$0.125T_p$

注意阶跃干扰幅度不宜太大，一般不超过设定值的 5%。

10∶1 衰减曲线法以 10∶1 的衰减比为整定要求。由于衰减较快，周期难以测量，这时可测上升时间 T_r，如图 7-23 (b)。然后按表 7-7 所列数据整定控制器参数。

表 7-7 10∶1衰减曲线法整定控制器参数经验公式

控制规律 \ 控制器参数	δ/%	T_i/min	T_d/min
P	δ_s'		
PI	$1.2\delta_s'$	$0.5T_r$	
PID	$0.8\delta_s'$	$0.3T_r$	$0.125T_r$

衰减曲线法整定质量较高，整定过程安全可靠，在生产上得到广泛的应用。但有时衰减比很难测量、计算，遇到调节过程不规则时就很难应用了。此外，对扰动频繁的控制系统不宜应用衰减曲线法。对于比较迅速的控制过程，当控制器输出波动两次就稳定下来时，就可认为是4∶1衰减过程，波动一次的时间就是 T_p。

7.4.2 简单控制系统的投运

控制系统的投运是指系统按设计安装就绪，或者经过停车检修以后，使控制系统投入使用的过程。无论采用什么样的控制仪表，控制系统的投运一般都需经过准备、手动操作、自动控制几个步骤。

(1) 准备工作

① 熟悉工艺过程，了解工艺机理、各工艺变量间的关系、主要设备的功能、主要控制指标和要求等。

② 熟悉控制方案，对检测元件和控制阀的安装位置，管线走向等心中有数，掌握自动化设备、装置的操作方法。

③ 对检测元件、变送器、控制器、控制阀和其他有关装置，以及气源、电源、管路等进行全面检查，保证处于正常状态。

④ 确定好控制器的作用方向和控制阀的安全作用方向，选择控制器的内、外给定开关的位置，P、I、D参数放置在整定值上。

⑤ 进行联动试验，保证各个环节能正常工作。例如，在变送器输入端施加信号，观察显示仪表和控制器是否能正常工作，控制阀是否能正常动作。

(2) 投运

准备工作完毕以后，就可正式投运。一般情况下，由于自动控制系统运行之前检测系统早已投入使用，故只需将控制器、变送器、控制阀等投运，并使整个系统正常运行。

图7-24所示为电动调节仪表构成的简单温度控制系统，下面简述其投运过程。

① 现场手动操作 先将切断阀1和阀2关闭，手动操作分路阀3，待工况稳定后，转入手动遥控。

② 手动遥控 用控制器自身的手操电路进行遥控。控制器处于手动状态，将阀1全开，然后慢慢地开大阀2和关小阀3，同时拨动控制器的操作机构，逐渐改变控制阀上的压力，使被控变量基本不变，直到副线阀3全关，切断阀2全开为止。待工况稳定后，即被控变量等于或接近设定值后，就可以进行从手动到自动的切换。

③ 切换到自动 按电动控制器手动切换到自动的要求做好准备，然后再切向自动，实现自动控制。

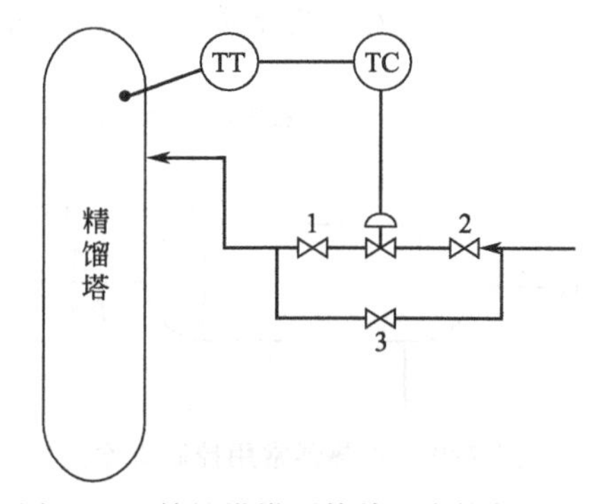

图 7-24 精馏塔塔顶简单温度控制系统

(3) 系统调整

自动控制系统投运后，经过较长时间的使用，会逐渐出现各种问题。诸如以下情况。

① 对象特性变化。对象特性长期运行后，可能变化，使控制过程质量变坏，如换热器结垢，

反应器所用的催化剂老化等，这时，需根据变化了的对象特性，重新整定控制器参数来改善控制质量。

② 检测系统有问题。检测元件被黏滞物包住，引压管线被堵，孔板磨损等，使检测不准或失灵，这时应当提请仪表专业人员进行处理。

③ 控制阀堵塞、腐蚀或因阀座和阀芯损坏，改变了流量特性。这时也应提请仪表人员检修。

一般说来，控制室内仪表环境条件较好，不易损坏；而现场仪表由于环境相对恶劣，出现问题较多。出现问题都将影响控制质量甚至危及控制系统而无法正常运行，必须及时采取措施，进行必要的调整。

(4) 常见故障判别

在生产中有时因仪表故障，引起工艺变量变化，使工艺操作人员误操作，对生产造成影响。因此，工艺人员应提高仪表在运行中故障的判断能力，正确区分是工艺问题还是控制系统和仪表的故障问题。

① 记录曲线的比较

- 记录曲线突变。工艺变量的变化一般比较缓慢而有规律，如果曲线突然变化到“最大”或“最小”极限位置，很可能是仪表故障。
- 记录曲线突然大幅度变化。各个工艺变量之间往往是互相联系的，一个变量的大幅度变化一般都要引起其他变量的明显变化，若其他变量无明显变化，则这个指示大幅度变化的仪表及其相关元器件可能有故障。
- 记录曲线不变化。目前的仪表大都很灵敏，工艺变量有一点变化都能有所反映。如果较长时间内记录曲线一直不动或原来的曲线突然变直时，就要考虑仪表出现故障。这时，可以人为改变一点工艺条件，看仪表有无反应，若无反应则可确定仪表有故障。

② 控制室与现场同位仪表比较　对控制室的仪表指示有怀疑时，可以去看安装在现场的相应仪表（同位仪表），两者的指示值应当相等或相近，如果差别很大，则仪表有故障。

③ 两仪表间比较　有的重要工艺变量，用两台仪表同时进行监测显示，若两者变化不同或指示不同，则至少有一台故障。

7.5 简单控制系统实例

7.5.1 无相变换热器的温度控制

换热器是对工艺介质进行热交换的工艺设备，其被控变量一般是被加热介质的出口温度，操纵变量为供（吸）热的另一介质的流量，称载热体流量。常见方案如下。

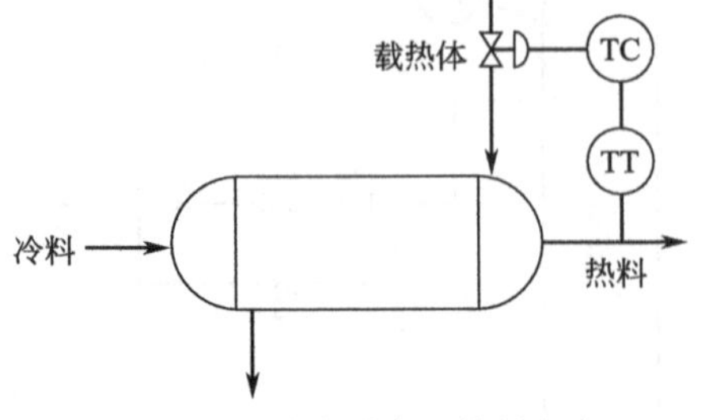

图 7-25　换热器常用控制方案

(1) 调节载热体流量

要保证出口温度，通常的考虑是调整载热体的流量，如果是给介质加热，出口温度偏高，就应减少载热体入口流量。控制流程示意如图 7-25 所示，这种方案是应用最为普遍的方案，直接根据出口的温度控制载热体的流量。

当载热体本身也是工艺介质，其总流量要求不变时，可用对载热体分流的方法。图 7-26 (a) 为载热体进入换热器之前用分流三通阀分流；图 7-26 (b) 为载热体流出换热器之后分流。用控制分流量来控制温度而使总流量不变。

若载热体本身压力不稳定，则要另设压力稳定系统。

(2) 对工艺介质分流

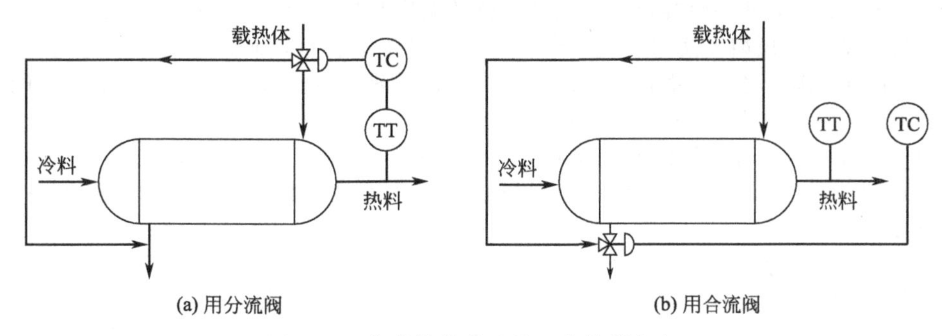

图 7-26 将载热体分流的温度控制方案

温度对象的最大缺点是时间常数大，热量传递慢，按图 7-27 所示的对工艺介质分流的控制方案，可以使一部分流体的传热过程变为混合过程，缩短了控制通道的滞后，改善了控制质量。但要求传热面积有足够的裕量，而且载热体的流量要一直在高负荷下，因而不够经济。

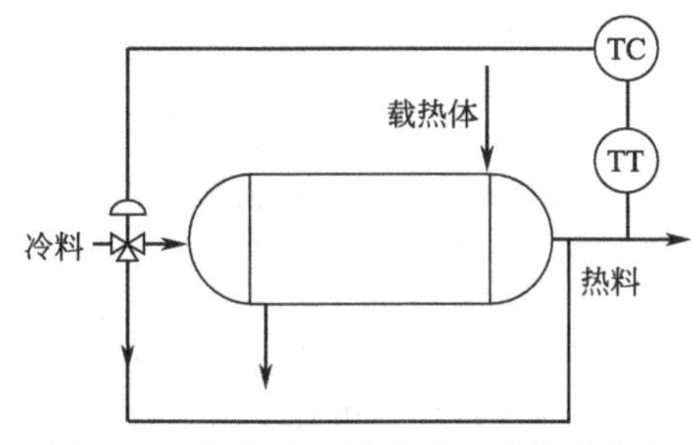

图 7-27 换热器工艺介质分流控制方案

7.5.2 载热体冷凝加热器的温度控制

利用蒸汽冷凝来加热介质，是化工生产中常用的方法。由于蒸汽冷凝，气相变液相时所释放的冷凝潜热比液体降温的显然要大得多，因此，一般不考虑显热部分的热量。常用的有两种控制方案。

（1）控制蒸汽流量

根据介质出口温度来控制蒸汽流量的控制方案如图 7-25 所示。当传热面积有裕量时，改变蒸汽量，即改变了加热器的传热量。由于物态变化（冷凝）时潜热量很大，所以，这种方案较灵敏，应用也很广泛。但如果被加热的介质温度很低，蒸汽冷凝很快，压力下降迅速，一旦形成负压，则冷凝液不易排出，聚集起来减少了传热面积，待到压力升高后才能恢复排液，这有可能引起出口温度的周期振荡。

（2）控制冷凝液排出量

如图 7-28 所示，控制阀装在冷凝液出口管线上，实质是改变控制加热器传热面积的大小。当介质出口温度偏高时，说明传热量大了，可以关小控制阀，使冷凝液聚集，减少传热面积，传热量因此减少，出口温度下降。此方案控制阀可以小些，但反应迟缓，由于传热面积变化改变了对象特征，调节器的参数不好整定，调节质量不太好。一般在低压蒸汽作热源，介质出口温度较低，加热器传热面积裕量大，易出现前一种方案产生的问题时才采用。

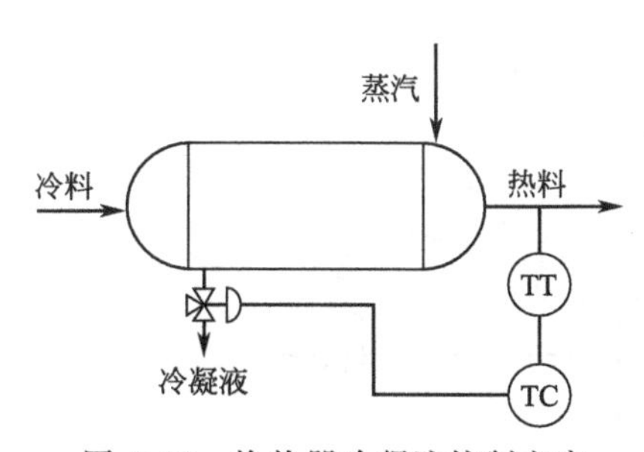

图 7-28 换热器冷凝液控制方案

7.5.3 精馏塔的控制

精馏塔是一个把混合物中各组分进行分离的设备，进料口到塔顶称为“精馏段”，进料口到塔底称为“提馏段”。在精馏塔的操作中，被控变量多，可选用的操作量也多，对象的通道也多，内在机理复杂，变量互相联系，要求一般又较高，控制方案颇多。应在深入分析工艺特性，总结实用经验的基础上，结合实际情况选择合适的控制方案。

（1）控制要求

① 质量指标 根据分离产品的性质，决定在塔顶或塔底产品中至少应保证其中一种的分离纯度，而其他产品应保证在某一范围内。分离纯度应是精馏塔控制的主要指标，但由于分离纯度

较难在线连续检测，因此一般在操作中以精馏塔的温度和压力为主要指标。

② 物料平衡　塔顶馏出液与塔釜采出液之和应等于进料量，而且这几个量的变动应比较平缓，以利于平稳操作。塔釜、塔顶冷凝器和回流罐的贮液量应介于规定的上、下限之间。另外，塔内压力稳定与否，对塔的平稳操作有很大影响。

③ 约束条件　为了保证塔的平稳操作，必须满足一些约束条件。如塔内气、液两相流速不能过高，以免引起泛液，又不能过低，以免塔板效率大幅度下降，再沸器的加热温差不能超过“临界”温度。

(2) 主要扰动分析

精馏塔过程相对复杂，影响精馏塔的因素很多，会遇到各种扰动，主要有以下几种。

① 塔压的波动，塔压波动会影响到汽、液平衡和塔物料平衡，从而影响操作的稳定性和产品的质量。

② 进料的量、成分和加热量的变化。这是主要的扰动，由于进料一般是前段工序的产品，所以，实际上，进料量一般是不可以控制的，因此，也就不作为精馏塔质量控制的操纵变量。

③ 塔的蒸汽速度和加热量的变化。

④ 回流量及组分变化影响大。

(3) 提馏段温度控制方案

精馏塔的控制方案很多。理想的控制系统应以产品的成分或物性为直接控制指标最好，但由于目前的检测技术手段无法做到快速、准确、长时间在线使用，所以，只能以与产品质量有直接关系的间接指标为被控变量。温度和压力是决定分离程度的最直接指标，可以选两者之一作被控变量，由于塔压是保证精馏塔平稳操作的最主要因素，应尽可能保证塔压的稳定，因此，一般以温度为间接被控变量。在塔压稳定的条件下，以塔顶或塔底某块对温度变化反应较灵敏的“灵敏板”温度为检测点。提馏段温度控制就是用提馏段温度作为衡量质量的间接指标，以改变加热量为操作手段的控制方法。

图7-29是精馏塔的带控制点工艺流程图，是常见的一种提馏段温度控制方案，它以提馏段塔板温度为被控变量，塔加热蒸汽量作为操纵变量。另安排有五个辅助控制系统：对塔底采出量和塔顶馏出液按物料平衡关系分别设有液位调节系统，如果是作为下一塔的进料，应作均匀调

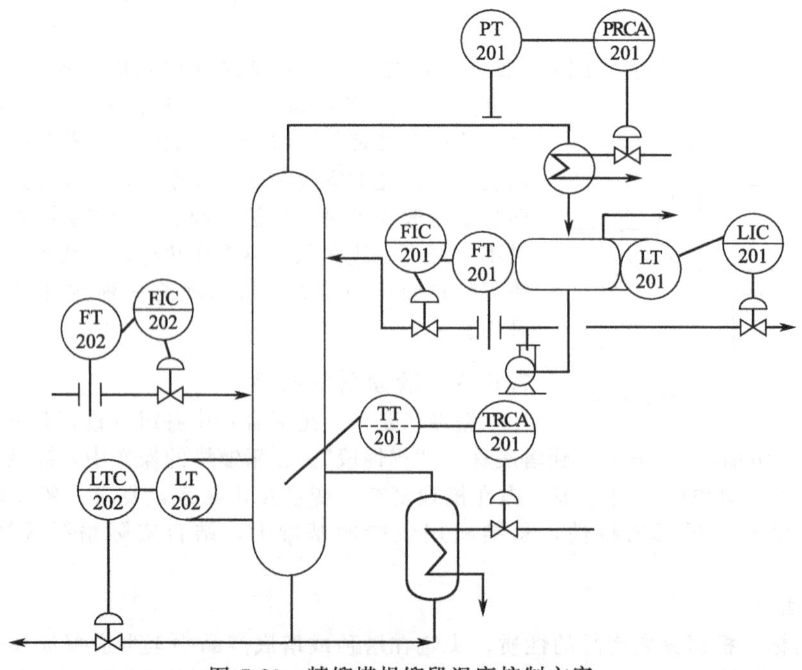

图7-29　精馏塔提馏段温度控制方案

节；进料量的定值调节（必要时，也可作均匀调节）；为维持塔压力恒定的塔顶压力控制系统（一般改变冷剂量）；回流量定值控制系统（回流量足够大，即使负荷最大时，仍能保持塔顶产品的质量指标在规定的范围内）。提馏段温度控制有利于保证塔底产品的质量，由于过程的时间常数小，对塔的稳定操作也较有利。提馏段温控的回流量足够大，对保证塔顶产品的纯度也有利，在有时要求塔顶产品纯度高的情况下，也可采用提馏段温度控制方案。

精馏塔是一类复杂的控制对象，各个控制系统通过对象互相关联，如果控制方案选得不合理，就会出现互相干扰，或发生所谓“共振”现象，也称为系统间的“耦合”。当改变PID参数、改变测量点位置或改变操作周期都不能解除“耦合”时，应考虑改变控制方案。

本章小结

① 自动控制系统是利用自动化装置替代人工操作，使生产在一定程度上自动运行。

② 自动控制系统由控制器、执行装置、检测元件与变送器和被控对象四部分组成。在化工相关资料中用图形符号表示相关仪表和控制系统的功能。

③ 一个控制系统设计得好坏，取决于被控对象的特性和控制方案设计，对象的特性一般用放大倍数、时间常数和纯滞后时间表示。判断一个控制系统好坏的指标称为控制系统的品质指标。常用的品质指标有最大偏差与超调量、衰减比、余差、振荡周期和过渡时间等。

④ 有且只有一个控制器、一个执行器、一个检测元件和变送器、一个被控对象，旨在稳定一个变量的系统为简单控制系统。

⑤ 常用的控制规律包括双位控制及P、PI、PD、PID组合控制规律。比例度、积分时间、微分时间为控制参数。比例作用及时、有力，但存在余差；积分作用能消除余差，但积分作用的引入，使系统稳定性变差及偏差增大；微分作用具有超前调节作用，但使系统稳定性减弱。

⑥ 控制器的作用方向的判断方法是“三反一正”或“三正一反”。简单控制系统的控制器参数整定的目的是选择合适的控制器参数，以保证控制系统的质量，常用的方法包括经验法、衰减曲线法、临界比例度法。控制系统的投运应做到控制方式改变时的无扰动切换。

习　题　7

7-1　什么是被控变量、操纵变量和扰动？试分析图7-19所示的控制系统的被控变量和操纵变量各是什么？并分析其主要扰动有哪些？

7-2　按控制系统的基本结构分类，控制系统有哪些基本形式？各有何特点？

7-3　简单控制系统由哪几部分组成？试按照图7-20所示的控制系统画出系统的方块图。

7-4　控制系统的过渡过程有哪些基本形式？分析哪几种是稳定过程，哪几种是不稳定过程。

7-5　试解释位号TE-201、TRCA-305、FR121/221、FR-211/LR-312、ARCS-702的含义。

7-6　解释图7-29中各仪表位号的意义。

7-7　为什么要研究对象特性？

7-8　什么是调节通道、扰动通道？

7-9　试分析表示对象的各特性参数对控制系统的影响。

7-10　简述滞后对控制过程有哪些影响。

7-11　什么是控制规律？有哪几种基本形式？

7-12　双位控制规律有何特点？应用于哪些场合？

7-13　比例控制规律的特点是什么？说明比例度变化对控制过程的影响。

7-14　什么是积分控制规律？积分控制规律有什么特点？

7-15　积分时间对过渡过程有什么影响？

7-16　微分控制的作用是什么？微分时间对过渡过程有什么影响？

7-17　试简要说明采用经验法进行参数整定时的步骤。

7-18　简要说明简单控制系统投运的步骤。

7-19　简要说明控制系统的故障判断方法。

7-20　试分析图7-29中精馏塔提馏段温度控制方案中的所有控制系统中控制器的作用方向。

8　常见控制方案

学习目标：

- 了解串级控制系统的组成及特点；
- 了解比值控制系统的方案及特点；
- 了解均匀控制系统的思想；
- 了解常用的安全保护系统的组成；
- 掌握报警系统的形式。

8.1　复杂控制系统简介

简单控制系统是工业生产中最常用的控制系统，但在工艺要求较高或控制对象特殊等情况下，单纯的简单控制系统不能够满足生产的要求，人们不得不根据工艺的要求设置复杂的控制系统。主要的复杂控制系统包括串级控制系统、比值控制系统、前馈控制系统、均匀控制系统等。随着计算机用于生产控制，许多用常规控制仪表不可能实现的控制方法也得以实现，如自适应控制、多变量解耦等新型控制系统给生产带来了许多方便，大大提高了控制系统的控制质量。

8.1.1　串级控制系统

8.1.1.1　串级控制系统的作用、系统构成及特点

（1）串级控制系统的作用

在 7.5.3 中提及的精馏塔的控制方案研究中，可知精馏塔塔釜温度是保证提馏段产品分离纯度的重要指标，一般要求其稳定在一定数值上，通常采用改变加热蒸汽量来克服各种扰动（如进料流量、温度以及组分等的变化）对温度的影响，从而保证塔釜温度的稳定。但由于控制器的输出信号只是控制控制阀门的开度，蒸汽流量的波动使阀门前后的压差发生变化，相同的开度下，实际流入精馏塔的蒸汽量有所不同，且精馏塔体积很大，温度对象滞后也大，当蒸汽流量变化较大时，很难保证温度稳定在要求的设定值上。如果要求的温度指标很严格，前面提及的控制方案很难达到控制要求。当精馏塔的主要扰动是蒸汽流量的波动时，可考虑设计一种控制系统，保证温度控制器的输出信号与要求的实际流量形成真正的对应关系，即将蒸汽的流量与温度控制器要求的实际流量进行比较，若流量不符合温度控制器的要求，就进行调整，即增加一个流量控制系统。要把温度控制器的控制要求与流量的检测信号比较，只需在流量控制器内部比较单元内进行，亦即将温度控制器的输出信号作为流量控制器的设定值。这样就把温度控制器和流量控制器串联在一起，形成一种较复杂的控制系统，称之为精馏塔塔釜温度与蒸汽流量的串级控制系统，如图 8-1 所示。

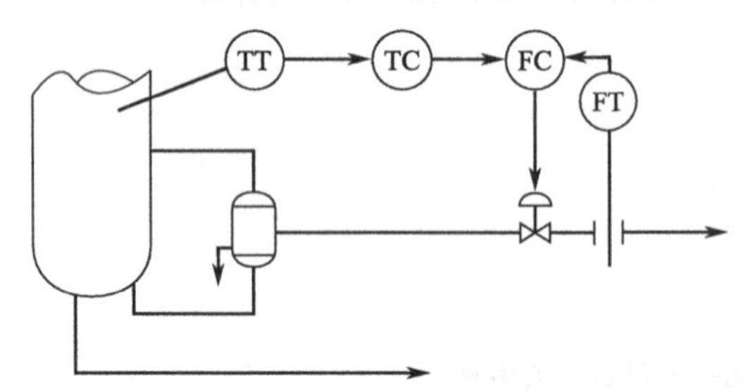

图 8-1　精馏塔塔釜温度与蒸汽流量中级控制系统

串级控制系统是指一个自动控制系统由两个串联控制器通过两个检测元件构成两个控制回路，并且一个控制器的输出作为另一个控制器的设定。

（2）串级控制系统的构成

串级控制系统应有两个控制器、两个检测变送器、一个执行器、两个被控对象，其方块图如图 8-2 所示。按照精馏塔塔釜温度与蒸汽流量的串级控制系统分析可知，串级控制系统虽然有温

度控制和流量控制两个控制回路，但总的目标是为了控制塔釜温度。

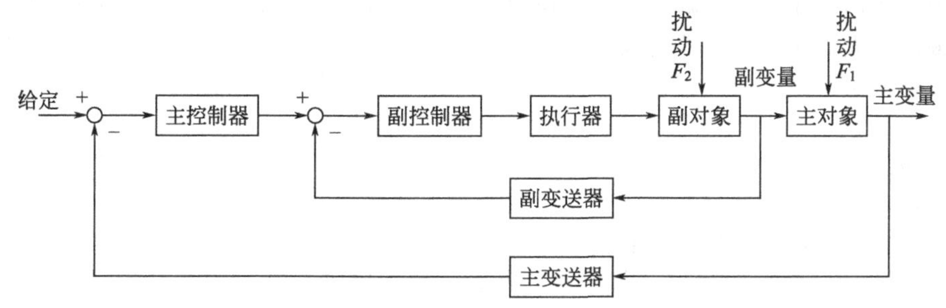

图 8-2 串级控制系统方块图

工艺要求控制的变量（塔釜温度），被称为主被控变量（主变量）；

为了控制主变量（塔釜温度）而引入的辅助变量（蒸汽流量），被称为辅助被控变量（副变量）；

以主变量检测值作为输入，按照该输入与工艺设定值的偏差工作，结果作为另一控制器的设定值，该控制器被称为主控制器，如塔釜温度控制器；

按照副变量的检测值与主控制器的输出值的偏差工作，输出直接操纵执行器的控制器被称为副控制器，如蒸汽流量控制器；

被主变量表征其主要特性的工艺设备被称为主对象；

被副变量表征的工艺设备被称为副对象；

主变量和副变量的变送器分别被称为主、副变送器；

由副变送器、副控制器、执行器和副对象组成的控制回路被称为副回路；

由主变送器、主控制器、副回路和主对象构成的回路被称为主回路。

(3) 串级控制系统的特点

串级控制系统总体为定值控制系统，但副回路是随动控制系统。主控制器根据负荷和条件的变化不断调整副回路的设定值，使副回路适应不同的负荷和条件。串级控制系统概括起来有如下特点。

① 由于副回路快速作用，对进入副回路的扰动能够快速克服，如果副回路未能够快速克服而影响到主变量，则由主控制器实施控制，因此其控制效果比单回路控制系统大大提高。

② 串级控制系统能改善对象的特征，由于副回路的存在，可使控制通道的滞后减小，提高主回路的控制质量。而且对于副对象的非线性特性改善为近似线性特征。

③ 对负荷和操作条件具有一定的自适应能力。主回路是一个定值控制系统，副回路是一个随动控制系统，主控制器能按对象操作条件及负荷情况随时校正副调节的给定值，从而使副参数能随时跟踪操作条件负荷的变化而变化。

8.1.1.2 串级控制系统的控制过程

在串级控制系统中，扰动进入系统的位置和扰动影响的大小，会使控制系统的动作情况有所不同。下面以精馏塔塔釜温度串级控制系统为例，逐一分析。

情况稳定时，进入精馏塔的物料流量、组分、温度等稳定；蒸汽的流量、温度等也保持不变，物料所需热量和蒸汽提供的热量维持平衡，控制阀保持在某一开度，精馏塔塔釜温度维持在设定值上。扰动的出现破坏了原来的平衡，控制系统产生相应的动作来克服这种影响，使系统达到新的平衡。

① 扰动进入副回路　进入副回路的扰动会首先影响到副对象，继而影响到副变量。如蒸汽压力波动，蒸汽的流量首先受到影响，但塔釜温度暂时不会发生变化，温度控制器的输入信号无变化，其输出信号维持原来的值。即蒸汽流量控制器的设定值不变，但由于流量的检测信号发生了变化，控制器有了偏差，按此偏差控制器输出发生变化，改变阀门的开度，使流量恢复到原来的值。因流量对象滞后很小，如蒸汽压力波动不大，流量控制器可很快将流量调整回来，而不至于影响到主变量（塔釜温度）。当扰动较大，副回路未能够完全克服的情况下，将引起主变量的

变化。如扰动是蒸汽压力增加所致，使进入塔釜的蒸汽流量增加，主变量（塔釜温度）增加，温度控制器为反作用，输出信号减小，流量控制器的设定值减小。设定值减小，检测值增加，流量控制器的偏差增大，流量控制器为反作用，其控制输出值减小，控制阀是气开式，阀门开度减小，蒸汽流量减小，系统恢复正常。可见，由于主控制器的作用使副控制器控制力度加强，控制效果增强。

② 扰动进入主回路 扰动进入主回路，如原料入口温度变化，直接影响塔釜温度。这时主控制器动作，通过副控制器改变阀门开度，改变蒸汽流量，克服扰动。由于两个控制器起作用，相当于缩短了控制通道，提高了控制质量。

③ 扰动同时进入主、副回路 如果扰动使主、副控制器按同一方向变化，即同时要求阀门开度增加或减小，相当于扰动进入副回路而影响到主回路的情况，加强了控制作用，有利于提高控制质量。如果扰动使主、副变量变化相反，阀门开度只需稍作变化即可满足要求。如蒸汽流量增加，物料入口温度下降，即塔釜温度下降。客观上蒸汽流量的增加符合入口温度低的控制要求，这时副控制器的偏差信号较小，开度改变不大。

分析可知，由于引入副回路，不仅能迅速克服副回路干扰，且对主对象的干扰也能迅速克服，即副回路具有先调、粗调、快调的特点。

8.1.1.3 串级控制系统的应用

串级控制系统主要应用在控制对象滞后较大，控制指标要求较高的场合。对于串级控制系统的设置应从副变量的选择，主、副控制器的控制规律和控制参数及正、反作用等几个方面来考虑。

（1）副变量的选择

主变量是工艺上要求控制的，副变量则是为了稳定主变量而引入的辅助变量，不是固定不变的，需要根据具体工艺情况进行调整。如加热炉的出口温度串级控制系统有如图8-3所示的两种控制方案。图（a）为加热炉出口温度与炉膛温度的串级控制系统，而图（b）是出口温度与燃料流量的串级控制系统。出现两种控制方案的主要原因是针对两种不同的情况，温度和燃料流量的串级控制系统主要是为了克服由于燃料流量波动而给加热炉出口温度带来的影响，这种串级控制系统的设计对被加热的物料的成分、入口温度、流量等波动所带来影响无法起到快速控制的作用。温度与温度的串级控制系统不仅对燃料流量有作用，对物料的扰动也能起到较快速的克服，但由于副回路的时间常数较图（b）中的流量副回路要长很多，因此，对燃料流量的波动的克服效果没有图（b）好。因此，图（a）主要应用在燃料流量为非主要扰动的情况下。

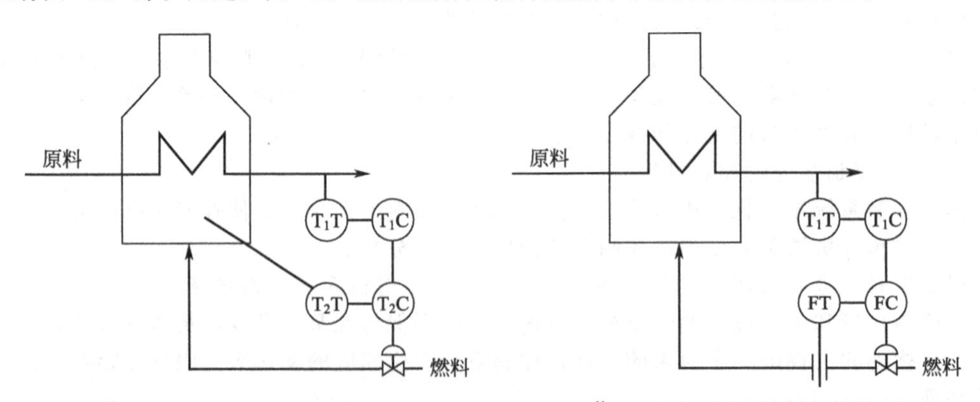

图8-3 加热炉的出口温度串级控制系统

（2）控制器的选择

合理选择控制器的控制规律及参数，正确选择控制器的作用方向，才能保证串级控制系统的正常运行和控制质量。

① 控制规律的选择 采用串级控制系统的目的是为了快速克服主要扰动的影响，严格控制

主变量，确保主变量没有余差，主控制器应具有积分作用。串级控制一般应用在对象时间滞后大的场合，主控制器应具有微分作用，主控制器采用 PID 控制规律。

副变量只是为了保证主变量而引入的，对副变量没有严格的要求，副变量的控制完全是根据主变量的要求进行的，允许在一定范围内波动，而且积分作用会延长控制过程，不利于串级控制的快速特性，因此副控制器一般不设置积分规律，只有在副对象为流量、压力等时间常数和滞后都小的对象，才适当增加一点积分作用；如果施加微分作用，当主控制器的输出稍有变化，经副控制器的微分作用，控制阀将作大幅度的变化，对控制不利；副回路应具有快速控制的作用，因此，副控制器一般采用较强的纯比例作用。

② 控制器的正、反作用的选择　正确选择主、副控制器的正、反作用才能保证控制系统为负反馈。视副回路为一个简单控制系统，参照简单控制系统的判断方法确定副控制器的正、反作用。主控制器的作用方向与主对象的作用方向相反。在图 8-1 中，控制阀采用气开式，标为（+），副变送器标（+），流量对象为（+），根据“三正一反”原则，副控制器选反作用。蒸汽流量增加塔釜温度升高，主对象为正作用，所以，主控制器选择反作用。同样道理，图 8-3（a）所示出口温度与炉膛温度串级控制系统中，气开式控制阀，当燃料流量增加时，炉膛温度升高，副对象为正作用，所以，副控制器选择反作用；当炉膛温度升高时，出口温度也升高，主对象为正作用，主控制器选择反作用。注意：主对象的输入为副变量，输出为主变量。

8.1.2 比值控制系统

8.1.2.1 比值控制系统的作用

在化工生产过程中，常常遇到要求两种或两种以上的物料按照一定的比例混合或进行化学反应。一旦比例失调，就会影响产品的质量和产量，甚至可能造成生产事故或发生危险。如氨合成反应中的氢气、氮气之比要求控制在 3∶1，如果发生偏离就会使氨的产量下降，如果控制得好，波动范围从 0.2%下降到 0.05%，可增产 1%～2%。要保证几种物料成一定比例关系，可以采用比值控制系统，也可以分别设置几个流量定值控制系统，让其设定值成比例关系。

在比值控制方案中，要保持比值关系的两种物料，必有一种处于主导地位，这种物料的流量称为主动量，其信号称主动信号，如氨氧化反应中的氨的流量。另一种物料的流量则随着主动流量按比例变化，这种物料流量为从动量，其信号称从动信号，如氨氧化反应中的空气的流量。主动量一般是对生产至关重要或较贵重或生产过程中不允许控制的。

8.1.2.2 比值控制系统的类型、构成及特点

（1）开环比值控制系统

开环比值控制系统是按照主动流量的检测值，通过比值控制器直接控制从动物料上的阀门开度。如图 8-4 所示。图中，G_1 为主动量，G_2 为从动量，FY 表示比值运算器。当 G_1 发生变化时，通过比值控制器 FC 运算改变阀门开度，从而改变 G_2 的流量。这种控制方案的检测取自 G_1，控制作用信号送到 G_2，而 G_2 的流量不可能反过来影响到 G_1 的流量，因此是开环控制。

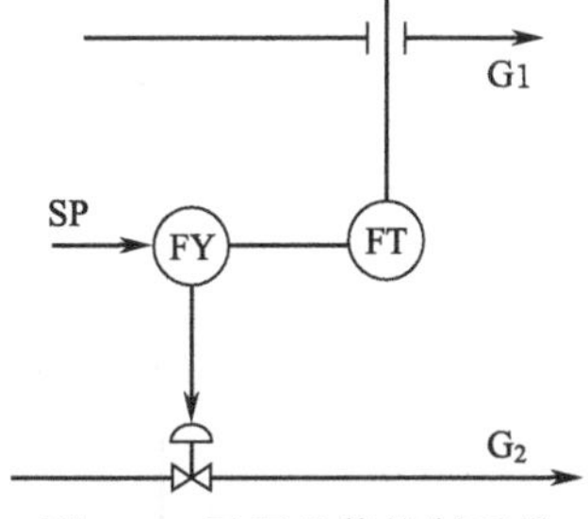

图 8-4　开环比值控制系统

开环比值控制系统的优点是需要的仪器少，系统结构简单，但由于没有形成闭环控制系统，比值控制器只能改变阀门的开度，却不能保证 G_2 的实际流量真正跟随 G_1 变化，所以开环比值系统应用的场合很少，主要用在从动量相对稳定的场合。

（2）闭环比值控制系统

为克服从动量的不稳定，可在从动量上增加一个闭环控制回路。按照乘法控制实施方案或除法控制实施方案，把主动量的信号送给乘法器或除法器运算，结果作为从动量控制器的设定值或测量值。图 8-5 中分别为用乘法器和除法器实施的单闭环比值控制系统。图（a）中 F_1Y 代表乘法器，图（b）中 F_1Y 代表除法器。

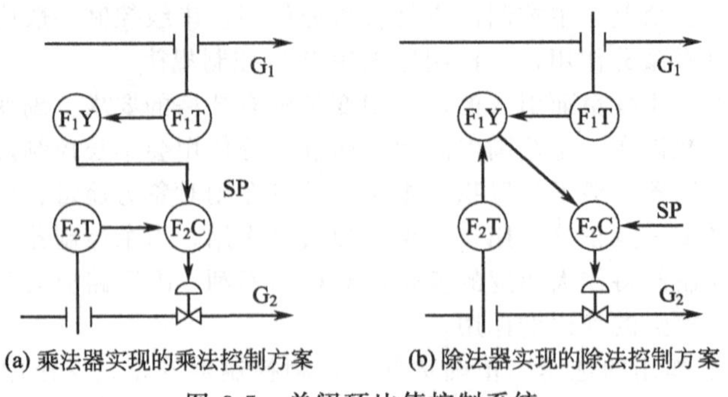

图 8-5 单闭环比值控制系统

无论是除法方案还是乘法方案，都能保证从动量跟随主动量变化。同时由于从动量的闭环控制保证了它的流量稳定在主动量的要求的值上。这种控制方案实施方便，比值精确，应用最广泛。但由于主动量未加控制，所以总的流量不固定。在DCS控制中，一般采用除法方案。

（3）双闭环比值控制系统

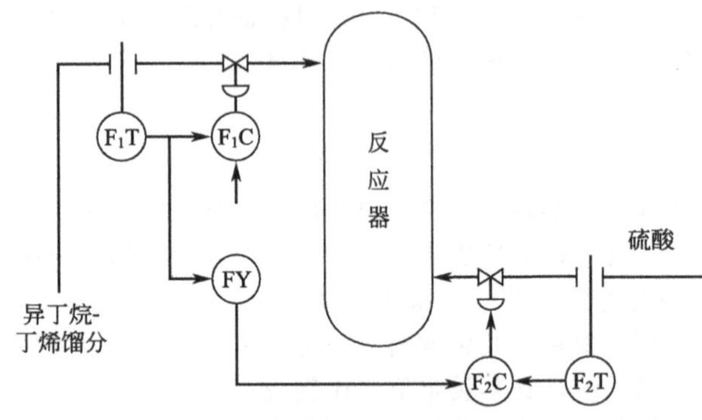

图 8-6 双闭环比值控制系统

为了保证主物料流量的稳定，在主动量上增加一个闭合流量控制回路，这样的比值控制系统有两个闭合的回路，所以称为双闭环比值控制系统。如在烷基化装置中，进入反应器的异丁烷-丁烯馏分要求按比例配以催化剂——硫酸，同时要求各自的流量比较稳定。图 8-6 为该装置的双闭环控制系统的示意图。

这种双闭环比值控制系统可以保证总的流量稳定，要提高生产负荷，只需改变 F_1C 控制器的设定值就可以实现，方便实施。但这种控制系统需要仪表多，实际生产中应用相对较少。

（4）变比值控制系统

一些生产过程中要求两种物料的比值关系随着工况情况而改变，以达到最佳生产效果。如在硝酸生产中，要求氨气/空气之比应根据氧化炉内的温度变化而改变。因此，设计把炉内温度控制器的信号作为实现氨气/空气比值的控制器的设定值，这就是变比值控制系统，也称串级比值控制系统。图 8-7 为硝酸生产过程中氧化炉温度对氨气/空气串级比值控制系统。

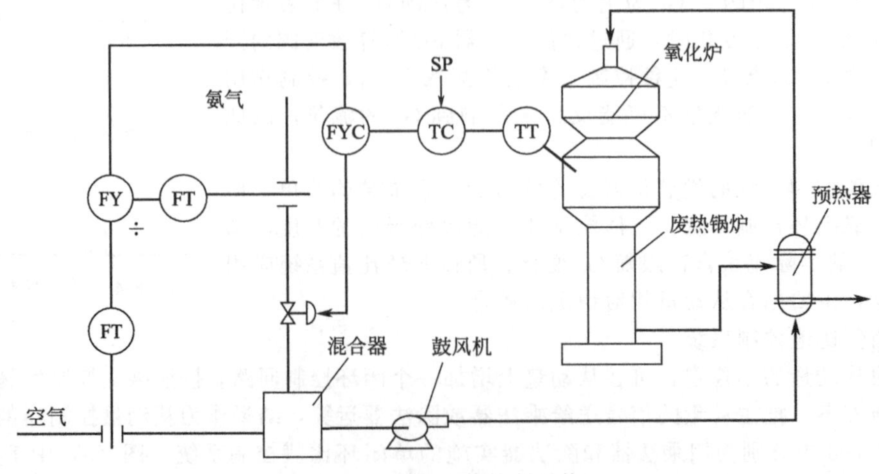

图 8-7 串级比值控制系统

8.1.2.3 比值控制系统的控制过程

比值控制系统是一个随动控制过程，要求从动量迅速跟上主动量的变化，而且越快越好，控制过程也不希望振荡，应该是一个没有振荡或略有振荡的过程，即采用非周期衰减过程。

下面以采用乘法方案实现的单闭环比值控制系统为例，分析比值系统的控制动作过程。

(1) 主动流量变化

若主动流量增加，主流量检测变送器信号增加，经过乘法器计算，使闭环控制的控制器的设定值增加，控制器的偏差信号负增加，控制器的输出增加，控制从动流量控制阀门开度增加，使从动流量增加。这样保证了从动流量能够跟随主动流量的变化而变化。

(2) 从动流量变化

如管道内压力增加、阀门开度保持不变时，从动流量必然增加，则从动流量检测变送器信号增加，闭环控制器的测量值增加。若主流量不变，闭环控制器的设定信号不变，控制器的偏差正增加，控制器输出减小，阀门开度减小，使从动流量信号恢复与主动流量的比值关系。

8.1.3 前馈控制系统

前所叙及的简单控制系统和串级控制系统都属于反馈控制系统，控制系统是按照被控变量的检测值与设定值的偏差大小来工作的。反馈控制系统的优点是有校正作用，控制精度较高，可以克服闭合回路中的所有扰动，因此，闭环反馈控制系统是工程中最主要的控制形式。反馈控制系统的最大缺点是它的滞后性，只有当扰动影响到被控变量以后才能起作用。在反馈控制问世之前，就有人试图按照扰动量的变化来补偿对被控变量的影响，从而达到被控变量完全不受扰动量影响的控制方式，这种按照扰动进行控制的开环控制方式称为前馈控制，简称FFC。前馈控制的工作原理结合图8-8所示的换热器的两种控制方案来说明。

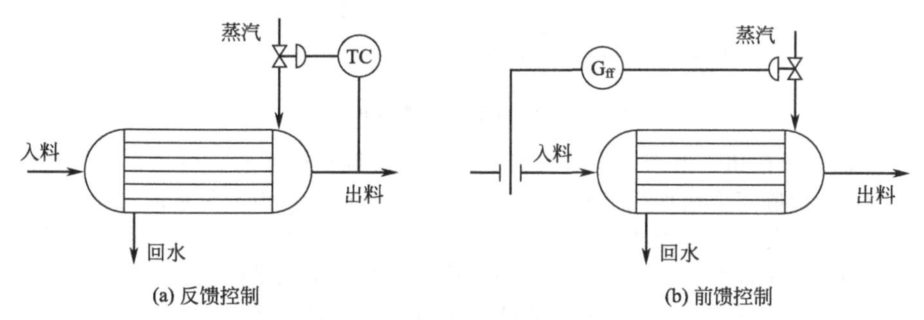

图8-8 换热器的两种控制方案

图(a)为一般的反馈控制系统，图(b)为前馈控制系统。换热器的物料是影响被控变量(换热器出口温度)的主要扰动。当采用前馈控制方案时，可以通过一个流量变送器测取扰动量(进料量)，并将信号送到前馈控制装置 G_{ff} 上。前馈控制装置按照入口物料的流量变化运算去控制阀门，以改变蒸汽流量来补偿进料流量对被控变量的影响。如果蒸汽流量改变的幅值和动态过程适当，便可以显著减小或完全补偿入料流量变化这个扰动量引起的出口温度的波动。

由以上举例可知，前馈控制系统是按照扰动作用的大小和性质来进行控制的。扰动一旦发生，补偿控制器立即发出控制信号驱动执行装置来补偿扰动的影响。由于被控对象有滞后性，扰动还没有影响到被控变量就被削弱，如果补偿控制器设置恰当，被控变量可能不会发生变化。

根据前馈补偿控制器的设计要求不同，前馈控制包括静态前馈和动态前馈两大类。静态前馈只考虑扰动补偿最终能使被控变量稳定在设定值上，而不考虑补偿过程中偏差的大小和变化。动态前馈不仅要考虑最终的结果，还要考虑在扰动影响过程中加以补偿，尽可能使被控变量在整个过程中不发生变化或变化很小。静态前馈较动态前馈更容易实现，采用常规前馈补偿控制装置一般多是静态前馈。扰动类型不同、进入对象位置不同，补偿规律也就不同，所以要实现真正意义上的动态前馈，只有借助于计算机或智能化仪表。

一般前馈控制主要应用于扰动频繁且幅度大，或者主要扰动可测不可控，或扰动对被控变量影响显著，而反馈控制难以达到要求的三种情况下。

前馈控制是一种开环控制形式，由于没有反馈校正，很难保证控制质量。前馈控制只能针对一种扰动，而系统内不可能只有一种扰动，因此，单纯使用前馈控制系统的意义不大，一般都是将前馈控制与反馈控制结合起来，形成前馈-反馈控制和前馈-串级控制等。利用前馈控制的快速性克服其中的一个主要的扰动，利用单回路或串级系统来克服其他扰动，这样就结合两种控制系统的优点，获得较高的控制指标。

8.1.4 均匀控制系统

(1) 均匀控制系统的作用、特点和系统组成

在生产过程中，生产设备之间经常会紧密相连，变量相互影响。如在连续精馏过程中，甲塔的出料是乙塔的进料。精馏塔的塔釜液位与进料量都应保持平稳，这也就是说甲塔的液位应保持稳定，乙塔的进料流量也要稳定，按此要求，如分别设置液位控制系统和流量控制系统，如图8-9，当甲塔塔釜液位升高时，液位控制器要求阀门1开大，使乙塔进料量增加，流量控制器要求减小阀门2的开度，阻止进料的增加。这显然是相互矛盾的，无法使两个控制系统稳定。

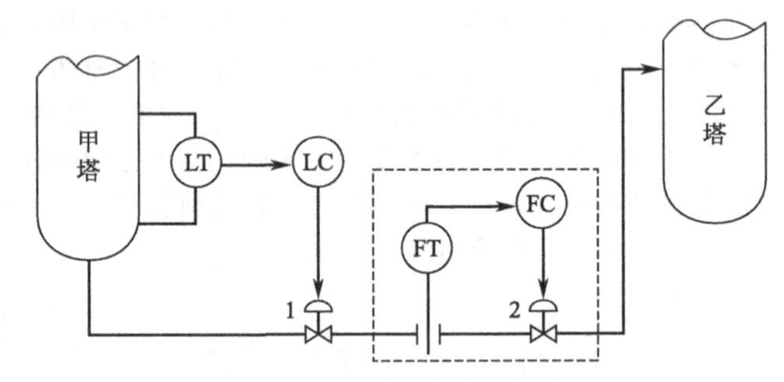

图8-9 前后精馏塔的控制分析

① 均匀控制系统作用 由于进、出料这是一对不可调和的矛盾，可以在两塔之间增加有一定容量的缓冲器，但除了要增加投资和占地面积外，对易产生自聚或分解的物料这种方法亦不可行。另外的解决办法是相互作出让步，就要使它们在物料的供求关系上均匀协调，统筹兼顾，即在有扰动时，两个变量都有变化，而且变化幅度协调，共同来克服扰动。

② 均匀控制系统的特点 采用均匀控制系统和一般控制系统的过渡过程曲线如图8-10所示，可见均匀控制系统具有以下特点。

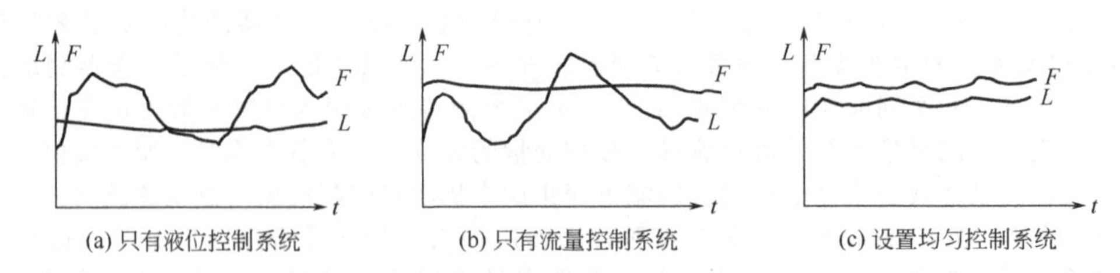

(a) 只有液位控制系统　(b) 只有流量控制系统　(c) 设置均匀控制系统

图8-10 设置均匀控制系统前后变量变化趋势

- 扰动产生后，两个变量在过程控制中都是变化的。
- 两个变量在控制过程中的变化应是缓慢的（不急于克服某一变量的偏差）。
- 两个变量的变化在允许的范围内，可以不是绝对平均，可按照工艺分出主、次。

根据以上特点只要对控制器的控制参数进行调整，延缓控制速度和力度即可。这种类型的控制系统称为均匀控制系统。

③ 均匀控制系统的组成 常用的均匀控制系统有简单均匀和串级均匀两种。将图8-9中的两个控制系统去掉一个，如将图8-9中虚线部分去掉，然后调整其控制参数为大比例度、大积分

时间，这样就构成均匀控制系统。简单均匀控制系统在结构上与简单控制系统一致。图 8-11 为串级均匀控制系统，增加一个副回路的目的是为了消除控制阀前后的压力的波动及对象的自衡作用的影响。从结构上看与普通串级完全相同，区别也只是在控制器参数的设置及控制目的不同，这也是判断是否为均匀控制系统的条件。

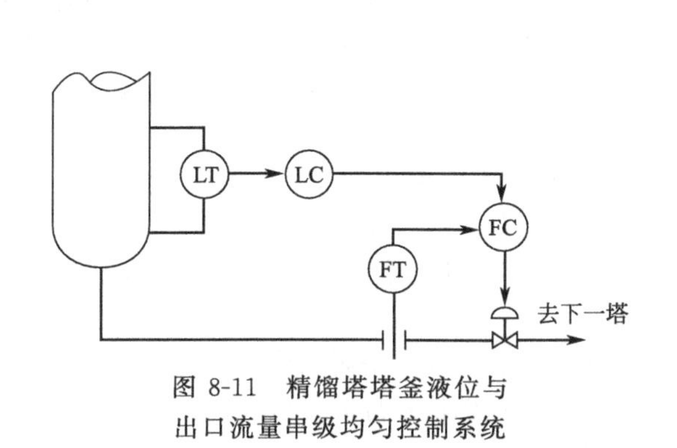

图 8-11 精馏塔塔釜液位与出口流量串级均匀控制系统

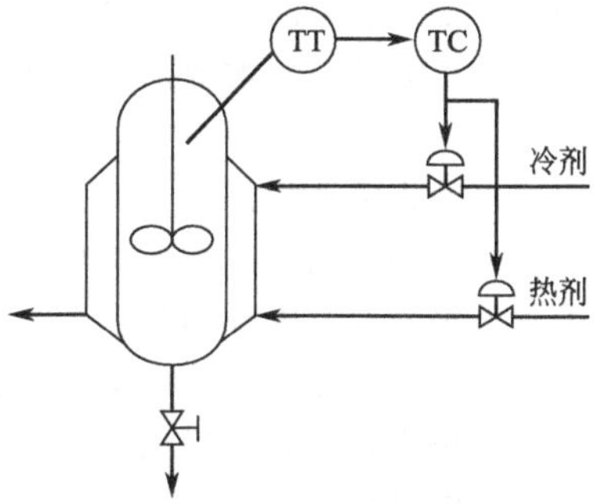

图 8-12 反应釜的温度分程控制系统

(2) 均匀控制系统的动作过程

以图 8-9 所示的均匀控制系统为例分析其动作过程。如当液位增加后，要求控制阀的开度增加，但由于采用了大比例度和大积分时间的均匀控制系统，控制力度减弱，消除余差时间增大。因此，流量缓慢增加、液位缓慢回落。

如输出流量随着塔压的增加而增大时，塔釜液位跟随变化。均匀的液位控制器的控制作用相对较弱，并没有施加很大的控制作用使流量大幅度减小，而是缓慢地减小，因为，如流量大幅度变化虽使系统过渡时间减小，但稳定性变差，即振荡幅度增加。均匀控制虽然牺牲了流量回到要求值的时间，但使液位没有发生大幅度的变化，保持相对平稳。

8.1.5 分程控制系统

分程控制系统是指将一个控制器的输出分成两段或以上，分别控制两个或两个以上的控制阀的控制系统。分程控制系统是通过阀门定位器来实现的，即将控制器的分段信号分别转换成 20～100kPa。

例如，在反应釜的温度控制系统中，反应器内物料配好以后，开始需要对反应器加热才能启动反应过程。随着反应进行，不停地放热，温度升高，又必须将热量带走，以维持反应温度的稳定。图 8-12 为反应釜温度分程控制系统。温度不同时，控制器的输出信号也不同，将反应设定温度作为分界，将信号分成两段，温度高对应的信号控制冷却水阀，温度低对应的信号控制蒸汽阀门。为了防止控制阀的频繁动作，可在分程点上下设置一个不灵敏区，在该范围内，控制阀不发生切换或动作。

8.2 安全保护系统

安全是工业生产的根本，在控制系统的设计中，必须要充分考虑到这一点。在前面提到的控制阀的作用形式的选择、控制仪表的安全火花防爆系统都是为了这一点。本节主要介绍为了生产安全的报警系统、选择性控制系统和联锁保护系统。

报警系统是当工艺变量超限后，通过声光提醒操作人员注意。在工业生产过程中会出现一般自动控制系统无法适应的情况，通常有两种处理方法：一是利用联锁保护停车；二是采用选择性控制系统。

8.2.1 报警系统

在生产过程中，当某些工艺变量超限或运行状态发生异常情况时，信号报警系统就开始动作发出灯光及音响信号，提醒操作人员注意，督促他们采取必要的措施，改变工况，使生产恢复到正常状态。

(1) 报警系统的组成

信号报警系统由故障检测元件和信号报警器及其附属的信号灯、音响器和按钮等组成。

当工艺变量超限时，故障检测元件的接点会自动断开或闭合，并将这一结果送到报警器。报警检测元件可以单设，如像锅炉汽包液位、转化炉炉温等重要的报警点。有时可以利用带电接点的仪表作为报警检测元件，如电接点压力表、带报警的调节器等，当变量超过设定的限位时，这些仪表可以给报警器提供一个开关信号。

信号报警器包括有触点的继电器箱、无触点的盘装闪光报警器和晶体管插卡式逻辑监控系统。信号报警器及其附件均装在仪表盘后，或装在单独的信号报警箱内。信号灯和按钮一般装在仪表盘上，便于操作。即使在DCS控制系统中，除在显示器上进行报警、通过键盘操作外，重要的工艺点也在操作台上单独设置信号灯和音响器。

信号灯的颜色具有特定的含义：红色信号灯表示停止、危险，是超限信号；乳白色的灯是电源信号；黄色信号灯表示注意、警告或非第一原因事故；绿色信号灯表示可以、正常。

通常确认按钮（消声）为黑色，实验按钮为白色。

(2) 报警系统的功能

报警系统可以根据情况的不同设计成多种形式，如一般报警系统、能区别事故第一原因的报警系统和能区别瞬间原因的信号报警系统。按照是否闪光可以分成闪光报警系统和不闪光报警系统。

① 一般信号报警系统　当变量超限时，故障检测元件发出信号，闪光报警器动作，发出声音和闪光信号。操作人员在得知报警后，按下确认（消声）按钮，消除音响，闪光转为平光，直至事故的解除，变量回到正常范围后，灯熄灭，报警系统恢复到正常状态。工作情况如表8-1所示。

表 8-1　一般闪光报警系统的情况

状 态	报警灯	音响器	状 态	报警灯	音响器
正常	灭	不响	恢复正常	灭	不响
不正常	闪光	响	试验	全亮	响
确认(消声)	平光	不响			

② 能区别事故第一原因的报警系统　当有数个事故相继出现时，几个信号灯会同时点亮，这时，让第一原因事故变量的报警灯闪亮，其他报警灯平光，以区别第一事故。即使按下确认按钮，仍有平光和闪光之分。工作情况见表8-2所示。

表 8-2　能区别第一原因的闪光报警系统的情况

状 态	第一原因报警灯	其余报警灯	音响器	状 态	第一原因报警灯	其余报警灯	音响器
正常	灭	灭	不响	恢复正常	灭	灭	不响
不正常	闪光	平光	响	试验	全亮	全亮	响
确认(消声)	闪光	平光	不响				

③ 能区别瞬间原因的信号报警系统　生产过程中发生瞬间超限往往潜伏着更大的事故。为了避免这种隐患，一旦超限就立即报警。设计报警系统时，用灯闪光情况来区分是否是瞬间报警。报警后，按下确认按钮，如果灯熄灭，则是瞬间原因报警；如果灯变为平光，则是继续事故。工作情况见表8-3所示。

表 8-3 能区别瞬间原因的闪光报警系统的情况

<table>
<tr><th colspan="2">状 态</th><th>报警灯</th><th>音响器</th><th>状 态</th><th>报警灯</th><th>音响器</th></tr>
<tr><td colspan="2">正常</td><td>灭</td><td>不响</td><td rowspan="2">恢复正常</td><td rowspan="2">灭</td><td rowspan="2">不响</td></tr>
<tr><td colspan="2">不正常</td><td>闪光</td><td>响</td></tr>
<tr><td rowspan="2">确认(消声)</td><td>瞬间事故</td><td>灭</td><td>不响</td><td rowspan="2">试验</td><td rowspan="2">全亮</td><td rowspan="2">响</td></tr>
<tr><td>持续事故</td><td>平光</td><td>不响</td></tr>
</table>

(3) 闪光报警器举例（XXS-02 型）

XXS-02 型闪光报警器，一般安装在控制室内的仪表盘上。输入信号是电接点式，可以与各种电接点式控制检测仪表配套使用。报警器有 8 个报警回路，每个回路带有两个闪光信号灯，其中一个集中在报警器上，另一个由端子引出，可以任意安装在现场或模拟盘上。每个回路监视一个极限值，每个报警回路的信号引入接点，可以是常开式，也可以常闭式，但每个报警器回路只可用一个信号接点。图 8-13 为报警器外观图。

图 8-13 报警器外观图

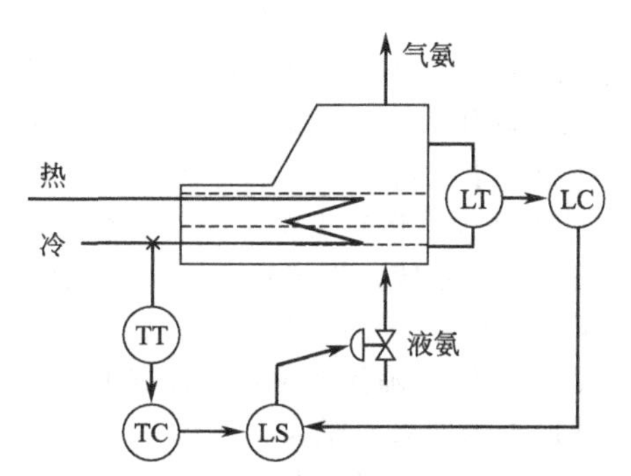

图 8-14 氨冷器的选择性控制系统

8.2.2 选择性控制系统

(1) 选择性控制系统的作用和系统的组成

① 选择性控制系统的作用 当生产趋近危险区时，用一个取代控制器自动取代正常工况下的控制器，通过取代控制器的作用，使过程脱离危险逐步回到正常工况，然后取代控制器自动退出而变为备用等待状态，原来的控制器又恢复正常工作。所以，选择控制系统又称为取代控制系统，也叫超驰控制系统。

② 选择性控制系统的组成 图 8-14 所示为氨冷器的选择控制系统的原理图。氨冷器用液氨蒸发吸热来冷却物料。氨冷器的目的是使物料冷却到一定温度，因此，出口温度是要保证的，以其为被控变量设置自控系统；由于影响物料出口温度可控的主要因素是液氨的加入量，因此，选择液氨流量作操纵变量，将气动薄膜调节阀安装在液氨管路上，构成温度控制系统。

当出口温度偏高时，要增加液氨量，使温度下降。但如果氨液位上升太多，蒸发空间减小，温度就可能降不下来，甚至发生气氨带液，造成后面的氨压缩机事故，所以要求液位也不能超过某一限度。为保持氨冷器有足够的汽化空间，必须限制氨液面不能高于某一液位限制，因此，需要在正常温度控制系统的基础上增加一个液面超限控制系统。通过一个低选器将温度控制系统和液位控制系统结合起来，按照工况情况对控制系统进行选择。

(2) 选择性控制系统的动作过程

正常情况下，液位低于设定值，反作用的液位控制器输出高信号，低值选择器选择输出信号低的温度控制器来控制气开阀。当出口温度很高时，液氨流进量加大。如果氨液位超过设定值，液位控制器的输出下降，当下降到低于温度控制器的输出值时，低值选择器就切断温度控制器的输出信号，低值选择器将液位控制器的输出连接至气开阀。液位控制器使液位下降，增大了蒸发空间，降低出口物料温度，温度控制器的输出也随之减小。同时，由于液位的下降，液位控制器的信号上升。当温度控制器的输出信号小于液位控制器的输出时，温度控制器的输出被选中，而液位控制器的输出被切断，回到备用状态。

在选择性控制系统中，选择器分为高值选择器和低值选择器。选择器需要根据工艺情况和控制器的类型来选择。

在使用选择性控制系统时，应注意防止积分饱和的问题，因此，选择控制器时应选择具有抗积分饱和的控制器。同时，取代控制器要求动作可靠、迅速，宜选择比例度小的纯比例控制器。

8.2.3 联锁保护系统

在生产过程中，某些关键变量超限幅度较大，如不采取措施将会发生更为严重的事故。通过自动联锁系统，可按照事先设计好的逻辑关系动作，自动启动备用设备或自动停车，切断与事故设备有关的各种联系，以避免事故的发生或限制事故的发展，防止事故的进一步扩大，保护人身和设备安全。

(1) 联锁保护系统的类型

联锁保护实质是一种自动操纵保护系统。联锁保护包括以下四个方面。

① 工艺联锁　由于工艺系统某变量超限而引起的联锁动作，简称“工艺联锁”。如合成氨装置中，锅炉给水流量越过低限时，自动开启备用透平给水，实现工艺联锁。

② 机组联锁　运转设备本身或机组之间的联锁，称之为“机组联锁”。例如合成氨装置中合成气压缩机停车系统，有冰机停、压缩机轴位移等22个因素与压缩机联锁，只要其中任何一个因素不正常，都会停压缩机。

③ 程序联锁　确保按预定程序或时间次序对工艺设备进行自动操纵。如合成氨的辅助锅炉引火烧嘴检查与回火、脱火、停燃料气的联锁。为了达到安全点火的目的，在点火前必须对炉膛内气体压力进行检测，用空气进行吹除炉膛内的可燃性气体。吹除完毕后，方可打开燃料气总管阀门，实施点火。即整个过程必须按燃料气阀门关→炉膛内气压检查→空气吹除→打开燃料气阀门→点火的顺序操作，否则，由于联锁的作用，就不可能实现点火，从而确保安全点火。

④ 各种泵类的开停　单机受联锁触点控制。

(2) 联锁保护举例

联锁保护系统在现代工业中，应用得越来越多。特别是现代化工生产中，生产工艺越来越复杂，条件越来越苛刻，许多产品要求必须在高温、高压的条件下生产，安全的不稳定因素增加，在控制系统设置时，更应考虑增加安全防范措施。下面以加热炉的联锁保护系统为例，介绍联锁保护在化工生产中的应用情况。

首先，分析一下以燃料气为燃料的加热炉中的主要危险。

① 当被加热工艺介质流量过低或中断时，会将加热炉管烧坏、烧裂，造成很大事故。

② 当火焰熄灭时，会在燃烧室里形成危险性气体——空气混合物。

③ 当燃料气压力过低即流量过小时，会造成回火现象。

④ 当燃料气压力过高时，会使喷嘴出现脱火现象，造成灭火。当在燃烧室里形成大量燃料气-空气混合物时，很容易造成爆炸事故。

为了保证安全，设计联锁保护系统如图8-15所示。炉出口温度与燃料控制阀阀后压力的选择性控制系统中，采用气开式控制阀，选择器采用低选器，温度和压力控制器均采用反作用。正常生产时，温度控制器工作，当由于某种扰动作用，使控制阀阀后压力过高，达到安全极限时，压力控制器通过低选器取代温度控制器工作，关小控制阀，以防脱火。一旦正常后，温度控制器又恢复工作，压力控制器退出工作，转为后备状态。当燃料气流量过低时，流量检测装置$FSAL_1$触点动作；或当炉内火焰熄灭时，火焰检测器BS动作；或当原料流量过低时，流量检测装置$FSAL_2$动作。当以上三个检测装置一个或几个动作时，使三通电磁阀失电，将来自于气源的压缩空气放空，温度控制器或压力控制器上的信号失效，由于是气开式控制阀，因此，失去信号而关闭，切断燃料气。图中，气动薄膜控制阀上 D/Q 表示电/气转换器，三通电磁阀接在气源上。

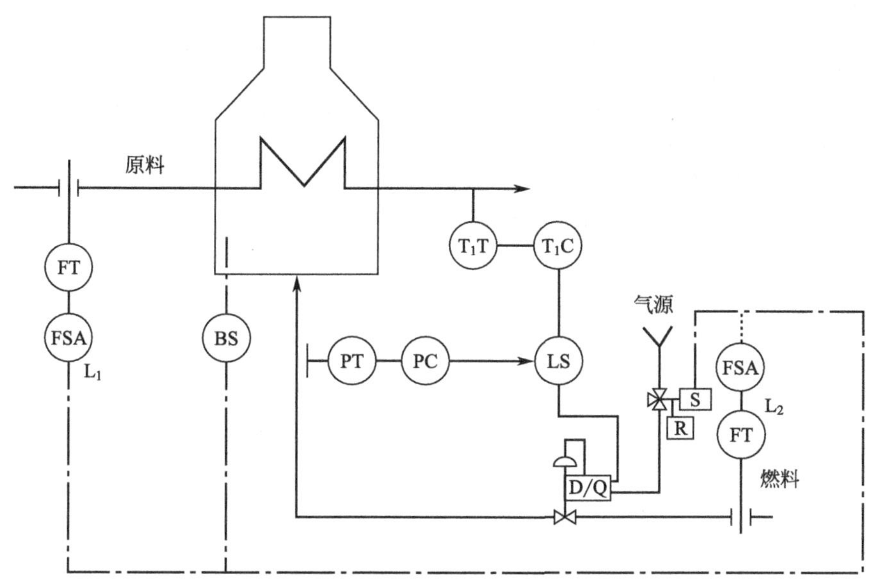

图 8-15　加热炉的安全联锁保护系统

联锁动作以后，不能自动复位，只有经过检查认为危险已经解除后，由人工进行复位，投入运行，以免误动作而造成爆炸事故。图中，电磁阀上的 R 表示需要人工复位。

本章小结

① 串级控制系统是一种常用的复杂控制系统。串级控制系统构成特点是两个控制器串联在一起，其中一个控制器的输出作为另一个控制器的输入。串级控制系统的目的是为了稳定主被控变量，副被控变量只是为保证主被控变量引入的辅助变量。串级控制系统的特点包括快速进入副环克服扰动、改善对象特性和具有一定的适应能力。串级控制系统的参数整定与系统的投运的原则是“先副后主”，在此基础上参照简单控制系统的方法进行。

② 比值控制系统主要是为了保证两种或两种以上的物料流量成一定的比例。比值控制系统控制方案包括开环比值、单闭环比值、双闭环比值和串级比值。控制方案的实现采用乘法方案和除法方案。在 DCS 控制系统中一般采用除法方案。

③ 前馈控制系统是一种开环控制系统，主要用在扰动频繁且幅度大，或者主要扰动可测不可控，或者扰动对被控变量影响显著，而反馈控制难以达到要求的三种情况下。前馈控制由于是按照扰动量大小进行的一种控制，因此，控制补偿较快。但由于是开环，所以控制精度较低。纯前馈控制很少单独使用，生产中一般使用前馈-反馈控制或前馈-串级控制。

④ 均匀控制系统是为了协调两个要求相互矛盾的变量的控制要求而设置的一种控制系统，常用的有简单均匀控制系统与串级均匀控制系统两种类型，它们与简单控制系统、串级控制系统的区别在于被控变量是两个，因此，控制器参数设置也不同。

⑤ 分程控制系统是将一个控制器的信号分成两段或两段以上，分别控制两个或两个以上的执行器的控制系统。

⑥ 常用的安全保护系统包括软保护系统（选择性控制系统）和硬保护系统（联锁报警系统）。

⑦ 报警是指变量超限后采用的声光形式提醒操作人员的措施；联锁控制是指一些重要的变量超限后，采用的安全停车的措施；选择性控制系统是在某取代被控变量超过要求值后取代正常工作的被控变量的安全控制系统。

习 题 8

8-1 什么是串级控制系统？有何特点？主被控变量与副被控变量如何选择？

8-2 简述串级控制系统的投运过程。

8-3 按照图8-3中所示的两个控制方案，判断主副控制器的正、反作用方向。

8-4 简单控制系统与串级控制系统相比有何不同？

8-5 前馈控制系统与反馈控制系统比较有什么不同？为什么前馈控制要与反馈控制一起使用？

8-6 什么是选择性控制系统？有何特点？

8-7 比值控制系统有何作用？常用哪几种形式？

8-8 为什么要设置信号报警和联锁保护系统？

9 过程检测仪表

学习目标：

- 了解压力、物位、流量和温度等化工过程变量的检测元件和检测原理；
- 了解各种检测仪表的分类、特点和使用方法；
- 了解显示仪表和变送器的功能与使用方法。

在工业生产中，为有效地进行生产操作，保证生产优质、高效和安全地进行，需要对生产过程中各参数进行检测。在石油、化工生产中，主要是对生产过程中的压力、物位、流量、温度和成分等参数的检测。

9.1 过程检测仪表的分类

9.1.1 过程检测仪表的结构

生产过程中化工参数的种类很多，生产条件也各不相同。因此，过程检测仪表的结构也具有多样性。但是，从检测仪表的结构组成来看，一般都是由检测元件、传送与放大环节和显示环节三个部分组成，如图 9-1。

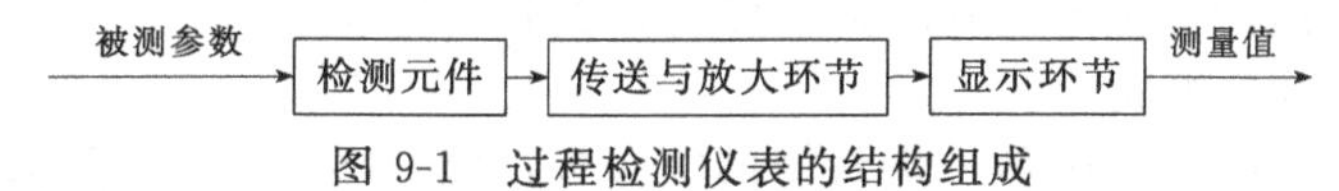

图 9-1 过程检测仪表的结构组成

① 检测元件　通常与被测介质直接接触，将被测参数转换成与之有对应关系的信号能量形式。

② 传送与放大环节　将来自于检测元件的，代表被测参数大小的信号能量形式进行传送和放大，以便于显示。

③ 显示环节　将来自于传送与放大环节的信号能量形式，以指针偏转或数字形式，将被测参数的数值显示出来。

9.1.2 过程检测仪表的分类

化工生产中所使用的过程检测仪表种类繁多，分类方法也是多种多样，常用的分类方法有：

① 按检测仪表检测参数的不同分类　可分为压力、流量、物位、温度和成分检测仪表。例如，用于检测压力参数的仪表，被称为压力检测仪表。

② 按检测仪表的精确度与使用场合分类　可分为实验室鉴定用的标准检测仪表和一般工业生产中用于过程参数测量的工业用检测仪表。

③ 按检测仪表的功能分类　可分为检测仪表、显示仪表和信号报警仪表。

④ 按检测仪表与被测介质接触的情况分类　可分为接触式检测仪表与非接触式检测仪表。

9.2 压力、物位检测仪表

9.2.1 压力检测仪表概述

（1）压力的定义及表示方法

工业生产中，将垂直均匀地作用在单位面积上的力称为压力，也就是物理学中的压强，用字母 p 表示。压力 p 的单位为 Pa，简称为帕（帕斯卡），工程上常用的单位是 MPa（兆帕），MPa 与 Pa 之间的关系为

$$1\text{MPa}=10^6\text{Pa} \tag{9-1}$$

生产中将被测介质的实际压力称为绝对压力，而使用压力检测仪表测量时所得到的压力通常只是被测压力高于大气压力的部分，这个压力被称为表压，通常所说的压力一般都是指表压。而被测压力低于大气压力的部分则被称为真空度。绝对压力、表压和真空度的关系如图9-2所示。

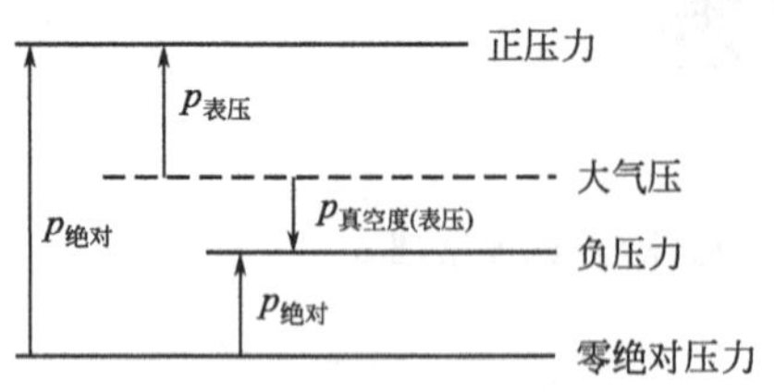

图9-2 绝对压力、表压和真空度的关系

(2) 常用压力检测方法及仪表

常用的压力检测方法及仪表有以下几种形式。

① 就地压力检测 用于在生产现场进行压力的就地检测和显示，实验室中的低压检测可采用液柱式压力计，一般的工业生产中的压力检测常采用弹簧管式压力表。

② 远距离压力检测 当需要进行远距离压力显示与控制时，可采用气动或电动压力变送器。

③ 多点压力检测 生产中需要对多点压力检测时，可采用巡检压力检测仪。

④ 压力超限报警 若被检测压力达到极限值需要报警时，应选用带有报警功能压力检测或显示仪表，如电极点式压力表。

9.2.2 弹簧管压力表

弹簧管压力表是工业生产中应用最为广泛的一种压力检测仪表，以单圈弹簧管压力表的使用最多。弹簧管压力表具有结构简单、测量精度较高、测量范围广、面板线性刻度使用方便以及价格低等特点，适用于一般工业生产中的高、中、低压和负压的就地检测。

弹簧管压力表的结构如图9-3所示，主要由弹簧管、传动机构、指针和面板等部分组成。

弹簧管是截面为扁圆或椭圆形一端封闭的空心管，用来感受被测压力的变化，是压力表的检测元件，分为单圈和多圈，多圈弹簧管用于低压的测量。

传动机构是由拉杆、扇形齿轮和圆形齿轮等部件组成，用来传递和放大弹簧管的位移，是压力表的传动与放大环节。

指针和面板是压力表的显示环节，用于将被测压力的变化以指针偏转的形式在面板上显示出来。

工作时，通过连接设备与压力表的引压管，被测压力从压力表的接头处引入，迫使弹簧管被封闭的自由端向外扩张，再通过拉杆、扇形齿轮与圆形齿轮的传递与放大，带动指针偏转，从而在压力表面板的刻度尺上显示出被测压力的数值。

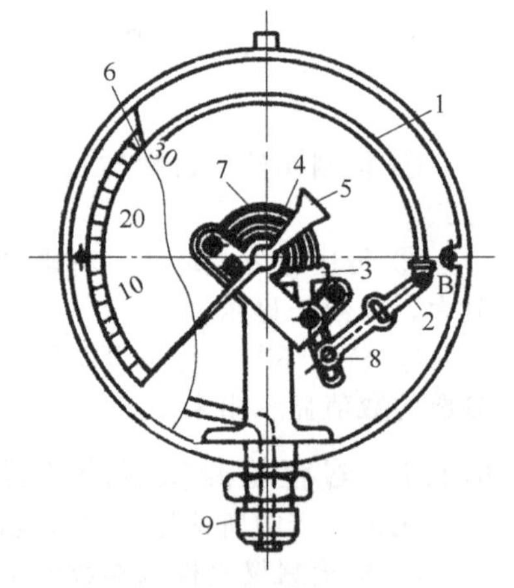

图9-3 弹簧管压力表

1—弹簧管；2—拉杆；3—扇形齿轮；4—中心齿轮；5—指针；6—面板；7—游丝；8—调整螺钉；9—接头

9.2.3 压力表的使用

(1) 压力表的选择

压力表的选择主要从以下三个方面考虑。

① 类型的选择 根据被测介质的性质、现场使用条件来确定压力表的类型。例如，测量氨气压力时，应选用不锈钢弹簧管结构的氨专用压力表；测量氧压力时，应选用不沾油脂的氧专用压力表，以保证生产安全。

② 测量范围（量程）的选择 根据被测压力的大小来确定压力表的测量范围，具体选择时应留用充分的余地。

在测量稳定压力时，一般压力表最大量程选择在接近或大于正常压力测量值的1.5倍。

在测量脉动压力时，一般压力表最大量程选择在接近或大于正常压力测量值的2倍。

在测量高压时，一般压力表最大量程应大于最大压力测量值的1.7倍。

在测量机泵出口处压力时，一般压力表最大量程选择为机泵出口处最大压力值。

为保证压力测量的精度，一般被测压力的最小值应大于仪表刻度上限的 1/3。

目前，国内厂家生产的弹簧管压力表的量程为 0.1MPa、0.16MPa、0.25MPa、0.4MPa、0.6MPa 及其 10^n 的倍数。

③ 精度等级的选择　根据工艺生产允许的最大检测误差来确定，即 $|\delta_{表允}| \leqslant |\delta_{工允}|$。选择时，应在满足生产要求的情况下尽可能选用精度低、价廉耐用的压力表。

【例 9-1】 某反应器的压力范围为 4～6MPa，工艺要求测量误差不得大于 0.17MPa，要求压力就地指示。试正确选择压力表的量程、精度等级和型号。

解　首先确定压力表量程 M，反应器的压力一般属于稳定压力，根据量程选择的方法，M 应满足下列关系：

$$1.5p_{max} \leqslant M \leqslant 3p_{min}，即\ 1.5\times 6 \leqslant M \leqslant 3\times 4$$

量程选择为 0～10MPa 后，再确定压力表的精度。

工艺允许最大误差　$\delta_{工允}=\dfrac{\Delta_{max}}{M}\times 100\%=\dfrac{0.17}{10}\times 100\%=1.7\%$

根据 $|\delta_{表允}| \leqslant |\delta_{工允}|$，选择精度为 1.5 级。

查表选择压力表的型号为 Y-100，量程为 0～10MPa，精度等级为 1.5 级的弹簧管压力表。

(2) 压力表的安装

① 校验　压力表使用前必须进行校验，也就是将所用压力表与标准压力表同时通入相同的压力，比较它们的指示数值。如果被校验压力表对于标准压力表的读数误差，不大于被校验压力表规定的误差，则被校验压力表合格。一般校验时取被校验压力表满度的 0%、25%、50%、75%和 100%五点作为校验点。

② 取压点的选择　选择的取压点应能正确反映被测压力的真实大小；要选择被测介质作直线流动的管道部分。测量介质是气体时，取压点应选在管道上部；测量介质是液体时，取压点应选在管道下部。

③ 引压管的敷设　引压管不宜过长；水平安装时，要有 1：10 的倾斜度；在引压管的底部应装有切断阀。另外，还要根据被测介质的不同性质（高温、低温、腐蚀、沉淀、结晶等），采取相应的冷却、保温、伴热、防腐、防堵等措施。

④ 压力表安装　压力表应安装在宜于观察、检修处；压力表接头的连接处应使用适当的垫片密封。

⑤ 压力表调整　压力表经过一段时间的使用后，需再次校验合格后方可继续使用。校验时，如果压力表的零点不正确，可取下压力表的指针，对准零点重新安装；如果压力表的满度不正确，调整压力表的调整螺钉，改变拉杆的连接位置，重复上述过程，直到零点和满度均满足要求为止。经过调整后的压力表，必须达到原来的精度等级，如达不到原精度等级，则应更换新的压力表。

9.2.4　物位检测仪表

工艺生产中，常常需要测量界面位置，以确定物料的数量以及是否在规定的范围之内，作为正常生产或安全的重要参数。气体与液体之间界面的高度称为液位；气体与固体之间或液体与固体之间界面的高度称为料位，一般统称为物位。化工生产中的物位检测大多数是液位高度的检测。

(1) 物位检测仪表的类型

生产中用于物位检测的仪表很多，常用的检测方式及仪表有以下一些种类。

① 就地液位检测　用于生产现场的液位检测和显示，有基于连通器原理工作的直读式液位计，如图 9-4 (a) 所示；有基于浮力原理工作的浮标式和浮球式液位计，如图 9-4 (b)、(c) 所示。此类液位检测仪表结构简单、价格低廉、显示直观、就地指示。

② 远距离液位检测　当生产中需要液位远距离检测和控制时，可采用差压变送器、沉筒式液位变送器等电气式液位变送器。

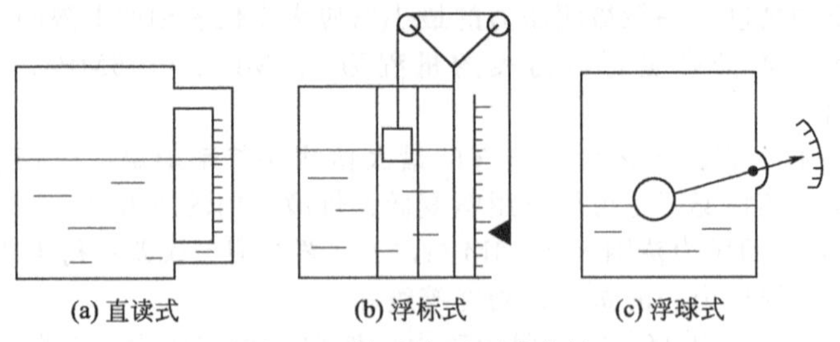

图 9-4　就地指示型液位计

（2）差压式液位计

① 差压式液位计的工作原理　差压式液位计是利用容器内液体的静压差来检测液位高度的。在图 9-5 的容器中，p_0 为容器中气相的压力，p_A 和 p_B 分别为 A、B 两点的静压，液体密度为 ρ，当被测液体高度为 h 时，根据液体静力学原理可得

$$p_A = p_0 \tag{9-2}$$

$$p_B = p_A + h\rho g \tag{9-3}$$

则 A、B 两点的压力差为

$$\Delta p = p_B - p_A = h\rho g \tag{9-4}$$

在液体密度 ρ 和重力加速度 g 为定值时，差压计得到的压力差与被测液位的高度成正比，即液位的高度可用压力差的大小来反映。如果容器是敞口的，则 $p_0 = 0$，使用差压计时，应将差压计的负压室通大气或直接使用压力计来测量液位就可以了。

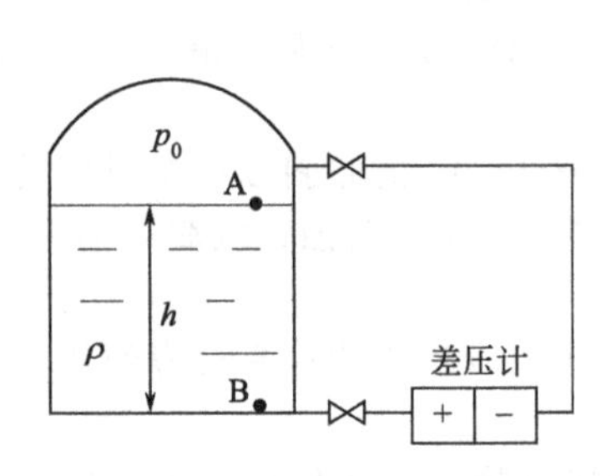

图 9-5　差压式液位计原理

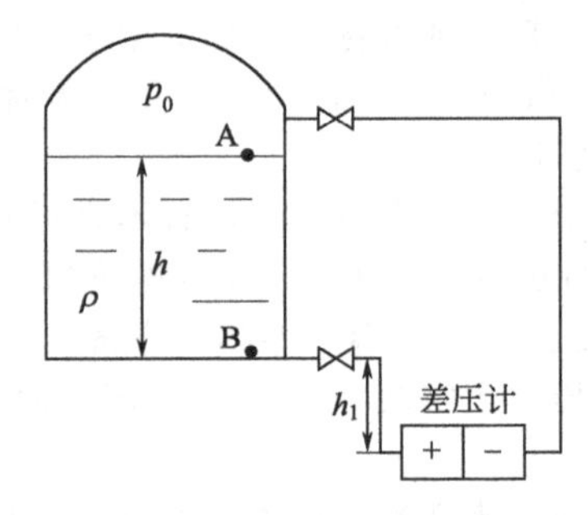

图 9-6　差压计正迁移检测液位

② 差压式液位计的使用　差压式液位计的压力差 Δp 与被测液位 h 的高度成正比。如果被测液位高度 $h = 0$，则差压计的压力差 $\Delta p = 0$；如果液位变化到最大值，则差压计的压力差也达到最大值 $\Delta p = \Delta p_{max}$。

在实际使用时，由于差压计安装位置的限制或因防腐的需要，可能导致被测液位 $h = 0$ 时，而差压计所感受到的差压 $\Delta p \neq 0$，如图 9-6 所示。此时的液位检测将被引入一个固定误差。为了使差压计能正确反映出被测液位的高度，常用一个附加的弹簧装置来抵消这个固定误差的影响，这种方法称为零点迁移。

零点迁移分为正迁移、无迁移和负迁移三种情况。

$$\text{当 } h = 0 \text{ 时，} \Delta p \begin{cases} > 0 & \text{正迁移} \\ = 0 & \text{无迁移} \\ < 0 & \text{负迁移} \end{cases}$$

在图 9-6 的液位检测中，由于差压计的安装位置低于容器的底部。经过分析可以知道，当容器中被测液位 $h = 0$ 时，$\Delta p = h_1 \rho g > 0$，属于正迁移，迁移量为 $h_1 \rho g$。

使用中，要根据具体情况，先判断迁移量的正、负极性，再选择相应型号的差压计进行零点迁移，型号后面加“A”的为正迁移，加“B”的为负迁移。

9.3 流量检测仪表

在生产过程中，为有效地进行生产操作和控制，经常需要对各种介质的流量进行检测，以便进行经济核算或为生产操作与控制提供依据。

流量大小是指单位时间内流过管道某一截面的流体介质数量的多少。常用符号 Q 表示体积流量，单位为 m^3/h（小流量时用 L/min）；用 M 表示质量流量，单位为 kg/h。

流量检测仪表很多，可以分为三大类。

① 速度式流量计　以管道内流体的流速作为检测依据的流量计。生产中用的差压式流量计、转子流量计、涡轮流量计、电磁流量计、超声波流量计等，都属于速度式流量计。

② 容积式流量计　以单位时间内所排出流体的固定容积数作为检测依据的流量计，常用的有椭圆齿轮流量计和腰轮流量计。

③ 质量流量计　直接检测流体通过管道质量的流量计，分为直接式和补偿式。

9.3.1 差压式流量计

差压式流量计是利用流体流过节流装置时产生的压力差来实现流量检测的。差压式流量计由节流装置、引压管和差压计三个部分组成，如图 9-7 所示。

流量 Q → 节流装置 → 压差 Δp → 引压管 → 压差 Δp → 差压计 → 流量指示值

图 9-7　差压式流量计的组成

(1) 差压式流量计的工作原理

流体在管道内连续流动时，由于受到节流装置的阻挡，流体的动能与静压能之间发生能量转换，表现在节流装置前后流体的静压发生变化，出现压差。此压差的大小与流量有关，管道中流体的流量越大，在节流装置前后产生的压差也越大，或者说，节流装置前后的压差大小，反映了管道中流量的大小，这就是差压式流量计的检测原理。

流量与压差之间的关系，可用流量基本方程式表示：

体积流量
$$Q=\alpha\varepsilon F_0\sqrt{\frac{2}{\rho_1}\Delta p} \tag{9-5}$$

质量流量
$$M=\alpha\varepsilon F_0\sqrt{2\rho_1\Delta p} \tag{9-6}$$

式中　α——流体流量系数；

ε——流体膨胀校正系数；

F_0——节流装置的开孔截面积；

ρ_1——节流装置前的流体密度；

Δp——节流装置前后的静压差。

从以上两式可以看出，当 α、ε、F_0 和 ρ_1 都为常数时，流量与压差的平方根成正比。

(2) 标准节流装置

差压式流量计经过长期使用，节流装置已经标准化，称为标准节流装置。按照标准化的规定和条件，设计、制造出的节流装置可以直接使用。

标准节流装置有孔板、喷嘴和文丘里管，其形状如图 9-8 所示。

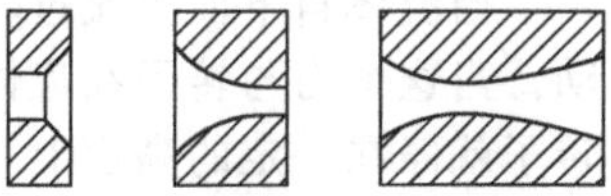

(a) 孔板　(b) 喷嘴　(c) 文丘里管

图 9-8　标准节流装置

在标准节流装置中，孔板的性价比较高，应用最为广泛。特殊情况下，如要求压力损失小，节流装置易腐蚀、磨损或测量精度要求较高时，可选用喷嘴或文丘里管。

(3) 差压式流量计的安装

① 节流装置的安装　孔板等节流装置应垂直安装于水平管道上，且其中心孔与管道同心；

在节流装置前后应有足够的直管长度；另外，流体流过节流装置的方向应与节流装置上箭头所标明方向一致。

② 引压管的安装　差压式流量计中引压管的安装与压力检测中引压管的安装相同。

③ 差压计的安装　差压计一般应垂直安装在无振动、温度适中、灰尘少、便于维修的地方。差压计与引压管连接时，应加装高压阀4、低压阀5和平衡阀6（称为三阀组件），其目的是避免差压计单向受压。

图9-9为差压式流量计安装示意图。启用差压计时，先打开平衡阀6，使差压计正、负压室相通后，再打开高压阀4和低压阀5，然后关闭平衡阀6，差压计投入使用。停用差压计时，也应先打开平衡阀，然后再关闭高、低压阀。

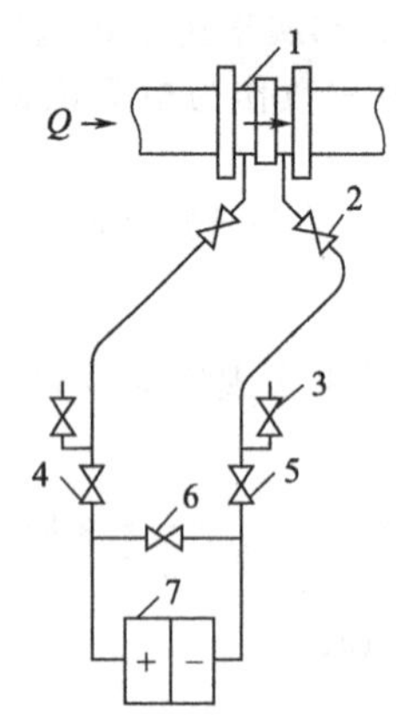

图9-9　差压式流量计安装示意图

1—节流装置；2—切断阀；3—排放阀；4—高压阀；5—低压阀；6—平衡阀；7—差压计

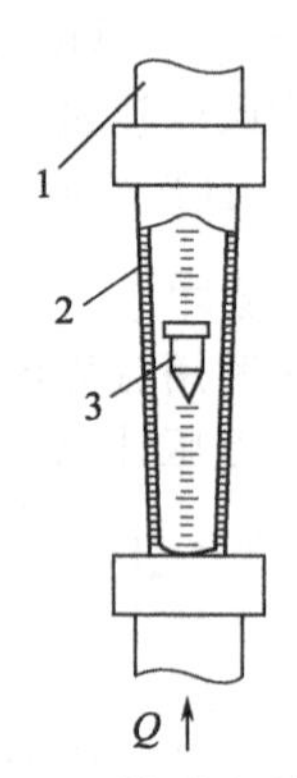

图9-10　转子流量计

1—管道；2—玻璃管；3—转子

（4）差压流量检测中的信号转换

在差压式流量检测中，节流装置将流量的大小转换为相应的差压信号，此差压信号Δp与被检测流量Q的平方成正比，即$\Delta p=KQ^2$，由此可知流量显示仪表的刻度是非线性的。

如要使流量显示值与流量之间成线性比例关系，则需要在流量检测系统中加入开方器，方可使流量的显示值与被检测流量的大小成线性比例关系。

9.3.2　其他流量计

（1）转子流量计

转子流量计也是基于节流原理工作的，用截流面积的变化来实现流量的检测。转子流量计的特点是结构简单、使用方便、压力损失小、刻度线性。适用于小流量、小管径的洁净介质的流量检测，可以现场就地指示和信号远传。

转子流量计的结构如图9-10所示，分为两个部分，一个是由下向上逐渐扩大的锥形管；另一个是放在锥形管中可以自由运动的转子。转子流量计应垂直安装，被测流体应自下而上的流过转子流量计，不能反向。

当流体自下而上流过转子流量计时，位于锥形管中的转子受到一个向上的力，使转子向上运动。当这个力与转子在流体中浮力之和（即向上的力）与转子的重力（即向下的力）相平衡时，转子就停在一定的高度上。如果此时被测流体的流量增大（或减小），则转子会上升（或下降），直至再次达到平衡时，转子便又停在一个新的高度上。据此可知，转子停留在锥形管中的高度与流过转子的流量大小有关。如玻璃锥形管上标上流量刻度，则从转子上边沿所处的位置就可以直接读出被测流量的数值。

（2）椭圆齿轮流量计

椭圆齿轮流量计是容积式流量计的一种，具有精度高、压力损失小和安装使用方便的特点，适用于小流量、高黏度的洁净流体的流量检测。

椭圆齿轮流量计的结构原理如图 9-11 所示。当被测流体流过椭圆齿轮流量计时，在其前后形成压力差，进口处的压力 p_1 大于出口处的压力 p_2。使齿轮 A 和齿轮 B 每转动一圈，流体被排出四个半月形体积 V_0。因此，只要测出椭圆齿轮的转速 n，就可得到被测介质的流量 Q。

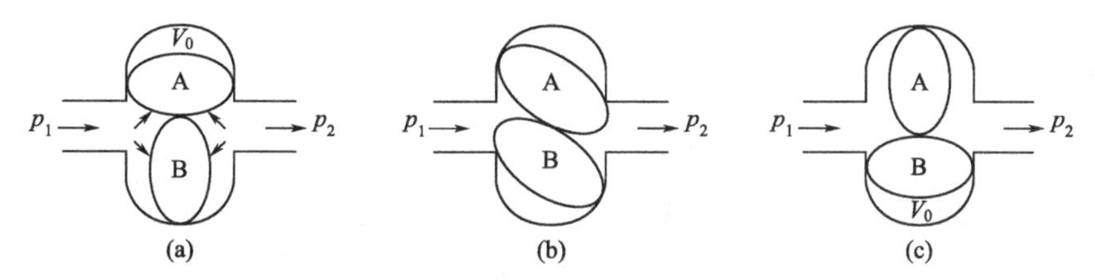

图 9-11 椭圆齿轮流量计的结构原理图

$$Q=4nV_0 \tag{9-7}$$

椭圆齿轮流量计安装时，要在入口处加装过滤器；同时注意流体流过流量计的方向应与流量计外壳上的箭头方向一致。

(3) 涡轮流量计

涡轮流量计是一种速度式流量检测仪表，当流体流过时，推动涡轮转动。流体的流速越大，涡轮的转速越高。测出涡轮的转速或转数，就可确定流过管道的流体流量或总量。

涡轮流量计的结构组成如图 9-12 所示。它的特点是测量精度高；测量范围宽，压力损失小；可在较高的温度和压力下工作，实现流量的指示和总量的积算。涡轮流量计最适宜测量低黏度流体的流量。

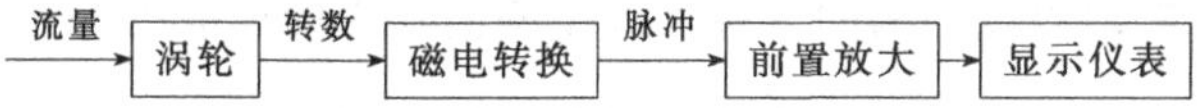

流量 → 涡轮 →(转数)→ 磁电转换 →(脉冲)→ 前置放大 → 显示仪表

图 9-12 涡轮流量计组成方块图

(4) 电磁流量计

电磁流量计是利用电磁感应原理制成的流量检测仪表。其特点是：压力损失小；检测范围大；可以用于各种腐蚀性液体的流量检测；也可以用于检测含有固体颗粒或纤维状杂质的液体流量；响应速度快，可以用于检测脉动流量。

但是，电磁流量计只能检测导电液体的流量，不能检测气体、蒸汽和石油制品等的流量。

(5) 漩涡流量计

漩涡流量计是利用流体振动原理而制成的一种流量检测仪表。分为旋进漩涡流量计和涡列流量计。前者一般用于小管道中气体流量的检测，后者一般用于较大管道中气体或液体流量的检测。

漩涡流量计的特点是：测量精度高；使用寿命长；维护方便；线性测量范围广；仪表的稳定性好，几乎不受介质的温度、压力、密度、黏度和成分等因素的影响。

(6) 超声波流量计

在被测管道上下游的一定距离上，分别安装两对超声波发射和接收探头，其中一对是顺流传播，另一对是逆流传播。根据这两束超声波在流体中传播速度的不同，采用测量两接收探头上超声波传播的时间差或频率差等方法，可检测出流体的流量。

只要是能传播超声波的流体都可以用超声波流量计测量其流量；也可以测量高黏度液体、非导电性液体或者气体的流量；特别是它可以从厚的金属管道外侧检测管道内流体的流量，这是其他方法不具备的。

(7) 质量流量计

在化工生产中化学反应的物料平衡、热量平衡等方面，都需要检测流体的质量流量。

使用质量流量计，可以直接得到流体的质量流量信号，不需要对指示值校正，并且与流体的性质（如压力、温度、黏度等）以及环境条件等因素无关。提高了检测精度，且使用方便。

质量流量计分为两种：一种是检测元件能够直接反映出质量流量的大小的直接式质量流量

计；另一种是通过分别检测出体积流量和流体的密度，然后通过运算器得到质量流量的推导式质量流量计。

9.4 温度检测仪表

9.4.1 概述

(1) 温度与温标

温度是化工生产中一个重要的操作参数，许多生产过程都是在一定温度范围内进行的。因此在生产过程中，温度的检测与控制是实现生产过程优质高产和安全低耗的重要手段。

温度是反映物体冷热程度的物理量，必须通过温标才能定量描述。温标是温度的数值表示。国内日常使用的温标为摄氏温标，而科学计算中使用的是国际实用温标。

摄氏温标规定：在标准大气压下，冰的熔点为 0 度，水的沸点为 100 度，中间划分 100 等份，每等份为摄氏 1 度，符号为℃。

国际实用温标是一个国际协议性温标，所表示的温度称为开尔文温度。

摄氏温度 t(℃) 与国际实用温度 T(K) 的关系如下：

$$t=T-273.15\text{K} \tag{9-8}$$

此外还有华氏温标和热力学温标。

(2) 测温仪表的分类

温度检测仪表分为接触式与非接触式两大类。前者检测部分与被测物体直接接触，通过热量传递达到热量平衡来实现温度检测；后者检测部分与被测物体互不接触，而是通过其他一些原理，如辐射、亮度等来实现温度检测的。各种温度检测仪表的性能与特点如表 9-1。

表 9-1 温度检测仪表的性能与特点

测温方式	温度计名称	作用原理	测温范围	特点
接触式	玻璃温度计	利用液体受热时体积膨胀的性质	−100～100℃ 有机液体 0～600℃ 水银	读数直观、测量准确、结构简单、价格低、易碎、现场指示
	双金属温度计	利用金属受热时线性膨胀的性质	−50～600℃	耐振动、耐冲击、易读数、成本低、维护方便、现场指示
	压力式温度计	利用温包内的气体或液体因受热压力而改变的性质	−50～600℃ 液体型 −50～200℃ 蒸汽型	耐振动、防爆、价格低、现场指示
	热电阻温度计	利用导体或半导体的阻值随温度而改变的性质	−200～850℃ 铂电阻 −50～150℃ 铜电阻	测量精度高、便于集中检测和自动控制、不能测高温
	热电偶温度计	利用金属导体的热电效应的性质	0～1800℃ 铂铑$_{10}$-铂 −200～1300℃ 镍铬-镍硅	测温范围广、便于集中检测和自动控制、需要冷端温度补偿
非接触式	辐射式高温计	利用物体辐射能的性质	50～2000℃	只能测高温、低温段不准、测量值需修正、用于火焰、钢水等不能直接检测的高温场合

9.4.2 热电偶温度计

热电偶温度计是工业生产中最常用的温度检测器之一，测温范围广，结构简单，使用方便，测温准确。适用于液体、气体介质以及固体表面的温度检测、记录和控制系统。

(1) 热电偶的结构及测温原理

热电偶由两根不同材料的金属导体 A 和 B 焊接而成。焊接的一端称为热电偶的工作端，又称为热端、测量端；另一端和导线相连接，称为冷端，又称为参比端（或自由端）。普通热电偶一般由热电极、绝缘子、保护套管和接线盒等部分组成，结构如图 9-13 所示。

当热电偶两端温度不同时，工作端温度为 t，冷端温度为 t_0，因热电效应，热电偶回路中会产生热电势，且热电势大小与工作端与冷端的温度差有关。热电偶就是依据热电效应测温的。

热电偶回路的热电势与热电偶的材料、冷端温度 t_0 和工作端温度 t 有关，表示为 $E_{AB}(t,t_0)$。只要热电偶的材料 A、B 和冷端温度 t_0 一定，热电偶产生的热电势只与热电偶工作端的温度有关，这样只要测出热电势 $E_{AB}(t,t_0)$ 的大小，就可得到被测温度 t 的数值，这就是热电偶测温的原理。

工业生产中常用的热电偶及其主要性能如表 9-2。反映热电偶温度与热电势之间对应关系的分度表是在冷端温度为零的条件下得到的。

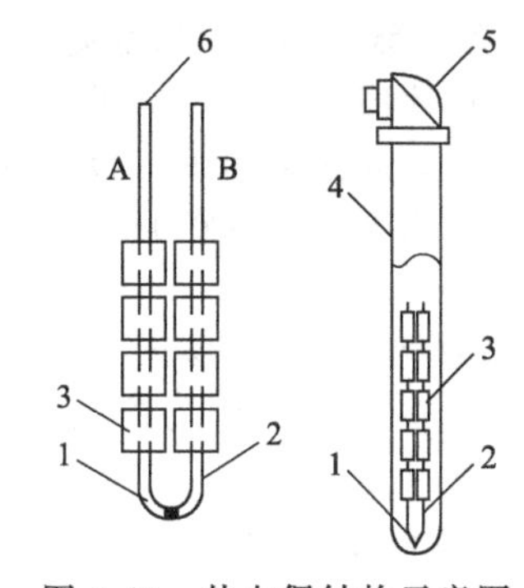

图 9-13　热电偶结构示意图
1—热端；2—热电极；3—绝缘子；4—保护套管；5—接线盒；6—冷端

表 9-2　常用热电偶及其主要性能

热电偶名称	代号	分度号	主要性能	介质性质	测温范围/℃	
					长期使用	短期
铂铑$_{10}$-铂	WRS	S	测量精度高、稳定性好、抗氧化性能好、热电势小、线性差、成本高	氧化、中性、短期真空	−20～1300	1600
铂铑$_{30}$-铂铑$_6$	WRB	B	具有铂铑$_{10}$-铂热电偶各种特点，在定型产品中测量温度最高，在 100℃以下，冷端可以不用补偿	氧化、中性、短期真空	300～1600	1800
镍铬-镍硅	WRK	K	抗氧化性能好、长期使用稳定性好、线性好、价格低、在含硫介质中使用易脆断	氧化、中性	−50～1000	1200
镍铬-铜镍	WRE	E	稳定性好、灵敏度高、定型产品中热电势最大、价格低	氧化、弱还原性	−50～800	900
铜-铜镍	WRT	T	测量精度高、抗潮气侵蚀性能好、低温时灵敏度高、价格低、测温上限低	任何介质性质	−40～300	350

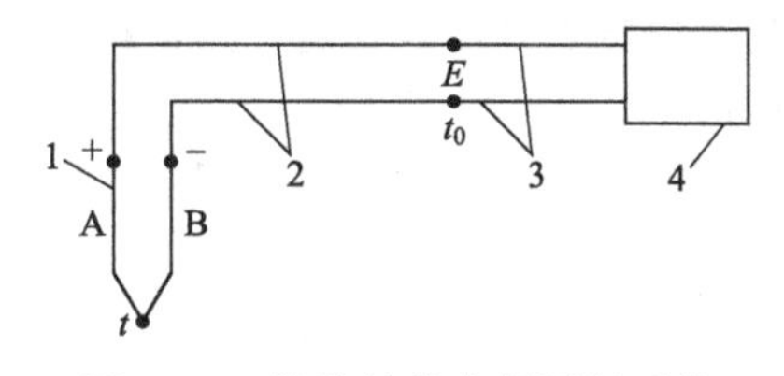

图 9-14　简单的热电偶测温系统
1—热电偶；2—补偿导线；3—连接导线；4—温度显示仪表

(2) 热电偶温度计的使用

最简单的热电偶测温系统如图 9-14 所示。由热电偶、补偿导线、连接导线和温度显示仪表构成。

补偿导线的作用是将热电偶延长，使其冷端温度不受热端及周围设备等温度的影响，以保持冷端温度的恒定。使用补偿导线时，主要注意两点：不同热电偶配用不同型号的补偿导线；补偿导线有极性的区别，连接时不可接反。常用热电偶的补偿导线如表 9-3。

表 9-3　常用热电偶的补偿导线

补偿导线型号	配用热电偶		补偿导线材料		补偿导线绝缘层颜色	
	名　称	分度号	正　极	负　极	正　极	负　极
SC	铂铑$_{10}$-铂	S	铜	铜镍	红	绿
KC	镍铬-镍硅	K	铜	铜镍	红	蓝
EX	镍铬-铜镍	E	镍铬	铜镍	红	棕
TX	铜-铜镍	T	铜	铜镍	红	白

热电偶的分度表是以冷端温度 $t_0=0$℃分度的，与它配套的温度显示仪表也是直接按这一关系进行刻度的，虽然采用了补偿导线将冷端延长，仍必须设法消除冷端温度 $t_0\neq 0$℃所引入的检

测误差，称为热电偶的冷端温度补偿。常用方法如下。

① 冰浴法 将热电偶冷端置于装有冰水混合物的保温容器中，使热电偶的冷端温度满足 $t_0=0$℃。此法适用于实验室中的温度检测。

② 热电势计算修正法 热电偶的热电势与温度之间的关系可用下式表示：

$$E_{AB}(t,0)=E_{AB}(t,t_0)+E_{AB}(t_0,0) \tag{9-9}$$

热电势的计算修正方法是把测得的热电势 $E_{AB}(t,t_0)$，加上冷端温度为 t_0 时的修正值 $E_{AB}(t_0,0)$，便得到与冷端温度 $t_0=0$℃时对应的热电势 $E_{AB}(t,0)$，此方法较麻烦，多在实验室中使用。

【例 9-2】 用铂铑$_{10}$-铂热电偶进行温度检测，已知热电偶工作端温度为 500℃，冷端温度为 20℃。求热电偶产生的热电势 E_{AB}（500,20）。

解 查表可得，$E_S(500,0)=4234$（μV）

$E_S(20,0)=113$（μV）

则热电势 $E_S(500,20)=E_S(500,0)-E_S(20,0)=4121$（μV）

【例 9-3】 用一支分度号为 K 的热电偶测温，测得热电势为 34435μV，冷端温度 t_0 为 25℃，求被测介质的实际温度。

解 由题意可得 $E_K(t,25)=34435$（μV）

查表可得 $E_K(25,0)=1000$（μV）

则由公式（9-9）得 $E_K(t,0)=E_K(t,25)+E_K(25,0)=35435$（μV）

查表可得 35435μV 所对应的温度是 853℃。

③ 仪表零点校正法 在测温系统工作前，预先将显示仪表的机械零点调整到冷端温度 t_0 的数值。此方法简单，生产上常用，但补偿精度不高。

④ 补偿电势法 在热电偶的测量电路中，用补偿电桥或补偿热电偶的附加电势，去补偿热电偶因冷端温度变化而引起的热电势的变化。此方法补偿线路复杂，但补偿精度较高，生产上常用。

9.4.3 热电阻温度计

热电阻温度计是中低温区最常用的一种温度检测仪表，它的主要特点是性能稳定、测量精度高。其中的铂电阻温度计是所有的温度检测仪表中测量精度最高的。

热电阻温度计是基于金属导体的电阻值随温度的变化而改变的特性来进行温度检测的。常用的热电阻有铜热电阻和铂热电阻，其性能如表 9-4 所示。

表 9-4 常用热电阻的性能比较

名称	分度号	0℃时的电阻值/Ω	测温范围/℃	主要特点
铜电阻	Cu50	50	−50～150	稳定性好、价格低、线性好、灵敏度高、体积较大
	Cu100	100		
铂电阻	Pt10	10	−200～500	测温精度高、稳定性好、可作为标准测温仪表、价格高
	Pt50	50		
	Pt100	100		

普通热电阻一般由电阻体、保护套管、绝缘子、接线盒等部分组成，热电阻测温系统则是由热电阻、连接导线和显示仪表三部分组成，为减小检测误差，热电阻和显示仪表之间应采用三线制接法。

9.4.4 温度显示仪表

在使用热电偶、热电阻等测温仪表时，必须与显示仪表共用，将检测到的温度数值以一定的方式表示出来。如图 9-15 所示。

被检测温度 → 热电偶/热电阻 → 毫伏电压/电阻值 → 电子电位差计/平衡电桥 → 温度显示

图 9-15 温度检测与显示

显示仪表按显示方式分为指示仪表、记录仪表、报警装置和图像显示等；按信号形式可分为模拟式和数字式两大类。

（1）自动平衡式显示仪表

自动平衡式显示仪表是目前生产中常用的显示仪表，具有精度高、性能稳定、可以连续指示和记录生产过程中的温度、压力、流量、物位以及成分等各种参数。分为自动平衡式电子电位差计和自动平衡式电子电桥。

自动平衡式电子电位差计可直接与热电偶配套使用，用于温度的显示，如图 9-16 所示。由于在它的测量线路中，已经设置了冷端温度补偿电路，因此使用中不再考虑冷端补偿问题，但仍旧需要补偿导线。选用时，自动平衡式电子电位差计的分度号应与热电偶和补偿导线的一致。

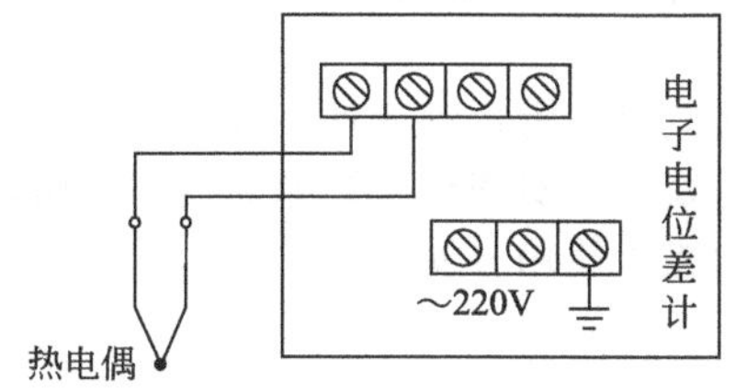
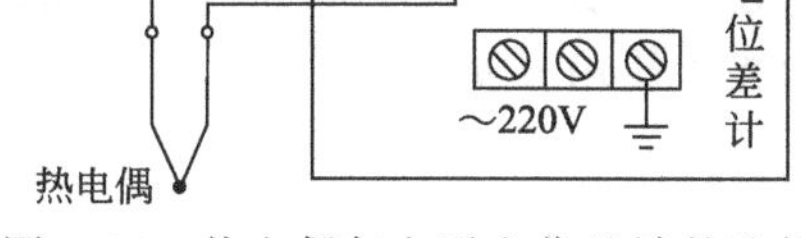

图 9-16 热电偶与电子电位差计的连接

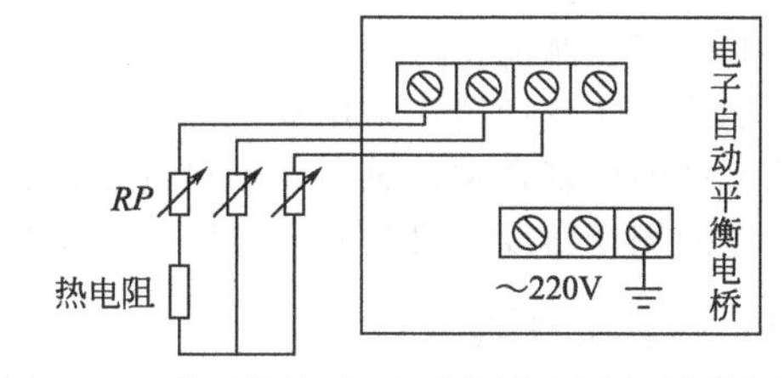

图 9-17 热电阻与自动平衡式电子电桥的连接

自动平衡式电子电桥则是与热电阻配套使用的温度显示仪表，如图 9-17 所示。选用时，其分度号应与热电阻的分度号一致，与热电阻连接时需采用三线制，且每根连接导线的电阻为 2.5Ω。

（2）数字式显示仪表

数字式显示仪表就是直接以数字的形式表示被测参数的大小，其特点是精度高、测量速度快、读数准确、抗干扰能力强以及便于与计算机联用。此外使用方便，如与热电偶配用的数字显示仪表，各种分度号的热电偶均可使用。

（3）无纸记录仪表

无纸记录仪表是以先进的 CPU 为核心，辅以大规模集成电路和图形。具有体积小、功耗低、精度高、通用性强、运行稳定可靠等特点。其设计由于无纸、无笔而减少了日常维护工作。其万能输入模块使用户不必更换任何器件就可实现热电阻、热电偶、标准信号等全范围输入的显示和记录。

9.5 变送器

工业生产过程中，在对各种参数进行检测时，由于所选择的检测元件、检测方法不同，使得相应的检测信号不同。例如，在温度检测时，用热电偶作为测温元件得到的是电势信号；用热电阻测温则得到的是电阻信号，在配用温度显示仪表时，必须分别选用分度号相同的电子电位差计和电子自动平衡电桥。在实际使用中，常用变送器将来自于不同检测仪表、代表了不同被测参数的不同检测信号转换为统一的标准信号，以便于使用统一的显示仪表和控制仪表进行显示和控制之用。如图 9-18 所示。

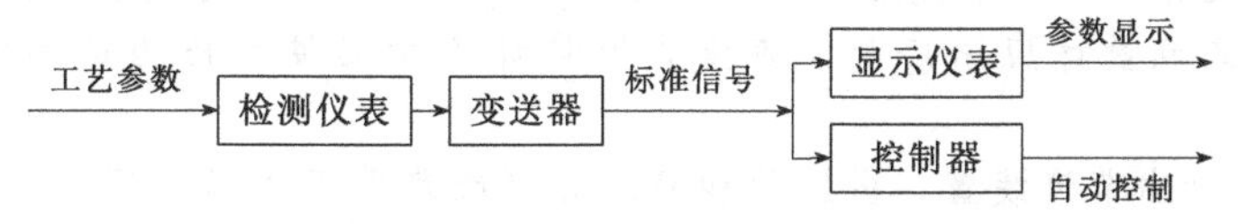

图 9-18 变送器的信号传递

变送器按被测参数分类，主要有差压变送器、压力变送器、温度变送器、液位变送器和流量变送器等；按仪表的动力分类，有电动变送器和气动变送器。

各种变送器输出的都是统一的标准信号，其中电动变送器输出的是4～20mA直流电流信号；气动变送器输出的是20～100kPa的气压信号。

9.5.1 差压变送器

差压变送器用来将差压、液位、流量等可以用差压表示的被测参数，转换为统一的电动4～20mA DC或气动20～100kPa的标准信号，以实现对这些参数的显示、记录或自动控制，分为膜盒式、电容（电感）式、扩散硅式和智能式差压变送器。

膜盒式差压变送器以DDZ-Ⅲ型为代表，是基于力矩平衡原理工作的。具有稳定可靠、线性好、不灵敏区小、测量精度较高的特点，但体积和质量大、维修困难。

电容（电感）式差压变送器是以差动电容（电感）为感测元件进行差压检测的，具有精度高、可靠性好、稳定性高、体积小、重量轻、耐振动和冲击、调校方便的特点。

扩散硅式差压变送器是以扩散硅应变片为感测元件进行差压检测的，具有灵敏度高、抗干扰能力强和便于检测的特点。

智能式差压变送器仍采用扩散硅应变片或差动电容（电感）为检测元件，增加了温度和静压等检测元件构成复合型传感器，通过内置微处理器的数据处理，实现综合误差的自动补偿，提高了变送器的测量精度，且具有自诊断和自动修正等多种功能，使用方便。

9.5.2 温度变送器

温度变送器与测温元件配合使用，将温度或温度差信号转换成统一的标准信号，以实现对温度或温度差的显示、记录或自动控制，分为模拟式、一体化和智能式温度变送器。

模拟式温度变送器，以DDZ-Ⅲ型温度变送器为代表，具有线性较好、测量精度较高、安全火花型防爆的特点。

一体化温度变送器是将变送器模块和测温元件形成一个整体，直接安装在被测温度的工艺设备上，具有体积小、重量轻、现场安装方便及抗干扰能力强的特点。

智能式温度变送器具有通用性强、使用灵活方便的特点，以及具有控制、通信和自诊断等多种功能。

本章小结

① 工业自动控制系统包含自动检测和自动控制两部分，检测系统是控制系统的基础。

检测仪表的原理和结构虽各不相同，但组成框架一致，基本由检测元件、传送放大环节和显示单元三个部分组成。仪表分类通常按被测变量（参数）来进行。

② 压力检测是工业生产过程自动检测中的主要内容之一，压力的单位是Pa（帕斯卡）。表压表示高于大气压的压力，真空度表示低于大气压的压力。因为压力检测仪表均处于大气压中，所以其指示值一般均为表压。压力检测方法有液柱式、弹性式、电气式和活塞式等，随着技术的发展，新型电气式压力表不断出现。弹簧压力表在工程中应用最为普遍，掌握其类型选择、量程和精度的确定，对实际工作具有指导作用。

③ 物位检测仪表有直读式、浮力式、差压式、电气式和非接触式等类型，其中差压式液位计应用最广，新型物位检测仪表的应用范围正在扩大。

④ 流量是指单位时间内流过管道某截面积的流体的数量。有瞬时流量和总量之分，也有体积流量和质量流量之分。工程中使用的流量计种类很多，可大致分为速度式、容积式和质量式流量计三大类。速度式流量计应用广泛，质量式流量计不受温度和压力的影响，是较理想的流量计。

⑤ 差压式流量计由节流装置、引压管和差压计（或差压变送器）三部分组成。它是依据节流原理而工作的，差压 Δp 与流量 Q 成非线性关系，即 $Q=K\sqrt{\Delta p}$。流量信号经差压变送器可转换成标准电流信号，以便于检测、计量或控制。常用的差压变送器有DDZ-Ⅲ型力矩平衡式和

电容式。

标准节流装置是对节流元件、取压方式和使用条件等作了统一规定。标准节流元件有孔板、喷嘴和文丘里管。孔板最为简单，使用广泛。

⑥ 容积式流量计是通过标准容积的数量来检测流体流量的，检测精度高，适用于高黏度介质的流量检测。实际使用中，容积式流量计前应加过滤器。

⑦ 温度是反映物体冷热程度的物理量，也是工业生产中经常遇到的被测变量。温度通过温标进行定量描述。温标是温度的数值表示，它规定起点和基本单位。常用温标有摄氏温标、华氏温标、热力学温标和国际实用温标。

测温仪表可分为接触式和非接触式两大类；接触式又可分为膨胀式、电阻式和热电势式。常用测温元件有热电偶和热电阻，热电偶用于高中温的检测，热电阻用于中低温的检测。常用热电偶的分度号的B、K、S和E等；常用热电阻的分度号有Pt100和Cu100等。热电偶连接时要使用补偿导线，热电阻连接时要采用三线制。

⑧ 温度显示仪表有动圈式显示仪表和自动平衡式显示记录仪，XCZ-101动圈式仪表配热电偶测温、XCZ-102动圈式仪表配热电阻测温，其精度为1.0级。XW系列电子电位差计配热电偶测温、XQ系列自动平衡电桥配热电阻测温，其精度为0.5级。

数字式显示仪表直接以数字显示被测参数，精度高，测量速度快，读数准确，抗干扰能力强，使用方便，为自动检测与控制提供更有效的工具。

⑨ 变送器将来自于不同仪表、代表不同被测参数检测信号转换为统一的标准信号。变送器主要有差压变送器、压力变送器、温度变送器、液位变送器和流量变送器等各种变送器。经变送器转换后，输出的都是统一的标准信号，其中电动变送器输出的是4～20mA直流电流信号，气动变送器输出的是20～100kPa的气压信号。

习　题　9

9-1　压力检测仪表分为几大类？各自的工作原理是什么？

9-2　一弹簧管压力表的量程范围为0～16MPa，精度等级为1.5级。试计算该压力表的最大绝对误差是多少？

9-3　某氨储罐的压力为15MPa，工艺要求测量误差不超过±0.5MPa，要求使用弹簧管压力表就地指示。试确定压力表的类型、测量范围、精度等级和型号。

9-4　用差压变送器检测时，为何需要考虑零点迁移的问题？

9-5　差压式流量计安装时，为什么要使用三阀组件？

9-6　差压式流量检测中的标准节流装置有哪些？安装时应注意些什么？

9-7　常用的流量检测仪表有哪些？有什么特点？

9-8　热电偶测温时，为什么要使用补偿导线？使用时应注意什么？

9-9　热电偶的冷端温度补偿有什么作用？有哪些补偿方法？

9-10　用一支铂铑$_{10}$-铂热电偶测温时，测得热电势为8678μV，若冷端温度为25℃，求被测温度是多少？

9-11　使用动圈式温度显示仪表与热电偶或热电阻配用时，是否都需要考虑冷端温度补偿的问题？为什么？接线时，XCZ-101型和XCZ-102型动圈表的调整电阻RP各取多少？

9-12　变送器有什么作用？差压变送器可用于哪些参数的检测中？

10　过程控制装置

学习目标：

- 了解控制仪表的信号制与信号传输方式；
- 掌握 DDZ-Ⅲ基型调节器的使用；
- 了解可编程控制器的结构及特点；
- 了解执行器的结构及特点。

10.1　过程控制装置概述

在过程自动控制系统中，检测仪表将被控变量转换成检测量信号，除送显示仪表进行指示和记录外，同时送往控制仪表。控制仪表将检测信号与设定信号进行比较，根据偏差变化，依据控制规律进行运算，运算的结果以一定形式的信号送往执行器，控制操纵变量，控制生产过程的正常进行，并使被控参数到达预期值。

10.1.1　过程控制装置的分类与特点

控制装置按其能源形式分有气动、电动和液动。工业上主要使用电动和气动控制装置。

(1) 控制装置按照传递信号形式分

控制装置按照传递信号形式分为模拟式控制仪表和数字式控制仪表。

① 模拟仪表　传输信号为连续变化的模拟量，这类仪表线路较简单，操作方便，价格较低，如气动仪表，电动单元组合仪表Ⅰ、Ⅱ、Ⅲ型等。

② 数字仪表　传输信号为断续变化的数字量，此类仪表及装置以微型计算机为核心，功能完善，性能优越，能解决模拟仪表难以解决的问题。如可编程调节器、控制器、DCS、FCS 等。

数字控制仪表的外部传输信号有两种，即连续变化的模拟量和断续变化的数字量，但其内部处理的信号都是数字量。

早期数字式控制仪表分别用来替代单元组合仪表的各单元，分类也可参照单元组合仪表的分类，如常用到的可编程调节器、无纸记录仪和数字显示仪表。

数字控制仪表的特点是以微处理器为核心，模拟仪表和计算机一体化，模拟技术和数字技术混合使用，保留了模拟控制仪表（调节器）的面板操作形式，其控制功能、运算功能由软件完成，编程技术采用模块化、表格化，具有通信功能和自诊断故障功能。

(2) 控制装置按结构原理分

控制装置按结构原理分为基地式、单元组合式、集散控制系统（DCS)、现场总线控制系统(FCS)。

① 基地式仪表　基地式控制仪表以指示、记录仪表为主体，附加控制机构组成。它不仅能对某参数进行指示和记录，还具有控制功能。基地式仪表一般结构比较简单，集检测、控制、执行功能于一身，常用于单机自动化控制系统。目前，基地式仪表正在向数字化、集成化方向发展，它的功能比传统基地式仪表更加完善，随着现场总线控制系统的发展，其应用范围将更加广泛。

② 单元组合式仪表　单元组合式控制仪表是根据控制系统中各个组成环节的不同功能和使用要求，将整套仪表划分成能独立实现某种功能的若干单元，各单元之间用统一的标准信号来联系。通过对这些单元进行不同的组合，可构成多种多样的、复杂程度各异的自动检测和控制系统。

单元组合仪表一般可分为八大类单元：变送单元、转换单元、控制单元、显示单元、计算单元、给定单元、执行单元、辅助单元。电动单元组合仪表中还有电动执行单元。

与传统的基地式仪表相比，单元组合仪表具有使用灵活、通用性强、安装维护方便、精度高、使用寿命长、便于大批量生产等优点。

③ 集散控制系统（DCS） 以微型计算机为核心，集4C技术为一体的计算机控制装置，实现分散控制和集中管理。如TPS、PCS7、ECS、Hollias等。

④ 现场总线控制系统（FCS） 现场总线将具有数字通信能力的现场仪表相连接，并同上层监控管理级一起构成分布式控制网络，如基于FF、Profibus总线的FCS。

10.1.2 控制仪表的信号制与信号传输方式

（1）信号制

信号制即信号标准，是指仪表之间采用的传输信号的类型和数值。不同生产厂家生产的仪表要做到通用性和相互兼容性，必须统一仪表的信号制式。

① 气动仪表的信号标准 气动仪表目前主要是调节阀，气源压力为140kPa，信号的下限为20kPa，上限为100kPa。调节阀的气源压力有两种：0.28MPa，0.14MPa。对应的执行机构的弹簧范围有80～240kPa，20～100kPa。一般情况下，阀前阀后压差大的，选择0.28MPa；阀前阀后压差小的选择0.14MPa。

② 电动仪表的信号标准 中国Ⅱ型电动仪表采用220V交流供电，信号范围为0～10mA直流电流信号。Ⅱ型电动仪表现在已经很少使用。

电动Ⅲ型仪表采用国际标准信号：24V直流供电，现场采用4～20mA电流信号，控制室采用1～5V直流电压信号，现场与控制室信号通过250Ω电阻进行转换。

（2）信号传输方式

① 直流电流传输 直流电流传输方式接线图见图10-1。

• 优点：发送仪表输出电阻大，适于电流信号远距离传输；电流回路中串入一电阻，取压方便。

• 缺点：回路中增减接收仪表时，将影响其他仪表的工作；各台仪表没有公共接地点，若要和计算机联用，则应在仪表输入输出端采取直流隔离措施。

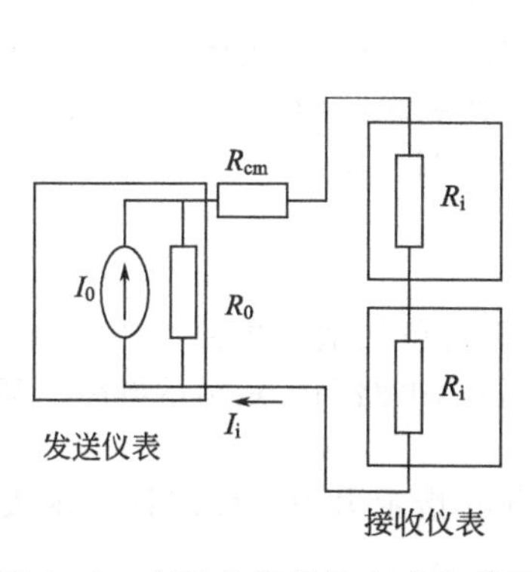

图10-1 直流电流传输方式接线图

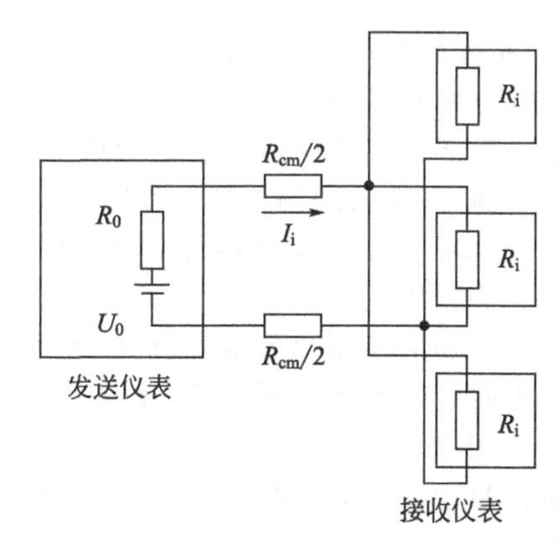

图10-2 直流电压传输方式接线图

② 直流电压传输 直流电压传输方式接线图见图10-2。

• 优点：增加或取消某个接收仪表不影响其他仪表的工作；各接收仪表可设置公共接地点，可和计算机联用。

• 缺点：要在引线电阻上产生电压降，信号受一定损失，且因接收仪表输入阻抗很高，易于引入干扰，所以电压信号不适于远距离传输；现场与控制室仪表之间采用直流电流信号，控制室内部仪表之间采用直流电压信号。

③ 变送器与控制室仪表间的信号传输 现场发送仪表（变送器）与控制室仪表之间有四线制和二线制两种接线方式。

四线制接线是指供电电源和输出信号分别采用两根导线传输，如图10-3所示。这种传输方式对电流信号的零点及元器件的功耗无严格要求。

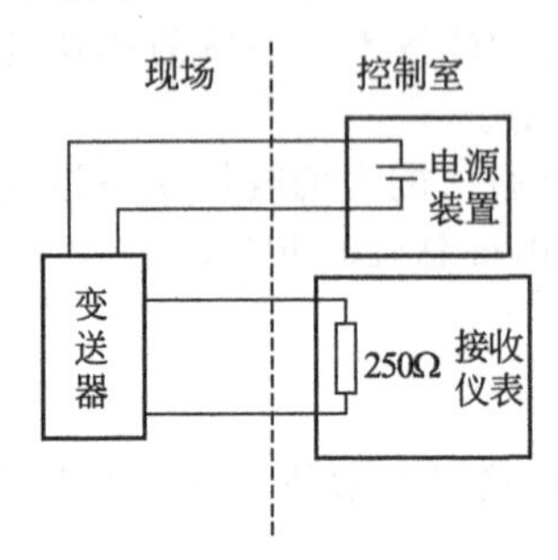

图10-3 四线制传输方式

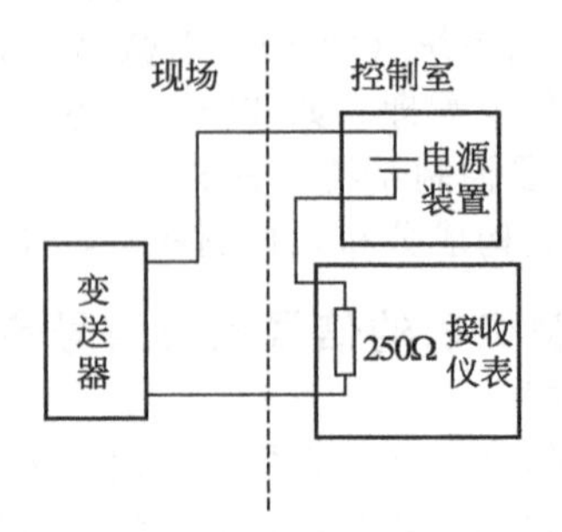

图10-4 二线制传输方式

二线制传输是变送器与控制室之间仅用两根导线进行传输，这两根线既是信号线，又是电源线，如图10-4所示。要实现两线制，必须采用活零点的电流信号。因电源线和信号线公用，电源供给变送器的功率是通过信号电流提供的。变送器输出电流为下限值时，应保证它内部的半导体器件仍能正常工作，故信号电流下限值不能过低。

10.2 过程控制仪表的使用

过程控制仪表一般指控制室内仪表，也被称为二次仪表。随着计算机控制系统应用的逐步增多，模拟式的控制仪表也越来越少。

10.2.1 DDZ-Ⅲ基型调节器的使用

DDZ-Ⅲ基型调节器将来自变送器的1～5V（DC）信号与给定值信号进行比较，对所产生的偏差进行PID运算，并输出4～20mA（DC）的标准信号，去控制执行机构的动作，以实现对工艺变量的自动控制。

DDZ-Ⅲ基型调节器有两个基型品种：全刻度指示调节器和偏差指示调节器。这两种调节器的结构和线路基本相同，仅指示电路略有差别。在基型调节器的基础上可设附加单元，扩大调节器的功能，易于构成各种特殊用途的调节器，还能构成与计算机联用的调节器，如SPC系统用调节器和DDC系统备用调节器。本书着重介绍基型全刻度指示调节器。

10.2.1.1 DDZ-Ⅲ基型调节器的结构原理

(1) 结构框图

基型调节器由控制单元和指示单元两部分组成。控制单元包括输入电路、PD电路、PI电路、输出电路、软手操和硬手操电路等，指示单元包括测量指示电路和给定指示电路。基型调节器方框图如图10-5所示。

测量信号和给定信号都是1～5V（DC），它们通过各自的指示电路，由双针指示表来显示（见图10-5）。

外给定信号为4～20mA（DC），通过250Ω的精密电阻转换成1～5V（DC）的电压信号。内外给定由开关K_6（在调节器机芯侧面）来选择，在外给定时，仪表面板上的外给定指示灯亮。

调节器的工作状态有“自动”、“软手操”、“硬手操”和“保持”四种，由联动开关K_1进行切换。当调节器置于“自动”状态时，测量信号和给定信号在输入电路进行比较，产生偏差，然后对此偏差进行PID运算，通过输出电路将运算电路的电压信号转换成4～20mA（DC）信号输出。

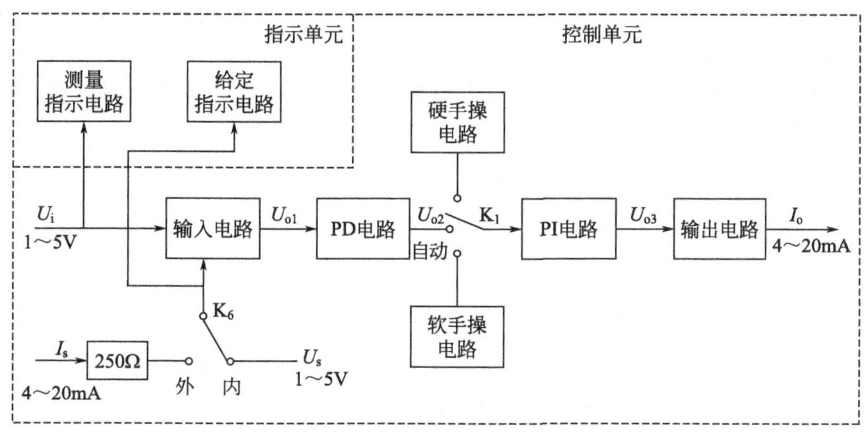

图 10-5　基型调节器方框图

（2）DDZ-Ⅲ基型调节器的指示与操作装置

图 10-6 为 DTL-3110 型调节器正面图。

正面面板装有两个指示表的表头。双针垂直指示器有两个指针，黑针为给定信号指针，红针为测量信号指针。两个指针之间的差值为偏差值。

自动-软手动-硬手动切换开关实现自动与手动操作的相互切换。“自动”与“软手动”双向均为无平衡无扰动切换，“硬手动→软手动”或“硬手动→自动”的切换为无平衡无扰动切换，只有从“自动”或“软手动”切换到“硬手动”时，需预先将硬手动操作杆与输出指针对齐方可实现无扰动切换。无扰动切换即指在切换瞬间调节器的输出不发生变化，对生产过程无扰动。

调节器机芯侧面有正、反作用开关。通过改变偏差的极性，可实现调节器正、反作用的选择。

此外，在调节器的输入端和输出端分别附有输入检测插孔和手动输出插孔，当调节器出现故障需要检修时，可利用这些插孔，无扰动地切换到便携式手动操作器，进行手动操作。

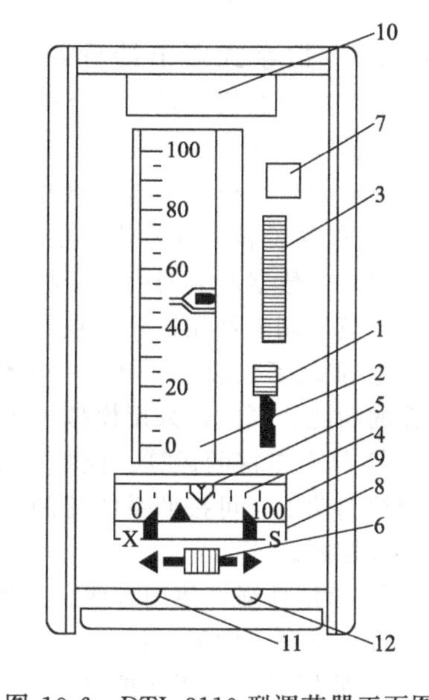

图 10-6　DTL-3110 型调节器正面图
1—自动-软手动-硬手动切换开关；
2—双针垂直指示器；3—内给定设定轮；
4—输出指示器；5—硬手动操作杆；
6—软手动操作板键；7—外给定指示灯；
8—阀位指示器；9—输出记录指示；
10—位号牌；11—输入检测插孔；
12—手动输出插孔

10.2.1.2　DDZ-Ⅲ基型调节器的操作

（1）通电准备

① 检查电源端子接线极性是否正确。

② 根据工艺要求确定调节器正、反作用开关位置。

③ 按照调节阀的特性放置好阀位指示器的方向。

（2）手动操作

① 软手动操作　将自动/手动开关置软手动位置，用内给定轮调整给定信号，用软手动操作键调整调节器的输出信号，使输出信号尽可能靠近给定信号。

② 硬手动操作　将自动/手动开关置硬手动位置，用内给定轮调整给定信号，用硬手动操作杆调整调节器的输出信号，使输出信号尽可能靠近给定信号。硬手动操作适用于较长时间手动操作的情况。

（3）由手动切换到自动

用手动操作使输入信号接近给定信号，待工艺过程稳定后把自动/手动开关拨到自动位置。

在切换前，若不知道PID参数，应使仪表处于比例度最大、积分时间最大、微分置断状态。

（4）自动控制

调节器切换到自动状态后，需进行PID参数整定。若已知PID参数，则可直接调整PID刻度盘到所需要的数值。

（5）由自动切换到手动

① 由自动切换到软手动，可以直接切换。

② 由自动切换到硬手动，需预先调整硬手动操作杆使之与自动输出相重合，然后切换到硬手动。

（6）内给定与外给定的切换

① 由外给定切换到内给定　为进行无扰动切换，可先将自动/手动开关切换到软手动位置，然后由外给定切换到内给定，调整内给定值，使其等于外给定的数值，再将自动/手动开关拨到自动位置。

② 由内给定切换到外给定　先将自动/手动开关拨到软手动位置，然后由内给定切换到外给定，调整外给定信号，使其和内给定指示值相等，再将自动/手动开关切换到自动位置。

10.2.2 数字式调节器介绍

数字式控制仪表是指带有微处理器的过程控制仪表。它综合应用了数字化技术，实现控制技术、通信技术和计算机技术。数字式调节器以微处理器为运算和控制的核心，将变送器传输来的标准模拟信号经模/数转换成数字信号，由微处理器按照选定的数字PID运算规律运算，运算结果经数/模转换器转换成模拟信号送执行器。

10.2.2.1 数字调节器的主要特点

与模拟调节器相比较，数字调节器有以下特点。

① 实现了仪表、计算机一体化。将微处理器引入仪表，充分发挥计算机强大的记忆和快速运算的功能。同时，采用模拟仪表的面板形式，便于操作人员的操作。

② 具有丰富的运算、控制功能。调节器内部设置了很多运算和控制模块，可以实现多种运算和控制功能。可按照系统控制要求，将各种模块进行组态，编写用户程序，实现各种复杂运算和高级控制。

③ 通用性强，使用方便。采用与模拟仪表相近的操作方法，便于操作。使用面向过程的编程语言，有利于学习掌握。

④ 使用灵活、便于扩展。数字式调节器许多功能是通过内部功能块的软连接实现的，这为功能的扩展和技术的更新提供了方便，在无需增加设备和更改接线的情况下，仅仅通过修改程序可实现不同的控制方案。控制器带有标准的通信接口，可以方便地与数字显示、控制装置通信，也可与上位计算机连接，构成集散控制系统。

⑤ 可靠性高、维护方便。控制器的软件具有自诊断功能，可及时发现调节器内部存在的问题，并能采取相应的保护措施。

10.2.2.2 数字调节器举例

数字调节器有很多种类，包括可编程调节器、固定程序调节器、可编程脉宽输出调节器、混合调节器和批量调节器五大类。

KMM可编程调节器是单回路控制仪表（SSC）中DIGTRONIK系列的一个主要品种。除了KMM可编程调节器外，该系列还包括KMS固定程序调节器、KMP可编程运算器、自整定调节器STC、KMR记录仪、KMF指示仪、KMH手动操作器、KME手动设定器和KMK程序写入器等。这些仪表以盘装方式作为主要设计目标，适用于小规模生产装置的控制、显示和操作，可以通过通信接口挂到数据通道上与个人计算机（PC）或者同集散系统（例如TDC-3000）连接起来，以便实现中、大规模的分散控制、集中监视、操作和管理。

(1) KMM调节器的正面板

KMM调节器的正面板布置如图10-7所示。面板上有给定值（SP）与测量值（PV）指示表、输出值指示表、各种操作按钮和指示灯。

① 指示计

• SP与PV双针动圈式指示计　此指示计指示测量值PV（红针）和给定值SP（绿针），具体指示内容取决于辅助开关的设定。

• 输出（MV）指示计　一卧式小表头动圈式指示计，其刻度为0%～100%，对应4～20mA（DC）。

② 给定与操作按钮

• 给定值SP有增、减两个设定按钮，用于本机给定值（LSP）的调整。

• 手动操作输出有升、降两个按钮，用于在“M”方式时改变调节器的输出电流。

③ 调节器运行方式切换按钮

M为手动操作方式按钮和指示灯（红色）。

C为串级操作方式按钮和指示灯（橙色）。

A为自动操作方式按钮和指示灯（绿色）。

R为复位按钮和联锁指示灯（红色），当联锁信号出现或调节器异常时，此灯会闪烁或常亮。按此钮灯灭后，调节器方可切换到其他运行方式。如异常或联锁未解除，则按此钮无效。

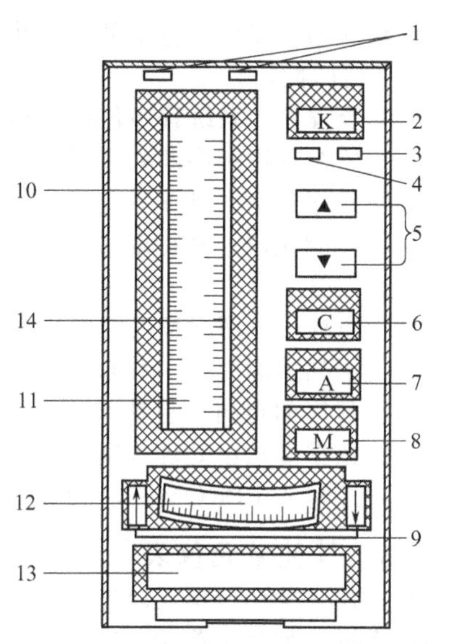

图10-7　KMM可编程调节器正面图
1—上、下限报警指示灯；2—联锁状态指示灯及复位按钮；3—通信指示灯；4—仪表异常指示灯；5—给定值（SP）设定按钮；6—串级运行方式按钮及指示灯；7—自动；8—手动；9—输出操作按钮；10—给定（SP）指针；11—测量（PV）指针；12—输出指示表；13—标牌；14—备忘指针

④ 指示灯

• 报警指示灯AL、AH（红色）　当PID1或PID2模块测量值超过上限（PVH）或下限（PVL）时，报警指示灯AL（或AH）亮。

• 调节器异常指示灯CPU・F（红色）　当自诊断软件一经诊断出B组故障（重故障），CPU停止工作，调节器自动进入后备（S）运行方式，CPU・F指示灯亮，此时面板一切指示无效。

• 通信指示灯COM（绿色）　调节器在通信工作时COM灯亮。

(2) KMM调节器的组成

KMM可编程调节器整体是由硬件部分和软件部分组成。

① 硬件部分

• 主机电路。主机电路包括CPU、ROM、RAM、定时器电路、监视定时器电路和电池电路等。CPU（中央处理器）完成数据传递、输入、输出、运算处理及判断等多种复杂功能。系统ROM存放系统程序，用户ROM（EPROM）存放用户程序，RAM存放各种参数，统称“内部信号”。定时器电路（WDT）监视整台仪表的运行状态，一旦CPU异常，不按周期运行时，用软件使CPU暂停，发出报警信号，并使调节器从自动工作状态转入联锁手动状态。

• 模拟量输入、输出电路。模拟量输入电路由缓冲电路（运算放大器和阻容元件）、A/D转换电路等组成。模拟量输出电路由D/A转换器、多路开关、保持电路等构成，输出模拟信号，同时还输出PV、SP模拟电压值至面板，供测量、给定值显示之用。

• 数字量输入、输出电路。数字量输入电路由晶体管阵列组成。面板按钮及外部数字量信号经晶体管阵列和门控电路送入输入接口。数字量输出电路包括锁存器和晶体管阵列。来自输出接口的数字信号通过锁存器和晶体管阵列送至外部开关电路。此外，经放大的数字信号还引至面板，以点亮各种信号灯。

• 输入输出接口。包括可编程并行I/O接口电路8255和可编程键盘显示控制器8279。

② 软件部分

• 系统程序。系统程序包括基本程序、输入处理程序、运算程序等。基本程序是程序的主体部分，由监视程序和中断处理程序组成。输入处理程序和运算程序则由一系列子程序构成，其中输入处理程序包括五种子程序。运算程序包括算术运算、逻辑运算、PID运算等45种子程序，每个子程序能完成一种特定的运算功能，称为一个"运算模块"。用户最多可从中选出30种运算模块进行组合。

• 用户程序。用户程序由使用者自行编制。KMM调节器采用表格式组态语言编制程序，这种语言的语句实际上是一些起连接作用的控制数据，由控制数据确定模块的调用、运算所需的各种参数和程序的走向，包括基本数据、输入处理数据、运算模块数据、可变参数、PID运算数据、折线数据和输出处理数据。将这些数据填入规定的表格中，即构成表格的用户程序，再用编程器将程序写入EPROM中，便完成了编程工作。

10.2.3　其他单元仪表

控制仪表除调节单元以外，另有其他种类的单元仪表与之配套使用，共同组成功能完备的过程控制系统，如变送单元、运算单元、显示单元等仪表。图10-8为几种其他种类单元组合仪表外形图。

(a) 小型多针记录仪

(b) 手动操作器

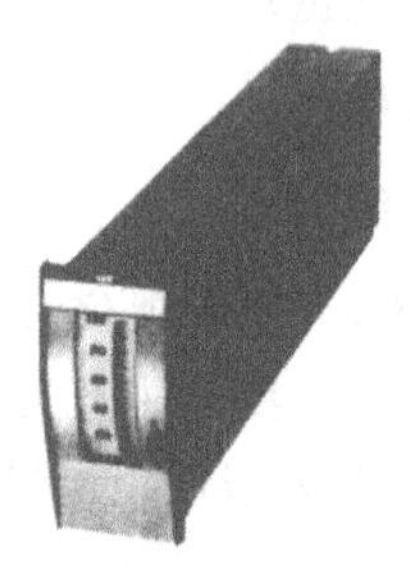
(c) 手动给定器

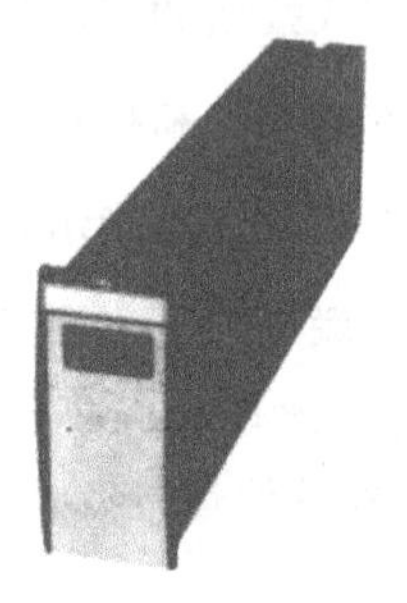
(d) 比例积算器

(e) 加减运算器

图10-8　几种其他种类的单元组合仪表外形图

(1) 变送单元仪表简介

变送单元仪表将各种被测变量，如温度、压力、流量、液位等物理量转换成相应的4～20mA的标准电流信号或1～5V直流电压信号，传送给显示、调节单元等仪表或计算机，以供指示、记录和控制。常用的变送器有温度变送器（与热电阻、热电偶配套使用，多为控制室使用，输出电压信号）、压力变送器、差压变送器、液位变送器、流量变送器等。

(2) 运算单元仪表简介

运算单元仪表能对若干个信号进行加、减、乘、除、开方等运算。运算单元主要用于比值控制、多变量综合控制、流量信号的温度压力补偿计算等。运算单元仪表品种有加减器、乘除器和开方器等。

(3) 显示单元仪表简介

显示单元仪表对各种变量进行指示、记录、报警和积算，供操作人员监视和控制工况用。显示单元的仪表品种有显示仪、指示记录仪、比例积算器和报警器等。

(4) 执行单元仪表简介

执行单元仪表为接收控制器输出或手动操作器信号操作阀门之类的执行元件，改变操纵变量的大小，控制过程变化。执行单元有角行程电动执行器和直行程电动执行器等。实际生产过程中多采用气动执行器。

(5) 辅助单元仪表

① 给定单元仪表　输出信号作为被控变量的给定值送给调节器，实现定值控制。给定单元

仪表的输出也可以供其他仪表作为参考基准值。给定单元仪表的品种有恒流给定器、比值给定器、定值器等。

② 转换单元仪表　用于将一种标准信号转换成另外一种标准信号。如用于实现气信号和电信号的相互转换，称为电/气转换器和气/电转换器，因目前多采用电动控制单元和气动执行单元，所以，电/气转换器使用较多，并与阀门定位器一起构成电气阀门定位器。转换单元仪表还有直流毫伏转换器、电信号转换器、频率转换器等。

③ 辅助单元仪表　在自动化系统中起辅助作用，完成各种辅助工作，如发讯、切换、遥控等。辅助单元仪表有操作器、阻尼器、阀门定位器、继电器、配电器、安全栅等。操作器主要用于手动操作，阻尼器用于压力和流量信号的平滑、阻尼，配电器为控制系统的现场供电，安全栅用来将控制室与现场仪表的能源进行隔离，起到安全限能的作用。

10.3 可编程控制器概述

可编程控制器（PLC）是一种以 CPU 为核心的计算机工业控制装置，由于其良好的性能价格比和稳定的工作状态以及简便操作性，已经广泛应用于实际过程中。

可编程控制器是一种数字运算操作系统，专为工业环境应用而设计，有较强的抗干扰能力。它采用可编程序的存储器，在其内部存储执行逻辑运算、顺序控制、定时、计数和算术运算等操作的指令，通过数字式或模拟式的输入和输出，控制各种类型的生产过程。可编程控制器及其有关外围设备，均按易于与工业系统连成一体、易于扩充其功能的原则设计。

可编程控制器可以单独使用，也可以通过网络成为 DCS 控制系统的一部分。大部分的 DCS 控制单元也能够实现开关量控制功能，但可编程控制器的处理周期比 DCS 系统要短得多，因此，很多企业在使用 DCS 进行过程控制时，如对于间歇加料、固体和粉末产品包装等过程和压缩机控制、过程联锁保护等，较多采用 PLC 实现。

10.3.1 可编程控制器的发展过程

1969 年，美国数字设备公司（DEC）研制出第一台可编程控制器，用于通用汽车公司的生产线，取代生产线上的继电器控制系统，开创了工业控制的新纪元。1971 年，日本开始生产可编程控制器 PLC，德、英、法等各国相继开发了适于本国的 PLC，并推广使用。1974 年，中国开始研制生产可编程控制器。早期的可编程控制器是为取代继电接触控制而设计的，用于开关量控制，具有逻辑运算、计时、计数等顺序控制功能，故称之为可编程逻辑控制器 PLC（Programmable Logic Controller）。

随着微电子技术、计算机技术及数字控制技术的高速发展，PLC 技术已日臻成熟，并从开关量逻辑控制扩展到计算机数字控制（CNC 等）领域，近年生产的 PLC 在处理速度、控制功能、通信能力等方面均有新的突破，并向电气控制、仪表控制、计算机控制一体化方向发展，性能价格比不断提高，成为工业自动化技术的支柱之一。可编程控制器的功能已不限于逻辑运算，具有了连续模拟量处理、高速计数、远程 I/O 和网络通信等功能，国际电工委员会（IEC）将可编程逻辑控制器改称为可编程控制器 PC（Programmable Controller）。后由于发现其简写与个人计算机 PC（Personal Computer）相同，所以又重新沿用 PLC 的简称。

目前在世界先进工业国家 PLC 已经成为工业控制的标准设备，它的应用几乎覆盖了所有的工业企业。PLC 技术已经成为当今世界的潮流，成为工业自动化技术的三大支柱（PLC 技术、机器人、计算机辅助设计和制造）之一。

10.3.2 可编程控制器的应用领域与特点

（1）可编程控制器的应用领域

目前，PLC 在国内外已广泛应用于钢铁、石油、化工、电力、建材、机械制造、汽车、轻纺、交通运输、环保及文化娱乐等各个行业，使用情况大致可归纳为如下几类。

① 开关量的逻辑控制 这是PLC最基本、最广泛的应用领域，它取代传统的继电器电路，实现逻辑控制、顺序控制，既可用于单台设备的控制，也可用于多机群控及自动化流水线。如注塑机、印刷机、订书机械、组合机床、磨床、包装生产线、电镀流水线等。

② 模拟量控制 工业生产过程中，有许多连续变化的量，如温度、压力、流量、液位和速度等都是模拟量。为使可编程控制器处理模拟量，必须实现模拟量（Analog）和数字量（Digital）之间的A/D转换及D/A转换。PLC厂家都生产配套的A/D和D/A转换模块，使可编程控制器用于模拟量控制。

③ 运动控制 PLC可以用于圆周运动或直线运动的控制。从控制机构配置来说，早期直接用于开关量I/O模块连接位置传感器和执行机构，现在一般使用专用的运动控制模块。如可驱动步进电机或伺服电机的单轴或多轴位置控制模块。世界上各主要PLC厂家的产品几乎都有运动控制功能，广泛用于各种机械、机床、机器人、电梯等场合。

④ 过程控制 过程控制是指对温度、压力、流量等模拟量的闭环控制。作为工业控制计算机，PLC能编制各种各样的控制算法程序，完成闭环控制。PID调节是一般闭环控制系统中用得较多的调节方法。大中型PLC都有PID模块，目前许多小型PLC也具有此功能模块。PID处理一般是运行专用的PID子程序。过程控制在冶金、化工、热处理、锅炉控制等场合有非常广泛的应用。

⑤ 数据处理 现代PLC具有数学运算（含矩阵运算、函数运算、逻辑运算）、数据传送、数据转换、排序、查表、位操作等功能，可以完成数据的采集、分析及处理。这些数据可以与存储在存储器中的参考值比较，完成一定的控制操作，也可以利用通信功能传送到其他智能装置，或将它们打印制表。数据处理一般用于大型控制系统，如无人控制的柔性制造系统；也可用于过程控制系统，如造纸、冶金、食品工业中的一些大型控制系统。

⑥ 通信及联网 PLC通信含PLC间的通信及PLC与其他智能设备间的通信。随着计算机控制的发展，工厂自动化网络发展得很快，各PLC厂商都十分重视PLC的通信功能，纷纷推出各自的网络系统。新近生产的PLC都具有通信接口，通信非常方便。

(2) 可编程控制器的特点

可编程控制器应用广泛，特点明显，主要有以下特点。

① 控制程序可编程 相对于继电接触器控制等硬连接顺序控制装置而言，可编程控制器是一种工业控制计算机，其控制功能可通过软件编制来确定，在生产工艺改变或生产线设备更新时，只需改变程序就能调整控制方案，具有良好的柔性。

② 编程方便 大多数PLC可采用类似继电控制电路形式的“梯形图”直接进行编程，也可以使用简易编程器进行现场程序编制或修改，使编程更简捷、更方便。

③ 扩展灵活 PLC产品带有扩展单元，可以方便地调整配置，适应不同I/O点数及不同输入输出方式的需求。从几个I/O点的最小型系统到几千个点的超大型系统均可以实现，扩展灵活，组合方便。

④ 可靠性高 可编程控制器的输入输出采用了光电隔离、屏蔽、滤波处理、电源调整与保护等措施，大大提高了抗工业环境干扰的能力，可靠性高。

PLC控制与继电接触控制相比较，特点如表10-1所示。

可编程控制器与集散控制系统相比较，集散控制系统在发展初期，侧重回路连续调节功能，在模拟量处理、反馈控制等方面具有明显优势；可编程控制器则是由继电器逻辑控制系统发展而来，发展初期侧重开关量顺序控制功能，在数字处理、顺序控制方面具有一定优势。两种设备都在随着电子技术、计算机技术、网络通信技术的发展而发展，并互相渗透。DCS从一开始就十分重视网络通信，可编程控制器也在不断增强网络通信功能。DCS除连续控制外，增强了顺序控制功能，但由于其扫描速度慢，在顺序控制功能上PLC仍占有明显优势。大中型PLC扩展了模拟量处理功能，但在控制功能的完善程度上不如DCS系统。DCS系统吸收PLC作为其实现顺序控制的附属设备，而PLC的网络化发展也使之具备了分布式计算机控制系统的形态，加上其

表 10-1 继电接触控制与 PLC 控制比较

比较项目	继电接触控制	PLC 控制
功能	使用许多继电器才能进行复杂的控制	无论控制多复杂，控制均用程序编制完成
控制内容变更	需改变继电器和配线	只要改变程序即可自由完成
控制速度	依靠触点机械动作实现，工作频率低	靠微处理器实现控制，速度极快
计数控制	一般无此功能	具有计数功能
安装施工	连线复杂，施工繁琐	安装容易，施工简便
可靠性	触点多、连线多、体积大、寿命短、可靠性差	采用集成元件，体积小、寿命长、可靠性高
可扩展性	扩展困难	在 I/O 点允许情况下可自由扩充
维护	需定期检验，查找故障困难，维护工作量大	具有自诊断功能，查找故障迅速，维护方便

价格上的优势，在很多领域已达到与传统 DCS 相竞争的水平。

10.3.3 可编程控制器的基本构成及工作原理

10.3.3.1 可编程控制器的基本组成

可编程控制器的主体由三部分组成，主要包括中央处理器 CPU、存储系统和输入、输出接口，PLC 的基本结构如图 10-9 所示。系统电源在 CPU 模块内，也可单独视为一个单元，编程器一般看作 PLC 的外设。PLC 内部采用总线结构，进行数据和指令的传输。

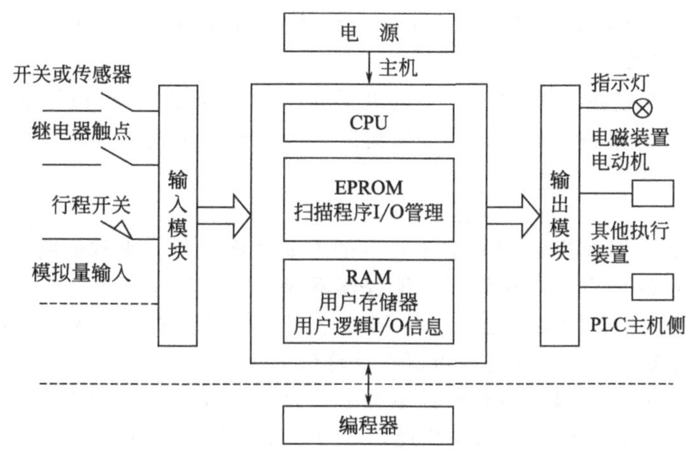

图 10-9 PLC 的组成框图

外部的开关信号、模拟信号以及各种传感器检测信号作为 PLC 的输入变量，它们经 PLC 的输入端子进入 PLC 的输入存储器，收集和暂存被控对象实际运行的状态信息和数据，经 PLC 内部运算与处理后，按被控对象实际动作要求产生输出结果。输出结果送到输出端子作为输出变量，驱动执行机构。PLC 的各部分协调一致，实现对现场设备的控制。

(1) 中央处理器 CPU

CPU 的主要作用是解释并执行用户及系统程序，通过运行用户及系统程序完成所有控制、处理、通信以及所赋予的其他功能，控制整个系统协调一致地工作。常用的 CPU 主要有通用微处理器、单片机和双极型位片机。

(2) 存储器 ROM（EPROM）和 RAM

① 存储器类型 目前 PLC 常用的存储器有 RAM、ROM、EPROM 和 E^2PROM，外存常用盒式磁带或磁盘等。

RAM 随机存取存储器用于存储 PLC 内部的输入、输出信息，并存储内部继电器（软继电器）、移位寄存器、数据寄存器、定时器/计数器以及累加器等的工作状态，还可存储用户正在调试和修改的程序以及各种暂存的数据、中间变量等。

ROM用于存储系统程序，EPROM主要用来存放PLC的操作系统和监控程序。如用户程序已完全调试好，也将程序固化在EPROM中。

② 存储区分配 PLC的存储器使用时可分为两类，即PLC系统存储区存储器和用户存储区存储器。

系统存储区包括系统程序存储区和内部工作状态存储区，用户存储区包括数据存储区和用户程序存储区，如图10-10所示。

系统存储区	系统程序存储区
	内部工作状态存储区
用户存储区	数据存储区
	用户程序存储区

图10-10 简化的存储映象

系统程序存储区：存放PLC永久存储的程序和指令，如继电器指令，块转移指令，算术指令等。

内部工作状态存储区：该区为CPU提供的临时存储区，用于存放相对少量的供内部计算用的数据。一般将快速访问的数据放在这一区域，以节省访问时间。

数据存储区：存放与控制程序相关的数据，如定时器/计数器预置数、其他控制程序和CPU使用的常量与变量、读入的系统输入状态和输出状态等。该区的应用非常灵活，用户可将它们的每个字节甚至每一位定义一个特定的含义。了解数据存储区中各存储器的分配，对编程是十分必要的。

用户程序存储区：存放用户输入的编程指令、控制程序。

(3) 输入输出模块

可编程控制器是一种工业控制计算机系统，它的控制对象是工业生产过程，与DCS相似，它与工业生产过程的联系也是通过输入输出接口模块（I/O）实现的。I/O模块是可编程控制器与生产过程相联系的桥梁。

PLC连接的过程变量按信号类型可分为开关量（即数字量）、模拟量和脉冲量等，相应输入/输出模块可分为开关量输入模块、开关量输出模块、模拟量输入模块、模拟量输出模块和脉冲量输入模块等。

(4) 编程器

① 编程器的功能 编程器是PLC必不可少的重要外部设备。编程器将用户所希望的功能通过编程语言送到PLC的用户程序存储器。编程器不仅能对程序进行写入、读出、修改，还能对PLC的工作状态进行监控，同时也是用户与PLC之间进行交互的人机界面。随着PLC上的功能不断增强，编程语言多样化，编程已经可以在计算机上完成。

② 编程器的工作方式 编程器有两种编程方式，即在线和离线编程方式。在线（联机）编程方式上是编程器与PLC上的专用插座相连，或通过专用接口相连，程序可直接写入到PLC的用户程序存储器中；也可先在编程器的存储器内存放，然后再下装到PLC中。在线编程方式可对程序进行调试和修改，并可监视PLC内部器件（如定时器、计数器）的工作状态，还可强迫某个器件置位或复位，强迫输出。离线（脱机）编程方式是指编程器不与PLC相连，编制的程序先存放在编程器的存储器中，程序编写完毕，再与PLC连接，将程序送到PLC存储器中。离线编程不影响PLC的工作，但不能实现对PLC的监视。

③ 编程器的分类 现在使用的编程器主要有便携式编程器和通用计算机。便携式编程器也称为简易编程器，这种编程器通常直接与PLC上的专用插座相连，由PLC给编程器提供电源。这种编程器一般只能用助记符指令形式编程，通过按键将指令输入，并由显示窗口显示。它只能联机编程，对PLC的监控功能少，便于携带，适合小型PLC的编程要求。在通用计算机中加上适当的硬件接口和软件包，即可使用这些计算机进行编程。通常采用这种方式直接进行梯形图编程，监控的功能也较强。

10.3.3.2 可编程控制器的工作过程

可编程控制器的工作过程包括两部分：自诊断和通信响应的固定过程和用户程序执行过程，如图10-11所示。PLC在每次执行用户程序之前，都先执行故障自诊断程序，若自诊断正常，然后 PLC 定时检查是否有与编程器、计算机等的通信请求。如果有与计算机等的通信请求，则进行相应处理。在没有故障和通信请求的前提下，可编程控制器执行用户程序。程序执行过程采用集中处理的工作方式，即对输入信号采集、执行用户程序和输出控制都采用集中分批处理的工作方式。PLC 对用户程序的执行可分为三个阶段进行。

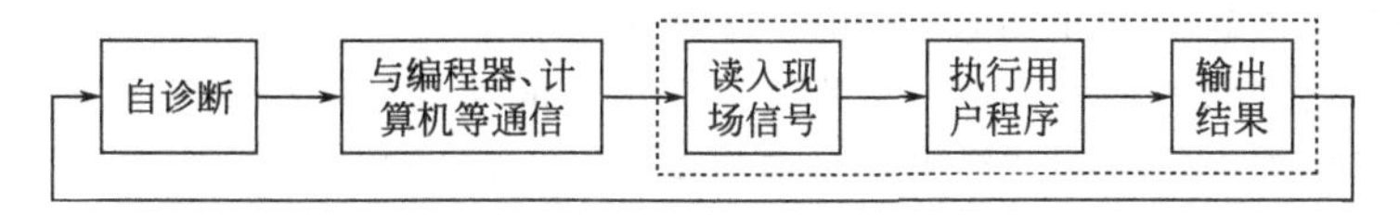

图 10-11　PLC 工程过程框图

① 输入扫描　在这一阶段中，PLC 以扫描方式读入所有输入端子上的输入信号，并将输入信号存入输入映像区，输入映像存储器被刷新。在程序执行阶段和输出刷新阶段中，输入映像存储器与外界隔离，其内容保持不变，直至下一个扫描周期的输入扫描阶段，才被重新读入的输入信号刷新。可见，PLC 在执行程序和处理数据时，并不直接使用现场当时的输入信号，而使用上次采样时输入到映像区中的数据。

② 程序执行　在执行用户程序过程中，PLC 按梯形图程序顺序，自上而下，从左到右逐个扫描执行。但遇到程序跳转指令，则根据跳转条件是否满足来决定程序跳转地址。程序执行过程中，PLC 从输入映像区中取出输入变量的当前状态，然后进行由程序确定的逻辑运算或其他运算，根据程序指令将运算结果存入相应的输出映像区的对应地址。后执行的程序可能用到最新的中间运算结果，但在同一周期内，后面的运算结果不影响前面的逻辑关系。

③ 输出刷新　在程序运行阶段运算结果被存入输出映像区，而不送到输出端口上。在输出刷新阶段，PLC 将输出映像区中的输出变量送入输出锁存器，然后由锁存器通过输出模块产生本周期的控制输出。

上述三个阶段构成 PLC 工作的一个周期，PLC 按工作周期方式周而复始地循环工作，完成对被控对象的数据采集和控制。

10.3.3.3　可编程控制器的软件系统介绍

可编程控制器目前常用的编程语言有以下几种：梯形图语言、助记符语言、功能表图和某些高级语言。原手持编程器多采用助记符语言，现在多采用梯形图语言，也有采用功能图表语言。

① 梯形图语言　梯形图的表达式沿用了原电气控制系统中的继电接触控制电路图的形式，二者的基本构思是一致的，只是使用符号和表达方式有所区别。

【例 10-1】 某一过程控制系统中，工艺要求开关 1 闭合 40s 后，指示灯亮，按下开关 2 后灯熄灭。图 10-12（a）为实现这一功能的梯形图程序（OMRON PLC），它是由若干个梯级组成的，每一个输出元素构成一个梯级，而每个梯级可由多条支路组成。

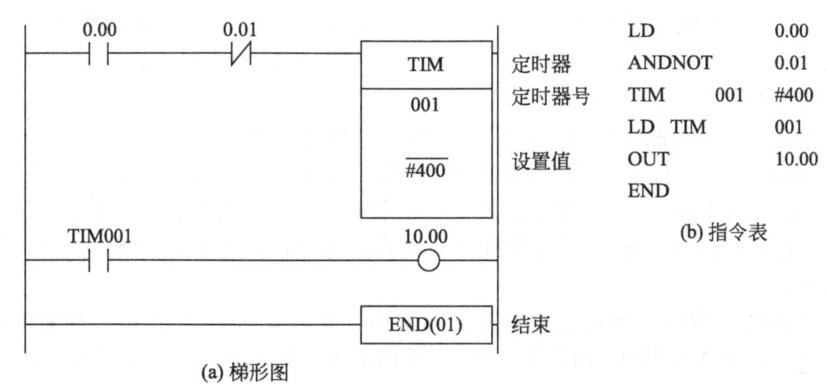

图 10-12　OMRON PLC 的程序

梯形图从上至下按行编写，每一行则按从左至右的顺序编写。CPU 将按自左到右，从上而下的顺序执行程序。梯形图的左侧竖直线称母线（源母线）。梯形图的左侧安排输入触点（有若干个触点相并联的支路应安排在最左端）和中间继电器触点（运算中间结果），最右边必须是输出元素。

梯形图中的输入触点只有两种：常开触点（┤├）和常闭触点（┤/├），这些触点可以是PLC的外接开关的内部影像触点，也可以是PLC内部继电器触点，或内部定时器、计数器的状态。每一个触点都有自己特殊的编号，以示区别。同一编号的触点可以有常开和常闭两种状态，使用次数不限。因为梯形图中使用的“继电器”对应PLC内的存储区某字节或某位，所用的触点对应于该位的状态，可以反复读取，故称PLC有无限对触点。梯形图中的触点可以任意地串联、并联。

梯形图中的输出线圈对应PLC内存的相应位，输出线圈不仅包括中间继电器线圈、辅助继电器线圈以及计数器、定时器，还包括输出继电器线圈，其逻辑动作只有线圈接通后，对应的触点才可能发生动作。用户程序运算结果可以立即为后续程序所利用。

② 助记符语言　助记符语言又称命令语句表达式语言，它常用一些助记符来表示PLC的某种操作，类似微机中的汇编语言，但比汇编语言更直观易懂，用户可以很容易地将梯形图语言转换成助记符语言。

图10-12（b）为梯形图对应的用助记符表示的指令表。

应当说明：不同厂家生产的PLC所使用的助记符各不相同，因此同一梯形图写成的助记符语句不相同。用户在梯形图转换为助记符时，必须先弄清PLC的型号及内部各器件编号、使用范围和每一条助记符的使用方法。

10.3.3.4　可编程控制器的分类

（1）按容量来分

大致可分为“小”、“中”、“大”三种类型。

① 小型PLC　I/O点总数一般从20～128点。这类PLC的主要功能有逻辑运算、定时计数、移位处理等，采用专用简易编程器。它通常用来代替继电器，用于机床控制、机械加工和小规模生产过程联锁控制。小型PLC价格低廉，体积小巧，是PLC中生产和应用量较大的产品。如OMRON的C＊＊P/H、CPM1A系列、CPM2A系列、CQM系列，SIEMENS的S7-200系列。

② 中型PLC　其I/O点总数通常从129～512点，内存在8K以下，适合开关量逻辑控制和过程变量检测及连续控制，主要功能除了具有小型PLC的功能外，还有算术运算、数据处理及A/D、D/A转换、联网通信、远程I/O等功能，可用于比较复杂过程的控制。如OMRON的C200P/H，SIEMENS的S7-300系列。

③ 大型PLC　其I/O点总数在513点以上。大型PLC除了具有中小型PLC的功能外，还有PID运算及高速计数等功能。用于机床控制时，可增加刀具精确定位，机床速度与阀门控制等功能，配有CRT显示及常规的计算机键盘，与工业控制计算机相似。编程可采用梯形图、功能表图及高级语言等多种方式。如OMRON的C500P/H、C1000P/H，SIEMENS的S7-400系列。

（2）按硬件结构分

按结构分将PLC分为整体式PLC、模块式PLC、叠装式PLC三类。

① 整体式PLC　它是将PLC各组成部分集装在一个机壳内，输入、输出接线端子及电源进线分别在机箱的上、下两侧，并有相应的发光二极管显示输入/输出状态。面板上留有编程器的插座、EPROM存储器插座、扩展单元的接口插座等。编程器和主机是分离的，程序编写完毕后即可拔下编程器。

具有这种结构的可编程控制器结构紧凑、体积小、价格低。小型PLC一般采用整体式结构，图10-13所示的SIEMENS SIMATIC S7-200系列PLC采用这类结构。图中表示不同CPU类型PLC的外形图。

② 模块式PLC　输入/输出点数较多的大、中型和部分小型PLC采用模块式结构。如图10-14所示。

(a) CPU 221

(b) CPU 224

(c) CPU 226

图 10-13　SIEMENS SIMATIC S7-200 的外形图

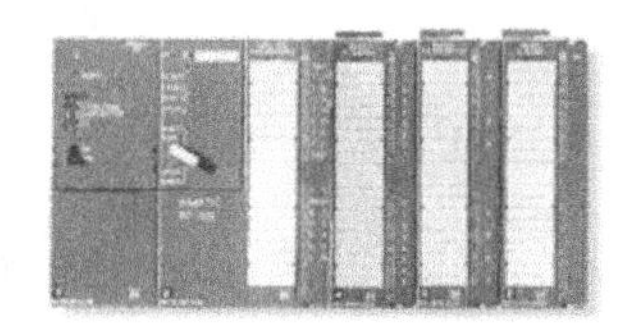

图 10-14　S7-300 外形图

模块式 PLC 采用积木搭接的方式组成系统，便于扩展，其 CPU、输入、输出、电源等都是独立的模块，部分 PLC 的电源包含在 CPU 模块之中。PLC 由框架和各模块组成，各模块插在相应插槽上，通过总线进行连接。PLC 厂家备有不同槽数的框架供用户选用。用户可以选用不同档次的 CPU 模块、品种繁多的 I/O 模块和其他特殊模块，硬件配置灵活，维修时更换模块也很方便。采用这种结构形式的有 SIEMENS 的 S5 系列、S7-300、S7-400 系列，OMRON 的 C500、C1000H 及 C2000H 等以及小型 CQM 系列。

③ 叠装式 PLC　上述两种结构各有特色，整体式 PLC 结构紧凑、安装方便、体积小，易于与被控设备组成一体，但有时系统所配置的输入输出点不能被充分利用，且不同 PLC 的尺寸大小不一致，不易安装整齐。模块式 PLC 点数配置灵活，但尺寸较大，很难与小型设备连成一体。为此，开发了叠装式 PLC，它吸收了整体式和模块式 PLC 的优点，其基本单元、扩展单元等高等宽，它们不用基板，仅用扁平电缆连接，紧密拼装后组成一个整齐的体积小巧的长方体，输入、输出点数的配置也相当灵活。如三菱公司的 FX2 系列等。

10.3.4　典型 PLC 简介

10.3.4.1　OMRON C 系列 PLC 的介绍

PLC 生产厂家、品种很多，各具特色，但基本特点相同，区域差别不大，因此，一些学者按照生产厂家的分布情况，将其分为日本流派、欧洲流派和美国流派。日本产的 PLC 虽然起步较晚，但在中小 PLC 市场上有相当的竞争能力。欧美的 PLC 在通信方面比较完善，但小型 PLC 的功能不够完善，日本产小型 PLC 能完成的功能，欧美 PLC 需要中型或大型 PLC 才能胜任。

OMROM（立石公司）是日本主要的 PLC 生产企业之一，在中国也有独立的生产企业，且具有较高的市场占有率。SIEMENS 公司是德国著名的企业，其生产的 PLC 也很有代表性，在欧美有很高的市场占有率，近年来在中国的使用范围也越来越广。

(1) 简介

日本 OMRON C 系列 PLC 有微型、小型、中型和大型四大类十几种型号。微型 PLC 以 C20P 和 C40H 为代表，是整体结构，I/O 容量为几十点，最多可扩至 120 点。图 10-15 (a) 为 SYSMAC C20P/C28P/C40P/C60P 外形示意图。小型 PLC 分为 C120 和 C200H 两种，C120 最多可扩展 256 点 I/O，是紧凑型整体结构。此型号为 OMRON 公司较早期产品，为得到更好的性价比，可选用 P 型机升级产品——CPM1A 或 CPM2A 替代，图 10-15 (b) 为 CPM1A 系列外形图。C200H PLC 虽然也属于小型 PLC，但它是紧凑型模块式结构，可扩展到控制 384 点 I/O，同时还可以配置智能 I/O 模块，是一种小型高机能 PLC，图 10-16 为 C200H 外形图。中型 PLC 有 C500 和 C1000H 两种，I/O 容量分别为 512 点和 1024 点。此外 C1000H PLC 采用多处理器结构，功能整齐而又突出处理速度快。大型 PLC 有 C2000H，I/O 点数可达 2048 点，同时多处理器和双冗余结构使得 C2000H 不仅功能全、容量大，而且速度快。因同为模块化结构，外形与 C200H 相近。

(2) OMRON PLC 指令介绍

OMRON PLC 有多个系列，指令系统也有区别，但基本指令大致相同。OMRON PLC 指令大多数也是按照位（bit）寻址，个别指令按照通道寻址。按位寻址的地址编号为：通道号.位号，如 0.00 表示 0 通道的第 0 位，位的表示采用十进制数，范围为 0～15。在 OMRON PLC 中，对

(a) SYSMAC C20P/C28P/C40P/C60P外形示意图

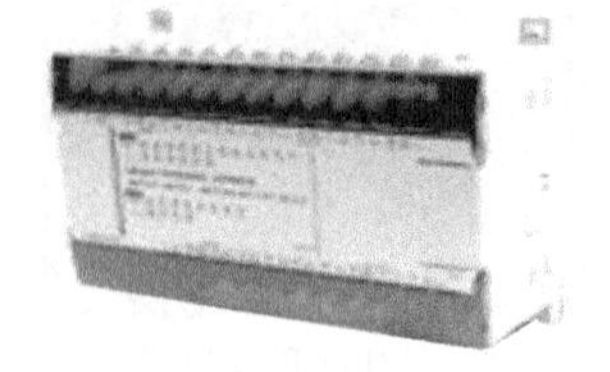

(b) CPM1A C**P外形图

图 10-15　C系列 PLC 外形图

图 10-16　C200H 外形图

于输入、输出等继电器的编号不用加字母。小型整体 PLC 的输入、输出编号是固定不变的，使用者可以按照 PLC 主机标注编号编程；对于模块式 PLC，则根据输入或输出模块安装位置决定其编号。

OMRON PLC 指令有很多条，如 C200H PLC 具有 145 条指令。按功能指令可分为两大类：一类是基本指令，它是直接对输入输出点进行简单操作的指令，是梯形图控制的最基本指令，包括输入、输出和逻辑“与”、“或”、“非”等；另一类是特殊功能指令，是进行数据处理、运算和顺序控制等操作的指令，包括定时器与计数器指令、数据移位指令、数据传送指令、数据比较指令、算术运算指令、数制转换指令、逻辑运算指令、程序分支与转移指令、子程序与中断控制指令、步进指令以及一些系统操作指令等。

指令是由助记符和操作数组成的，助记符表示指令要完成的功能，操作数指出了要操作的对象。若操作数是一个立即数，则用 # nnnn 表示，不加 # 号的操作数被认作通道号。输入基本指令时，只要按下编程器上相应的指令键即可。C200H PLC 系统为每条特殊功能指令在助记符后附一个特定的功能（Function）代码，用两位数字表示。书写时，助记符后面要书写该指令的功能代码，并用一对圆括号将代码括起来。用编程器输入时，只要按下“FUN”键和功能代码即可。

① OMRON PLC 的基本指令

- LD 和 LD NOT 指令。LD 和 LD NOT 指令是梯形图每一个程序段或一条逻辑行的起始。LD 和 LD NOT 可分别表示连接的起始触点为常开触点和常闭触点。
- OUT 和 OUT NOT 指令。OUT 指令表示将逻辑操作的结果输出给指定的输出继电器、内部辅助继电器、保持继电器或移位寄存器等。OUT NOT 指令表示将逻辑操作的结果取反后，再输出给上述继电器或移位寄存器。OUT 和 OUT NOT 指令用于一个继电器线圈，是每一条逻辑行的结束元件。
- AND 和 AND NOT 指令。AND 指令表示与常开触点串联；AND NOT 指令表示与常闭触点串联。
- OR 和 OR NOT 指令。OR 指令表示与常开触点并联；OR NOT 指令表示与常闭触点并联。
- AND LD 指令。用于两个程序段的串联。
- OR LD 指令。用于两个程序段的并联。

• END 指令。表示程序结束。每个程序的结束都必须有一条结束指令，没有结束指令的程序不执行。

【例 10-2】 OMRON PLC 基本指令应用示例，如图 10-17 所示。

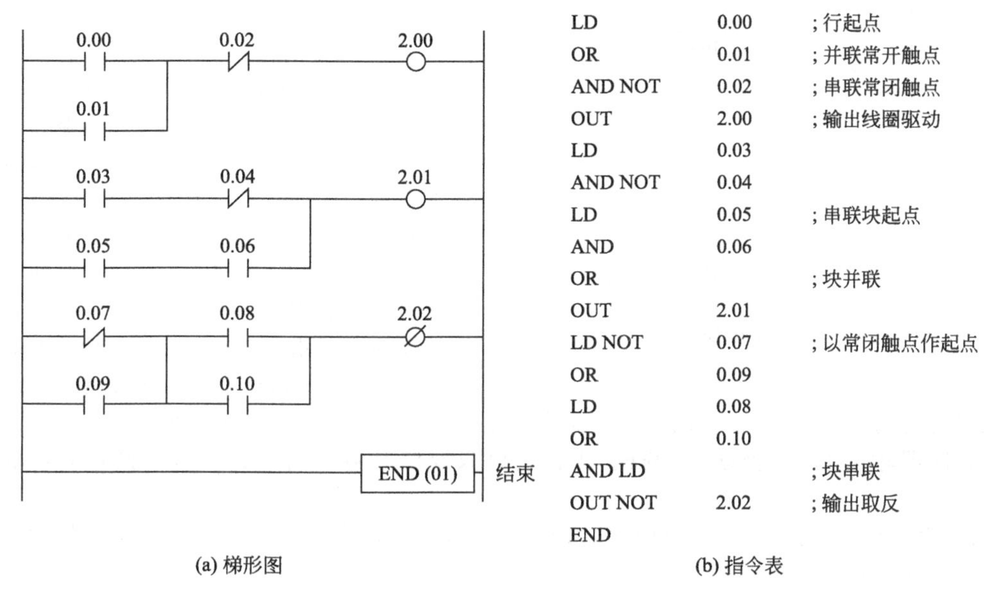

(a) 梯形图　(b) 指令表

图 10-17 OMRON PLC 的基本指令应用举例

② 几个功能指令　功能指令很多，这里仅介绍其中几个。指令后括号里的数字代表指令的编号。

• 保持指令 KEEP（11）。KEEP 是保持指令，它执行继电器保持操作，可保持为 ON 或 OFF 状态，直到它的两个输入端之一使它复位或置位。

【例 10-3】 电机启动控制，要求按下启动按钮 0.00 后电机转动，按下停止按钮 0.01，电机停转。可以利用自锁电路或用 KEEP 指令来实现，10.00 控制交流接触器的线圈，控制程序如图 10-18 所示。

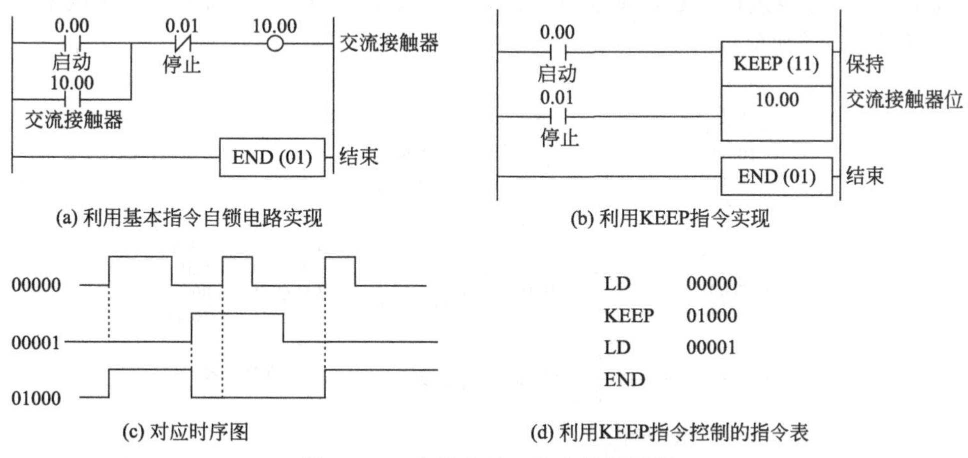

(a) 利用基本指令自锁电路实现　(b) 利用KEEP指令实现

(c) 对应时序图　(d) 利用KEEP指令控制的指令表

图 10-18 电机启动、停止控制程序

• 微分指令 DIFU（13）和 DIFD（14）。微分指令在执行条件满足后第一次扫描时才执行，且只执行一次；若执行条件解除后再次满足，则再执行。DIFU 是上升沿微分指令，当 DIFU 输入为上升沿（OFF→ON）时，所指定的继电器在一个扫描周期内为 ON。DIFD 是下降沿微分指令，当 DIFD 输入为下降沿（ON→OFF）时，所指定的继电器在一个扫描周期内为 ON。

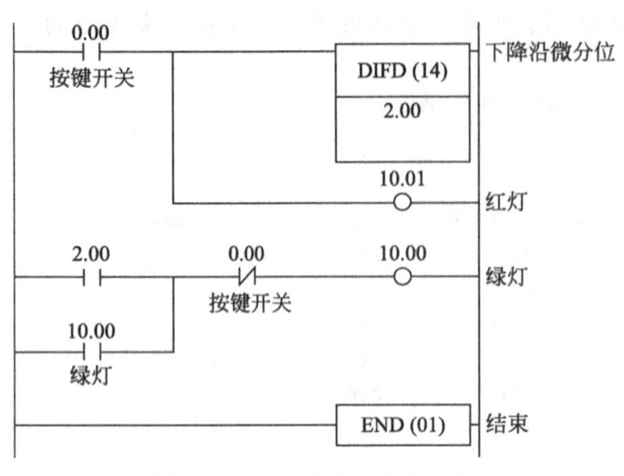

图 10-19 微分指令应用示例

【例 10-4】 按键开关（开关自锁）闭合时红灯亮，由通变断开时绿灯亮，用微分指令编写的控制程序如图 10-19 所示。

• 定时器。定时器为递减型，有低速 TIM 和高速 TIMH（15）两种。定时器的操作数包括定时器编号（N）和设定值（SV）两个数据，其编号 N 对应 TC 继电器区通道地址 000～511（C200H），该范围是与计数器共同的范围，即计数器和定时器的个数共为 512 个，定时器和计数器的编号可以顺排，但不能重复。注意不同系列 PLC 的定时器和计数器的编号范围也不同。

低速定时指令执行减 1 延时闭合操作。延时设定值为 0000～9999，度量单位为 0.1s，相应的设定时间为 0～999.9s。低速定时操作功能为：当定时器的输入为 ON 时开始定时，定时到，则定时器输出 ON，否则为 OFF。无论何时只要定时器的输入为 OFF，则定时器的输出为 OFF。

高速定时指令执行减 1 高速延时闭合操作。延时设定值为 0000～9999，度量单位为 0.01s，相应的设定时间是 0～99.99s。

定时器的应用表示方法参见【例 10-1】中图 10-12。

• 计数器。计数器包括单向递减型 CNT 和双向可逆型 CNTR（12）两种，其操作数包括计数器编号和设定值两个数据。

计数指令 CNT 执行单向减 1 操作的计数。计数器设定值范围为 0000～9999。当计数输入信号从 OFF→ON（上升沿）时，计数器的当前计数值（PV）减 1。如计数器的当前值为 0000 时，“计数到”输出为 ON，并保持到复位信号为 ON。当复位信号从 OFF→ON（上升沿）时，当前值（PV）重新为设定值（SV）。计数器在复位信号为 ON 时，不接受计数输入。

【例 10-5】 利用 PLC 控制的自动包装设备，每 20 个产品为一包装盒。控制梯形图见图 10-20。利用计数器指令进行计数，注意 OMRON 的 PLC 计数器和定时器一般为递减型，而 SIEMENS 的 PLC 采用增加型。

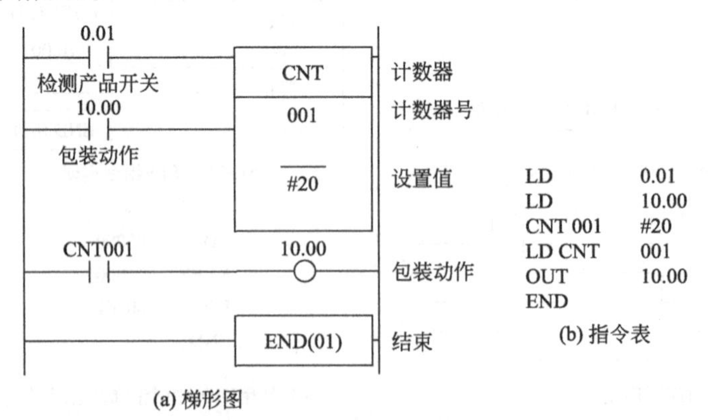

图 10-20 计数包装控制程序

10.3.4.2 SIEMENS S7 系列 PLC 简介

（1）简介

SIEMENS 生产的 SIMATIC S7 系列 PLC 是在 S5 系列的基础上发展起来的一种较新型 PLC。S7 系列又分成 S7-200、S7-300、S7-400 三个系列。S7-200 系列是微型到小型 PLC，属于整体式

PLC，与 S7-300/400 有较大差别，所用的编程软件也不同。一般 S7-200 所用的 STEP 7 编程软件在网络上可以下载，S7-200 根据 CPU 的种类也有几种类型。

S7-300 是模块化小型 PLC 系统，能满足中等性能要求的应用。S7-300 可编程控制器是模块化结构设计，各种单独的模块之间可进行广泛组合，以扩展功能。

(2) SIMATIC PLC S7-200 系列的指令系统

不同厂家 PLC 的指令系统差别很大，甚至同一厂家生产 PLC 的指令系统差别也较大，但基本指令都比较一致，只是在表示方法上略有区别。

SIEMENS 的 PLC 用 I 表示输入，Q 表示输出，M 表示中间辅助继电器，如用 I0.0 表示输入 0 通道的第 0 位。

一般指令都是按位来寻址的，个别功能指令是按通道寻址。在 S7-200 系列里，每个通道的位为 8 位，如输入 0 通道的编址范围为 I0.0～I0.7。S7-200 的编程方法也有梯形图、助记符语言和功能表语言。

① 基本逻辑指令　梯形图每段开始用 LD 指令，然后用触点串、并联，实现逻辑关系，线圈的驱动总是放在最右边，用＝（OUT）指令。

- LD（load）或 LDN（load Not）：以常开或常闭触点为行或块的逻辑运算开始。
- A（And）或 AN（And Not）：串联常开或常闭触点。
- O（Or）或 ON（Or Not）：并联常开或常闭触点。
- ＝（Out）：驱动线圈指令（输出指令）。

【例 10-6】 当按下点动开关 1 后，若点动开关 2 没有按下，要求指示灯 1 保持常亮。则采用 S7-200 梯形图和助记符编程如图 10-21 所示。

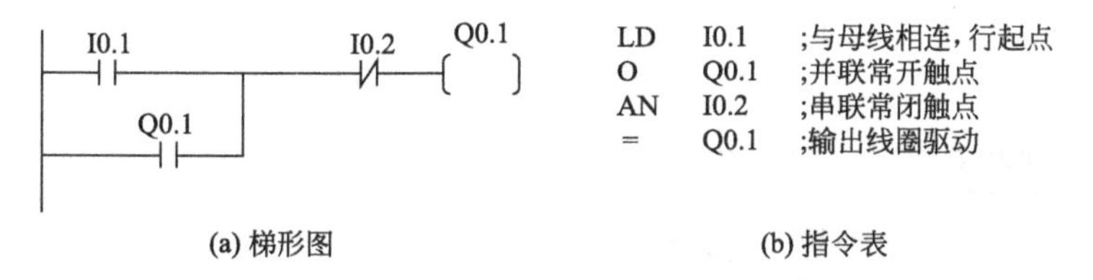

图 10-21　S7-200 逻辑指令应用举例之一

- OLD（Or Load）：串联块的并联。
- ALD（And Load）：并联块的串联。

（以上两条）输入较复杂的情况下使用

如图 10-22 所示，两个以上触点串联的电路称为串联电路块，串联电路块并联用 OLD 指令。两个以上的触点并联称为并联块，并联块之间的串联用 ALD 指令。

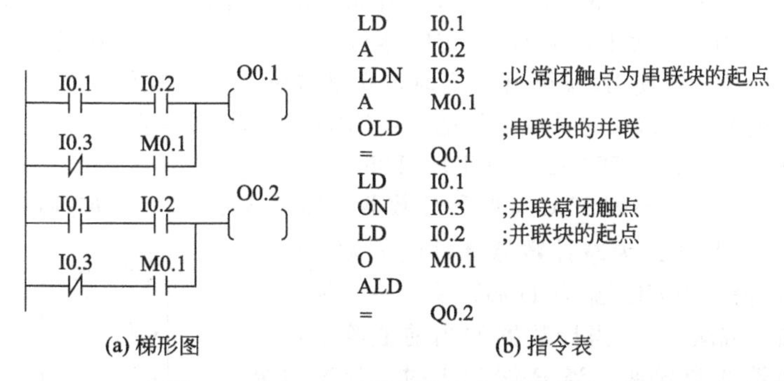

图 10-22　S7-200 逻辑指令应用举例之二

- LPS（Logic Push）：进栈，将前面的逻辑结果压入堆栈。
- LRD（Logic Read）：读栈，读出堆栈中最上面的逻辑结果。
- LPP（Logic Pop）：出栈；将堆栈中最上面的结果弹出堆栈。

（以上三条）输出并联情况下使用

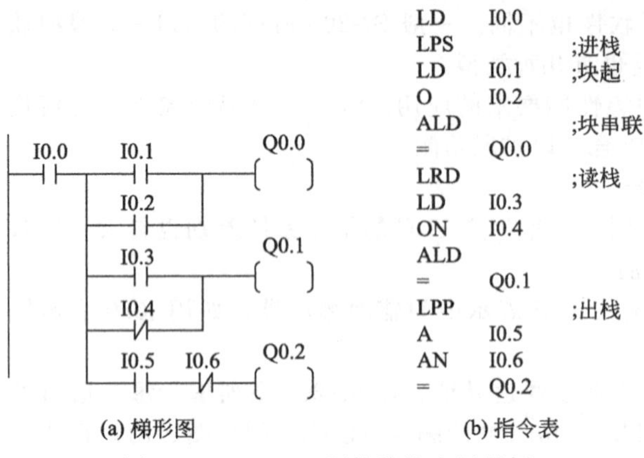

(a) 梯形图 (b) 指令表

图 10-23 S7-200 逻辑堆栈应用举例

图 10-23 为逻辑堆栈的操作举例。

为了响应更快，在 S7-200 中引入了立即处理指令——LDI、LDNI、AI、ANI、OI、ONI 及＝I 指令。在程序中遇到立即指令时，若涉及到输入触点，则 CPU 绕过输入映像寄存器，直接读输入点的状态作为程序处理的根据，但不对输入映像区寄存器作刷新处理。其他类型的 PLC 很少有该类型的指令。

② 定时器与计数器指令

• 定时器指令。S7-200 定时器指令分两类，即延时通定时器 TON（On Delay Time）和积算型延时通定时器 TONR（Retentive On Delay Time）。

TON 指令的梯形图符号如图 10-24（a）所示，当输入 IN 接通后（例中为 I0.0 触点闭合），定时器开始计时，当计时时间等于或超过设定值时（例中设定值为 K100），定时器线圈接通。输入断开或定时未到，定时器线圈断开。图 10-24（b）为时序图。

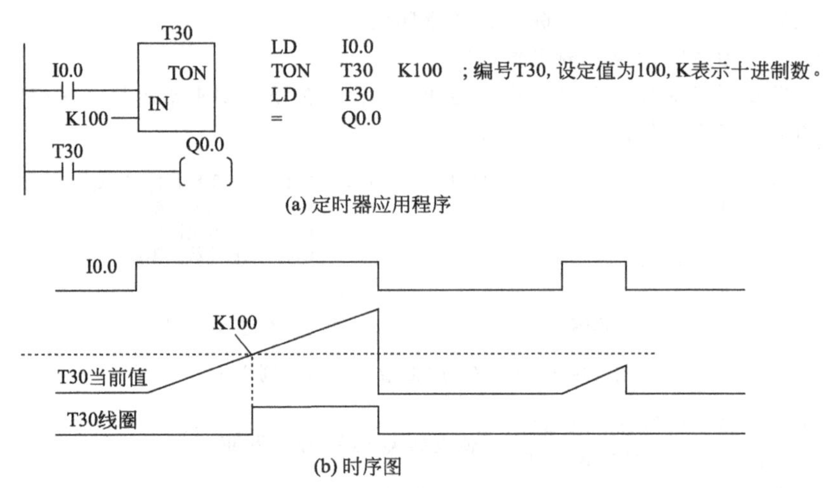

(a) 定时器应用程序

(b) 时序图

图 10-24 定时器应用举例

TONR 定时器，当输入 IN 导通时，定时器开始计时；当 IN 端断开时，其当前值保持（不像 TON 一样复位）；当下一次 IN 导通后，定时器从上一次保持值开始接着计时，当等于或大于设定值时，定时器导通，即使 IN 端断开，定时器仍然导通，直至复位端复位。TONR 的梯形图符号与 TON 基本相同。S7-200 定时器编号范围：CPU 212 为 T0～T63，CPU 214 为 T0～T127，CPU 215/216 为 T0～T255，CPU 22 * 为 T0～T255。

• 计数器指令。S7-200 系列 PLC 有两种计数器：加计数器 CTU 和加/减计数器 CTUD。CU 为加计数器脉冲输入端，CD 为减计数器脉冲输入端，R 为复位端，PV 为设定值。当 CU 端（CD 端）输入一个输入上升沿时，计数器加（或减）1，当计数器的当前值等于或大于设定值时，计数器线圈导通。当 R 端为 1 时，计数器复位，即当前值清零，计数器线圈也断开。计数范围为 －32768～32767，当达到最大值时，再来一个加计数脉冲，则当前值变为－32768。同样，当达到最小值－32768 时，再来一个减计数脉冲，则当前值变为 32767。CTU 与 CTUD

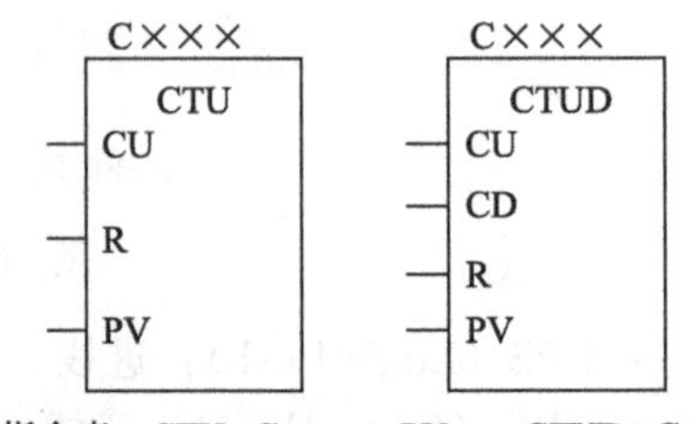

指令表：CTU C×××，PV CTUD C××

图 10-25 计数器符号

的区别在于没有减计数输入端。

图 10-25 为计数器符号，图 10-26 为计数器应用示例。

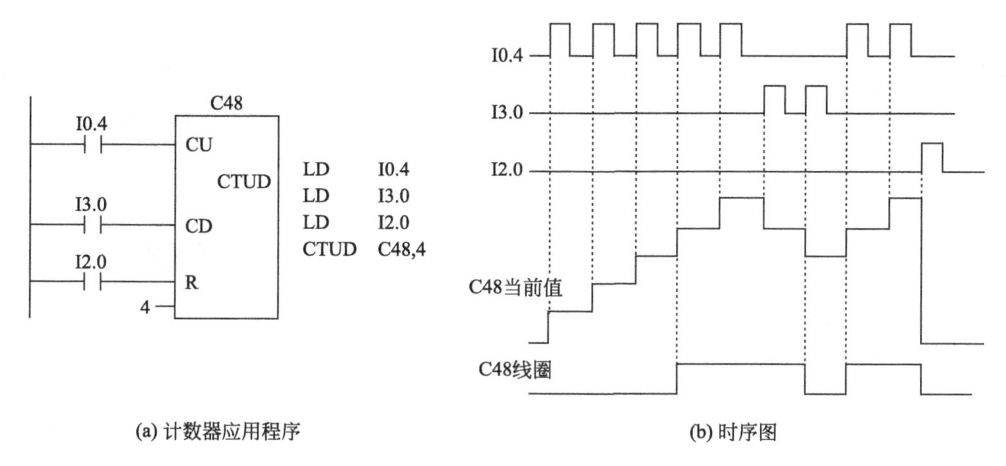

图 10-26 计数器应用示例

(3) S7 的组态过程

① 创建一个项目结构 项目如同一个文件夹，所有数据都以分层的结构存在于其中，任何时候可以随时使用。在创建一个项目之后，所有其他任务都在这个项目下执行。

② 组态一个站 组态一个站即指定一个将被使用的可编程控制器，例如 S7-300、S7-400 等。

③ 组态硬件 组态硬件就是在组态表中指定控制方案所要使用的模板以及在用户程序中以何地址来访问，地址一般不用修改，由程序自动生成。模板的特性也可以用参数进行赋值。

④ 组态网络和通信连接 通信的基础是预先组态网络，即创建一个满足控制方案的子网，设置网络特性、设置网络连接特性以及任何联网的站所需要的连接。网络地址也是程序自动生成，如无更改操作经验，不要修改。

⑤ 定义符号 可以在符号表中定义局部或共享符号，在用户程序中用更具描述性的符号名替代绝对地址。符号的命名一般用字母编写不超过 8 个字节，不要使用很长的汉字进行描述，否则对程序的执行有很大的影响。

⑥ 创建程序 用梯形图编程语言创建一个与模板相连接或与模板无关的程序并存储。创建程序是控制工程的重要工作之一，一般可以采用线形编程（基于一个块内，OB1）、分布编程（编写功能块 FB，OB1 组织调用）、结构化编程（编写通用块）。最常采用的是结构化编程和分布编程配合使用，很少采用线形编程。

⑦ 下载程序到可编程控制器 完成所有的组态、参数赋值和编程任务之后，可以下载整个用户程序到可编程控制器。在下载程序时可编程控制器必须在允许下载的工作模式下（STOP 或 RUN-P）。

RUN-P 模式表示，这个程序将一次下载一个块，如果重写一个旧的 CPU 程序就可能出现冲突，所以一般在下载前将 CPU 切换到 STOP 模式。

10.4 执行器

执行器在自动控制系统中，接受来自控制器的信号，由执行机构将其转换成相应的角位移或直线位移，去操纵调节机构（调节阀），从而达到控制流量的目的。

执行器按其使用的能源形式分为气动执行器、电动执行器和液动执行器三大类。工业生产中多数使用前两种类型，如图 10-27 所示，常被称为气动调节阀和电动调节阀。

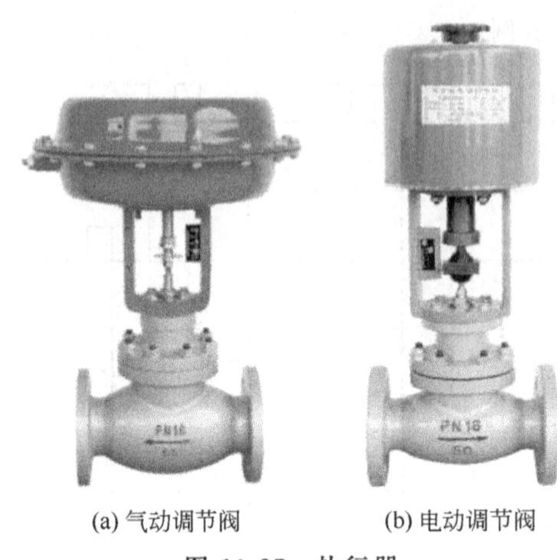

(a) 气动调节阀　　(b) 电动调节阀

图 10-27　执行器

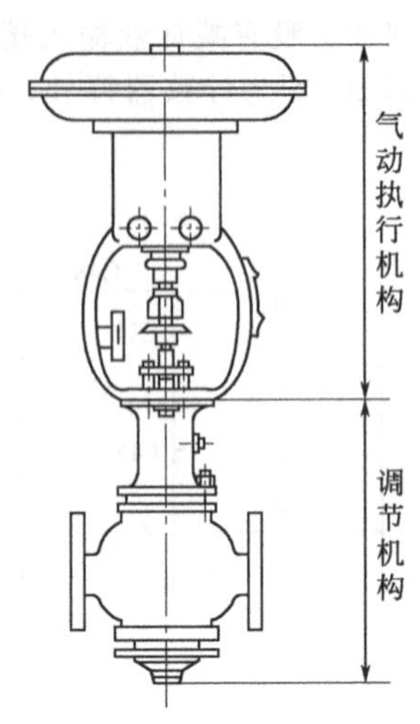

图 10-28　气动薄膜调节阀的结构

10.4.1　气动执行器

气动执行器采用气动执行机构。气动执行器具有结构简单、动作可靠稳定、输出力大、安装维修方便、价格便宜和防火防爆等优点，在工业生产中被广泛应用，特别是在石油、化工等生产过程。气动执行机构有薄膜式、活塞式和长行程式三种类型。薄膜式执行机构简单、动作可靠、维修方便、价格低廉，是最常用的一种执行机构。

气动薄膜调节阀的结构如图 10-28 所示，分成上、下两部分，上部分为执行机构（推动部分），下部为调节机构（阀体部分）。

（1）气动执行机构

气动执行机构如图 10-29 所示。

当信号压力通过上膜盖 1 和波纹膜片 2 组成的气室时，在膜片上产生一个推力，使推杆 5 下移并压缩弹簧 6。当弹簧的作用力与信号压力在膜片上产生的推力相平衡时，推杆稳定在一个对应的位置上。推杆的位移即执行机构的输出，也称行程。

若压缩空气从波纹膜片的上端进入，控制信号增加，推杆向下动作，称为正作用执行机构；若压缩空气从波纹膜片的下端进入，控制信号增加，推杆上移，称为反作用执行机构。通过更换

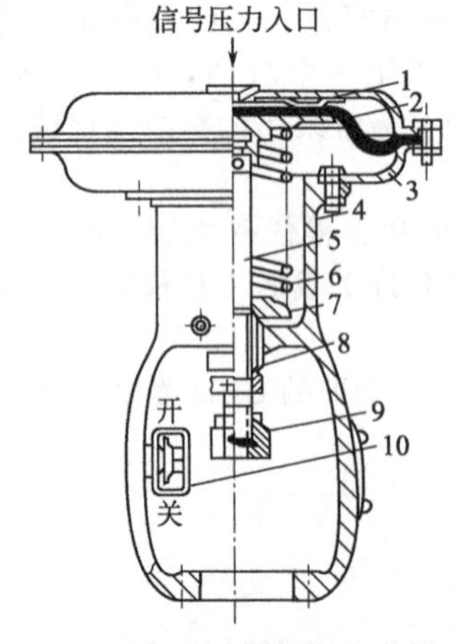

图 10-29　气动薄膜执行机构结构图

1—上膜盖；2—波纹膜片；3—下膜盖；4—支架；5—推杆；6—压缩弹簧；7—弹簧座；8—调节件；9—螺母；10—行程标尺

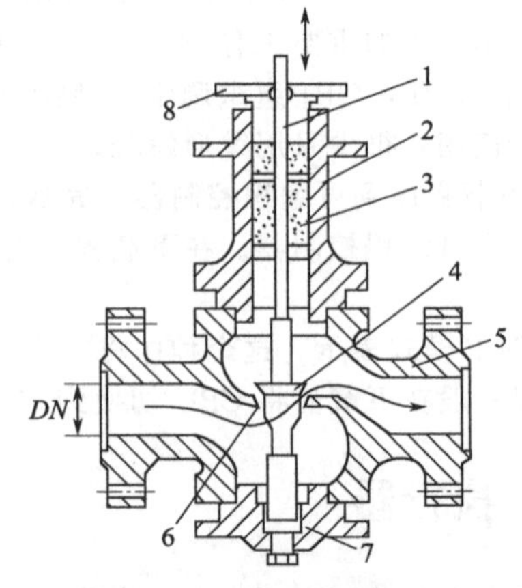

图 10-30　直通单座阀的结构

1—阀杆；2—上阀盖；3—填料；4—阀芯；5—阀体；6—阀座；7—下阀盖；8—压板

个别零件，两者能互相改装。

（2）调节装置

图 10-30 所示为直通单座调节阀的调节装置结构图。主要由压板、阀杆、上阀盖、填料、阀芯、阀体、阀座和下阀盖等部件组成。执行机构输出的推力通过阀杆 1 使阀芯 4 产生上、下方向的位移，从而改变了阀芯 4 与阀座 6 之间的流通截面积，即改变了调节阀的阻力系数，使被控介质的流量发生相应的变化。

阀芯有正装和反装两种形式。当阀芯向下移动时，阀芯与阀座之间的流通截面积减小，称为正装阀，如图 10-31（a）所示；反之，则称为反装阀，如图 10-31（b）所示。

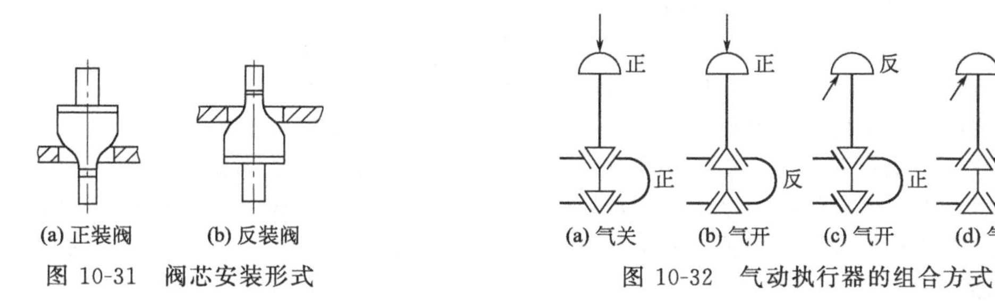

图 10-31　阀芯安装形式

图 10-32　气动执行器的组合方式

（3）气开、气关形式

执行机构有正反两种作用方式，调节机构也有正装和反装两种方式，因此实现气动执行器的气开和气关时有四种组合方式，如图 10-32 所示，图（a）、（d）为气关式，图（b）、（c）为气开式。

对于双座阀和 $DN25$ 以上的单座阀，推荐使用图（a）、（b）两种形式，即执行机构为正作用，通过阀的正装和反装来实现气关和气开。对于单导向阀芯的高压阀、角形阀、$DN25$ 以下的单座阀以及隔膜阀、三通阀等，由于阀门只能正装，因此只有通过变换执行机构的正、反作用来实现气关或气开，即采用图（a）、（c）的组合形式。

所谓气开阀，即指有信号压力输入时阀打开，无信号时阀全关；对于气关阀，即指有信号压力输入时阀关闭，无信号时阀全开。气开、气关阀的选择应从工艺生产的安全要求出发，考虑原则是：信号中断时，应保证设备和操作人员的安全。

10.4.2　电动执行器

电动执行器采用电动执行机构。电动执行器具有动作较快、适于远距离的信号传送、能源获取方便等优点；其缺点是价格较贵，一般只适用于防爆要求不高的场合。由于其使用方便，特别是智能式电动执行机构的面世，使得电动执行器在工业生产中得到越来越广泛的应用。

电动执行器亦由执行机构和调节机构两部分组成，电动执行器与气动执行器的区别主要在执行机构。本节主要介绍电动执行机构、智能式执行机构以及与电动执行机构相关的控制电机，并简单介绍电磁阀的有关知识。

（1）电动执行机构

电动执行机构接受 4～20mA DC 的输入信号，并将其转换成相应的输出力和直线位移或输出力矩和角位移，以推动调节机构动作。

电动执行机构由伺服放大器、伺服电机、位置发送器和减速器四部分组成，其构成原理如图 10-33 所示。伺服放大器将输入信号和反馈信号相比较，得到偏差信号 ε，并将 ε 进行功率放大。当 $\varepsilon>0$ 时，伺服放大器的输出驱动伺服电动机正转，再经机械减速器减速后，使输出轴向下运动（正作用执行机构），输出轴的位移经位置发送器转换成相应的反馈信号，反馈到伺服放大器的输入端使 ε 减小，直到 $\varepsilon=0$ 时，伺服放大器无输出，伺服电动机才停止运转，输出轴也就稳定在输入信号相对应的位置上。反之，当 $\varepsilon<0$ 时，伺服放大器的输出驱动伺服电动机反转，输

出轴向上运动，反馈信号也相应减小，直至使 $\varepsilon=0$ 时，伺服电动机才停止运转，输出轴稳定在另一个新的位置上。

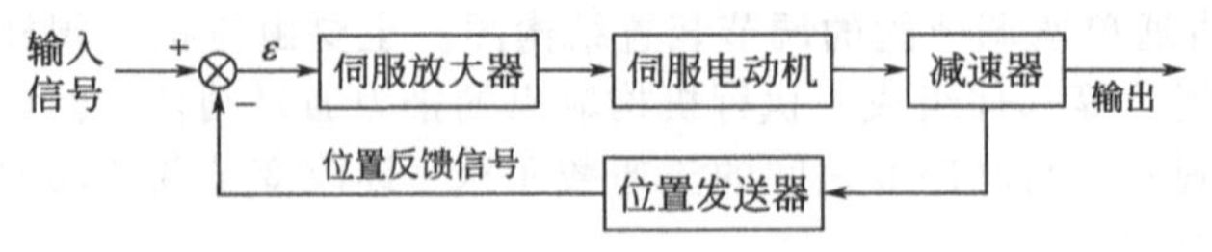

图 10-33 电动执行机构的方框图

（2）智能式执行机构

智能调节阀采用的是智能式执行机构，其构成原理与模拟式电动执行机构相同。由于智能式执行机构的伺服放大器中采用了微处理器系统，所有控制功能均可通过编程实现，且具有数字通信接口，从而具有 HART 协议或现场总线通信功能，成为现场总线控制系统中的一个节点。伺服放大器还采用了变频技术，可以更有效地控制伺服电动机的动作。减速器采用新颖的传动结构，运行平稳、传动效率高、无爬行、摩擦小。位置发送器采用了新技术和新方法，有的采用霍尔效应传感器，直接感应阀杆的纵向或旋转动作，实现了非接触式定位检测；有的采用特殊的电位器，电位器中装有球轴承和特种导电塑料材质做成的电阻薄片；有的采用磁阻效应的非接触式旋转角度传感器。

（3）电磁阀

电磁阀是常用的结构简单的二位式电动执行机器，它是依靠电磁力工作的。图 10-34 所示为二位二通电磁阀原理图。当卷绕在铁芯上的线圈中流过电流时，电磁铁有磁性，吸引阀芯向左移动，流体的通道被接通。当切断线圈中电流，电磁铁失去磁性，在弹簧的作用下，阀芯向右移动，流体的通道被切断。

图 10-35 为具有联锁功能的带电磁阀的气动执行器，图 10-36 为其原理结构图。

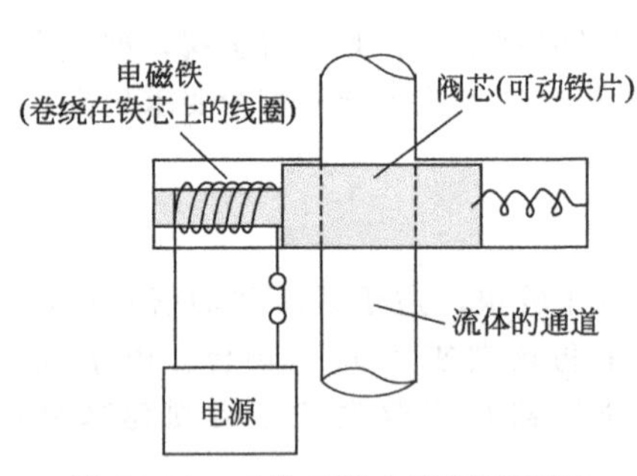

图 10-34 二位二通电磁阀原理图

图 10-35 带电磁阀的气动执行器

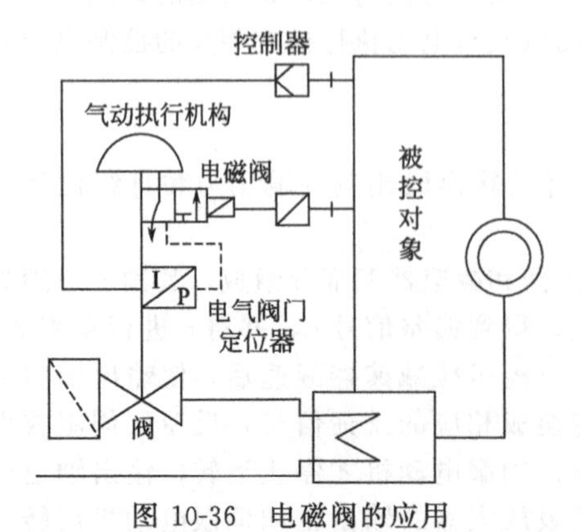

图 10-36 电磁阀的应用

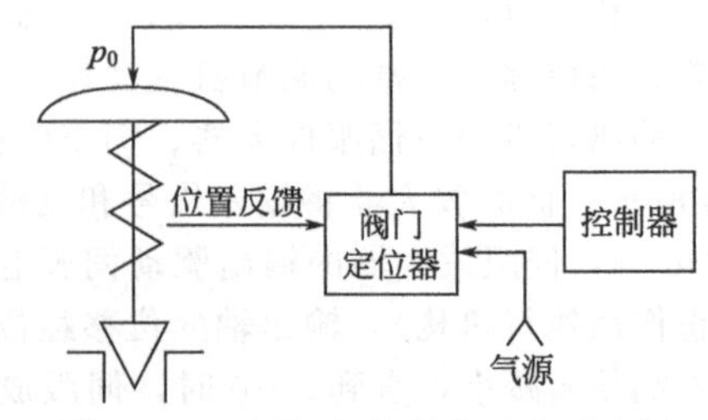

图 10-37 阀门定位器的功能示意图

10.4.3　电气转换器与阀门定位器

阀门定位器与气动调节阀配套使用，是气动调节阀的主要附件。阀门定位器功能如图 10-37 所示，它接受控制器的输出信号，然后成比例地输出信号至执行机构，使阀杆产生位移，其位移量通过机械装置反馈到阀门定位器。当位移反馈信号与输入的控制信号相平衡时，阀杆停止动作，调节阀的开度与控制信号相对应。阀门定位器与气动执行机构构成的是一个负反馈系统，因此阀门定位器可以提高执行机构的线性度，实现准确定位，并且可以改变执行机构的特性，从而可以改变整个执行器的特性。阀门定位器可以采用更高的气源压力，可增大执行机构的输出力、克服阀杆的摩擦力、消除不平衡力的影响和加快阀杆移动的速度。阀门定位器与执行机构安装在一起，可减少控制信号传输滞后。

阀门定位器按结构形式可分为气动阀门定位器、电/气阀门定位器和智能阀门定位器。气动阀门定位器直接接受气动信号。电/气阀门定位器接受 4～20mA 的直流电流信号，用以控制气动薄膜式或气动活塞式调节阀，能起到电/气转换器和气动阀门定位器两种作用。下面以电/气阀门定位器为例介绍阀门定位器的结构及原理。

电/气阀门定位器如图 10-38 所示，按力矩平衡原理工作。当输入电流 I_o 通入永久磁钢 1 中线圈时，线圈受永久磁钢作用，对主杠杆 2 产生一个向左的力，使主杠杆绕支点 15 逆时针偏转，固定在主杠杆上的挡板靠近喷嘴 13，使放大器 14 背压升高，经放大后输出气压也随之升高。此输出作用在气动执行机构 8 中的薄膜气室，使阀杆向下运动。阀杆的位移通过反馈杆 9 绕支点 4 偏转，反馈凸轮 5 也跟着逆时针偏转，通过滚轮 10 使副杠杆 6 绕支点 7 顺时针偏转，从而使反馈弹簧 11 拉伸，反馈弹簧产生反馈力矩使主杠杆顺时针偏转，当反馈力矩与电磁力矩相平衡时，阀门定位器就达到平衡状态。此时，阀杆就稳定在某一位置，从而实现了阀杆位移与输入信号电流成正比关系。

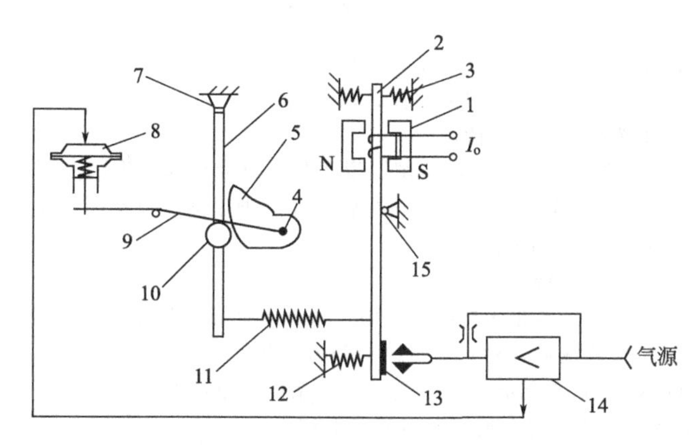

图 10-38　电/气阀门定位器结构示意图

1—永久磁钢；2—主杠杆；3—迁移弹簧；4—支点；5—反馈凸轮；6—副杠杆；7—副杠杆支点；8—气动执行机构；9—反馈杆；10—滚轮；11—反馈弹簧；12—调零弹簧；13—喷嘴挡板机构；14—气动放大器；15—主杠杆支点

智能阀门定位器以微处理器为核心，同时采用了各种新技术和新工艺，因此具有定位精度和可靠性高、流量特性修改方便、零点和量程调整简单等优点，同时还具有诊断和监测功能。接受数字信号的智能阀门定位器，具有双向的通信功能，可以就地或远距离地利用上位机或手持式操作器进行阀门定位器的组态、调试和诊断。智能阀门定位器有三种。第一种是只接受 4～20mA 的直流电流信号的阀门定位器；第二种是既接受 4～20mA 模拟信号、又能接受数字信号的，即 HART 通信的阀门定位器；第三种是只进行数字信号传输的现场总线阀门定位器。智能阀门定位器均用以控制薄膜式或活塞式气动调节阀。

本 章 小 结

① 过程控制仪表是对测量信号与给定信号的偏差，按一定控制规律进行的运算，结果作为

控制信号送至执行单元，控制阀门的动作。

② 过程控制仪表按照信号传递形式分为数字式和模拟式；按照能源分为电动、气动和液动式；按照结构原理分为基地式和单元组合式。

③ 目前电动过程控制仪表一般采用国际信号标准，24V 直流供电，现场采用 4～20mA 信号、控制室采用 1～5V 信号传递。现场变送器分为二线制和四线制接线。

④ 基型调节器在Ⅲ型控制仪表中具有代表性，兼有内给定偏差指示、手动输出、阀位指示和 PID 运算功能，具有软、硬手动和自动工作方式，可以实现相互切换，但切换至硬手动之前必须先平衡，再切换。

⑤ 其他单元仪表包括变送单元、给定单元、运算单元、转换单元、辅助单元等。

⑥ PLC 主要用以完成以开关量为主的顺序控制。随着技术的进步，PLC 增加模拟量处理功能，现在也可以具有模拟量控制等多种功能。PLC 主体由三部分组成，主要包括中央处理器 CPU、存储系统和输入、输出接口。PLC 常用的编程语言有梯形图语言、助记符语言、功能表图和某些高级语言。现在多以梯形图语言为主。PLC 程序的执行采用集中处理的工作方式。

⑦ SIEMENS 生产的 SIMATIC S7 分成 S7-200、S7-300、S7-400 三个系列。其中 S7-200 是小型一体型的，在所支持的编程软件上与模块化的 S7-300、S7-400 两个系列有很大区别。OMRON C 系列 PLC 有微型、小型、中型和大型四大类十几种型号。其中微型和小型 C 系列的 PLC 已经被 CPM1A 或 CPM2A 替代。两种 PLC 的基本指令相似，只是表示方式有所区别。

⑧ 执行装置按照能源形式分为电动、气动和液动三种。执行器由执行机构和调节机构组成，电动、气动执行器主要区别在于执行机构。选用气开、气关阀的主要依据是保证生产安全节能等要求。

习 题 10

10-1 工业控制仪表有哪些类别？调节单元有什么作用？

10-2 过程控制仪表在信号传递过程中采用什么信号制？

10-3 什么是单元组合仪表？有哪些特点？

10-4 画出 DTL-3110 型调节器的正面面板图，说明各部分的名称与作用。

10-5 什么是硬手动？什么是软手动？如何进行软手动、硬手动、自动的切换？

10-6 写出单元组合仪表各单元的作用。

10-7 什么是 PLC？PLC 有何特点？

10-8 PLC 由哪几部分组成？各部分有什么作用？与个人计算机相比，工业控制计算机有什么不同？

10-9 PLC 按照 I/O 容量分成哪几种？按照结构分为哪几种？

10-10 SIEMENS 的 S7 PLC 包括哪几个系列？哪一系列是整体式？哪一系列是模块式？

10-11 使用 SIEMENS S7-200 指令编写两组抢答器梯形图。

10-12 简述 SIEMENS S7-200 的组态过程。

10-13 OMRON PLC 的 C 系列哪几种是整体式？哪几种是模块式？

10-14 开关 A 闭合后，输出阀门 B 立即导通，开关 A 断开后，阀门 B 延时 4s 断开，按照以上控制要求编写控制梯形图。

10-15 执行器有哪几种？

10-16 气动执行器由哪几部分组成？

10-17 选用气开、气关形式的原则是什么？

10-18 电/气阀门定位器的作用是什么？由哪几部分组成？

10-19 简述电动执行器的结构及工作原理。

10-20 电磁阀的工作原理是什么？举例说明其应用情况。

11 集散控制系统

学习目标：

- 了解计算机控制系统的组成及特点；
- 了解集散控制系统的基本组成；
- 了解集散控制系统组态的概念及步骤；
- 了解现场总线控制系统的组成及特点。

11.1 计算机控制系统概述

由模拟调节器等常规自动化工具实现的自动化系统称为常规控制系统，亦称模拟式控制系统，以计算机为主要控制装置的自动化系统称为计算机控制系统。

随着工业生产向大型化和连续化方向发展，生产过程日趋复杂，对过程控制的要求也就越来越高，常规模拟仪表已不能完全满足生产控制要求，计算机控制已广泛应用于石油、化工、冶金、煤炭、制药、电子、汽车、机械制造等行业。

电子计算机最初在过程控制中仅用作数据处理和巡回检测，取代记录仪等，后来逐渐取代模拟调节器，进入在线控制领域。由于计算机本身的运算速度快、存储容量大、具有记忆功能等特点，大大改变了操作控制界面，使生产过程的控制水平达到一个崭新的阶段。

11.1.1 计算机控制系统的特点

常规控制系统应用早，使用广泛，但其局限性较以计算机为主要控制设备的计算机控制系统也就十分明显，计算机控制系统的主要特点如下。

① 随着生产规模的扩大，模拟控制盘越来越长，给集中监视和操作带来困难。计算机采用分时操作，一台计算机可以代替许多台常规仪表，在一台计算机上操作与监视为现场操作人员提供了极大方便。

② 常规模拟式控制系统的功能实现和方案的修改比较困难，常需要进行硬件配置调整和接线更改；而计算机控制系统，由于其所实现功能的软件化，复杂控制系统的实现或控制方案的修改，只需修改程序，重新组态即可实现。

③ 常规模拟控制无法实现各系统之间的通信，不便于全面掌握和调度生产情况；计算机控制系统可以通过通信网络而互通信息，实现数据和信息共享，能使操作人员及时了解生产情况，改变生产控制和经营策略，使生产处于最优状态。

④ 计算机具有记忆和判断功能，能够综合生产中各方面的信息，在生产发生异常情况下及时作出判断，采取适当措施，并提供故障原因的准确指导，缩短系统维修和排除故障的时间，提高系统运行的安全性，提高生产效率。这是常规仪表所达不到的。

11.1.2 计算机控制系统的组成

计算机控制系统的组成框图如图 11-1 所示。计算机控制系统主要由传感器、过程输入输出通道、主机及其外设、操作台、执行机构等组成。

① 传感器　将过程变量转换成计算机所能接受的信号，如 4～20mA 或 1～5V。

② 过程输入通道　包括采样器、数据放大器和模数转换器。接受传感器传送来的信号进行相关的处理（有效性检查、滤波等）并转换成数字信号。

③ 控制计算机　它根据采集的现场信息，按照事先存储在内存中的控制算法（即计算机程序）进行计算，通过过程输出通道传送给相关的接收装置。

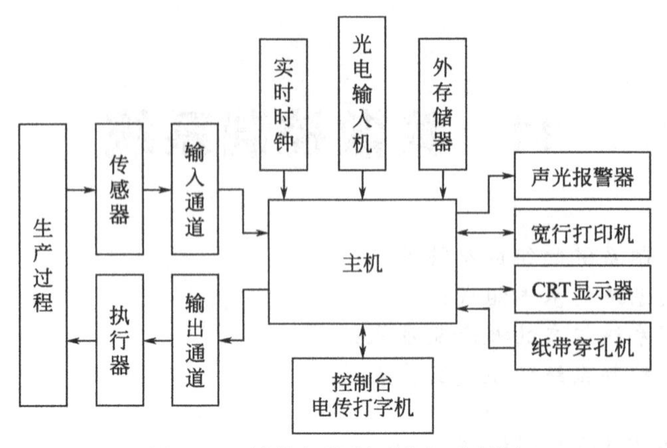

图 11-1 计算机控制系统组成框图

控制计算机可以是小型通用计算机，也可以是微型计算机。计算机一般由运算器、控制器、存储器（CPU）以及输入、输出接口等部分组成。

④ 外围设备 外围设备主要是为了扩大主机的功能而设置的，用来显示、打印、存储及传送数据。一般包括光电机、打印机、显示器、报警器等。

⑤ 控制台 进行人机对话的工具。控制台一般设置键盘与操作按钮，可以用来修改被控变量的设定值和报警的上、下限值，控制器的参数 K_c、T_i、T_d 值或对计算机发出指令等。

⑥ 过程输出通道 将计算机的计算结果经过相应的变换送往执行机构，对生产过程进行控制。

⑦ 执行机构 接收多路开关送来的控制信号，执行机构产生相应的动作，改变控制阀的开度，从而达到控制生产过程的目的。

11.1.3 计算机控制系统的类型

计算机控制系统的分类标准较多，大多数情况下按功能和结构两个方面来划分。

(1) 按系统的功能分类

① 操作指导控制系统 操作指导控制系统如图 11-2 所示，计算机对生产过程中的数据进行采集、处理，分析、显示、存储、越限报警。操作人员根据生产数据和操作经验对调节仪表进行设置，控制执行器对生产过程进行控制。

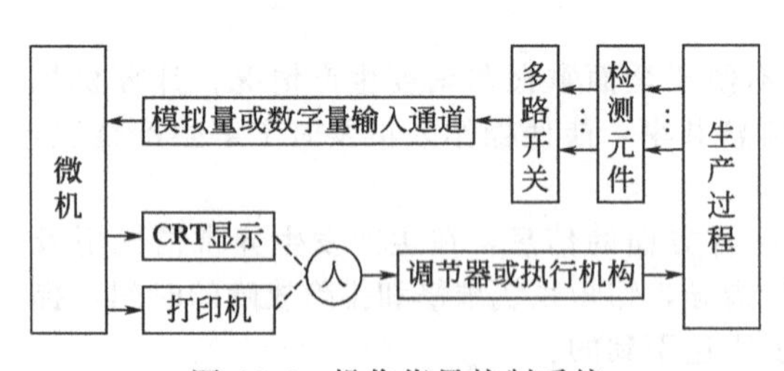

图 11-2 操作指导控制系统

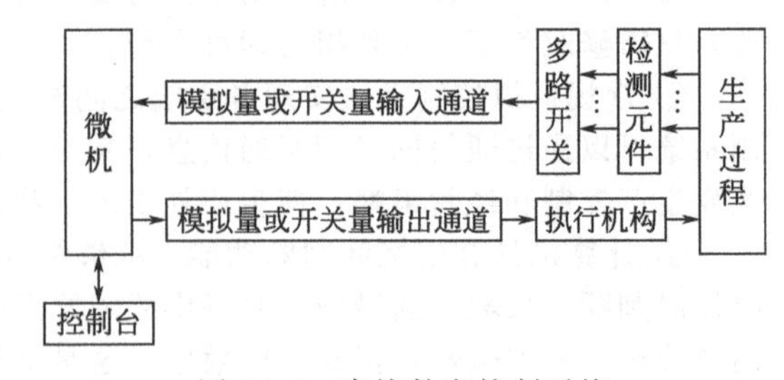

图 11-3 直接数字控制系统

操作指导控制系统是开环控制系统，结构简单，控制灵活和安全，便于实施。缺点在于人工判断操作，控制速度慢，不能对多个过程进行快速的控制。

② 直接数字控制（Direct Digital Control，简称 DDC） 直接数字控制系统是用计算机取代模拟控制器直接面对生产过程，是计算机控制的一种最基本的形式，又被简称为 DDC 控制系统。图 11-3 为直接数字控制系统组成的基本框图。

直接数字控制系统中的计算机配以适当的输入、输出设备，直接对几十个甚至上百个控制回路进行自动显示和数字控制。由于计算机是按巡回控制的方式一路顺序进行，因此 DDC 系统又称为多通道数字巡回控制系统。

生产过程（被控对象）中各种变量（温度、压力、流量、液位等）的变化情况，由一次仪表检测，经变送器转换成标准信号（如 4～20mA），继而由采样器顺序地、周期地将各个信号传送给数据放大器。被放大后的信号经模/数转换器（A/D）转换成二进制的数字代码输入计算机，计算机按照预先存放在存储器中的程序和数据，对被控变量按控制规律进行运算，并以二进制代码的形式输出运算结果。计算机输出的二进制代码经数/模转换器（D/A）转换成标准模拟信号（如 0～10mA 或 4～20mA），送给输出扫描装置。输出扫描装置按与采样相同的顺序和周期依次接通相应控制回路，或是直接操纵电动执行器，或经电气转换装置转换成 0.02～0.1MPa 的气压信号，控制气动执行器的动作，从而实现对生产的闭环控制。

一台 DDC 控制计算机可配打印机、CRT 显示器、控制台、报警装置等设备，分别用以完成测量值打印、显示制表、各种信息显示、各种参数调整、手动控制、参数越限报警等功能。

③ 计算机监督控制（Supervisory Computer Control，简称 SCC） 在此种控制系统中，计算机根据生产过程和其他的有关信息，按照描述生产过程的数学模型进行计算、处理，得出操作指令，去改变 DDC 工业控制机或模拟控制器的设定值，或改变控制器的类型，实现以物料平衡或热量平衡为基础的平稳操作，或获得某个给定的性能指标的最优值。

SCC 系统由上位机、下位机构成，上位机起监控作用，下位机起 DDC 作用，如图 11-4 所示。SCC 计算机按照生产过程工况、操作条件的变更信息和数学模型进行必要的处理，向 DDC 计算机或模拟控制器提供最佳的给定值和最优控制量等控制信息。

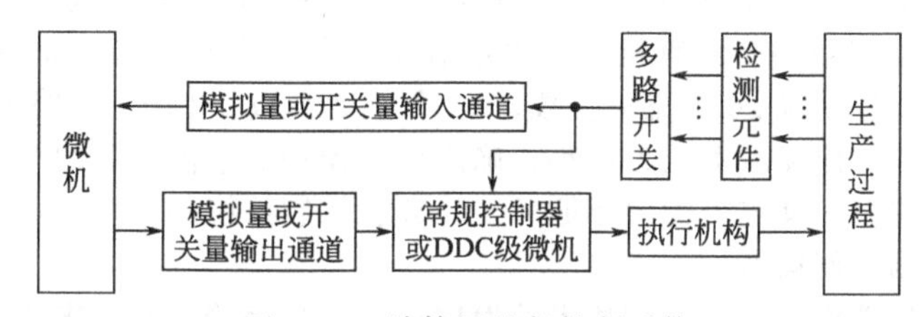

图 11-4 计算机监督控制系统

SCC 系统就其功能而言有两种形式：一种是寻求控制手段的最优设定值，又称为 SPC 控制系统，即根据工况的变化，计算出最优的控制指标作为 DDC 计算机或模拟控制器的设定值；另一种是设计一个最优控制器，以满足一个控制系统的最优指标，即根据工况来确定控制方式或控制器的控制规律。

④ 集散控制系统 现代工业的特点是生产规模大型化，生产过程连续化，各装置之间关系复杂化，单台计算机难以实现对企业的综合管理和控制，只能采用集散控制系统来实现。

集散控制系统中包含有若干台计算机，并分成几个层次，如图 11-5 所示。处于最基层的计算机称为下位机，是“基本控制器”，直接控制生产过程。在其上层的“监督计算机”也称为上位机，则根据数学模型按控制方案计算，指挥它下一级“基本控制器”的工作。高层的“经营管理计算机”进行全局规划、管理和调度，向它下一级的“监督计算机”下达指令。这样就构成了一个金字塔形的计算机控制系统，又叫作分级控制系统。

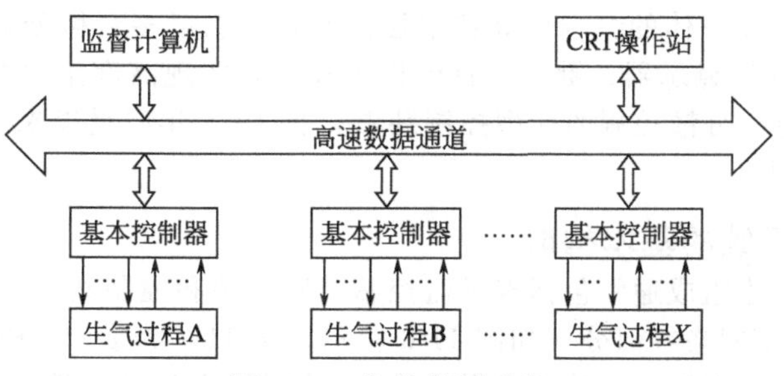

图 11-5 集散控制系统

(2) 按系统结构分

① 单机控制系统　用一台微机对生产过程进行控制的系统。它可以实现DDC控制，控制回路一般有4路、8路或16路。其特点是系统结构简单、价格便宜，适合于小规模生产装置的计算机控制。对于规模大、控制回路多的生产过程，可采用双机或多级计算机控制系统。

② 多级计算机控制系统　常见的是包含主、从计算机的两级计算机控制系统，可以实现SCC控制。主计算机称上位机，它具有较强的计算能力和人机对话能力，主要用于协调各个下位机的工作，监督和控制整个生产过程。处于从属地位的计算机称为下位机，也称前沿机，它接受上位机的指令，直接从事生产过程的数据采集和参数控制，并将有关的测量和控制信息返回给上位机。

③ 多级分布式计算机控制系统（Distributed Control System，简称DCS）　集散系统是20世纪70年代中期发展起来的一种全新分布式控制系统，从模拟电动控制仪表的操作习惯出发，融入计算机技术、控制理论、网络通信技术和CRT显示技术的发展成果，将生产管理数据集中显示，对生产过程控制分散实施，表现出集中管理、分散控制的明显的特点，通称“集散控制系统”。DCS系统具有极高的可靠性和系统组合、扩展的高度灵活性，并使危险性分散。DCS系统由于其突出的优越性，在生产中得以广泛应用。

11.1.4 计算机控制系统的发展趋势

自计算机问世以来，计算机在控制方面远落后于在科学计算、数据处理等方面的应用。真正将计算机用于控制系统是在1950年前后，在过程控制中使用计算机的思想产生于20世纪50年代中期，1959年3月1日第一套计算机控制系统在美国得克萨斯州亚瑟港炼油厂的聚合装置上正式投入运行，该系统控制着26个流量参数、72个温度参数、3个压力参数和3个机械位置参数。该系统的基本功能是使反应器压力最小，确定反应器的5个供料中的最优配比，根据催化剂活度实测值控制热水流量，确定最优闭环循环。计算机控制系统的优势初步得以体现，开创了计算机用于生产过程控制的新篇章。

随着控制理论、计算机技术、通信技术的发展而进一步完善，在未来的几年，计算机在控制领域里的应用将向集散化和综合化发展。

可编程控制器是新型的以开关量控制为主的计算机控制装置，具有优良的性能价格比，已取代继电接触控制，普遍应用于生产过程顺序控制系统。可编程控制器通过网络与上位计算机连接构成集散型PLC控制系统，也可实现操作和管理的集中化。

在连续生产过程中，集散控制系统仍是生产过程控制的主选装置。随着计算机技术越来越多应用于检测与传感器、执行装置，工艺生产中越来越多地将采用智能化的变送器和执行器，现场总线控制系统将逐渐取代集散控制系统。现场总线控制系统的控制过程在现场直接完成，数据传输采用数字传输方式，提高了传输速度与传输质量，控制的可靠性将进一步提高。

11.2 集散控制系统的特点及构成

集散控制系统是集计算机技术（Computer）、控制技术（Control）、通信技术（Communication）和CRT显示技术于一体的综合性高技术控制装置，它以多台微处理机分散应用于过程控制，通过通信网络、CRT显示器、键盘、打印机等设备，实现高度集中的操作、显示和报警管理。这种实现集中管理、分散控制的新型控制装置，自1975年问世以来，发展十分迅速，目前已经得到了广泛的应用。

11.2.1 集散控制系统的基本构成

集散控制系统的基本组成通常包括现场监控站（监测站和控制站）、操作站（操作员站和工程师站）、上位机和通信网络等部分，如图11-6所示。图11-7为横河CENTUM-CS系统的外观图，图中前排为操作台，即操作员站和工程师站；后排立柜为现场监控站。

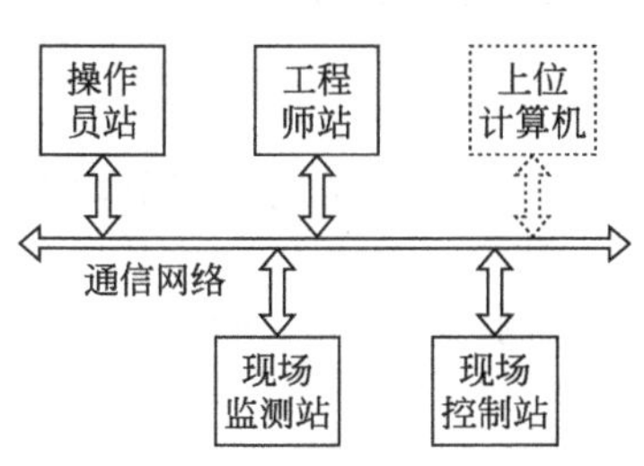

图 11-6 集散控制系统基本构成图

图 11-7 横河 CENTUM-CS 系统的外观图

现场监测站又叫数据采集站，直接与生产过程相连接，实现对过程非控制变量进行数据采集。它完成数据采集和预处理，并对实时数据进一步加工，为操作站提供数据，实现对过程变量和状态的监视和打印，实现开环监视，或为控制回路运算提供辅助数据和信息。

现场控制站直接与生产过程相连接，对控制变量进行检测、处理，并产生控制信号驱动现场的执行机构，实现生产过程的闭环控制。它可控制多个回路，具有极强的运算和控制功能，能够自主地完成回路控制任务，实现连续控制、顺序控制和批量控制等。

操作员站简称操作站，是操作人员进行过程监视、过程控制操作的主要设备，提供良好的人机交互界面，实现集中显示、集中操作和集中管理等功能。一些操作站还可以进行系统组态的部分或全部工作，兼具工程师站的功能。

工程师站主要用于对 DCS 进行离线的组态工作和在线的系统监督、控制与维护。工程师能够借助于组态软件对系统进行离线组态，并在 DCS 在线运行时实时地监视 DCS 网络上各站的运行情况。

上位计算机用于全系统的信息管理和优化控制（早期的 DCS 中一般不设上位计算机）。上位计算机通过网络收集系统中各单元的数据信息，根据建立的数学模型和优化控制指标进行后台计算，实现优化控制等功能。

通信网络是集散控制系统的中枢，它连接 DCS 的监测站和控制站、操作员站、工程师站、上位计算机等部分。各部分之间的信息传递均通过通信网络实现，完成数据、指令及其他信息的传递，从而实现整个系统协调一致地工作，进行数据和信息共享。

操作员站、工程师站和上位计算机构成集中管理部分，现场监测站、现场控制站构成分散控制部分，通信网络是连接集散系统各部分的纽带，是实现集中管理、分散控制的关键。

经过近三十年的时间的发展，集散控制系统的结构不断更新。DCS 的层次化体系结构已成为它的显著特征，使之充分体现集散系统集中管理、分散控制的思想。若按照功能划分，集散型控制系统按功能结构分成以下四层体系结构，如图 11-8 所示。

经营管理级			第四层
生产管理级			第三层
过程管理级			第二层
直接控制级			第一层
连续控制过程	顺序控制过程	批量控制过程	现场设备

图 11-8 集散控制系统的体系结构

(1) 直接控制级

又称数据采集装置，对过程中非控变量进行数据采集和预处理，对实时数据进一步加工处理，供 CRT 操作站显示和打印，从而实现开环监视，并将采集到的数据传输到监控计算机。输出装置在有上位机的情况下，能以开关量或者模拟量信号的方式，向终端元件输出计算机控制命令。

此级直接面对现场，跟现场过程相连。比如阀门、电机、各类传感器、变送器、执行机构等。它们都是工业现场的基础设备，同样也是 DCS 的基础。在 DCS 系统中，这一级别的功能就是服从上位机发来的命令，同时向上位机反馈执行的情况。准确服从指令，准确向上层发送情况即完成使命。至于与上位机交流，是通过模拟信号或者现场总线的数字信号。由于模拟信号在传递的过程或多或少存在一些失真或者受到干扰，所以目前流行的是通过现场总线来进行DCS信号的传递。

（2）过程管理级

又称现场控制单元或基本控制器，是DCS系统中的核心部分。对生产工艺的调节均由其实现。如阀门的开闭调节、顺序控制、连续控制等。

过程管理级接受直接控制级传来的信号，按照工艺要求进行控制规律运算，然后将结果作为控制信号发给直接控制级的设备。

（3）生产管理级

DCS的人机接口装置，普遍配有高分辨率、大屏幕的彩色CRT、操作者键盘、打印机、大容量存储器等。操作员通过操作站选择各种操作和监视生产情况，此级是操作人员跟DCS交换信息的平台，是DCS的核心显示、操作和管理装置。操作人员通过操作站来监视和控制生产过程，可以通过屏幕了解到生产运行情况，了解每个过程变量的数字和状态。可根据需要随时进行手动、自动切换，修改设定值，调整控制信号，操纵现场设备，实现对生产过程的控制。

（4）经营管理级

又称上位机，功能强、速度快、容量大。通过专门的通信接口与高速数据通道相连，综合监视系统各单元，管理全系统的所有信息。

这是自动化系统综合控制系统的最高层，只有大规模的集散控制系统才具备这一级。所面向的使用者是厂长、经理、总工程师等行政管理或运行管理人员，权限很大，可以监视各部门的运行情况，利用历史数据和实时数据预测可能发生的各种情况，从企业全局利益出发，帮助企业管理人员进行决策，帮助企业实现其计划目标。

11.2.2 集散控制系统的特点

集散控制系统具有集中管理和分散控制的显著特征，与模拟仪表控制系统和集中式工业控制计算机系统相比，具有显著的特点。

① 控制功能丰富　DCS系统具有多种运算控制算法和其他数学、逻辑运算功能，如四则运算、逻辑运算、PID控制、前馈控制、自适应控制和滞后时间补偿等；还具有顺序控制和各种联锁保护、报警等功能。可以通过组态把以上这些功能有机地组合起来，形成各种控制方案，满足系统的要求。

② 监视操作方便　DCS系统通过CRT显示器和键盘、鼠标操作可以对被控对象的变量值及其变化趋势、报警情况、软硬件运行状况等进行集中监视，实施各种操作功能，画面形象直观。

③ 信息和数据共享　DCS系统各站在独立工作的同时，通过通信网络传递各种信息和数据协调工作，使整个系统信息共享。DCS系统通信采用国际标准通信协议，符合OSI七层体系，具有极强的开放性，便于系统间的互连，提高了系统的可用性。

④ 系统扩展灵活　DCS系统采用标准化、模块化设计，可以满足不同规模工程对象的要求。硬件设计上采用积木搭接方式进行灵活配置，扩展灵活。

⑤ 安装维护方便　DCS采用专用的多芯电缆、标准化插接件和规格化端子板，便于装配和维修更换。DCS具有强大的自诊断功能，为故障判别提供准确的指导，维修迅速准确。

⑥ 系统可靠性高　集散控制系统管理集中而控制分散，使得危险分散，故障影响面小。系统的自诊断功能和采用的冗余措施等，支持系统无中断工作，平均无故障时间（MTBF）可达10万小时以上。

11.3 集散控制系统的组态

11.3.1 集散控制系统组态的概念

集散型控制系统由硬件和软件两大部分构成，硬件和软件都具有灵活的组态和配置能力。

DCS的硬件通过网络系统将不同数目的现场控制站、操作员站和工程师站连接起来，共同完成各种采集、控制、显示、操作和管理功能。组态按照软件提供的工具和方法及工程的要求，对DCS系统进行硬件配置和软件定义。本节以实际案例重点讲述软件定义问题。

DCS控制系统组态的过程，尽管DCS控制系统的具体结构各异，组态软件多种多样，但组态的基本过程是一致的，下面以浙江中控的CS2000DCS系统为例，说明组态的过程。集散控制系统的组态流程如图11-9所示。

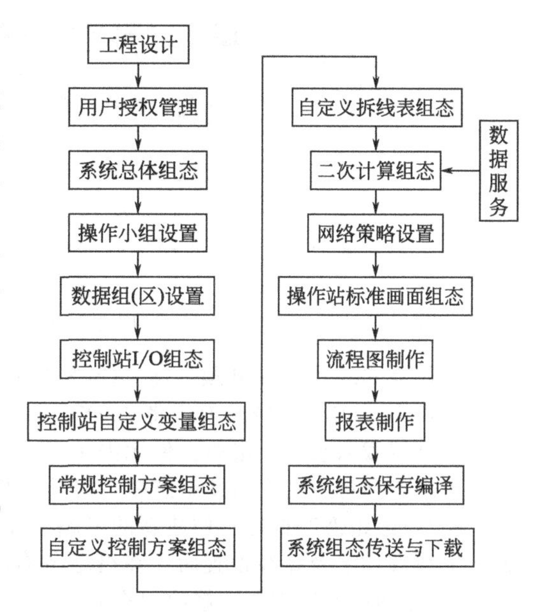

图 11-9 集散控制系统的组态流程

① 分析工艺流程 熟悉工艺流程，了解工艺指标的要求，熟悉控制方案及控制回路的各个变量关系。将所有的工艺变量按类别列表，以供定义I/O卡点需要。列表分类既要考虑工艺的岗位不同，也要考虑变量的不同类别。

② 了解DCS的构成及控制站上卡件的配置情况 对具体的DCS结构，应明确控制站上卡件的配置，并将卡件列表，分配具体地址。

③ 按照工艺操作要求设置用户权限 根据工艺岗位的人员配置和分工要求，确定人员的权限。如工程师的工作权限，操作员的工作权限，按照企业的人员分工划分，兼顾到权、责、利相结合的原则。

④ 系统总体组态设置 系统总体组态设置包括操作小组的设置、控制站的设置、操作站的设置，打开组态软件后，按照软件的窗口提示的功能配置系统。

⑤ 绘制工艺流程图及报表定义 在组态软件里绘制工艺流程图和编辑定义报表时，尽量使用软件本身提供的工具，取得较好的绘图一致性。注意在图上设置变量时，一定要用添加功能，将之前定义的变量添加上，避免二次输入错误。

需要画弹出式流程图时，要选择主要应观察的部位，画弹出式流程图，画法与流程图一样，注意保存的位置。

⑥ 编译修改，重复④～⑥步，直到编译通过 回答完所有的问题后，应保存文件。注意保存的文件是原始代码程序，需要经过编译才能变换成计算机可执行的目标代码程序。在编译的过程中，系统会检查发现错误，帮助程序员修改。保存后的组态要编译，编译过程发现错误，要认真分析，弄清原因，返回到该功能的制作窗口去修改，修改后保存，再编译，直到编译通过为止(注意，不是所有的组态软件都要编译，例如，Emerson的组态软件就无需编译)。

⑦ 仿真运行及实际运行测试 编译过的组态，可以仿真运行调试。所谓仿真运行，是用计算机的存储器上的数据库中的数据，对组态软件程序的正确性和模块之间连接关系的正确性进行测试。

如能通过，就可以实际运行测试。实际运行测试，是对数据的采集、数据库的功能、程序的正确性、程序之间的衔接、输出画面功能等作全面的测试，如发现问题，则重复修改—编译—运行过程，直至运行正确为止。

11.3.2 组态界面总貌

启动系统组态软件SCKey时，需要先行登录，完成登录后，将弹出“SCKey文件操作”对话框如图11-10所示。

- 作为ECS100系统转换：将ECS100系统组态文件转换为当前系统组态文件。
- 作为300X系统转换：将300X系统组态文件转换为当前系统组态文件。

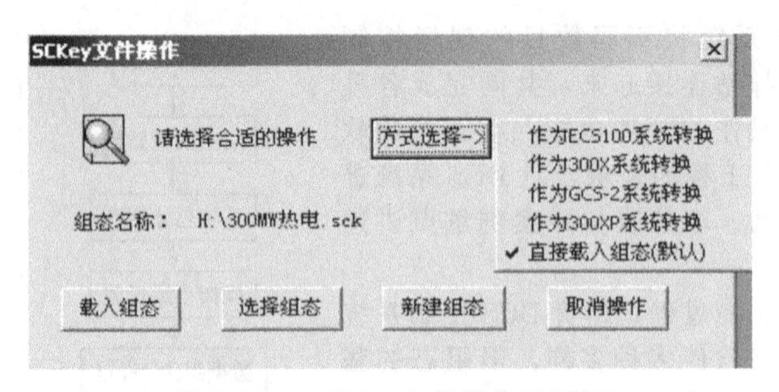

图 11-10 SCKey 文件操作对话框

- 作为 GCS-2 系统转换：将 GCS-2 系统组态文件转换为当前系统组态文件。
- 作为 300XP 系统转换：将 300XP 系统组态文件转换为当前系统组态文件。
- 直接载入组态：组态文件无需转换。
- 组态名称：首次启动组态软件时此项显示无内容，否则显示上次的组态文件名。
- “新建组态”按钮：创建新的组态文件。点击此按钮将弹出新组态文件保存位置设置对话框，完成文件名及路径设置后，在组态名称后将显示相应的结果。
- “选择组态”按钮：修改组态时，选择一个已经存在的组态文件。点击此按钮将弹出打开文件对话框，选择好组态文件后，在组态名称后将显示相应的结果。
- “载入组态”按钮：打开系统组态界面，载入组态名称后面指定的组态文件。
- “取消操作”按钮：取消打开组态软件的操作。

点击“载入组态”按钮，将弹出系统组态界面如图 11-11 所示。

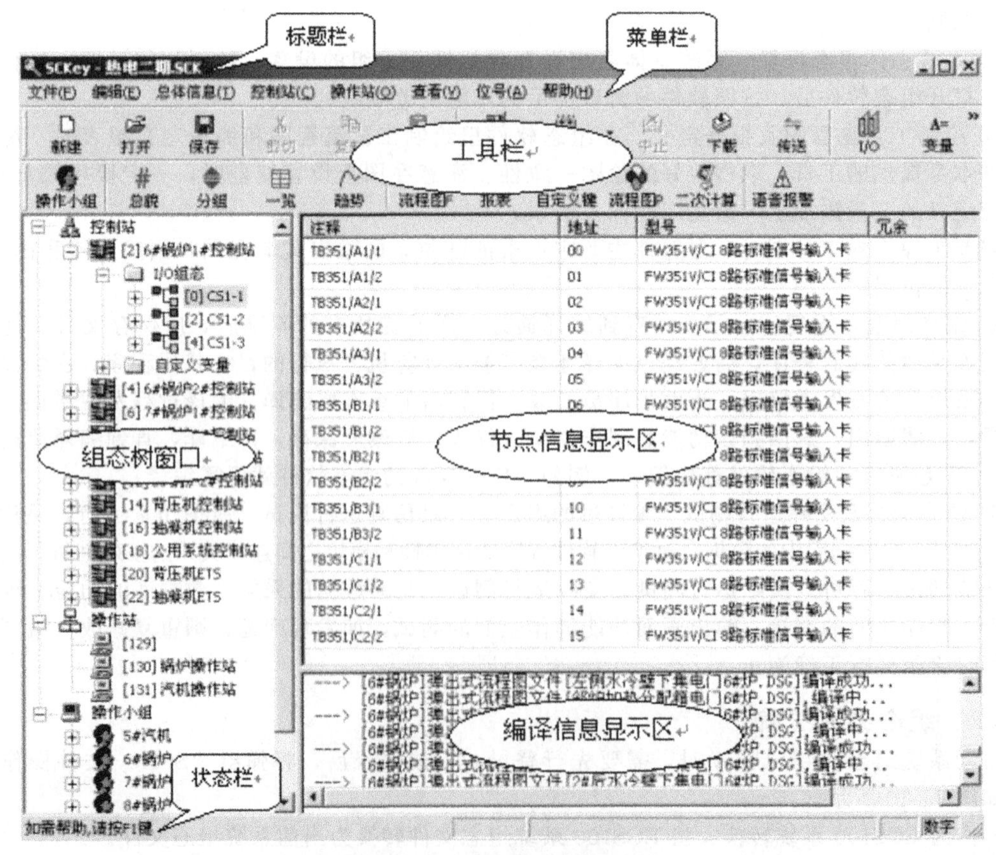

图 11-11 系统组态界面

• 标题栏：显示正在操作的组态文件的名称。

• 菜单栏：显示经过归纳分类后的菜单项，包括文件、编辑、总体信息、控制站、操作站、查看、位号和帮助八个菜单项，每个菜单项含有下拉式菜单。

• 工具栏：将常用的菜单命令和功能图形化为工具图标集中为工具栏。工具栏图标基本上包括了组态的大部分操作，结合菜单和右键使用，将给用户带来很大的方便。

• 状态栏：显示当前的操作信息。当鼠标光标置于界面中任意处时，状态栏将提示系统处于何种操作状态。

• 组态树窗口：显示了当前组态的控制站、操作站和操作小组的总体情况。

• 节点信息显示区：详细显示了某个节点（包括左边组态树中任意一个项目）具体信息。单击任意一个节点名称，可以在此看到与其相关的详细信息。

11.3.3 集散型控制系统的组态案例分析

以精馏塔工艺的DCS系统组态为例。

【工艺分析】

分馏是化工、石油化工、炼油生产过程中应用极为广泛的传质传热过程，精馏的目的是根据溶液中各组分挥发度（或沸点）的差异，使各组分得以分离并达到规定的纯度要求。精馏工艺的流程图如图11-12所示。

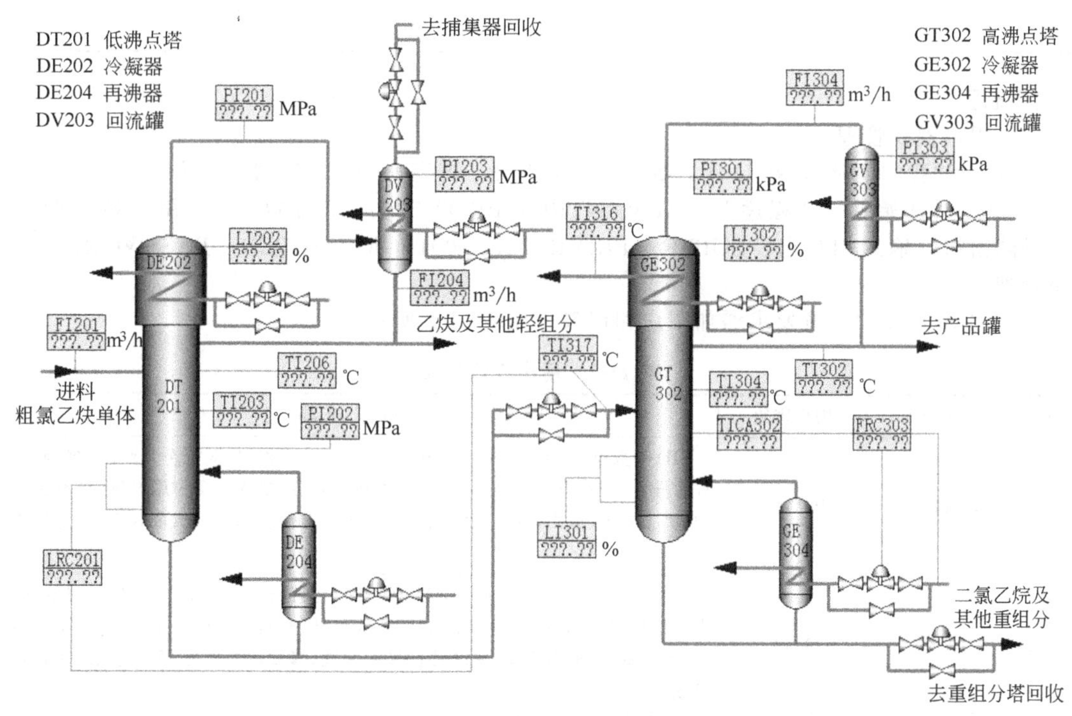

图 11-12 精馏工艺的流程图

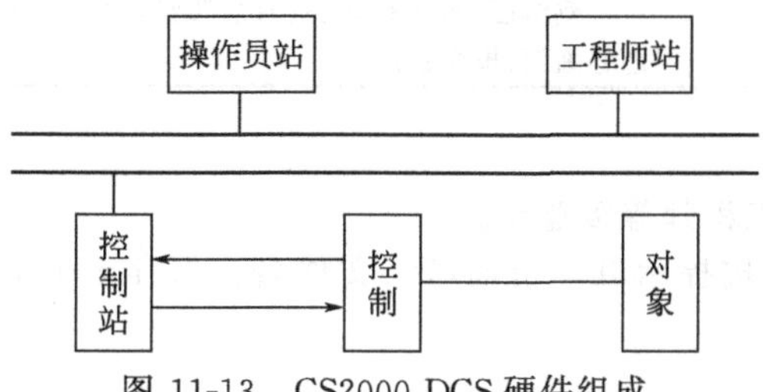

图 11-13 CS2000 DCS 硬件组成

【DCS硬件组成】

CS2000 DCS的硬件组成如图11-13所示。控制站的功能及控制台的详细功能可查阅产品说明书和接线图。控制站中有电源机笼、卡件机笼、20个插槽，各卡件功能如表11-1所示。

表11-1 卡件功能

序号	卡件名称	规格功能说明	序号	卡件名称	规格功能说明
1	XP243	主控制卡	7	XP316	4路热电阻信号输入卡
2	XP243	主控制卡	8	XP316	4路热电阻信号输入卡
3	XP233	数据转发卡	9	XP316	4路热电阻信号输入卡
4	XP233	数据转发卡	10	XP316	4路热电阻信号输入卡
0	XP313	6路电流信号输入卡	11	XP316	4路热电阻信号输入卡
1	XP313	6路电流信号输入卡	12	XP322	4路模拟信号输出卡
2	XP313	6路电流信号输入卡	13	XP322	4路模拟信号输出卡
3	XP316	4路热电阻信号输入卡	14	XP363	8路触点型开入卡
4	XP316	4路热电阻信号输入卡	15	XP362	8路晶体管接点开出卡
5	XP316	4路热电阻信号输入卡	16	XP000	空卡
6	XP316	4路热电阻信号输入卡			

【组态】

(1) 用户授权管理

① 双击“我的电脑”，在D盘上新建一个文件夹，名字为D:\“精馏塔系统”。

② 单击“开始”—“程序”—ADVANTROL-PRO2.50.04学习版——“用户授权管理”，出现登陆窗口，输入用户名：SUPER _ PRIVILEGE _ 001，密码SUPER _ PASSWORD _ 001，登录管理。

③ 分别增加用户，按要求增加用户和权限，如表11-2所示。

表11-2 用户权限定义

权限	用户名	用户密码	相应权限
特权	系统维护	SUPCONDCS	PID参数设置、报表打印、报表在线修改、报警查询、报警声音修改、报警使能、查看操作记录、查看故障诊断信息、查找位号、控制器正反作用设置、屏幕拷贝打印、手工置值、退出系统、系统热键屏蔽设置、修改趋势画面、重载组态、主操作站设置
工程师+	工程师	1111	PID参数设置、报表打印、报表在线修改、报警查询、报警声音修改、报警使能、查看操作记录、查看故障诊断信息、查找位号、控制器正反作用设置、屏幕拷贝打印、手工置值、退出系统、系统热键屏蔽设置、修改趋势画面、重载组态、主操作站设置
操作员	操作员甲	1111	重载组态、报表打印、查看故障诊断信息、屏幕拷贝打印、查看操作记录、修改趋势画面、报警查询
操作员	操作员乙	1111	重载组态、报表打印、查看故障诊断信息、屏幕拷贝打印、查看操作记录、修改趋势画面、报警查询

(2) 新建项目组态

① 打开组态软件，以工程师等级登录。

② 选择“新建组态”，按提示以“精馏塔”文件名，保存至D盘上的“精馏塔系统”文件夹，出现组态窗口。

(3) 项目组态

① 单击“总体信息”—“主机设置”菜单，出现对话框，选“主控制卡”选项，将主控制卡注释为“分馏塔机组”，增加2个主控卡，型号为XP-243，设置为冗余。

② 设置一个工程师站，IP地址为128.128.1.130，两个操作员站，IP地址为128.128.1.131与128.128.1.132，单击“整理”即保存。

③ 单击“操作小组”出现对话框——增加操作小组三个，如表11-3所示，并创建数据分区如表11-4所示，单击“退出”。

表11-3　操作小组定义

操作小组名称	切换等级	光字牌名称及对应分区
操作员甲	操作员	温度:对应温度数据分区 压力:对应压力数据分区 流量:对应流量数据分区 液位:对应液位数据分区
操作员乙	操作员	
工程师	工程师	

表11-4　创建数据分区

数据分组	数据分区	位　　号
低沸点塔	温度	TI-201、TI-202、TI-203、TI-204、TI-215、TI-216、TI-217
	压力	PI-201、PI-202、PI-203
	流量	FI-201、FI-202、FI-203、FI-204
	液位	LI-201、LI-202
高沸点塔		
工程师		

④ 单击“控制站”，选择“I/O组态”，设置数据转发卡2个，型号为XP-233，冗余设置；选择“I/O卡件”，其中I/O点要按要求控制站中卡件的位置及工艺的要求分配卡件功能，如表11-5所示。

表11-5　卡件功能分配

IP	位号	描　　述	I/O类型	量程	单位	报　　警	卡件
00-00	FI-201	低沸点塔进料流量	AI不配电4～20mA	0～100	m^3/h	跟踪值50,高偏10报警	XP313
00-01	FI-202	低沸点塔冷却水流量	AI不配电4～20mA	0～100	m^3/h	高报:70	同上
00-02	FI-203	低沸点塔蒸汽流量	AI不配电4～20mA	0～100	m^3/h	上升速度10%/s报警	同上
00-03	FI-204	低沸点塔回流流量	AI不配电4～20mA	0～100	m^3/h	70%高报	同上
00-04	LI-201	低沸点塔塔釜液位	AI不配电4～20mA	0～100	%	90%高报,30%低报	同上
00-05	LI-202	塔顶冷凝罐液位	AI不配电4～20mA	0～100	%	80%高报,30%低报	同上
01-00	PI-201	低沸点塔塔顶压力	AI不配电4～20mA	0～1	MPa	90%高报	XP313
01-01	PI-202	低沸点塔塔釜压力	AI不配电4～20mA	0～16	MPa	70%高报	同上
01-02	PI-203	低沸点塔回流罐压力	AI不配电4～20mA	0～16	MPa	70%高报	同上
01-03	FI-301	高沸点塔进料流量	AI不配电4～20mA	0～100	m^3/h	跟踪值50,高偏10报警	同上
01-04	FI-302	高沸点塔冷却水流量	AI不配电4～20mA	0～600	m^3/h	高报:70	同上
01-05	FI-303	高沸点塔蒸汽流量	AI不配电4～20mA	0～400	m^3/h	上升速度10%/s报警	同上
02-00	FI-304	高沸点塔回流流量	AI不配电4～20mA	0～400	m^3/h	70%高报	XP313
02-01	LI-301	高沸点塔塔釜液位	AI不配电4～20mA	0～100	%	90%高报,30%低报	同上

续表

IP	位号	描 述	I/O类型	量程	单位	报 警	卡件
02-02	LI-302	高沸点塔塔顶冷凝罐液位	AI不配电 4～20mA	0～100	%	80%高报,30%低报	同上
02-03	PI-301	高沸点塔塔顶压力	AI不配电 4～20mA	0～1	kPa	90%高报	同上
02-04	PI-302	高沸点塔塔釜压力	AI不配电 4～20mA	0～16	kPa	70%高报	同上
02-05	PI-303	高沸点塔回流罐压力	AI不配电 4～20mA	0～16	kPa	70%高报	同上
03-00	TI-201	低沸点塔塔釜温度	Pt100型RTD	0～100	℃	90%高报,10%低报	XP316
03-01	TI-202	低沸点塔塔顶温度	Pt100型RTD	0～200	℃	10%低报	同上
03-02	TI-203	第三块塔板温度	Pt100型RTD	0～100	℃	上升速度10%/s报警	同上
03-03	TI-204	第四块塔板温度	Pt100型RTD	0～100	℃	上升速度10%/s报警	同上
04-00	TI-205	第五块塔板温度	Pt100型RTD	0～100	℃	10%低报	XP316
04-01	TI-206	第六块塔板温度	Pt100型RTD	0～100	℃	10%低报	同上
04-02	TI-207	第七块塔板温度	Pt100型RTD	0～100	℃	10%低报	同上
04-03	TI-208	第八块塔板温度	Pt100型RTD	0～100	℃	10%低报	同上
05-00	TI-209	第九块塔板温度	Pt100型RTD	0～100	℃	10%低报	XP316
05-01	TI-210	第十块塔板温度	Pt100型RTD	0～100	℃	10%低报	同上
05-02	TI-211	第十一块塔板温度	Pt100型RTD	0～100	℃	10%低报	同上
05-03	TI-213	第十三块塔板温度	Pt100型RTD	0～100	℃	10%低报	同上
06-00	TI-214	第十四块塔板温度	Pt100型RTD	0～100	℃	10%低报	XP316
06-01	TI-215	冷却水入口温度	Pt100型RTD	0～100	℃	70%高报	同上
06-02	TI-216	冷却水出口温度	Pt100型RTD	0～100	℃	80%高报	同上
06-03	TI-217	低沸点塔进料温度	Pt100型RTD	0～100	℃	90%高报	同上
07-00	TI-301	高沸点塔塔釜温度	Pt100型RTD	0～100	℃	90%高报,10%低报	XP316
07-01	TI-302	高沸点塔提馏段温度	Pt100型RTD	0～100	℃	90%高报,10%低报	同上
07-02	TI-303	高沸点塔第三块塔板温度	Pt100型RTD	0～100	℃	上升速度10%/s报警	同上
07-03	TI-304	高沸点塔第四块塔板温度	Pt100型RTD	0～100	℃	上升速度10%/s报警	同上
08-00	TI-305	高沸点塔第五块塔板温度	Pt100型RTD	0～100	℃	10%低报	XP316
08-01	TI-306	高沸点塔第六块塔板温度	Pt100型RTD	0～100	℃	10%低报	同上
08-02	TI-307	高沸点塔第七块塔板温度	Pt100型RTD	0～100	℃	10%低报	同上
08-03	TI-308	高沸点塔第八块塔板温度	Pt100型RTD	0～100	℃	10%低报	同上
09-00	TI-309	高沸点塔第九块塔板温度	Pt100型RTD	0～100	℃	10%低报	XP316
09-01	TI-310	高沸点塔第十块塔板温度	Pt100型RTD	0～100	℃	10%低报	同上
09-02	TI-311	高沸点塔第十一块塔板温度	Pt100型RTD	0～100	℃	10%低报	同上
09-03	TI-312	高沸点塔第十二块塔板温度	Pt100型RTD	0～100	℃	10%低报	同上
10-00	TI-313	高沸点塔第十三块塔板温度	Pt100型RTD	0～100	℃	10%低报	XP316
10-01	TI-314	高沸点塔第十四块塔板温度	Pt100型RTD	0～100	℃	10%低报	同上
10-02	TI-315	高沸点塔冷却水入口温度	Pt100型RTD	0～100	℃	70%高报	同上
10-03	TI-316	高沸点塔冷却水出口温度	Pt100型RTD	0～100	℃	80%高报	同上
11-00	TI-317	高沸点塔进料温度	Pt100型RTD	0～100	℃	90%高报	XP316
12-00	LV-201	低沸点塔塔釜液位调节	Ⅲ型;正输出AO				XP322
12-01	PV-201	低沸点塔塔顶压力调节	Ⅲ型;正输出AO				同上

续表

IP	位号	描　述	I/O类型	量程	单位	报　警	卡件
12-02	TV-201	低沸点塔冷凝温度调节	Ⅲ型;正输出AO				同上
12-03	LV-301	高沸点塔塔釜液位调节	Ⅲ型;正输出AO				同上
13-00	PV-301	高沸点塔塔顶压力调节	Ⅲ型;正输出AO				XP322
13-01	TV-301	高沸点塔冷凝温度调节	Ⅲ型;正输出AO				同上
13-02	FV-303	高沸点塔蒸汽流量调节	Ⅲ型;正输出AO				同上
14-00	KI-201	泵开关指示	NC;触点型DI	开	关		XP363
14-01	KI-202	泵开关指示	NC;触点型DI	开	关		同上
14-02	KI-203	阀开关指示	NC;触点型DI	开	关		同上
14-03	KI-301	高沸点塔泵开关指示	NC;触点型DI	开	关		同上
14-04	KI-302	高沸点塔泵开关指示	NC;触点型DI	开	关		同上
15-00	KO-201	泵开关操作	NC;触点型DO	开	关		XP362
15-01	KO-202	泵开关操作	NC;触点型DO	开	关		同上
15-02	KO-203	阀开关操作	NC;触点型DO	开	关		同上
15-03	KO-301	高沸点塔泵开关操作	NC;触点型DO	开	关		同上
15-04	KO-302	高沸点塔泵开关操作	NC;触点型DO	开	关		同上

⑤ 设置控制方案：单击“控制站”—选择“常规控制方案”，出现对话框，按照表11-6的回路定义。

表11-6　回路定义

序号	控制方案注释,回路注释		回路位号	控制方案	PV	MV
0	低沸点塔液位控制		LRC-201	单回路	LI-201	LV-201
1	高沸点塔温度控制	提馏段蒸汽流量控制	FRC-303	串级内环	FI-303	FV-303
		提馏段温度控制	TICA-302	串级外环	TI-302	

⑥ 总貌画面设置：单击“操作站”—选择“总貌”，出现对话框，按表11-7的要求设置总貌画面。

表11-7　总貌定义

页码	页标题	内　容
1	索引画面	索引:操作员甲小组所有流程图、所有分组画面、所有趋势画面、所有一览画面
2	低沸点塔参数	所有低沸点塔相关I/O数据实时状态

⑦ 分组画面设置：单击“操作站”—选择“分组画面”，出现对话框分别设置各自的数据小组（按照分馏塔操作员、预冷机操作员两个岗位的观察变量分组）。要求显示所有I/O点，注意要在操作窗口选择已经定义过的I/O点，不要二次输入，否则将出现不一致性的错误。按表11-8的要求设置分组画面。

表11-8　设置分组画面

页码	页标题	内　容
1	常规回路	LRC201、FRC303、TICA302
2	开关量	KI301、KI302、KO301、KO302

⑧ 数据一览画面设置，单击“操作站”—选择“一览画面设置”，按表11-9要求设置温度信号一览表。

表 11-9　一览画面定义

页码	页标题	内　容
1	低沸点塔压力	PI201、PI202、PI203
2	高沸点塔压力	PI301、PI302、PI303

⑨ 趋势画面设置：单击“操作站”—选择“趋势画面”，出现“趋势组态设置”对话框，新“增加一页”，按表11-10要求设置。

表 11-10　趋势画面定义

页码	页标题	内　容
1	温度	TI201、TI202、TI203、TI204
2	流量	FI201、FI202、FI203、FI204

⑩ 流程图名称：单击“操作站”—选择“流程图”，出现“操作站设置”对话框—“增加”—输入文件名称—单击“编辑”—出现流程图编辑窗口，选择相应的工具，完成流程图的绘制，美化并保存到指定的文件夹，即D盘上“分馏塔系统”文件夹下的“flow”文件夹中。关闭窗口。

⑪ 报表：单击“操作站”—选择“报表”，出现“操作站设置”—“报表”—“增加”，输入报表名称，报表建立方法与Excel相同，按照表11-11的格式建立报表。但是要设置事件引用（要求8h一班，整点记录所有的温度信号），单击“数据”—“事件定义”，定义事件如下：

event[1]　getcurhour()mod 1=0 and getcurmin()=0 and getcursec()=0

event[2]　getcurtime()=8:00:00　or getcurtime()=16:00:00

单击“数据”—“时间应用”—引用事件。

填充数据，所有工作做完后退出系统。

表 11-11　报表设置

班报表									
___班___组　组长___　记录员___　___年___月___日									
时　间									
内容	描述	数　据							
FI201	####								
FI202	####								
FI203	####								
FI204	####								

(4) 项目编译

编译的作用有两项：一是检查错误并分析修改；二是将前面设置的原代码程序转换成目标代码程序以便计算机系统执行。

重新进入系统组态软件，以“工程师”的身份进入，选择上述建立的“分馏塔系统”可运行文件，单击“载入组态”—“确定”，出现运行窗口，单击“下载”，单击“编译”—“全编译”，如果有问题会在下方的显示窗口提示，认证分析，返回到组态时相应的步骤中去修改，然后重新编译，一直到编译通过为止。

（5）实时监控

打开“实施监控”软件，选择上述已编译好的“分馏塔系统”文件，注意，要选择仿真运行，此时对象是虚拟的，数据库系统有虚拟数据可供运行使用，分别观察画面是否正常。如发现问题，则重新返回到建立组态时的窗口修改，修改后编译，再重新运行，直到成功为止。

其中总貌画面如图 11-14 所示，分组画面如图 11-15 所示。

图 11-14　总貌画面

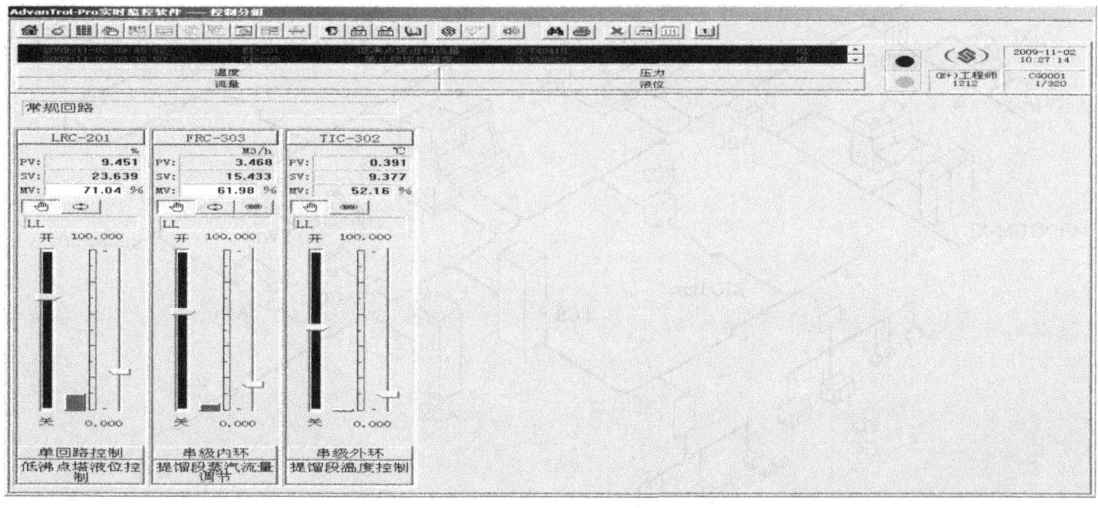

图 11-15　分组画面

11.4　集散控制系统介绍

DCS 控制系统的种类很多，生产厂家有上百家，如 Bailey（美）、Westinghous（美）、HI-

TACH（日）、LEEDS & NORTHRMP（美）、SIEMENS（德）、Foxboro（美）、ABB（瑞士）、Hartmann & Braun（德）、Yokogawa（日）、Honeywell（美）、Taylor（美）等。DCS控制系统的产品在国内已经大量使用，取得较好的信誉。每一种DCS的操作方法各不相同，虽然近几年来，有些标准逐步统一，但在许多细节仍存在较大差别。本节将简单介绍CENTUM-CS与两种典型的DCS产品的构成和基本操作方法。

11.4.1 日本横河公司的CENTUM-CS

日本横河公司是继美国霍尼韦尔公司之后，较早生产DCS的企业，生产的产品从YEW-PACK到CENTUM，然后又发展了CENTUM-XL、μXL等，20世纪90年代，生产出CEN-TUM-CS新一代的产品，较CENTUM-XL、μXL在硬件结构上作出了调整，在操作系统上，使用了Windows等系列软件。

CENTUM-CS是一个包括过程控制、生产管理、设备管理、安全及环境管理在内的综合控制系统，采用开放式系统结构及FDDI、Ethernet国际标准网络，能提供预测、模型优化、仿真等人工智能控制策略。人机接口采用了Xwindows、Modif、Unix等通用软件。系统组态既能在操作站上进行，也能在PC机上进行。系统可同时对若干个工程进行组态，工程设计采用元件化、模块化的方式，能复制使用，简化工程设计。

11.4.1.1 CENTUM-CS系统的构成

图11-16为CS系统的构成图。系统包括操作员站（ICS）、工程师站（EWS）、现场控制站（FCS）、高级控制站（ACS）、用于连接FCS与ICS、ACG、ABC等其他站的实时控制网（V Net）、用于ICS之间通信的信息局域网（E Net）、用于ICS与EWS之间信息通信的局域网（Ethernet）、远程总线RIO Bus、光纤通信网（FDDI）以及连接各种网络的通信网关（ACG）和总线转换器（ABC）等。还包括用于过程控制用的检测元件与传感器、调节阀等现场控制装置。按照控制要求也可挂接可编程控制器PLC。

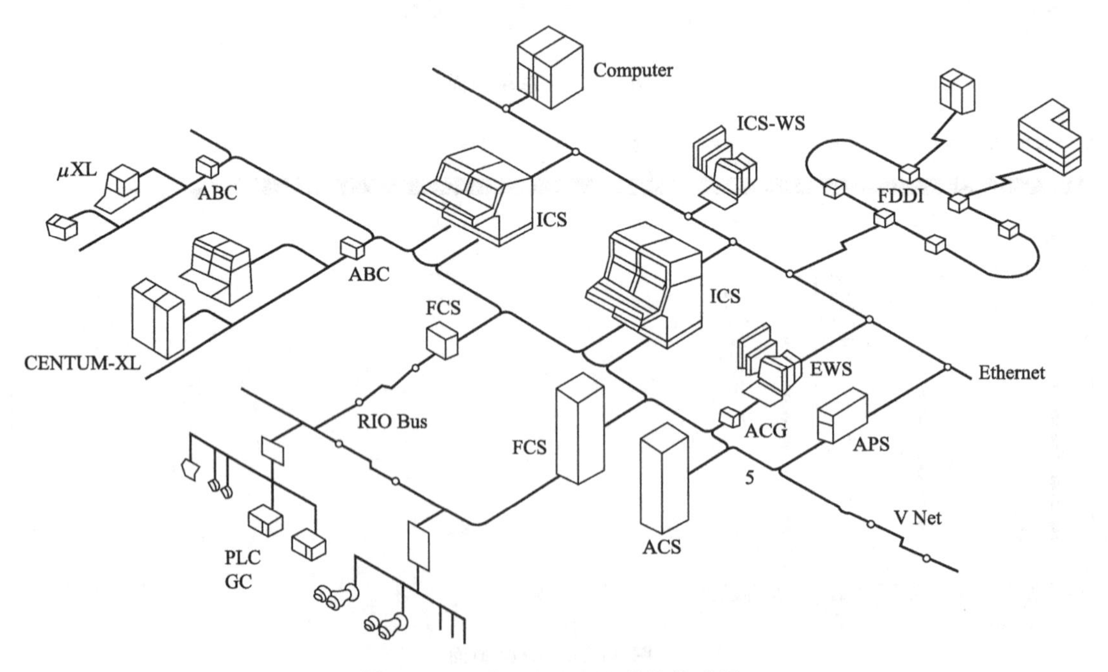

图11-16 CENTUM-CS系统构成图

11.4.1.2 ICS的组成及功能

ICS由一个或两个CRT显示器、操作键盘、鼠标、工程师键盘及智能部件组成。其外观如图11-17所示。

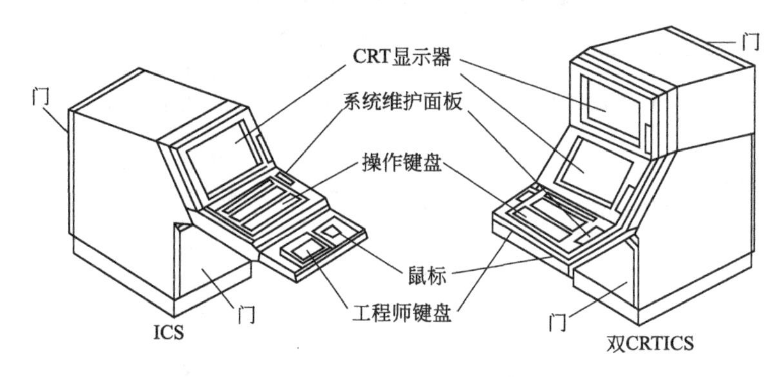

图 11-17 CENTUM-CS 系统操作站外观图

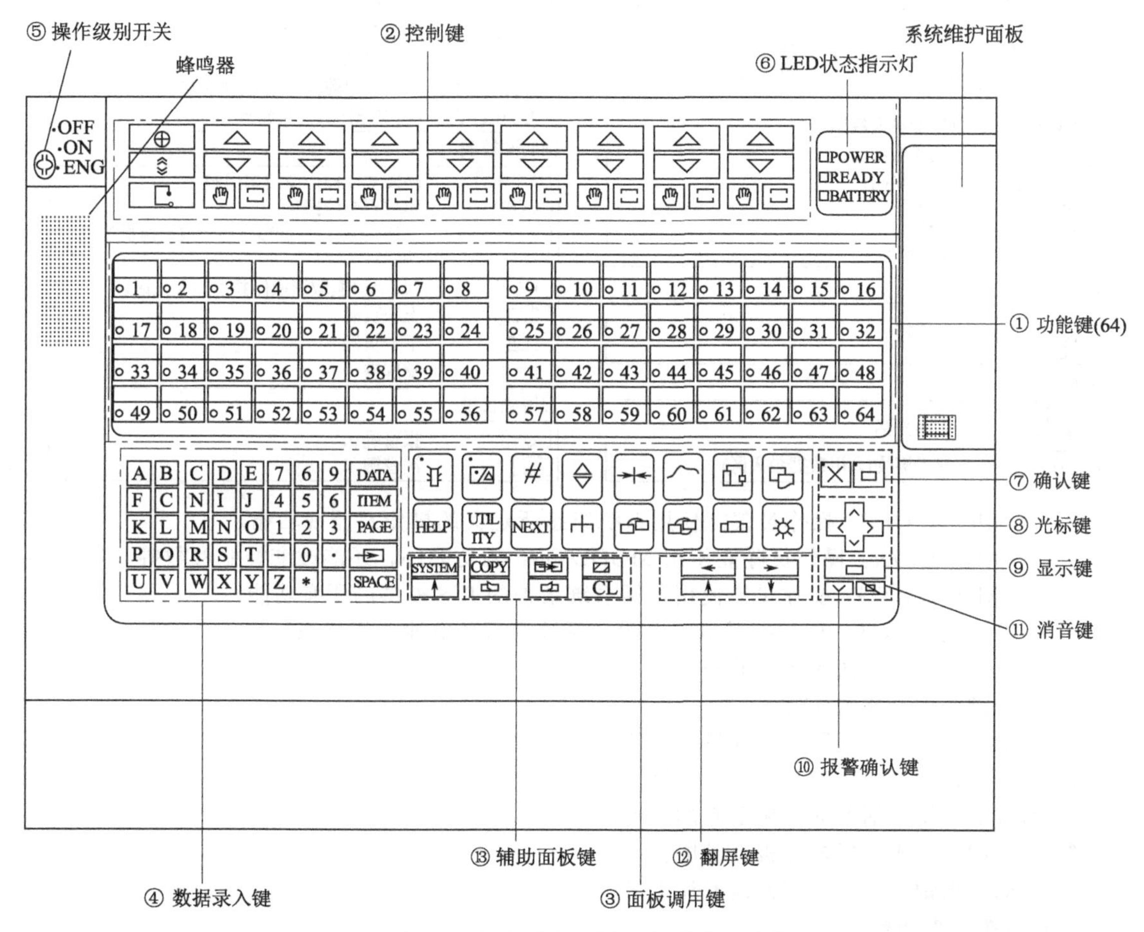

图 11-18 CENTUM-CS 系统操作员键盘

（1）操作员键盘

如图 11-18 所示，各键功能如表 11-12。操作员键盘由如下部件组成。

① 功能键　共 64 个，可供用户定义。

② 控制键　用于改变设定值及阀位输出值。

③ 面板调用键　用于选择调用所需不同画面类型。

④ 数据录入键　用于输入位号和数据。

⑤ 操作级别开关　用于选择不同的操作级别。

表 11-12　操作员键盘各键的功能

控制键

键	功能
[△] [▽]	增/减键
[⊕]	设定点改变键(改变设定值)
[≎]	加速键
[ ]	串级键
[ ][ ]	方式改变键(MAN/AUT)

确认键

键	功能
[˙ ×]	取消键
[˙ ▭]	确认键

功能键

键	功能
[◦—]	功能键(64键)

数据录入键

键	功能
[*] [·] [0]~[9] [A]~[Z] [—]	用于输入位号、数据、小数点及代码 注:[*]及[·]键不能用于输入位号
[DATA]	(用于输入数据)
[ITEM]	(选择数据项)
[PAGE]	(选择页码)
[BS]	退格键
[SPACE]	空格键
[ ]	输入键

翻屏键

键	功能
[ ][ ] [ ][ ]	用于翻屏

光标键

键	功能
(方向键)	移动光标
[▭]	显示键(如调用数据录入区)

面板调用键

键	功能
[˙]	报警概要键
[˙]	操作指导面板键
[#]	总貌面板键
[ ]	控制分组面板键
[ ]	调整面板键
[ ]	趋势组面板键
[ ]	流程图面板键
[ ]	过程报警面板键
[ ]	上级面板键
[ ]	面板切换键
[ ]	面板交换键
[ ]	面板组键
[☼]	工作台键
[˙NEXT]	NEXT键(启动顺序显示)
[HELP]	(开关帮助窗口)
[˙SYSTEM]	SYSTEM键(调用系统状态总貌面板)
[UTILITY]	(调用操作员工具面板)

辅助面板键

键	功能
[ ]	映像文件操作窗口调用键
[COPY]	COPY键(硬拷贝)
[↑]	上箭头键(与光标键合用完成与鼠标等同功能)
[CL]	CLEAR键(取消操作并清除录入区)
[ ]	上一页键
[ ]	下一页键
[ ]	清屏键

报警确认键

键	功能
[√]	报警确认
[ ]	消音键

MODE-OFF：操作员仅能使用系统组态所定义的操作及监视功能。

MODE-ON：操作员除能使用 MODE-OFF 的功能外，还能改变控制参数等。

MODE-ENG：操作员能使用包括系统维护的 ICS 提供的所有功能。

⑥ LED 状态指示灯　用于指示 ICS 电源、系统及后备电池运行状态。

⑦ 确认键　用于确认操作员的操作。

⑧ 光标键　用于移动光标。

⑨ 显示键　用于显示所选择的显示元素。

⑩ 报警确认键　用于确认产生的报警。

⑪ 消音键　用于消除如报警引起的蜂鸣声。

⑫ 翻屏键　用于在屏幕面板上翻屏。

⑬ 辅助面板键　用于更方便地操作 ICS。

(2) 系统维护面板

在操作员键盘的右侧，如图 11-19 所示。各开关功能如下。

① POWER 开关　用于启停 ICS 的电源。

② DUMP £ RESTART/RESTART 开关

OFF：正常操作。

RESTART：系统重新启动（CPU 重启）。

DUMP £ RESTART：突然断电恢复后允许 CPU 重新启动。

③ EXEC 开关　用于执行与 DUMP £ RESTART/RESTART 相关的功能，仅当②中的开关位置为 RESTART 或 DUMP £ RESTART 时有效。

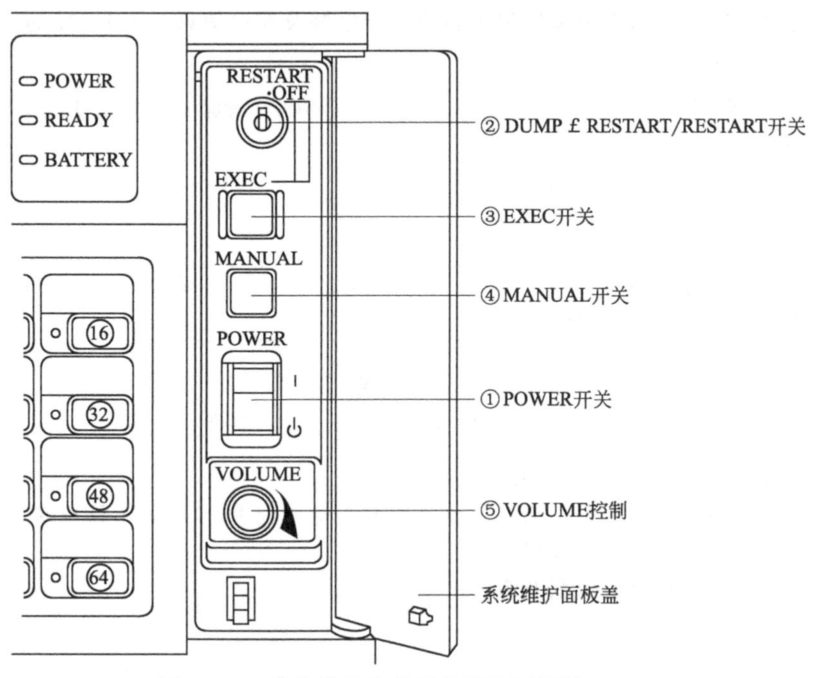

图 11-19　操作员键盘的系统维护面板图

④ MANUAL 开关　用于在非正常操作（非 OFF）状态时手动启动系统。特为安装操作系统或故障时启动系统而设。

⑤ VOLUME 控制　用于改变 ICS 内置蜂鸣器的音量。

14.4.1.3　CRT 显示画面的显示格式

CRT 显示画面主要由系统信息区、主面板区、窗口区、软键区及录入区组成，如图 11-20 所示。

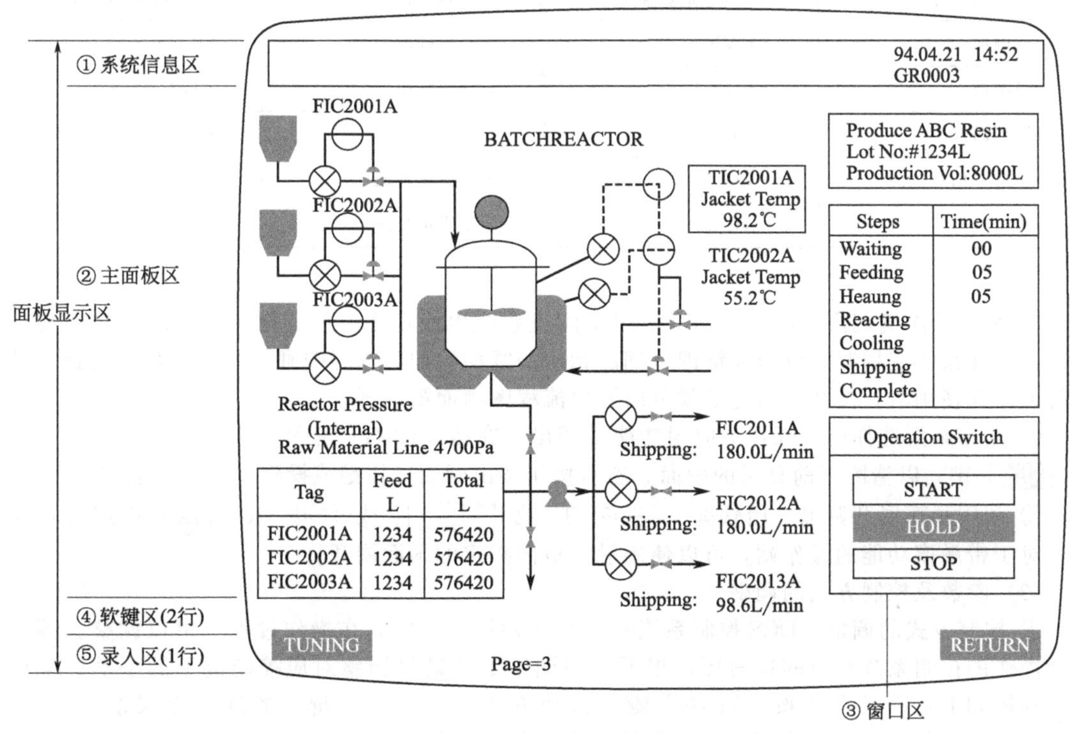

图 11-20　显示画面格式

① 系统信息区　显示系统及过程控制的各种报警及其他信息。图11-21为在调整显示画面下的系统信息区内容。

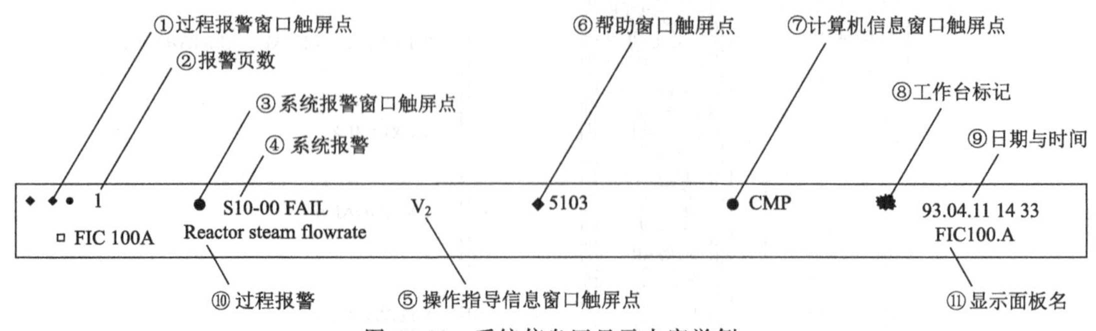

图 11-21　系统信息区显示内容举例

② 主面板区　显示各种类型的画面。

③ 窗口区　显示各种类型的窗口（也是以前其他横河DCS产品不具有的）。

④ 软键区　用于画面切换及操作。

⑤ 录入区　输入位号、数据及窗口名等。

11.4.1.4　基本操作方法

(1) 画面的调出

操作站的画面有三大类：操作画面、应用画面和组态画面。其调出可以有以下几种方法。

① 利用画面名称调出　对于具有名称的10种系统监视画面，可以通过输入其名称而调出来。这10种监视画面名称如表11-13。如要调用报警画面的第二页，只要按［•］［A］［L］［2］［⇥］键，输入结果在字符输入区绿色显示，画面被调出后变成深蓝色。

表 11-13　CENTUM-CS系统10种监视画面名称

画面类别	画面名称	画面类别	画面名称
综观画面	•OV××××	趋势点画面	TP××××
分组画面	•CG××××	流程图画面	•GR××××
报警画面	•AL××××	过程报警画面	•PR
操作指导信息画面	•OG	操作应用画面	•OU
趋势组画面	•TG××××	系统维护画面	•SM

注：××××表示页面号。

② 利用功能键调出　利用操作员应用功能或系统生成功能，预先把某个画面定义到某个功能键上，在系统使用时，触摸此键即可调出相应的画面。如将流程图画面的第5页定义到2号功能键上，在使用时，按2号功能键就可以调出流程图画面第5页。

③ 利用画面选择键和操作员应用功能键调出　在按［ENG］键和［UTILITY］键之前可先按［■］键，以清除当前显示的画面。然后按压调出画面选择键或操作员应用功能键。

④ 利用画面展开调出　用软键、［⊠］或［• □］或［┬┼┬］，可以向指定的画面展开，对于带触摸功能的操作站，可以使用触摸板向指定的画面展开。

(2) 参数及控制方式的调整

① 控制方式的调整　DCS控制系统一般有几种控制方式，在操作过程中可以调整。调出要进行操作的控制系统对应的仪表图，根据仪表图下的软键号调整对应控制键上的手动、自动按键。具体如下：手动方式按［MAN］键、自动方式按［AUT］键、半自动方式按［CAS］+［MAN］键、串级方式按［CAS］+［AUT］键。改变方式后，报警提示是否确认这种变更，同时

出现图 11-22 所示窗口。此时，按下键盘上对应的确认键或取消键，或者用鼠标点击窗口上的确定按钮或取消按钮。

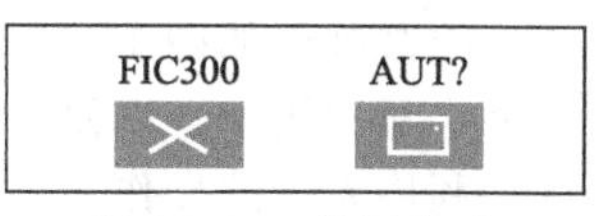

图 11-22　控制方式更改确认窗口

② 改变阀位输出值（MV）　仅在手动方式时操作此键有效。按压键盘上控制键中的增加键或减少键。需要加速时，同时按下加速键。操作完成后，也按控制方式更改确认窗口要求进行确认。

③ 改变设定值（SV）　在自动、串级工作状态下有效；在手动方式时先按下设定点改变键，其他操作同②。

④ 数据录入

- 按压［ITEM］［数据类型］［⊡］确定更改数据类型。但在流程图上利用光标调出字符输入区时，不能使用［ITEM］键更改数据类型。
- 按压［DATA］［更改后的数字］［⊡］。
- 输入错误可用［BS←］键进行修改。
- 数据输入后或控制方式更改后，按确认键数据真正进入内部仪表。
- 最后用［CL］键关闭录入窗口。

11.4.1.5　显示画面及操作

CENTUM-CS 系统的操作站主要有 9 种类型的画面用于系统的监视和操作。它们分别是综观画面、分组画面、调整画面、报警画面、操作指导信息画面、流程图画面、趋势画面、用户屏幕及信息屏幕。下面介绍 9 种画面的功能规格、显示内容及有关画面的调出等。

（1）仪表图

仪表图是 DCS 系统显示的主要内容，也是操作的关键。仪表图没有单独的显示画面，但在大部分显示画面中都可调出。仪表图的规格如图 11-23 所示。用输入仪表位号（如 FICA-1303）或者在综观画面、流程图画面上使用触摸屏或显示键的方法单独调用，也可以用画面调用键调出包含该仪表位号在内的各类画面。

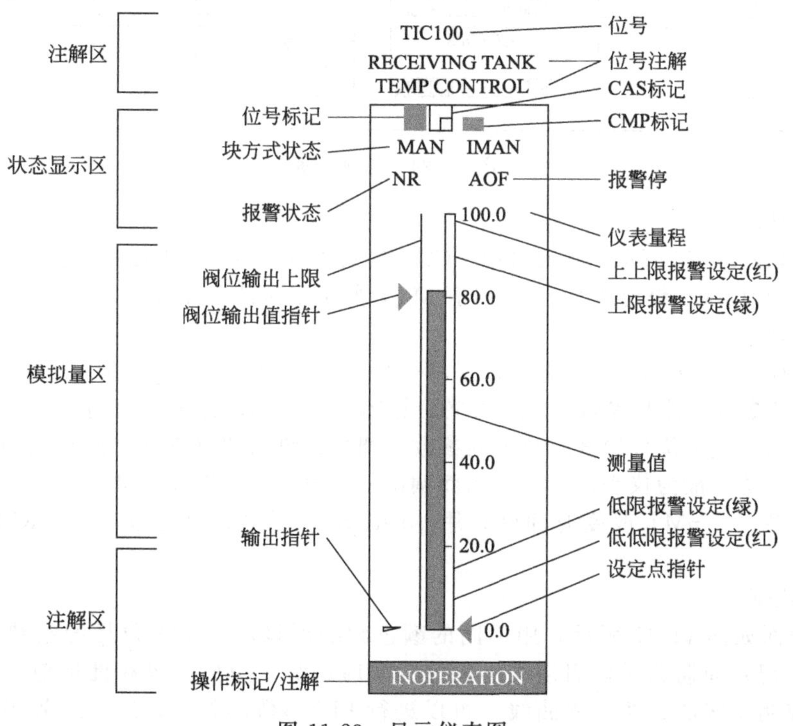

图 11-23　显示仪表图

（2）综观画面

综观画面如图11-24所示，其作用是把反馈控制系统、顺序控制系统、各种操作画面定义在一个个显示块中，以便了解过程系统的综合概貌。若发生报警时，可用声光通知操作人员进行确认。利用光标的操作，可以从综观画面转移到其他画面上。直接在键盘上按［#］键或输入综观画面名称可以调出该画面，再利用翻页键或按［PAGE］键＋输入页号的方法来翻页。使用触摸屏或显示键可以调出显示块对应的仪表位号，再转入其他相应的画面。

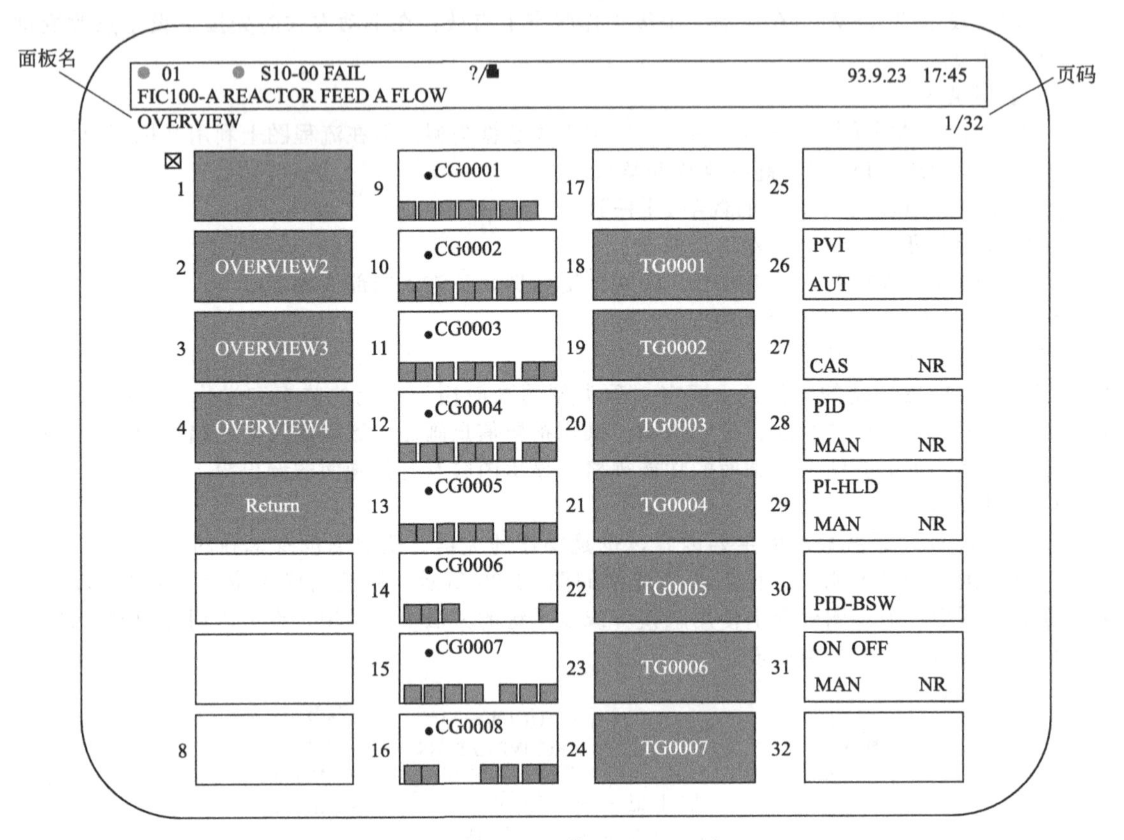

图11-24 综观画面

（3）分组画面

分组画面如图11-25所示，画面名称·CG。每页可以显示8个工位号的仪表图，并对应显示过程控制的测量值PV、设定值SV、输出值MV，并可以对其进行调整。

（4）调整画面

调整画面如图11-26所示，主要用以显示一个工位号反馈控制的内部仪表或顺序控制的顺序元素的各种设定参数、控制参数、3点调整趋势图和仪表图。主要内容包括工位号标记、工位号、工位号说明、该工位号的设定及控制参数、调整趋势图和仪表图。调整画面每页显示一个工位号，画面名称一般为仪表位号。除画面调出外，对于趋势图需要调整，包括：用［ *n］改变数据轴；用［ nM］改变时间轴；用［PAUSE］暂停趋势记录；用［RESERVE］保留数据。

（5）趋势组画面

趋势组画面如图11-27所示，用不同的颜色和线形显示8个工位号的趋势图。趋势图根据采集方式、记录周期和采样周期的不同分为实时趋势、历史趋势和批量趋势三种。实时趋势用于记录控制系统的过渡过程曲线，可以进行PID参数的整定；历史趋势用于记录控制系统的运行状况，以备检查，或将其数据存入硬盘及软盘；批量趋势用于记录批量过程的数据。

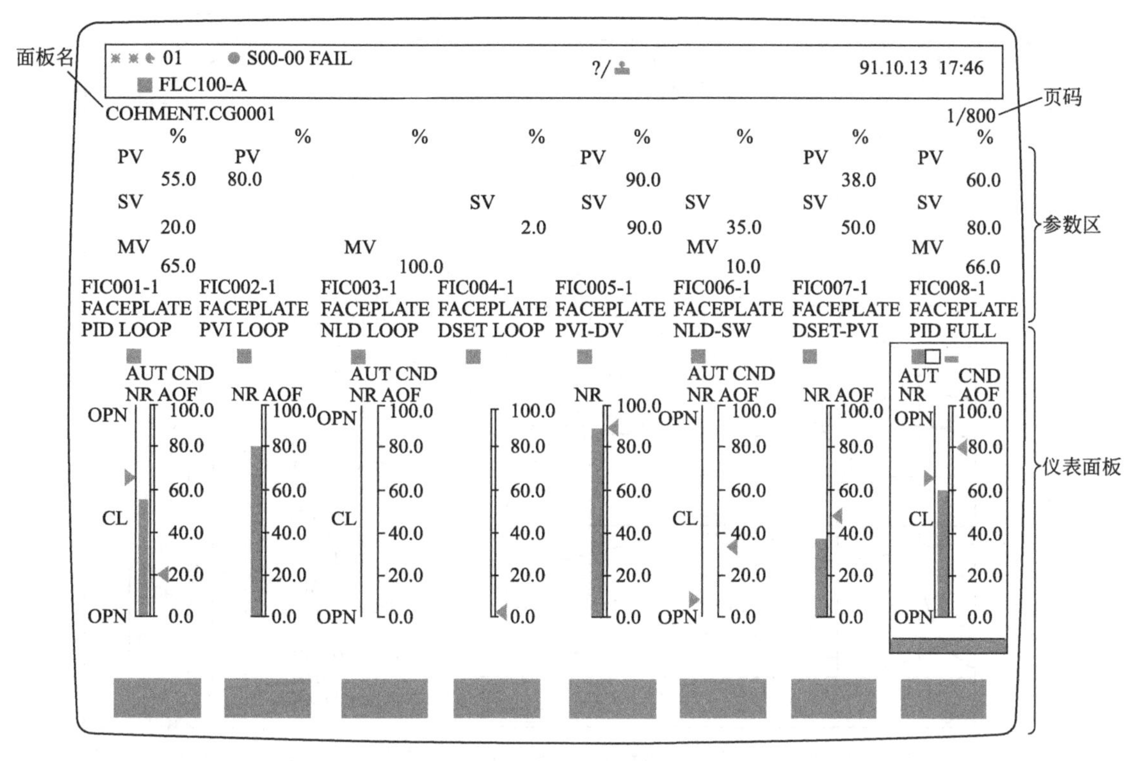

图 11-25 分组画面

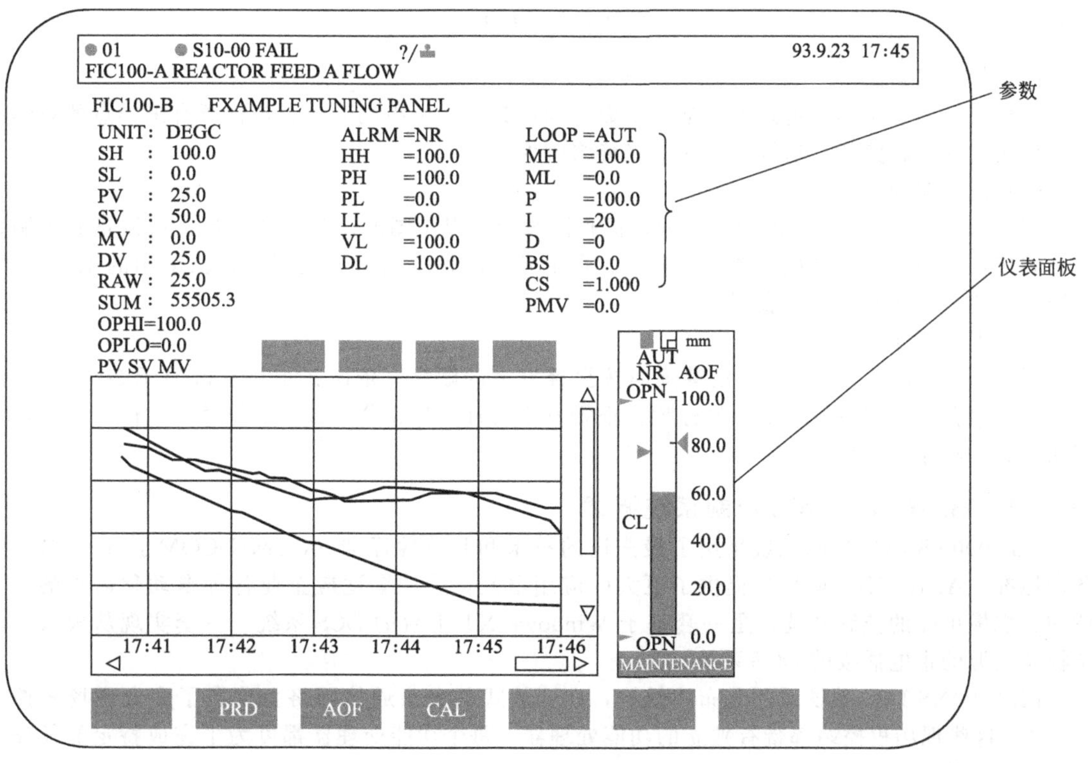

图 11-26 调整画面

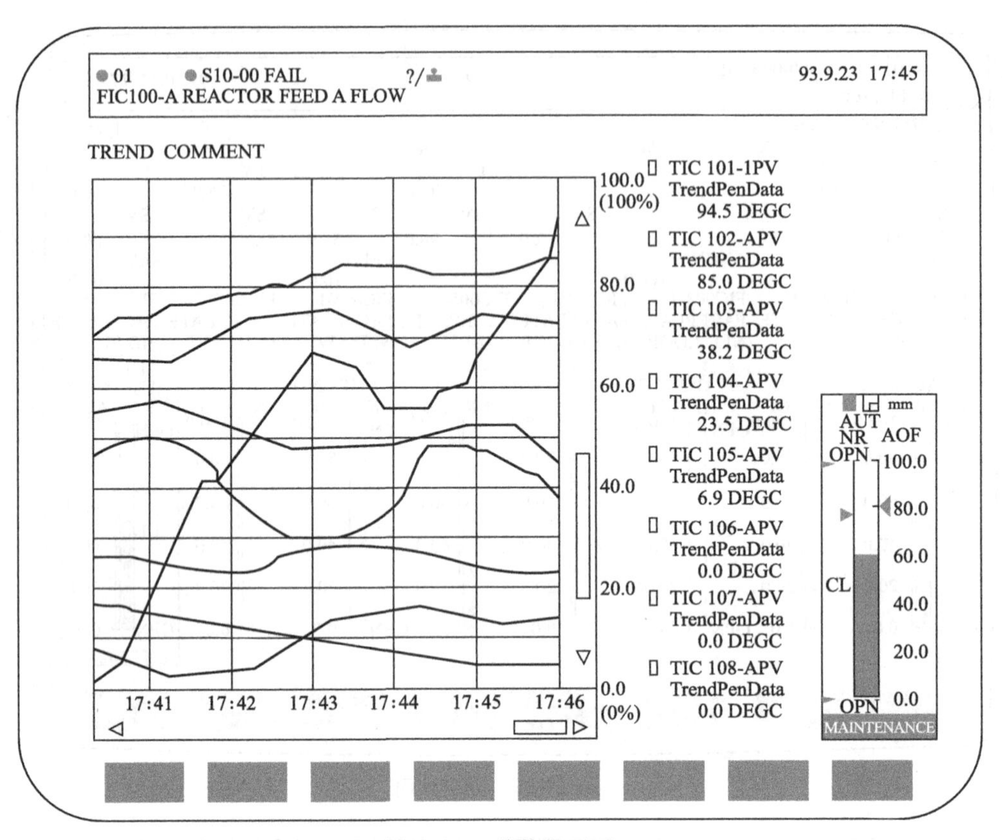

图 11-27 趋势组画面

（6）趋势点画面

趋势点画面显示趋势组画面中某一个数据项，其显示两组趋势图：包含所有采样点的总体趋势和放大的详细趋势图，趋势点画面与趋势组画面相似。

（7）流程图画面

图 11-12 所示的画面为流程图画面，流程图画面可以用图形、颜色和数据，将设备和控制系统图案化，以满足用户监视和操作的要求。在主显示区显示的内容是用户自己编制的工艺设备、控制系统的显示图案以及仪表图。

（8）报警画面

报警画面如图 11-28 所示，报警画面按报警发生的顺序，依次在主显示区显示 20 个报警信息。每个报警信息按序号，工位号标记，报警发生的月、日、分、秒，工位号，工位号说明，报警状态这一顺序进行显示。

11.4.2 FB-2000NS DCS 控制系统概述

FB-2000NS DCS 控制系统采用了最先进的技术和开放性标准（COM/DCOM 技术、OPC 服务器标准、Active X），向用户提供了更大的应用空间，是一套适应企业各种自动化需求的、开放的、规模可变的控制系统，是一套基于 Windows NT 平台的 DCS 系统、一套实现从模板、端子板及电源的带电插拔的 DCS 系统。

FB-2000NS DCS 系统采用分布式结构，在开放式的冗余通信网络上分布了多台现场程控站（FCS），这些现场程控站都带有独立的功能处理器，每个功能处理器都可为了完成特定的任务而进行组态和编程。

用于现场控制的程控单元其物理位置分散、控制功能分散、系统功能分散，而用于过程监视

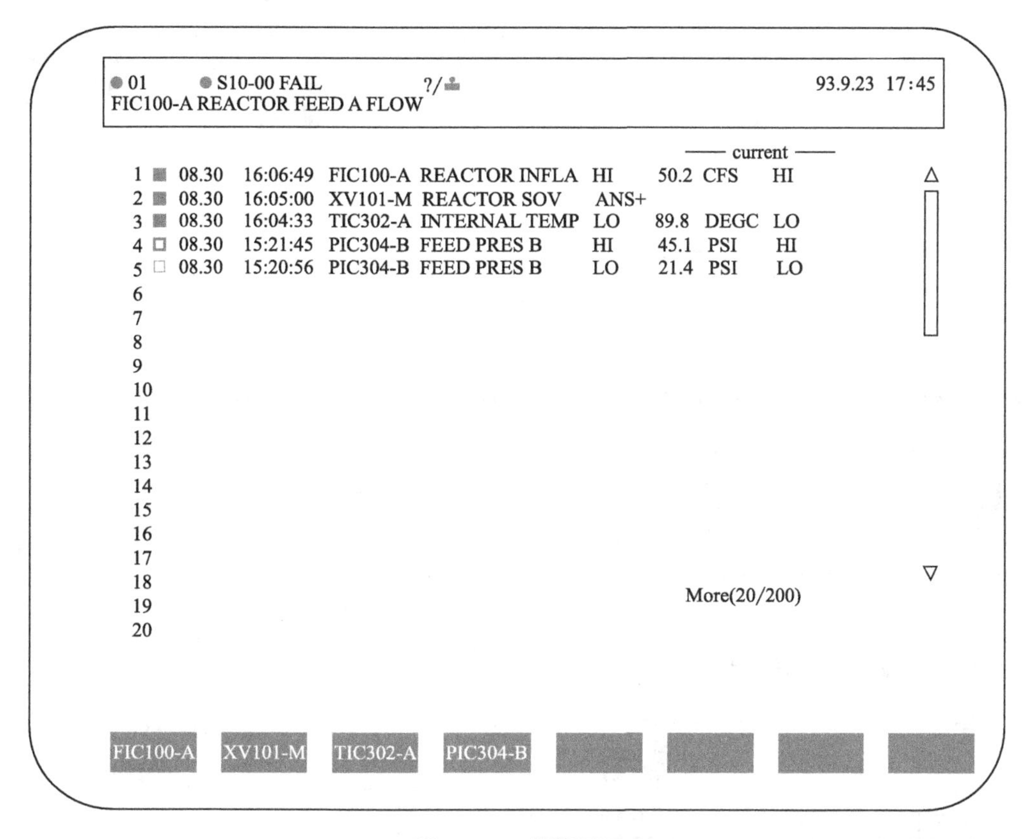

图 11-28 报警画面

及管理的人-机接口单元其显示、操作、记录、管理功能集中。该系统在生产现场经过现场调试、配上电源、接上输入输出信号就可满足生产监视、程控、操作画面、参数报警、资料记录及趋势等项的功能要求，并能安全可靠地运行。

FB-2000NS DCS 控制系统主要由服务器（SE）、工程师站（ES）、系统操作站（SOPS）、现场控制站（FCS）、过程控制网络（CNET）及系统网（SNET）等组成，如图 11-29 所示。

服务器（SE）：网络平台为 32 位 Windows NT，可挂接局域网或广域网，并和 FB-2000NS 程控网、工厂数据库等连接，为系统操作站、工程师站及 FB-2000NS 现场控制站提供资料存取、历史数据采集、报警事件处理及为工厂数据库提供资料存取服务。

工程师站（ES）：网络平台为 32 位 Windows NT，可挂接局域网或广域网，和 FB-2000NS 服务器连接，实现系统的组态及监控功能。

系统操作站（SOPS）：网络平台为 32 位 Windows NT，可挂接局域网或广域网，和 FB-2000NS 服务器连接，实现系统的监控功能。

现场控制站（FCS）：直接与现场打交道的 I/O 处理单元，完成工业过程的实时监控功能。控制站可冗余配置。同一现场控制站内任何 I/O 模板都能提供冗余配置。

过程控制网络（CNET）：由一个高速的控制网络（CNET）构成，可以实现和服务器、工程师站、系统操作站、现场控制站的连接，完成数据、命令等传输，并可冗余配置，从而使得数据传输更安全有效。对特殊的数据传输和调度可同时提供一个低速控制网（RS-232）。低速控制网可实现服务器、工程师站、系统操作站和现场控制站的点对点连接，完成数据传输。低速过程控制网（RS-232）连接方式可采用 RS-232 直连、拨号网（市话网）及无线传输网。高速现场控制网（CNET）和低速控制网（RS-232）可同时并存。

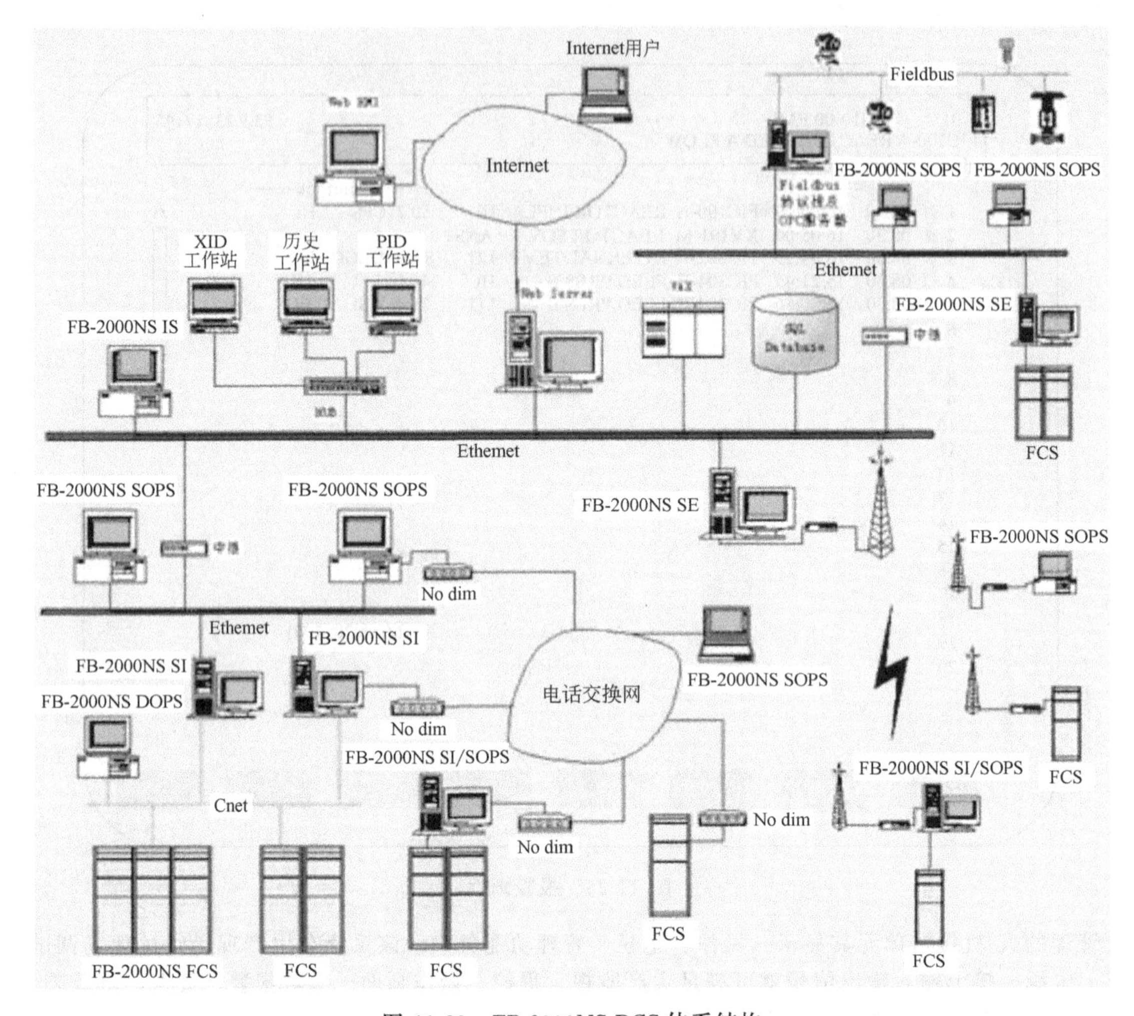

图 11-29　FB-2000NS DCS体系结构

11.5　现场总线控制系统

现场总线控制系统是计算机技术和网络技术的发展产物，是建立在智能化测量与执行装置的基础上发展起来的逐步取代DCS控制系统的一种新型自动化控制装置。

11.5.1　现场总线系统的产生和特征

（1）现场总线系统的产生

现场总线控制系统（Fieldbus Control System），简称FCS。目前的DCS也称为传统的DCS，因DCS的检测、变送和执行等现场仪表仍采用模拟信号（4～20mA DC）连接，无法满足上位机系统对现场仪表的信息要求，限制了控制过程视野，阻碍上位机系统功能的发挥，由此产生了上位机与现场仪表进行数字通信的要求。自20世纪80年代起，出现了智能化的现场仪表，如智能变送器等。这些智能化的现场仪表的功能远远超过模拟现场仪表，可对量程和零点进行远方设定，具有仪表工作状态自诊断功能，能进行多参数测量和对环境影响的自动补偿等，深受用户欢迎。智能化现场仪表的出现，也要求与上位机系统实现数字通信。在上述因素的驱动下，要求建立一个标准的现场仪表与上位机系统的数字通信链路，这条通信链路亦即现场总线，FCS应运而生。实际上，现场总线就是连接现场变送器、传感器及执行机构等智能化现场仪表的通信网络。

(2) 现场总线系统的特征

传统的计算机控制系统广泛采用了模拟仪表系统中的传感器、变送器和执行机构等现场设备，现场仪表与位于控制室的控制器之间均采用一对一的物理连接，一块现场仪表需要一对传输线来单向传送一个模拟信号。这种传输方式要使用大量的信号线缆，同时因采用模拟信号的传输，抗干扰能力低。如图 11-30 所示。

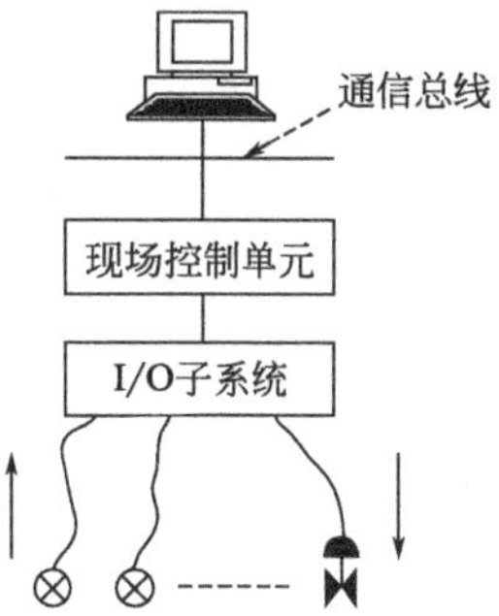

通信总线

现场控制单元

I/O子系统

图 11-30 传统计算机控制系统结构示意图

现场总线是一种计算机网络，这个网络上的每个节点都是智能化仪表。在现场总线的标准中，一般只包括 ISO 参考模型中的物理层、数据链路层和应用层，如同 Mini MAP 一样。部分现场总线还具有网络层的功能。

现场总线控制系统是在 DCS 系统的基础上发展而成的，它继承了 DCS 的分布式特点，但在各功能子系统之间，尤其是现场设备和仪表之间的连接上，采用了开放式的现场网络，从而使系统现场设备的连接形式发生了根本的改变，具有自己所特有的性能和特征。

全网络化、全分散式、可互操作、开放式是现场总线控制系统相对于 DCS 的基本特征。具体包括以下特征。

① 现场总线是一个全数字化的现场通信网络 现场总线是用于过程自动化和制造自动化的现场设备或现场仪表互连的现场数字通信网络，利用数字信号代替模拟信号，其传输抗干扰性强，测量精度高，大大提高了系统的性能。

② 现场总线网络是开放式互连网络 用户可以自由集成不同制造商的通信网络，通过网络对现场设备和功能块统一组态，把不同厂商的网络及设备有机地融合为一体，构成统一的 FCS。

③ 现场总线采用数字信号传输取代模拟信号的传输 现场总线允许在一条通信线缆上挂多个现场设备，而不需要 A/D、D/A 等 I/O 组件，如图 11-31 所示。与传统的一对一的连接方式相比，现场总线可以节省大量的线缆、桥架和连接件。安装费用降低，工程周期缩短，易于维护。与 DCS 相比，现场总线减少了专用的 I/O 装置及控制站，降低了成本，提高了可靠性。

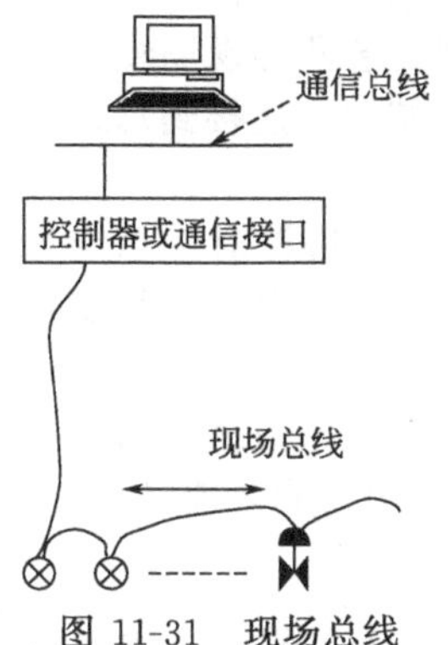

图 11-31 现场总线控制系统结构示意图

④ 增强了系统的自治性，系统控制功能更加分散 智能化的现场设备可以完成许多先进的功能，包括部分控制功能，促使简单的控制任务迁移到现场设备中来，使现场设备既有检测、变换功能，又有运算和控制功能，一机多用。这样既节约了成本，又使控制更加安全和可靠。FCS 废除了 DCS 的 I/O 单元和控制站，把 DCS 控制站的功能块分散到现场设备，实现了彻底的分散控制。

11.5.2 现场总线系统的结构

现场总线是一种串行的数字数据通信链路，它沟通了生产过程领域的基本控制设备（即现场级设备）之间以及更高层次自动控制领域的自动化控制设备（即车间级设备）之间的联系。

图 11-32 是一个简单的现场总线控制系统的实例。该系统主要包括一些实际应用的设备，如 PLC、扫描器、电源、输入输出站、终端电阻等。其他系统也可以包括变频器、调速装置、人机界面等。

主控器（Host）可以是 PLC 或 PC，通过总线接口对整个系统进行管理和控制。

① 总线接口 有时可以称为扫描器，可以是分散的卡件，也可以集成在 PLC 中。总线接口作为网络管理器和作为主控器到总线的网关，管理来自总线节点的信息报告，并且转换为主控器能够读懂的某种数据格式传送到主控器。

② 电源 电源是网络上每个节点传输和接收信息所必需的，通常输入通道与内部芯片所用

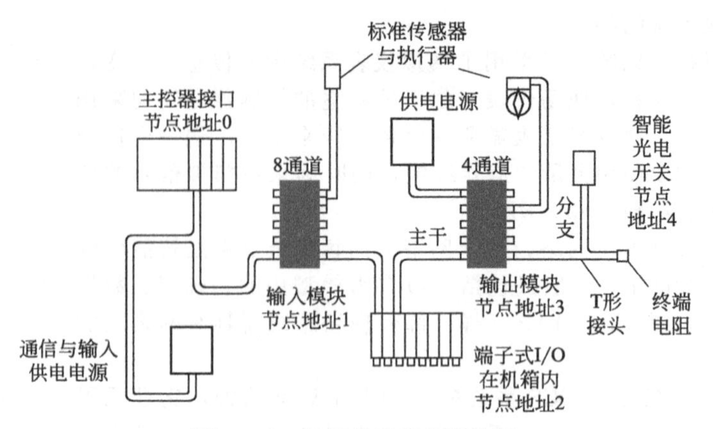

图 11-32 现场总线系统结构图

电源为同一个电源，习惯称为总线电源。输出通道使用独立的电源，称为辅助电源。

③ 输入输出节点 实例中节点 1 是 8 通道的输入节点。虽然输入有许多不同的类型，在应用中最常用的是 24V 直流的 2 线、3 线传感器或机械触点。该节点具有 IP67 的防护等级，有防水、防尘、抗振动等特性，适合于直接安装在现场。另一个节点是端子式节点，独立的输入/输出端子块安装在 DIN 导轨上，并连接着一个总线耦合器。该总线直流耦合器是连接总线的网关。这种类型的节点是开放式的结构，其防护等级为 IP20，它必须安装在机箱中。端子式输入/输出系统包含有许多种开关量与模拟量输入/输出模块，以及串行通信、高速计数与监控模块。端子式输入/输出系统可以独立使用，也可以结合使用。

节点地址 3 是一个输出站，连接一个辅助电源，该电源用于驱动电磁阀和其他的电气设备。通过将辅助电器与总线电源分开可以极大地降低在总线信号中的噪声。大部分总线节点可以诊断出电气设备中的短路状态并且报告给主控器，即使发生短路也不会影响整个系统的通信。

节点地址 4 连接的是一个带有总线通信接口的智能型光电传感器。普通传感器等现场装置可以通过输入输出模块连接到现场总线系统工程中，也可以单独装入总线通信接口，连接到总线系统中。

④ 总线电缆和终端电阻 总线电缆一般分为主干缆和分支电缆。各种总线协议对于总线电缆的长度都有所规定，不同的通信波特率，对应不同的总线电缆长度。另外，分支电缆的长度是有所限制的。

网络的最后部分是终端电阻。在一些总线系统中，这个终端电阻只是连接到两数据线的简单电阻。它是用来吸收网络信号传输过程中的剩余能量。

图 11-33 IEC61158 采用的 8 种类型

11.5.3 现场总线国际标准化

现场总线自 20 世纪 90 年代开始发展以来，一直是世界各国关注和发展的热点。世界各国都是在开发研究的过程中，同步制定了各自国家标准（或协会标准），同时都力求将自己的协议标准转化成各区域的标准化组织的标准。

国际电工委员会、国际标准化组织、各大公司及世界各国的标准化组织虽然都给予了极大的关注，但由于行业与地域发展等历史原因，加之各大公司的利益驱使，直到 1999 年才形成了一个由 8 个类型组成的 IEC61158 现场总线国际标准，如图 11-33 所示。

IEC61158 包括 8 个组成部分，分别是 IEC61158 原先的技术报告、ControlNet、PROFIBUS、P-Net、FF-HSE、SwiftNet、WorldFIP 和 Interbus。

IEC61158国际标准只是一种模式，它既不改变原IEC技术报告的内容，也不改变各组织专有的行规，各组织按照IEC技术报告Type1的框架组织各自的行规。IEC标准的8种类型是平等的，其中Type2～Type8需要对Type1提供接口，标准本身不要求Type2～Type8之间提供接口。用户在应用各类时，仍可使用各自的行规，目的在于保护各自的利益。

11.5.4 主要现场总线系统简介

现在推出的现场总线系统在硬件构成方面基本相似，主要区别在于系统通信协议，比较流行的现场总线系统有以下几种。

（1）HART总线系统

1985年，罗斯蒙特（Rosemount）公司开发出一种将模拟信号调制成数字调频信号，并利用数字调频信号进行传输的HART（Highway Addressable Remote Transducer）协议。现场仪表内置Smart调制解调器，将4～20mA的模拟信号调制成符合Bell202标准的FSK（调频信号）。Smart仪表可用同一对传输线同时传送出4～20mA的模拟信号和FSK的调频数字信号，如采用模拟仪表的常规接法（点对点），可以使用4～20mA的模拟信号；如将多个Smart仪表共线连接，则应使用FSK数字信号并通过Bell202标准的MODEM将信号送入计算机。HART协议还可以使用设备说明语言DDL（Device Description Language），实现控制中心与仪表之间的双向通信。

（2）PROFIBUS总线系统

1987年，SIEMENS等13家公司成立一个专门发展现场总线委员会ISP，推出数字现场总线产品PROFIBUS。PROFIBUS是一种多主多从的令牌网络，得到令牌的节点可以向网上发送信息，其余节点接收。PROFIBUS的物理层采用EIA485，数据链路层采用令牌协议。每个系统允许最多4个段，每段可以挂接32个节点。

（3）FF总线系统

1993年，ISP与北美现场总线组织WorldFIP合并为FF（Fieldbus Foundation），共同制定遵循ISA/IEC的SP50现场总线标准。SP50的最大特点是其物理层使用了双绞线，该双绞线既用于传送数字信息，也用于为现场供电，是利用“两相曼彻斯特编码”技术实现的。SP50的数据链路层为LAS（Link Active Scheduler）协议，按照令牌循环方式控制。SP50的传输速率为2.5Mbps，最大传输距离为2km，每条双绞线可连接节点32个。FF除了定义ISO的第一层、第二层、第七层外，还定义了新的一层——用户协议，该层中FF采用了HART协议中的DDL作为该层的一个组成部分。

（4）CAN总线系统

CAN（Controller Area Network）总线网是最近发展较快的一种现场总线。CAN是一种对等式（Peer to Peer）的现场总线网，其物理层采用双绞线，符合ISODIS11898标准，其数据链路层采用CSMA/CD协议，建立了良好的优先级控制机制。CAN的最大特点是其可靠性高，双绞线中即使有一条接地或与电源短路，甚至断路，都可以正常地传输信息。CAN的传输速率为1Mbps，最大传输距离为10km，网络上的节点数没有限制。

（5）LonWorks总线系统

另外一种发展很快的现场总线是Echelon公司的LonWorks，它是一种对等总线网络，其碰撞检测机制为CSMA加时间槽（Time Slot）方式，实现极少的碰撞概率。LonWorks采用芯片Neuron，这是集控制器和网络通信处理器于一体的芯片，其内置三个CPU，一个用于控制，可以处理现场I/O，另两个处理网络通信，因此LonWorks具有明显的网络处理能力优势。芯片本身带48位地址，且芯片本身固化了ISO的七层协议，可以用此芯片构成复杂的网络结构。LonWorks的物理层可以使用多种介质，如双绞线、红外线、无线、EIA485等，使用双绞线时传输速率为1.25Mbps，最大传输距离为1.2km，每段双绞线可连接64个节点，一个网络可以有255个网段。由于LonWorks需要专门的网络收发器以适应不同的物理线路，因此成本还偏高，随着这种网络的推广，其成本逐步下降，使这种网络成为具有发展潜力的现场总线网路。

由于现场总线的工作环境一般是较恶劣的工业环境，因此现场总线实施时需要有特殊的考虑。现场总线的物理层应该是本安型的，传输速率、信号强度、传输距离、通信介质都应有限制。此外，现场干扰信号强，应有相应的抗干扰措施。

本章小结

① 计算机控制系统主要由传感器、过程输入输出通道、计算机及其外设、操作台和执行机构等组成。计算机控制系统按照功能分为顺序控制、数值控制、直接数字控制、计算机监督控制、递阶控制。按照结构分为单机控制系统、多级计算机控制系统、多级分布式计算机控制系统。

② 集散控制系统的基本组成通常包括现场监控站、操作站、上位机和通信网络等部分。CENTUM-CS系统的构成主要包括操作员站（ICS)、工程师站（EWS)、现场控制站（FCS)、高级控制站（ACS）及实时控制网（V Net)、信息局域网（E Net)、远程总线 RIO Bus 等。FB-2000NSPCS由一个高速的控制网络（CNET）构成，其控制网络可以实现和服务器、工程师站、系统操作站、现场控制站的连接，完成数据、命令等传输，并可冗余配置，从而使得数据传输更安全有效。

③ 现场总线是一种计算机网络，这个网络上的每个节点都是智能化仪表。现场总线控制系统 FCS是在 DCS系统的基础上发展而成的，它继承了 DCS 的分布式特点，但在各功能子系统之间，尤其是现场设备和仪表之间的连接上，采用了开放式的现场网络，从而使系统现场设备的连接形式发生了根本的改变，具有自己所特有的性能和特征。

习 题 11

11-1 什么是计算机控制系统？有何特点？

11-2 简述计算机控制系统由哪几部分组成及各部分的作用。

11-3 计算机控制系统按照功能分为哪几种类型？按结构分为哪几种类型？

11-4 什么是集散控制系统？

11-5 集散控制系统由哪几部分组成？各部分的作用是什么？

11-6 简述集散控制系统组态的概念及步骤。

11-7 CENTUM-CS集散控制系统由哪几部分组成？

11-8 CENTUM-CS集散控制系统主要显示画面有哪些？画面名称是什么？

11-9 简述 CENTUM-CS的显示画面调出方法和参数更改方法。

11-10 CENTUM-CS操作员键盘由哪几部分组成？各键有哪些功能？

11-11 FB-2000NS DCS控制系统由哪几部分组成？

11-12 什么是现场总线控制系统？试写出其与 DCS控制系统比较的优点。

第 3 篇　应用与实践

实践教学是职业教育中进行职业技能训练的重要的教学形式和重要手段。它对于增强学生的感性认识，增进学生直接知识的掌握，促进理论联系实际，开拓思维，发展智能，培养严谨、认真、细致、耐心、踏实和勇于克服困难的良好作风，都有着十分重要的意义。

本课程的实践与实验，目的在于使学生普遍受到实验方法和电工、电子、仪表和控制系统等方面实验技术的训练，学会常用电工电子仪器和工业过程检测控制仪表的正确使用方法，学会对于实验数据的处理方法和实验报告的书写方法。

对于实验教学环节，应做到以下几点。

① 实验前做好充分准备，认真预习，明确实验目的、内容和步骤；熟悉实验线路；了解实验仪器、仪表的正确使用方法及注意事项。

② 按照实验内容，认真连接实验线路，严格按照实验步骤认真操作，细心记录，完成实验课的全部内容要求。

③ 遵守实验室的规章制度，爱护实验设备。各实验线路接线完成后，需经指导教师检查完毕后方可通电实验。在操作过程中，若需改变实验线路，必须先切断电源，严禁带电操作。

④ 实验完成后，需经指导教师检查合格后（实验要求的实验数据或测试图形已获得），方可离开实验室。

⑤ 认真总结实验中取得的各项数据和实验中观察到的现象，写好实验报告，总结实验后的收获。

12　基本实验

12.1　直流电路基本特性实验

12.1.1　实验目的

① 练习电流表、电压表、万用表的正确使用方法。

② 明确电位和电压的意义以及它们和参考点的关系，掌握电路中各点电位的测量方法。

③ 明确电压、电流与电阻之间的关系，掌握电流的测量方法。

12.1.2　预习要求

① 掌握在已知电路中计算各点电位的方法。

② 掌握欧姆定律的运用方法。

③ 熟悉基尔霍夫定律。

12.1.3　实验原理与说明

（1）电路中各点电位的测量

① 电路中某点的电位　某点的电位是指该点与所选参考点之间的电压差。测量电位时，必须事先选择一个参考点（可设此点电位为零）。实际电路中常以机壳或线路中的公共接地点为参考点（注：此处所指的公共接“地”并非真正与大地相接，而是指此点的电位为零）。

② 电路中某点电位的大小　电位的大小是随参考点选择的不同而异，电位的大小不是绝对数值而是相对数值；电压是指电场（电路）中任意两点间的电位之差，和电路中各参考点的选择

无关。

(2) 部分电路欧姆定律

部分电路欧姆定律用于描述流过负载的电流与负载两端的电压之间的关系，其数学表示式为

$$I=U/R$$

式中，R 为负载的电阻值；U 为负载两端的电压；I 为流过负载的电流。

(3) 基尔霍夫定律

① 基尔霍夫电流定律　基尔霍夫电流定律又称为节（结）点电流定律，简称KCL。该定律是用来确定电路中连接于同一节点上各支路电流之间关系的定律，可表达为：对于电路中的任一节点来说，流入该节点电流的总和等于从该节点流出电流的总和，即$\sum I_i=\sum I_o$。

该定律也可以表述为：在任一瞬间，电路中任一节点处的电流代数和为零，即$\sum I=0$。

一般规定，流入节点的电流取正号，流出节点的电流取负号。

② 基尔霍夫电压定律　基尔霍夫电压定律，又称为回路电压定律，简称KVL。该定律用来确定电路回路中各段电压间关系，可表述为：对电路中任一回路来说，电动势（电位升）的代数和等于电阻上电压降（电位降）的代数和，即$\sum E=\sum(RI)$。

若电路中电源电动势、电流及各段电压的正方向均为已知，则基尔霍夫电压定律又可叙述为：在任一瞬间，沿任一回路绕行一周，回路中的各段电压的代数和等于零，即$\sum U=0$。

12.1.4 实验设备与器件

① JW-2C双路直流稳压电源（0～30V可调）　1台

② 1.5V 1号干电池或空气甲电池　1只

③ 0～500mA，1.0级直流电流表　1只

④ 0～100mA，1.0级直流电流表　1只

⑤ 0～5mA，1.0级直流电流表　1只

⑥ 0～15V，1.0级直流电压表　1只

⑦ MF-30型万用表　1只

⑧ 51Ω、1/4W，62Ω、1/4W，100Ω、1/4W碳膜电阻　各1只

⑨ 滑线变阻器（100Ω）　1只

⑩ 单刀单掷小刀闸　1只

12.1.5 实验内容与步骤

(1) 欧姆定律验证实验

① 取 $R=100\Omega$，按实验线路图12-1接好线，确定无误后合上开关。

② 调整电压分别为4V、6V、8V，读出每次相应的电流值，填入表12-1中，计算出对应的电阻值。

③ 比较三次所得的计算结果，看看电阻是否为常量，取三次的平均值作为测量结果，以电阻的标称值为精确值计算出测量误差。

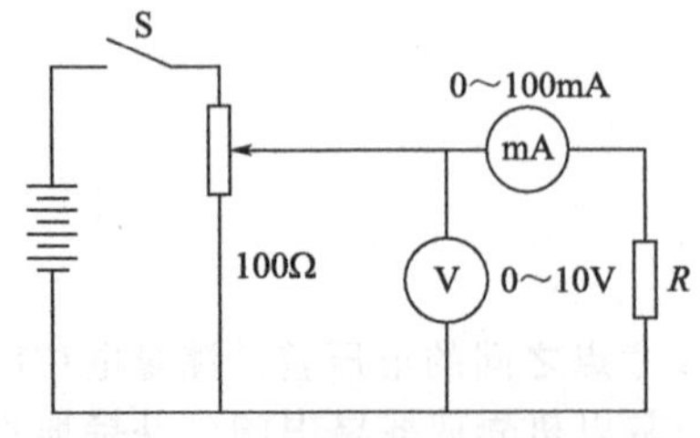

图12-1 欧姆定律验证实验线路

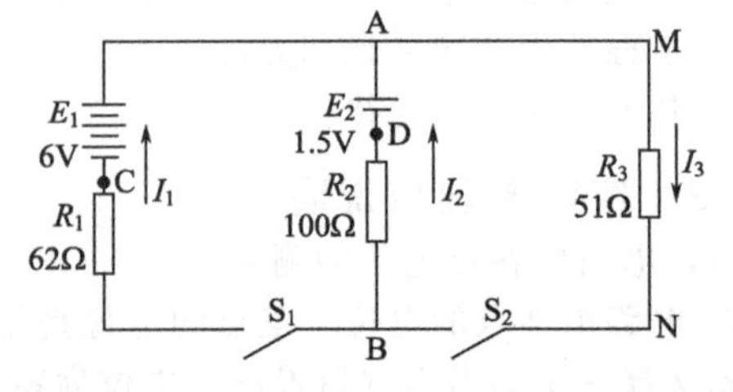

图12-2 基尔霍夫定律验证实验线路

(2) 基尔霍夫定律验证实验

① 按实验线路图12-2接好线，合上开关 S_1、S_2。

② 确定线路中的节点个数，并任选某一节点为验证点。

③ 根据基尔霍夫电流定律，在确定验证点的各条支路上，分别按图示所标的方向接入毫安表，观察仪表读数（若发现表针反偏，立即将仪表的正、负接线对调），将读数填入表 12-2 中。测量时，规定以电流流入为正，流出为负。验证$\sum I=0$。

④ 换一个节点，重复①～③过程，观察仪表读数，填入表 12-2 中，比较实验结果，验证$\sum I=0$。

⑤ 选择实验线路图 12-2 中任意一点为参考点（设此点电位为零），分别测量线路中各点的电位和每两点间的电压值，将所得数据填入表 12-3 中，并完成相应计算。

⑥ 另选一点为参考点（设此点电位为零），分别测量线路中各点电位和每两点间的电压值，将测量结果填入表 12-4 中。

⑦ 根据⑤、⑥的测量结果，比较选择不同参考点时各点电位的变化和每两点间电压变化的情况。

12.1.6 实验报告

（一）欧姆定律的验证

表 12-1 欧姆定律的验证

测量结果		计算结果			
U	I	$R=U/I$	平均值 R_{av}	精确值 R_N	误差%=$(R_{av}-R_N)/R_N$

（二）基尔霍夫电流定律的验证

表 12-2 基尔霍夫电流定律的验证

确定的节点（ ）	$I_1=$ mA	$I_2=$ mA	$I_3=$ mA
更换的节点（ ）	$I_1=$ mA	$I_2=$ mA	$I_3=$ mA
验证结果	$I_1+I_2+I_3=$ mA		
实验误差			

（三）基尔霍夫电压定律的验证

表 12-3 基尔霍夫电压定律的验证（一）

回路（ ）各段电压值			
U（ ）=V	U（ ）=V	U（ ）=V	U（ ）=V
验证结果		$\sum U$（ ）= V	
实验误差			

表 12-4 基尔霍夫电压定律的验证（二）

回路（ ）各段电压值			
U（ ）=V	U（ ）=V	U（ ）=V	U（ ）=V
验证结果		$\sum U$（ ）= V	
实验误差			

12.1.7 总结与思考

① 整理实验数据，试分析实验数据能否说明欧姆定律的正确性，同时根据实验所得数据作出电阻元件的伏安特性。

② 根据基尔霍夫定律，计算图 12-2 所示实验线路中的 I_1、I_2、I_3 的值，和实验所得数据相比较，看看有无误差，如有误差，分析误差产生的原因。

③ 根据基尔霍夫定律，计算图 12-2 所示实验线路中的 U_A、U_B、U_C、U_D 和每两点间的电压，和实验所得数据相比较，看看有无误差，如有误差，分析误差产生的原因。

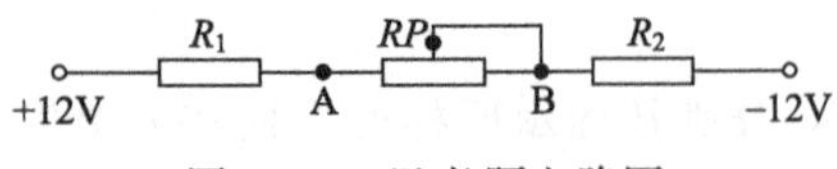

图 12-3　思考题电路图

④ 有一电路如图 12-3 所示，要求：

- 确定合适的参考点的位置，并画出电路图表示；
- 当将 RP 增大时，A、B 两点的电位有何变化？

⑤ 实验中尚存在哪些问题？如何改进？

12.1.8　注意事项

① 测量电流、电压时，一定要保持各测量仪表在电路中的接线正确。

② 在同一实验内容中，若使用万用表，不论测量电流或电压，都应尽量采用同一量限挡级，否则将会带来较大的测量误差。

③ 若用万用表轮换测量电流或电压时，要注意及时将测量范围选择开关拨到相应的电流或电压挡，以免烧坏电表。

④ 测量电位或电压时，一定要先认清极性。测量正电位时，负表笔接低电位；测量负电位时，正表笔应接低电位，并在所得量值前加“－”号。测量电压时，两点的顺序不能写错，否则会得到相反的量值。

⑤ 实验线路中所标各点，供选择节点或参考点之用。

12.2　三相交流电路负载连接演示实验

12.2.1　实验目的

① 学习三相交流电路中负载的星形连接和三角形连接方法。

② 了解对称负载作 Y 形连接和作△连接时线电压与相电压、线电流与相电流之间的关系，验证：

- 三相对称负载作 Y 形连接时，$U_{线}=1.732U_{相}$，$I_{线}=I_{相}$；
- 三相对称负载作△形连接时，$U_{线}=U_{相}$，$I_{线}=1.732I_{相}$。

③ 了解不对称负载作 Y 形连接时中线的作用。

12.2.2　预习要求

① 复习三相对称负载作星形连接和三角形连接时 $U_{线}$ 与 $U_{相}$、$I_{线}$ 与 $I_{相}$ 的关系。

② 熟悉三相负载在何种情况下可作星形连接，何种情况下作三角形连接。

③ 了解三相不对称负载作星形连接时中线的作用。

④ 阅读有关本实验的原理、内容、线路、方法、步骤和注意事项。

12.2.3　实验原理与说明

① 三相对称负载作 Y 形连接时，电路中相关各量存在如下关系：

$$U_{线}=1.732U_{相}，I_{线}=I_{相}$$

根据上述关系，当三相负载的额定电压为电源线电压的 1/1.732 时，应接成星形；而当三相负载的额定电压等于电源的线电压时，应接成三角形。

三相负载对称时，具有以下特点：

$$U_{线}=1.732U_{相}，I_{线}=I_{相}；I_0=I_1+I_2+I_3=0$$

三相负载不对称（三相四线制）时，具有以下特点：

$$U_{线}=1.732U_{相}，I_{线}=I_{相}；I_0=I_1+I_2+I_3\neq 0$$

当三相负载对称时，因中线电流为零，故可省去中线；但在三相负载不对称时，由于三相电流不对称，中线有电流通过，且中线为三相电流的公共通路，故中线不能省去，必须有中线才能工作，这种供电方式称为三相四线制供电。通过对上述两种情况的分析，可知中线的作用在于能使三相不对称负载成为三个独立的电路，不论负载如何变动，每相负载承受的对称相电压不变，故能使负载工作正常。中线一旦断开，虽然电源的线电压对称，但因各相负载承受的对称相电压被破坏（各相负载所承受的电压高、低不等），致使负载不能正常工作，甚至导致重大事故发生。所以中线在三相四线制供电中起着重要作用，为防止中线断开，在中线上不允许连接熔断器和开关等。

在断开中线的实验中，为安全起见，应将380V电压降到320V或300V。

② 三相负载的△形连接。三相负载在对称和不对称两种情况下均可接成三角形，三相对称负载作三角形连接时存在如下关系：

$$U_{线}=U_{相}，I_{线}=1.732I_{相}$$

12.2.4 实验设备与器件

① 3kV·A或6kV·A三相调压器　1台
② 0～1A交流电流表　1只
③ 0～500V交流电压表或MF-30型万用表　1只
④ 60W、220V白炽灯泡　3只
⑤ 100W、220V，40W、220V白炽灯泡　各1只
⑥ 胶木灯座　3个
⑦ 胶木开关（单相）　4个
⑧ 电流表插孔　7个
⑨ 三相小型电源刀闸　1个

12.2.5 实验内容与步骤

12.2.5.1 三相负载的星形连接

(1) 三相对称负载

① 按图12-4所示电路图接好线路，在线路中三个灯座上，分别安装上60W白炽灯泡，并合上中线开关S_4。

② 检查接线无误后，合上三相电源刀闸S，再分别合上各相开关S_1、S_2、S_3，观察和比较三个灯泡发光的亮度。

③ 用交流电流表在三相线路和各相电路插孔处，分别测量线电流I_U、I_V、I_W和负载电流I_{UN}、I_{VN}、I_{WN}。

④ 用交流电压表或万用表（交流电压500V挡），分别测量线电压U_{UV}、U_{VW}、U_{WU}和负载相电压U_{UN}、U_{VN}、U_{WN}。

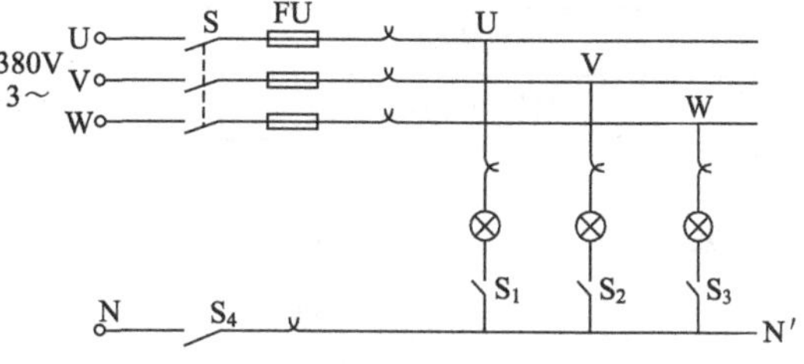

图12-4 三相负载星形连接实验线路图

⑤ 在中线电流插孔处测量中线电流I_N。

⑥ 断开中线，观察三个灯泡的发光亮度有无改变，并重复步骤③和④的过程。

⑦ 将所得的记录值填入表12-5中，并切断三相电源。

(2) 三相不对称负载

① 将实验线路中灯泡分别换上100W、60W、40W三只不同的灯泡，再将中线开关S_4合上。

② 合上三相电源开关S，再分别接通S_1、S_2和S_3，观察比较三个灯泡的发光亮度。

③ 分别测量线电流和相电流、线电压和相电压。

④ 测量中线电流I_N。

⑤ 轮流断开S_1、S_2和S_3，观察各灯泡亮度有无变化，再测量各相电压和各相电流。

⑥ 断开电源开关S，由教师将实验室的三相电压调至320V或300V，合上开关S，断开60W灯泡开关。此时将中线断开，观察其余两灯（40W和100W）的亮度，同时测量线电压和相电压、线电流和相电流。

⑦ 将实验所得的数据填入表12-5中。

⑧ 断开三相电源。

12.2.5.2 三相对称负载的三角形连接

① 按图12-5所示实验线路图接线，并将U、V、W三相分别接上瓦数相同的灯泡。

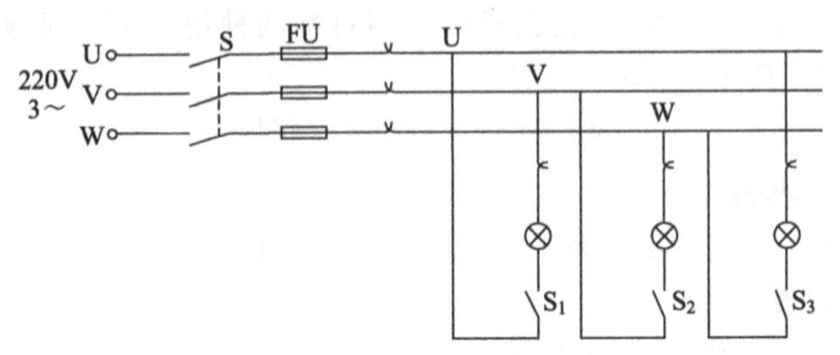

图12-5 三相对称负载三角形连接实验线路图

② 用调压器将三相电源电压降到220V，检查接线无误后，合上电源刀闸S，再分别合上S_1、S_2、S_3，观察灯泡发光的亮度。

③ 分别测量线电压U_{UV}、U_{VW}、U_{WU}和相电压U_{UV}、U_{VW}、U_{WU}。

④ 测量线电流I_U、I_V、I_W和相电流I_{UV}、I_{VW}、I_{WU}。

⑤ 将实验所得数据填入表12-6中。

⑥ 切断三相电源。

12.2.6 实验报告

(1) 三相负载作星形连接

表12-5 测量数据（一）

负载情况		对称负载		不对称负载	
测量与计算		有中线	无中线	有中线	无中线
线电压/V	U_{UV}				
	U_{VW}				
	U_{WU}				
相电压/V	U_{UN}				
	U_{VN}				
	U_{WN}				
$U_线$与$U_相$的数量关系					
线电流/A	I_U				
	I_V				
	I_W				
相电流/A	I_{UN}				
	I_{VN}				
	I_{WN}				
$I_线$与$I_相$的数量关系					
中线电流I_N/A					
灯泡亮度					

(2) 三相对称负载作三角形连接

表 12-6 测量数据（二）

线电压/V	U_{UV}	U_{VW}	U_{WU}
相电压/V	U_{UV}	U_{VW}	U_{WU}
$U_{线}$ 与 $U_{相}$ 的数量关系			
线电流/A	I_U	I_V	I_W
相电流/A	I_{UV}	I_{VW}	I_{WU}
$I_{线}$ 与 $I_{相}$ 的数量关系			

12.2.7 总结与思考

① 在两种不同的连接方法中，$U_{线}$、$U_{相}$ 的关系，$I_{线}$、$I_{相}$ 的关系同理论是否相符？

② 三相负载作星形连接时，为什么负载对称时中线可省去？而负载不对称时中线却十分重要，不能省去？

③ 在三相四线制供电系统中，为什么中线总比相线要细些？

④ 用三相四线制供电，若一相因过载断开，则对其他两相负载的正常工作是否有影响？为什么？

⑤ 若三相电源电压为 220V 的三角形连接的线路作照明供电，试分析如果有一相断开，将会产生什么后果？

⑥ 实验中，为什么灯泡作星形连接时，三相电压为 380V，而作三角形连接时，电压却为 220V？

⑦ 实验中尚存在哪些问题？怎样改进？

12.2.8 注意事项

① 由于三相电源电压较高，实验中线路必须经教师检查后方可通电实验。

② 接线要仔细、牢靠，使用多股线时要防止裸线带毛刺，导线连接处要用绝缘胶带包好，确保绝缘。

③ 测量电流和电压时，一定要注意仪表在线路中的正确连线和量程的选择。特别是用万用表测量时，操作一定要细心、谨慎，以防止烧坏仪表或发生触电事故等。

④ 为确保实验的安全，断开中线（三相不对称负载时）测量前，三相电源电压必须要由教师调到 300V 左右。三角形连接实验时，三相电压也必须降到 220V，否则不得进行实验。

⑤ 更换实验内容时，一定要先切断电源，严禁带电操作。

12.3 三相异步电动机的启动及控制实验

12.3.1 实验目的

① 认识三相异步电动机的铭牌。

② 学习电动机绝缘电阻的测量方法。

③ 学习三相异步电动机控制线路的接线，观察电动机的启动电流。

④ 通过对控制线路的接线和简单控制操作，了解电动机有关保护装置的使用和相应的工作原理。

12.3.2 预习要求

① 了解电动机铭牌的意义和电动机启动电流对电网电压的影响。

② 了解交流接触器、热继电器和按钮开关的结构及工作原理，熟悉短路、过载、欠压三种保护在控制线路中所起的作用。

③ 熟悉绝缘电阻的概念，学习电动机绝缘电阻的测量方法。

④ 阅读有关本实验的原理、内容、方法、步骤和注意事项。

12.3.3　实验原理与说明

（1）异步电动机的启动电流

在实际生产中，一般情况下，10kW 以下的电动机均能采用直接启动。电动机在启动时，由于转子上的电流较大而使定子绕组的电流也相应增大。定子上增大的电流往往是电动机正常运行电流的 4～7 倍，此电流称为启动电流，该电流可通过串接于电动机和三相电源线上的电流表进行测量和观察。

（2）三相异步电动机正转控制线路

三相异步电动机正转控制线路由主电路和控制电路两大部分组成。

主电路：由三相刀闸、三相熔断器、磁力启动器中交流接触器的主触点、热继电器的发热元件、传输导线和三相异步电动机组成。

控制电路：由磁力启动器中的电磁线圈、热继电器的静、动触点、辅助触点以及按钮开关组成。

整个电路如图 12-6 所示，这种电路具有短路、过载和欠压三种保护作用。

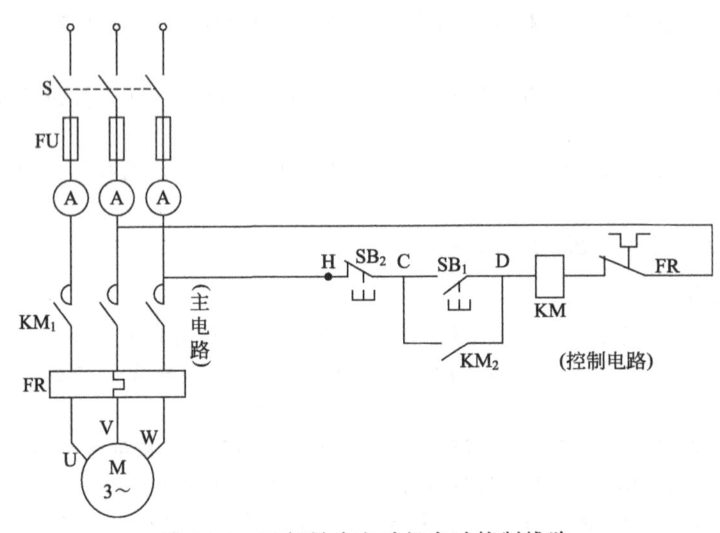

图 12-6　三相异步电动机启动控制线路

（3）三相异步电动机的启动、停车及欠压与过载保护

① 启动　启动时，按启动按钮 SB_1，接通控制回路，接触器线圈 KM 得电，使其主触点闭合，同时自锁触点 KM2 也闭合，此时 KM2 代替了 SB_1 的作用，使得控制回路保持通路，于是电动机运转。

② 停车　停车时，按停止按钮 SB_2，切断控制回路，使线圈 KM 失电，接触器主触点 KM1 和辅助触点 KM2 都断开，主回路与控制回路均被断开，电动机停止运行。

③ 过载与欠压　持续过载时，发热元件 FR 升温，导致热继电器动断触点 FR 动作断开，切断控制回路，使电动机停转；欠压时，线圈 KM 失压释放动铁芯，也切断控制回路和主回路。

12.3.4　实验设备与器件

① Y-W 系列 1kW 三相异步电动机　1台
② CT_{12}（或 $CJ_{12}F$、CJ_{10}）交流接触器（含热继电器）　2只
③ 0～10A 交流电流表　1只
④ 500V 兆欧表　1只
⑤ 启动按钮开关　1只
⑥ 停止按钮开关　1只
⑦ 500V、10A 三相刀闸　1只

12.3.5 实验内容与步骤

（1）认识三相异步电动机的铭牌，测量三相异步电动机的绝缘电阻

① 理解电动机铭牌上数据的意义，并将各项数据记入表12-7中。

② 用兆欧表测量电动机各相绕组与机壳间的绝缘电阻及各相绕组间的绝缘电阻值，将测量值记入表12-8中，并将电动机接线盒中连接铜片复原。

（2）三相异步电动机的启动、停车及欠压与过载保护实验

将电路接成图12-6所示的控制电路，检查无误后，做电动机的启动、停车实验，观察实验现象，并将数据记录于表12-9中。

（3）控制线路的欠压保护

① 将三相电压通过三相调压器由380V逐渐减少，使图12-7控制线路中电动机因欠压而停转，记下停转时的三相电压值。

② 恢复三相电压到380V，观察电动机是否能继续运转。

③ 按启动按钮电动机重新运转。在运转过程中造成人为停电，再立即恢复供电，观察电动机在没有重新按启动按钮时是否能继续运转。

④ 将观察到的上述情况记入表12-10中。

12.3.6 实验报告

（1）认识电动机铭牌和绝缘电阻的测量

表12-7 电动机铭牌数据

型号：	工作方式：
功率：	绝缘等级：
电压：	接法：
电流：	频率：
转速：	$\cos\varphi$

表12-8 电动机绝缘电阻的测量

各相绕组间的绝缘电阻值/MΩ			绕组与机壳间的绝缘电阻值/MΩ		
U-V	V-W	W-U	U与机壳	V与机壳	W与机壳

（2）启动电流的观察

表12-9 电动机的启动电流

启动电流(空载)	$I_{st(U)}=$ A	$I_{st(V)}=$ A	$I_{st(W)}=$ A
正常运行(空载)	$I_{IN(U)}=$ A	$I_{IN(V)}=$ A	$I_{IN(W)}=$ A
I_{st}/I_{IN}(倍数)			

（3）控制线路的欠压保护

表12-10 电动机欠压保护

电动机运转过程中电压的变化	电动机运转情况	电动机重新启动条件
电源电压降到 V	停转	
电源电压恢复到 380V		
运转中停电		
恢复供电 380V		

12.3.7 总结与思考

① 按钮 SB_2 的作用是什么？除去 SB_2 后电路能否正常工作？

② 在正转控制电路中，如有图 12-7（a）、（b）两种接法，试分析有无错误？若有错误将会产生什么后果？

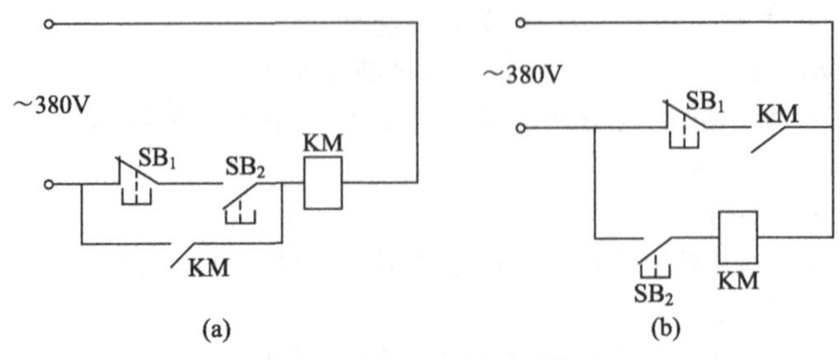

图 12-7 控制电路两种接法

③ 电路若发生短路，如何实现保护？

④ 实验中尚存在哪些问题？怎样改进？

12.3.8 注意事项

① 测量电动机绝缘电阻时，先将接线盒盖打开，并将接线连接铜片（星形接法时只有一片，三角形接法时有三片）取下，再用兆欧表测量电动机绝缘电阻。测量完毕后，按原来的位置恢复连接铜片。并拧紧螺母，盖上盒盖。此项操作时要认真、细致，切不可草率行事。指导教师应严格检查、验核。

② 控制线路的接线也要细致，各触点要保持良好的接触，接线完毕，需经教师检查后方可通电，万不可自行合闸。

③ 通电后，若用测电笔检查各触点是否有电，应注意测电笔不要倾斜，以免造成二相短路。

④ 做欠压保护实验时，降低电压或人为停电都应服从实验教师的指挥和安排，不得擅自操作。

⑤ 接通电源后，若发现电动机不转或发出沉重的隆隆声，应立即切断电源进行检查（有可能是缺相运行）或更换电动机。

⑥ 电动机启动前，应先将三相电源刀闸合上，再按启动按钮，电动机停转前，应先按停止按钮，再切断三相电源，操作顺序不可颠倒。

12.4 电工量检测及万用表使用实验

12.4.1 实验目的与要求

① 熟悉万用表的面板布局，理解旋钮开关各挡的用途。

② 掌握应用万用表检测直流电压、直流电流、电阻和交流电压等电工量的方法。

12.4.2 实验用仪器与设备

① 指针式万用表	1块
② 直流稳压电源	1台
③ 200Ω、1A 滑线电阻器	1只
④ 20Ω、100Ω、200Ω、20kΩ、200kΩ 电阻	各1只

12.4.3 实验原理

指针式万用表型号很多，面板上的旋钮及开关布局也不相同，但基本上都是由带有标尺的表头、转换开关、零欧姆调节旋钮和插孔等部分组成。

万用表应水平放置，使用前应检查表头指针是否指在零点。若不指零，可调节表头下方的机械零位调节螺钉，使其指零。将转换开关旋转到所需的挡位上。表头上的标尺有数条，它们分别用于不同电量的检测。如标有“Ω”的标尺是检测电阻用的；标有“～”的标尺是检测交流电压用的；标有“—”的标尺是检测直流电量用的。

(1) 直流电压的检测

将转换开关拨至直流电压挡，估计被测电压的大小，选择合适的量程，将红表笔接到被测电压的正极，将黑表笔接到被测电压的负极，从标尺上进行读数。若指针反转，则将两表笔交换后再测。

(2) 直流电流的检测

将转换开关拨至直流电流挡，估计被测电流的大小，选择合适的量程，将表笔串联在被测电路中，使电流从红表笔流入，从黑表笔流出，从标尺上进行读数。若指针反转，则将两表笔交换后再测。

(3) 交流电压的检测

将转换开关拨至交流电压挡，将两表笔跨接在被测电压两端，从标尺上读出被测电压的有效值。

(4) 电阻的检测

将转换开关拨至电阻挡，估计被测电阻的大小，选择合适的量程。检测前应将两表笔短接，转动零欧姆调节旋钮，使指针指在0Ω上。每次更换电阻倍率挡时，都要重新调零。检测时将两表笔分别接在被测电阻的两端，从标尺上读取被测电阻阻值。

检测电阻时，不允许带电检测电阻，两手也不应同时接触电阻的两端，以免引入误差。

12.4.4　实验步骤

(1) 熟悉万用表的面板结构、检测电量种类和量程，认识表头标尺、符号的含义以及读数方法

(2) 用万用表检测直流电压

① 将直流稳压电源输出电压分别调至2V、5V、8V，用万用表10V直流挡，进行上述电压的检测，并将读数记录在表12-11中。

表12-11　使用万用表检测电量数据记录表

检测项目		检测数据					
直流电压	电压值/V	2	5	8	10	25	40
	电压测量值/V						
直流电流	*RP* 位置	$\frac{1}{2}RP$			RP		
	电流测量值/mA						
电阻	倍率挡	×1		×10		×1k	
	电阻测量值/Ω						
交流电压	交流电压/V	220			380		
	交流电压测量值/V						

② 将直流稳压电源输出电压分别调至10V、25V、40V，用万用表50V直流挡，进行上述电压的检测，并将读数记录在表12-11中。

(3) 用万用表检测直流电流

① 按图12-8所示的检测电路接线。

② 将万用表串联于图12-8电路的A、B两点之间，取电源电压为10V，电阻 R 为100Ω，将

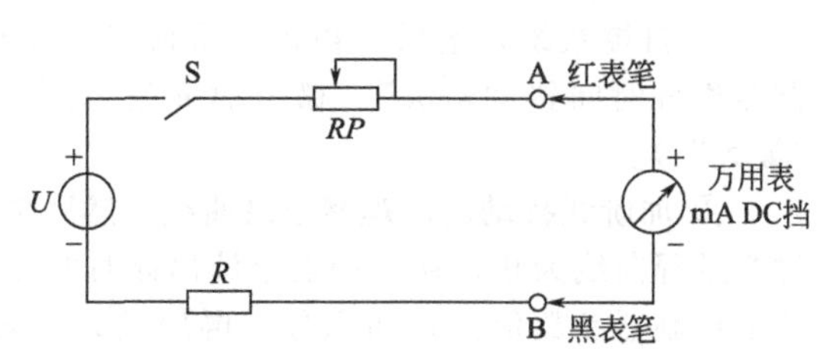

图12-8　万用表检测直流电流的电路

RP 调到最大值。

③ 将开关S闭合，取滑线电阻阻值为$\frac{1}{2}RP$和RP，检测直流电流值，将读数记录在表12-11中。

(4) 用万用表检测电阻

将万用表转换开关置于欧姆挡，使用倍率为“×1”、“×10”和“×1k”，检测两个电阻的阻值，将结果记入表12-11中。

(5) 用万用表检测交流电压

将万用表转换开关置于交流电压“250V”挡，测量220V交流电压；再用交流电压“500V”挡，测量380V交流电压，将结果记入表12-11中。

12.4.5 注意事项

① 使用万用表测量时，严禁人体接触万用表的金属部分，确保人身安全和检测的准确性。

② 万用表转换开关换挡时，应先切断电源，然后换挡。

③ 绝不允许用万用表在电阻挡或电流挡位置检测电压，否则会烧坏万用表的表头。

12.4.6 实验思考题

① 万用表面板上符号“V～”、“V—”、“mA—”和“R×1k”的意义是什么？

② 用万用表检测电压或电流时，若不知具体数值大小，其量程开关应如何选择？

③ 用万用表测量电阻时，要对各挡进行0Ω调节，若旋转零欧姆调节旋钮，不能将指针调到0Ω上，应如何处理？

④ 万用表使用完毕，应将转换开关置于何挡位置？

12.5 串级控制系统操作实验

12.5.1 实验目的

① 熟悉串级控制系统的结构组成。

② 掌握串级控制系统的投运方法。

③ 了解串级控制系统中控制器参数的整定方法。

④ 了解串级控制系统对进入副回路和主回路扰动的克服能力。

12.5.2 实验装置

(1) 实验装置

① 微型液位实验装置。

② 单刀双掷开关一个。

③ 毫安表一块。

(2) 实验装置连接图（图12-9）

12.5.3 实验指导

(1) 简单控制系统的工程整定方法4∶1衰减曲线法

① 自控系统投运后，被控变量稳定一段时间，在自动控制状态下，即可进行参数整定。控制器积分时间置“最大”、微分时间置“断”、比例度置经验数值上限值（如无经验数值则置“最大”）。

② 加阶跃扰动后，观察记录曲线。然后阶梯式减小比例度，加干扰，看曲线，直至出现4∶1过渡过程曲线为止。在控制器上读出此时的比例度值，在记录曲线上求出振荡周期T_p，按表7-6算出控制器参数值。先加积分，再加微分时间，然后把比例度放计算值上。观察曲线，若不理想，再加以调整。

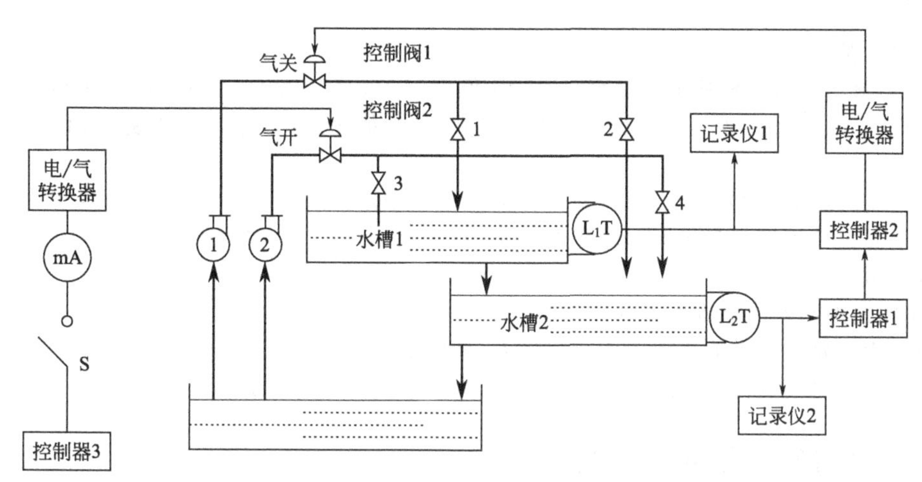

图 12-9 实验装置连接图

(2) 串级控制系统中控制规律的选择

采用串级控制的目的，一般是为了快速克服主导扰动，严格控制主控变量，确保主控变量无余差。为此，引入副变量，而副变量可以在一定范围内波动。这些就是选择控制规律的主要依据。主回路既然是严格的定值控制，不能有余差，所以通常采用 PI 控制。而副回路要快速克服主要扰动，保证主变量少受或不受影响，所以一般多用较强的比例作用。积分作用有利于消除余差，但同时会延长控制过程，不利于副回路的快速控制要求，所以副回路一股不用积分作用。总之，主回路一般用 PI 控制，副回路一般用纯比例控制。

12.5.4 实验原理

在本实验中，用水槽 1 和水槽 2 构成液位 L_1 与液位 L_2 的串级控制系统。水槽 1 的液位 L_1 为副变量，水槽 2 的液位 L_2 为主变量、控制器 3 的输出电流由开关 S 控制，用来打开或关闭控制阀 2 以产生阶跃扰动。扰动流量的全部或大部分注入水槽 1 中，作为主要扰动，由副回路加以克服。次要扰动则由主回路克服。

用“先副后主”的方法把副控制器 2 和主控制器 1 投入运行之后，采用“4∶1 衰减曲线”整定主、副控制器的参数，以得到良好的控制质量。一个正常运行的串级控制系统用副回路克服主要扰动，而次要扰动则由主回路克服。为说明这一原则的正确性，在实验的最后，加入扰动，并使全部扰动加入主回路，从过渡过程曲线可以看出，这样做使控制质量明显变差了。

12.5.5 实验步骤

(1) 准备工作

① 按图 12-9 接线，构成液位串级控制系统。

② 接通总电源，接通各仪表电源，启动气泵。

③ 主控制器 1 的开关分别置“软手动”、“内给定”、“测量”、“反作用”。比例度置经验上限数值。积分时间置“最大”，微分时间置“断”。把给定指针拨到 50%位置。副控制器 2 的开关位置分别置于“软手动”、“外给定”、“测量”、“正作用”，比例度置经验值的数值上。积分时间置“最大”，微分时间置“断”。操作副控制器软手动扳键使其输出表指示为 0%，使气关阀 1 全开，把各手动阀全关。

(2) 系统投运

① 启动水泵 1，打开手动阀 1，使水注入水槽 1 中，把差压变送器投入运行。操纵控制器 2 的软手动扳键，手动遥控调节阀 1，使液位 L_2 稳定在给定值附近。拨动内给定轮，使偏差为 0。

② 投入自动运行。按照先副后主的顺序，先将副控制器 2 的自动-手动开关由“软手动”切换到“自动”位置。然后再把主控制器 1 由“软手动”切向“自动”，使串级系统在自动控制状

态下运行。

(3) 参数整定

① 副控制器2的参数整定　主控制器的比例度为100%，用4∶1衰减曲线法整定副控制器参数。获得4∶1衰减曲线，记下此时的比例度值δ_{s2}和振荡周期T_{p2}，按照表7-6的公式计算比例度。

② 主控制器1的参数整定　保持副控制器2的比例度δ_{s2}不变。扰动加入水槽1中，再用4∶1衰减曲线法整定主回路，记录此时的比例度δ_{s1}和振荡周期T_{p1}，按照表7-6计算实际的比例度、积分时间、微分时间。

③ 先把副控制器的比例度放到计算值上，再把主控制器的比例度放到计算值上、积分时间放到计算值上。加入扰动到水槽1中，观察L_2曲线的变化情况，并适当调整参数。

④ 观察主要扰动和次要扰动同时作用于对象时，系统的控制过程。

12.6　PLC控制器应用实验

12.6.1　实验目的

① 通过实验了解PLC的使用。

② 通过实验理解基本逻辑指令的使用方法。

③ 基本了解PLC梯形图的编写方法。

12.6.2　实验设备

① PLC　　1台

② 开关　　4个

③ 指示灯　4个

④ 导线若干

12.6.3　实验内容

① 分别将4个开关和4个指示灯与PLC连接。

② 按照下列要求分别编写梯形图，并通过计算机写入PLC中，按照要求执行程序，观察结果，调整梯形图。

- 只按下开关1，指示灯1亮；只按下开关2，指示灯2亮；若两个开关都闭合，则只有指示灯3亮。
- 当按下开关3时，指示灯4延时10s后亮。
- 当闭合开关4五次，指示灯1、2、3、4同时亮。

13 综合实验

13.1 日光灯电路的安装及功率因数的提高实验

13.1.1 实验目的

① 了解日光灯电路的组成及发光原理，学习电路的安装连接。

② 通过日光灯功率因数的提高，加深对提高感性负载功率因数意义的认识。

③ 学习交流电流表、交流电压表和交流功率表的使用方法。

13.1.2 预习要求

① 复习电阻和电感串联的交流电路中电压和电流的相位关系；复习有关提高感性负载因数的方法和意义。

② 了解日光灯的工作原理。

③ 学习单相交流功率表的使用方法。

④ 阅读有关本实验的原理、内容、方法、步骤和注意事项。

13.1.3 实验原理与说明

13.1.3.1 日光灯电路的组成

日光灯电路是由日光灯管、镇流器、启辉器及开关组成，如图 13-1 所示。

(1) 日光灯管

灯管是内壁涂有荧光粉的玻璃管，灯管两端各有一个由钨丝绕成的灯丝，灯丝上涂有易发射电子的氧化物。管内抽成真空并充有一定的氩气和少量水银。氩气具有使灯管易发光和保护电极、延长灯管寿命的作用。

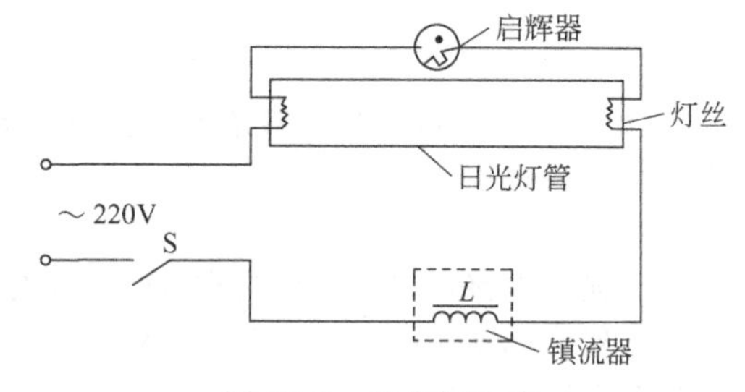

图 13-1 日光灯电路

(2) 镇流器

镇流器是具有铁芯的线圈，在电路中起如下作用。

① 在接通电源的瞬间，使流过灯丝的预热电流受到限制，以防止预热电流过大时而烧断灯丝。

② 日光灯启动时，和启辉器配合产生一个瞬时高电压，促使管内水银蒸气发生弧光放电，致使灯管管壁上的荧光粉受激而发光。

③ 灯管发光后，保持稳定放电，并使其两端电压和通过的电流降到并限制在规定值内。

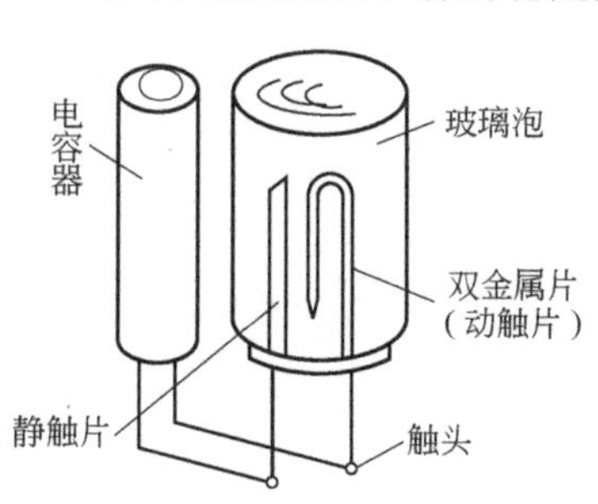

图 13-2 启辉器的结构图

(3) 启辉器

启辉器的作用在于在灯管发光前接通灯丝电路，使灯丝通电加热后又突然切断电路，好似一个开关。

启辉器的外壳是用铝或塑料制成的，壳内有一个充有氖气的小玻璃泡和一个纸质电容器，其结构如图 13-2 所示。纸质电容器的作用是避免启辉器的触片断开时产生的火花将触片烧坏，同时也防止灯管内气体放电时产生的电磁波辐射对电视机等家用电器的干扰。

13.1.3.2 日光灯的发光原理

在图 13-1 中，当接通电源后，电源电压（～220V）全部加在启辉器静触片和双金属片的两端。由于两触片间的高电压产生的电场较强，故使氖气游离而放电（红色辉光）。放电时产生的热量使双金属片弯曲与静触片连接，电流经镇流器、灯管灯丝及启辉器构成通路。电流流过灯丝后，灯丝发热并发射电子，致使管内氖气电离，水银蒸发为水银蒸气。因启辉器玻璃泡内两触片连接，故电场消失，氖气也随之立即停止放电。随后，玻璃泡内温度下降，两金属片因此冷却而恢复原状，使电路断开。此时，镇流器中的电流因突变，故在镇流器两端产生一个很高的自感电动势，这个自感电动势和电源电压串联后，全部加到灯管的两端，形成一个很强的电场，致使管内水银蒸气产生弧光放电，在弧光放电时产生的紫外线激发了灯管壁上的荧光粉发出白色的光。

13.1.3.3 电感性负载电路功率因数的提高

电感性负载由于电感 L 的存在，功率因数较低，因此，必须设法提高电感性负载电路的功率因数。常用的方法是在感性负载的两端并联一个容量适当的电容器，这在实用上有很重要的意义。

在感性负载两端并联一个适当的电容器有以下作用。

① 由于 I_{LR} 和 I_C 反相而相互抵消，使电路总电流 I 减小很多，如图 13-3 所示。电路消耗功率从 $P=UI_1\cos\varphi_1$ 变为 $P=UI_1\cos\varphi$。

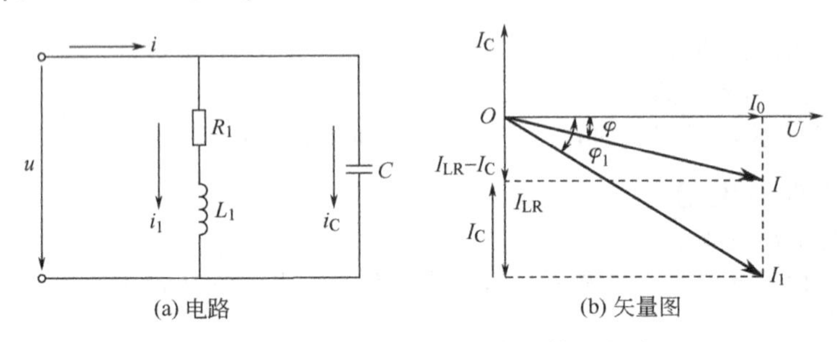

图 13-3 电感性负载与电容器并联电路

② 电压与电流的相位差角大大减小，即 $\varphi<\varphi_1$，使整个电路的功率因数提高很多。相位差角可由下式得出：

$$\cos\varphi=P/(UI)$$

日光灯电路可以近似地当作 RL 串联电路看待，并联电容器之前，日光灯电路的功率因数较低，一般为 0.5 左右，并联上适当容量的电容器后，功率因数可得到一定程度的提高。所需的并联电容器的电容值可按下式计算：

$$C=P/[\omega U^2(\tan\varphi_1-\tan\varphi)]，设\ f=50\text{Hz}$$

13.1.4 实验设备与器件

① 20W、220V 日光灯具　1 套
② 300V、1A 单相交流功率表　1 块
③ 0～1A 交流电流表　1 块
④ 0～300V 交流电压表　1 块
⑤ MF-30 型万用表　1 块
⑥ 0～10μF 电容箱　1 只
⑦ 0.5～1A 熔断器　2 只
⑧ 250V、5A 单相小刀闸　1 只
⑨ 电流表插孔　3 只

13.1.5 实验内容与步骤

(1) 日光灯电路的接线和启动电流的观察

按图 13-4 所示实验线路图进行接线（功率表和电容箱可暂不接），检查线路无误后合上开关

S，在日光灯正常发光的同时，观察电路电流由启动到稳定的变化（观察插孔“1”处的电流表）。

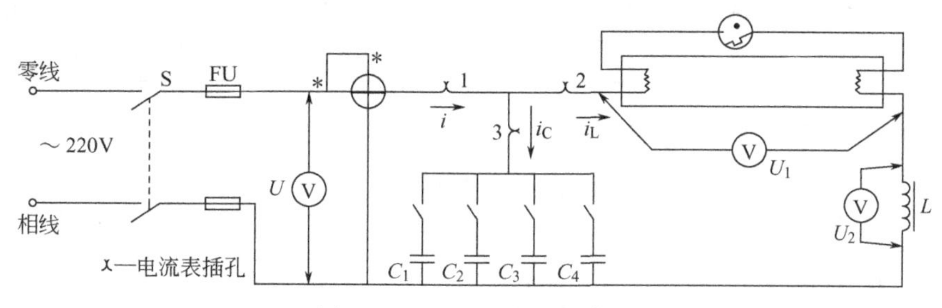

图 13-4 日光灯实验线路图

（2）并联电容器前的测量

① 记录在插孔“1”处的电路总电流 I，再用交流电压表分别测量线路总电压 U、日光灯管两端电压 U_1、镇流器两端电压 U_2 之值。

② 断开 S，按实验线路图接好功率表（电流线圈必须串联于电路，电压线圈必须并联于电路两端），合上 S 后，记录功率表的读数。用同样的方法连接功率表，测量日光灯管的功率 P_1 及镇流器功率 P_2。

③ 如不便采用功率表测量线路功率时，可按公式 $P=P_1+P_2$ 进行计算。其中，$P_1=U_1I$（灯管功率）。P_2 为镇流器功耗，P_2 具体值可参照日光灯技术参数：40W 镇流器≤8W，30W 镇流器≤7W，20W 镇流器≤7.5W。

④ 根据测量数据，计算日光灯线路的功率因数 $\cos\varphi$。

⑤ 断开电源后，用万用表测量镇流器的直流电阻值。

⑥ 将所有测量值均记录于表 13-1 中。

（3）并联电容器后的测量

① 按图 13-4 实验线路接上电容箱，分别并联 0.5μF、1μF、1.5μF 和 2μF 的电容器，合上开关 S 观察总电流 I 的变化。

② 将交流电流表分别插入“2”孔和“3”孔，测量灯管支路和电容器支路的电流 I_L、I_C。

③ 分别计算上述情况时的功率因数，同并联电容器前的功率因数相比较。

④ 将电容量增到 2.5μF（或 3μF），记录总电流 I、灯管支路和电容支路各电流的变化值，并计算此时功率因数提高到何值。

⑤ 若要求将线路的功率因数提高到 0.95 或 1 时，计算所需电容量，并将此容量的电容器（由电容箱的电容器组合）并接到线路中，观察是否能实现上述要求。

⑥ 将上述所测数据，均记录于表 13-2、表 13-3 中，切断电源。

（4）观察日光灯的几种现象

① 将实验线路恢复到不接电容器前的状态。

② 接通电源，待日光灯正常发光后取下启辉器，观察对灯管发光有无影响。当切断电源后，立即再接通电源，观察在没有启辉器时，灯管是否还会发光。

③ 用调压器将电源从 220V 逐渐减小（由教师统一调节），直到灯管不发光为止。记录下灯管发光的最低电压值。

④ 若启辉器玻璃泡内的双金属片和静触片相连而不断开时，观察灯管产生的现象。

⑤ 比较启辉器内有小电容器和无小电容器时，日光灯在启动和正常发光时对收音机和对电视机有无影响。

将实验现象记录入表 13-4 中。

13.1.6 实验报告

（1）并联电容器前的测量与计算

表 13-1 测量数据（一）

启动电流/A	P/W	I_Σ/A	U/V	U_1/V	U_2/V	P_1/W	P_2/W	$\cos\varphi$	R/Ω	L/H

（2）并联电容器后的测量与计算

表 13-2 测量数据（二）

电容量/μF	0.5			1			1.5			2			2.5		
电流/A	I_L	I_C	I	I_L	I_C	I	I_L	I_C	I	I_L	I_C	I	I_L	I_C	I
$\cos\varphi$															

表 13-3 测量数据（三）

要求提高的 $\cos\varphi$	0.95	1
计算所需电容值/μF		
实际提高的 $\cos\varphi$		

（3）日光灯现象的观察

表 13-4 日光灯现象的观察

日光灯工作条件	发光和受干扰情况
正常发光后取下启辉器	正常、较暗、无光
启动前取下启辉器	不能发光、较暗、正常
最低启动电压	发光正常、较暗
启辉器静、动触片连接	不能正常发光、较暗
有、无小电容器启动时	对电视机或收音机的干扰

13.1.7 总结与思考

① 日光灯电路中，U 和 U_1 及 U_2 是什么关系？试用实验所得数据证明（应考虑镇流器的直流电阻压降）。

② 以表 13-2 的数据来说明日光灯并联电容器后，总电流、功率因数、并联电容值间的变化规律。

③ 按照供用电原则，一般用户使用的感性负载电路，功率因数提高到 0.9 即可，为什么不再要求继续将功率因数提高到“0.95”或“1”？试试看能否用实验数据来解释说明此问题。

④ 日灯电路在并联电容器前、后的总功率 P 有无变化？提高的是负载的功率因数还是整个电路的功率因数？为什么？

⑤ 通过实验能否说明提高功率因数具有哪些重要意义？

⑥ 为什么日光灯在较低电压时，不能启动发光？

⑦ 启辉器内的纸质电容器有何用途？若将此电容器击穿，会造成什么结果？

⑧ 实验中尚存在哪些问题？如何改进？

13.1.8 注意事项

① 连接线路时，线头不应有毛刺相碰现象，安装灯管时，应先将灯管管脚对准弹簧管座上的管脚插孔，轻轻推压，然后再上好另一头管座。启辉器安装时不能有松动或接触不良现象，否则将影响灯管的启动。注意镇流器不要漏接，以免烧坏灯管。

② 接好线后，需经教师检查、验核无误后方可通电实验。

③ 在测量线路及各部分功率时，应注意所测电压和电流值不允许超过功率表所标的电压和电流的量值。功率表的接线和使用方法请查阅具体功率表的使用说明。

④ 交流电流表和交流电压表在测量上虽不分极性，但必须严格做到电流表串联、电压表并联，此外，还需注意选择合适的量限，以免带来较大的测量误差或损坏仪表。

⑤ 日光灯电路的典型接线如图 13-4 实验线路所示，启辉器的双金属片一端应和镇流器的一端相连，镇流器的另一端和电源线相连，这样接线具有最好的启动效果。

13.2 Pt100 温度检测系统组成校验实验

13.2.1 实验目的与要求

① 理解常用测温元件的工作原理。

② 掌握常用温度显示仪表的工作过程。

③ 初步理解测温系统的组成。

13.2.2 实验仪器与设备

① Pt100 型热电阻 1 只。

② 标准电阻箱 1 台。

③ 5Ω 锰铜线路电阻 3 只。

④ XCZ-102 型动圈显示仪表 1 台。

⑤ 数字式万用表 1 块。

13.2.3 实验内容

① 观察、检测 Pt100 热电阻的阻值随温度变化。

② 用 Pt100 热电阻与 XCZ-102 型动圈显示仪表构成温度检测系统。

③ 以电阻箱代替 Pt100 热电阻，模拟热电阻将温度变化信号送到 XCZ-102 型动圈显示仪表，使指示值在全量程范围内变化。

④ 掌握动圈显示仪表的使用。

13.2.4 实验步骤

① 用数字式万用表测量 Pt100 热电阻在室温时的电阻值，记录于表 13-5 中，并与 Pt100 的标准阻值进行比较。

② 将热电阻置于 100℃的开水杯中，待 2～3min 后，测量其电阻值，记录于表 13-5 中。

表 13-5 热电阻阻值测量记录表

热电阻分度号：　　　　　　　　　　　　室温：

被测温度/℃	热电阻阻值/Ω	
	测量值	查表值
100		

③ 用电阻箱代替热电阻，构成图 13-5 所示模拟测温系统。接线后必须检查线路正确无误后，方可通电。

④ 送入 0%和 100%的电阻信号，对显示仪表调零和调量程。

⑤ 将量程分为 0%、25%、50%、75%和 100%五点，按正、反行程进行示值校验。

⑥ 将实验数据记录于表 13-6 中。

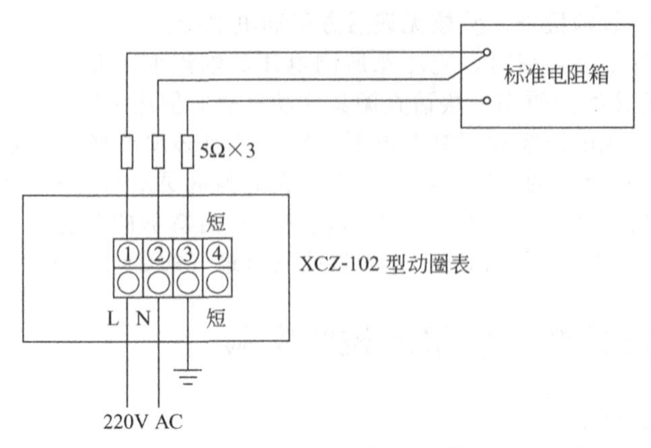

图 13-5　XCZ-102 型动圈表构成的模拟测温系统

表 13-6　XCZ-102 型动圈表实验数据记录表

热电阻分度号：　　　　　　　　　　　　　　　　　　　　　　　　室温：

被校表型号			被校表分度号		被校表量程	
标准表名称			标准表精度		被校表精度	
被校点/℃		0%	25%	50%	75%	100%
标准电阻值/Ω						
实测电阻值/Ω	正行程					
	反行程					
实际最大绝对误差						
实际最大相对百分误差						
实际最大相对百分变差						
被校表实际精度等级						

⑦ 完成实验后，把测温系统仪表拆线，整理实验现场。

13.2.5　数据处理及分析

① 由 Pt100 分度表查出热电阻的标准阻值，并填入表 13-5 中，将实际值与标准值进行比较，说明其差值原因。

② 根据表 13-6 的实验数据，计算最大绝对误差和最大相对百分误差。

③ 确定显示仪表的实际精度等级，并判断仪表的精度等级是否合格。对于不合格的仪表，进行实验线路及数据分析，找出原因。

13.2.6　实验思考题

① 热电阻与 XCZ-102 型显示仪表的连接，为什么采用三线制？每根导线的电阻值应为多少？

② 在采用三线制后，若不接线路电阻，测量系统是否有误差？

③ 简述 XCZ-102 型动圈表的机械零点、电气零点、满度值（100%）和量程范围。

④ 实验中，若指针突然指向最小值或最大值，可能的原因是什么？

13.3　Cu100 温度检测系统组成校验实验

13.3.1　实验目的

① 理解常用测温元件的工作原理。

② 掌握自动平衡式显示仪表的工作过程。

③ 理解测温系统的组成，学会正确的外部接线。

13.3.2 实验仪器与设备

① 量程为 0～100℃、精度等级为 1 级、分度号为 Cu100 与热电阻配套使用的电子自动平衡电桥温度显示仪 1 台。

② 分度号为 Cu100 的热电阻 1 只。

③ 标准电阻箱 1 个。

④ 2.5Ω 锰铜线路电阻 3 只。

⑤ 最小分度值为 0.1℃的水银温度计 1 只。

⑥ 数字式万用表 1 块。

⑦ 连接导线若干。

13.3.3 实验内容

① 观赏、检测 Cu100 热电阻的阻值随温度的变化。

② 用 Cu100 热电阻与分度号为 Cu100 电子自动平衡电桥组成温度检测系统。

③ 以电阻箱代替 Cu100 热电阻，用电阻箱模拟热电阻随温度的变化，将电阻变化信号送到电子自动平衡电桥，使电子自动平衡电桥的指示值在全量程范围内变化。

13.3.4 实训步骤

① 用数字式万用表测量 Cu100 热电阻在室温时的电阻值，记录于表 13-7 中。

表 13-7 热电阻阻值测量记录表

热电阻分度号： 室温：

被检测温度/℃	热电阻阻值/Ω	
	测量值	标准值(查表)
20		
100		

② 将 Cu100 热电阻放入 100℃的开水中 2～3min 后，用数字式万用表测量其电阻值并记录于表 13-7 中。

③ 用水银温度计测量室温，由 Cu100 分度表分别查出与室温 20℃和 100℃所对应热电阻的标准电阻值，记录于表 13-7 中并与用数字式万用表测出热电阻值比较。

④ 将量程分为 0%、25%、50%、75%、100%五个校验点，由 Cu100 分度表查出各校验点对应的标准电阻值，填入表 13-8 中。

表 13-8 温度显示模拟系统实验数据记录表

被校表型号		被校表分度号				
被校表量程		被校表精度				
被校验点温度/℃		0%	25%	50%	75%	100%
标准电阻值/Ω						
电阻箱电阻值/Ω	正行程					
	反行程					
最大绝对误差						
最大相对百分比误差						
最大相对百分比变差						
被校表实际精度等级						

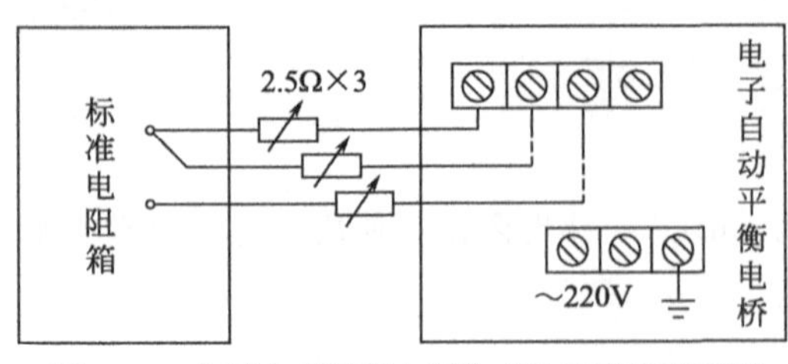

图 13-6 电子自动平衡电桥构成的模拟测温系统

⑤ 用标准电阻箱代替热电阻，组成如图 13-6 所示的模拟测温系统。按线后经检查无误方可通电。

⑥ 由小到大逐渐调整标准电阻箱的阻值，观察温度显示仪，使温度显示仪的指针慢慢靠近五个校验点（注意不要超过），记录各个校验点对应的电阻箱上的电阻值，并填入表 13-8 中。

⑦ 继续增大电阻箱的电阻值，直到温度显示仪的指针超过最大刻度，之后逐渐减小电阻箱的电阻值，使温度显示仪的指针慢慢靠近五个校验点（注意不要超过），记录各个校验点对应的电阻箱上的电阻值，并填入表 13-8 中。

⑧ 完成实验后，断开电源，拆除连接线，整理实验台。

13.3.5 数据处理及分析

① 根据表 13-8 中的实验数据，计算最大绝对误差、最大相对百分比误差、最大相对百分比变差。

② 确定温度显示仪表的精度等级，判断仪表的精度等级是否合格。

③ 分析仪表产生误差和变差的原因，对不合格的仪表，从实验过程找出或分析原因。

13.3.6 实验思考题

① 显示仪表读数时，为什么应使仪表指针与玻璃镜中的影像重合？

② 热电阻与电子自动平衡电桥的连接为什么采用三线制？每根连接导线的电阻是多少？如何实现？

③ 断开电子平衡电桥的输入端，仪表指针停在何处？为什么？

13.4 典型化工单元控制系统（仿真）操作实验

13.4.1 换热器控制系统操作实验

（1）工艺流程及自动控制简述

本工艺为列管式换热器热物料出口温度的自动控制系统。

图 13-7 所示为换热器仿真现场流程图。来自前一设备的冷物料经 P101 泵抽出，并由 FIC101 进行流量定值控制，进入 E-101 换热器被加热，然后进入下一工段。热物料经 P102 泵输入换热器，工艺要求其流量不变，为此，系统设置 TIC101 分程控制系统，使其温度 T101 稳定在一定数值上。当其温度过高时，TIC101 系统的阀门 TV101A 开度增加，TV101B 开度减小。其换热器的 DCS 流程图如图 13-8 所示。其主要自动控制系统如下。

① FIC101：单回路流量控制。

② TIC101：分程温度控制，其中 TIC101A 为主回路控制，TIC101B 为副回路控制。

（2）主要设备说明

① 设备

P101：冷物流泵

P102：热物流泵

E-101：换热器

② 阀位

• 手操阀

VD01：FIC101 旁路阀

VD02：冷物流泄液阀

VD03：冷物流泄气阀

VD04：冷物流出口阀

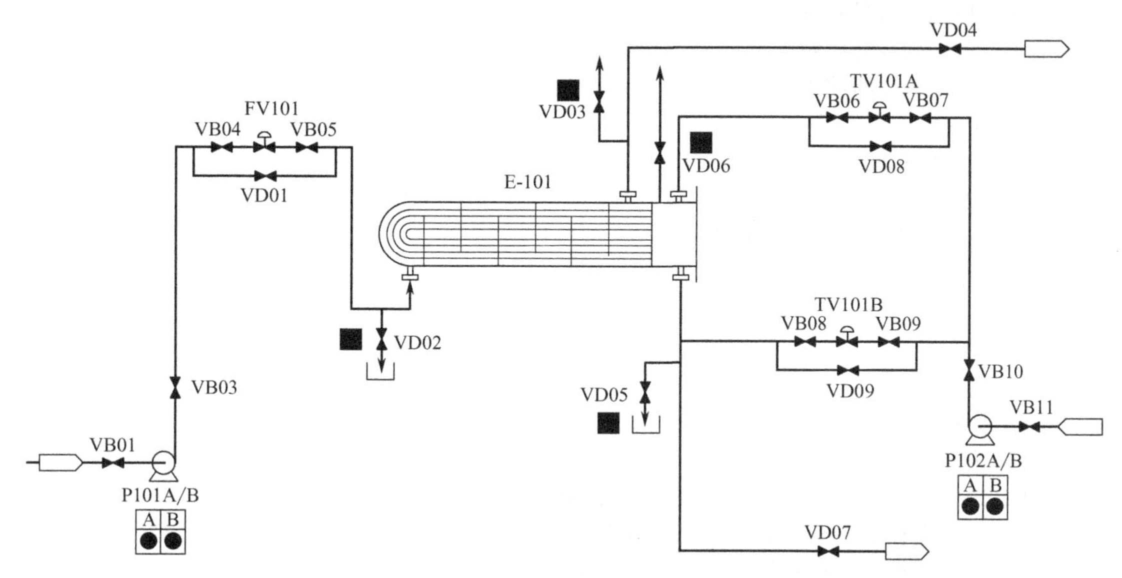

图 13-7 换热器仿真现场图

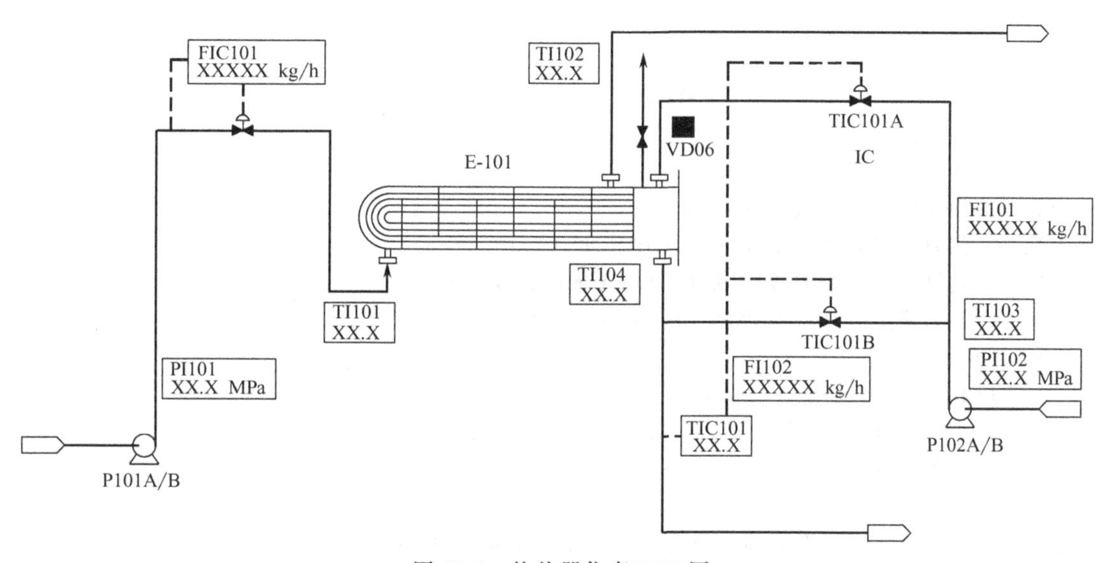

图 13-8 换热器仿真 DCS 图

VD05：热物流泄液阀

VD06：热物流泄气阀

VD07：热物流出口阀

VD08：TIC101A 旁路阀

VD09：TIC101B 旁路阀

- 开关阀

VB01：P101 泵前阀

VB02：P101 泵开关键

VB03：P101 泵后阀

VB04：FIC101 的前阀

VB05：FIC101 的后阀

VB06：TIC101A 的后阀

VB07：TIC101A的前阀
VB08：TIC101B的后阀
VB09：TIC101B的前阀
VB10：P102泵的后阀
VB11：P102泵的前阀
VB12：P102泵的开关键
VB13：P102泵的备用泵开关键
VB18：P101泵的备用泵开关键

③ 标志说明

泵开时为绿色
泵停时为红色
阀开时为绿色
阀停时为红色
IGW（1）：壳程是否有液标志（有液时为绿色）
IGW（2）：壳程是否有气标志（有气时为红色）
IGW（3）：管程是否有液标志（有液时为绿色）
IGW（4）：管程是否有气标志（有气时为红色）

④ 指示说明

PI101：P101泵出口压力指示（MPa）
PI102：P102泵出口压力指示（MPa）
TI101：冷物流入口温度指示（℃）
TI102：冷物流出口温度指示（℃）
TI103：热物流入口温度指示（℃）
TI104：热物流经换热器后的出口温度指示（℃）
FI101：热物流走分程温度控制TIC101A侧的流量（kg/h）
FI102：热物流走分程温度控制TIC101B侧的流量（kg/h）

（3）开车操作规程

① 打开P101泵的前阀（VB01）。
② 打开FIC101的前、后阀（VB04、VB05）。
③ 打开壳程放空阀（VD03）。
④ 开启P101泵A（VB02）。
⑤ 待PI101指示达到正常值，打开P101泵出口阀（VB03）。
⑥ 逐渐开大调节阀FIC101的开度。
⑦ 观察IGW（2）标志，当其由红变绿时，标志壳程已无凝性气体，此时首先关壳程阀（VD03），然后打开冷物流出口阀（VD04），将其开度置50%，同时手动调节FIC101流量，使其达到正常值，然后投自动。
⑧ 打开P102泵A的前阀（VB11）。
⑨ 打开TIC101A的前、后阀（VB07、VB06）；打开TIC101B的前、后阀（VB09、VB08）。
⑩ 打开管程放空阀（VD06）。
⑪ 开启P102泵A（VB12）。
⑫ 待PI102指示达到正常值，打开P102泵出口阀（VB10）。
⑬ 逐渐开大调节阀TIC101的开度。
⑭ 观察IGW（4）标志，当其由红变绿时，标志管程已无凝性气体，此时关管程放空阀（VD06）；然后打开热物流出口阀（VD07），将其开度置50%，同时手动调节TIC101分程温度调节阀，使其出口温度控制在177℃左右（±2℃），然后投自动。

(4) 正常操作规程

可任意改变泵、按键的开关状态，手操阀的开度及流量调节阀，分程调节阀的开度，观察其现象，同时可修改如下参数。

① 环境温度：正常值25℃，修改范围−30～40℃。

② 换热器传热面积：正常值102m^2，修改范围30～300m^2。

③ 热物流比热容：正常值0.59375kcal[1]/(kg·℃)，修改范围0.3～1.2kcal/(kg·℃)。

④ 冷物流泡点温度：正常值130℃，修改范围80～160℃。

⑤ 冷物流露点温度：正常值198℃，修改范围160～300℃。

⑥ P101泵功率：正常值4kW，修改范围3～5kW。

⑦ P102泵功率：正常值7kW，修改范围5～9kW。

⑧ 冷物流入口温度：正常值92℃，修改范围25～130℃。

⑨ 热物流入口温度：正常值225℃，修改范围150～350℃。

(5) 停车操作规程

① 关闭P102泵的后阀（VB10）。

② 停P102泵A。

③ 待PI102指示小于0.1atm（1atm=101325Pa）时，关闭P102泵前阀（VB11）。

④ 关闭TIC101A的前、后阀（VB07、VB06）；关闭TIC101B的前、后阀（VB09、VB08）。

⑤ 关闭热物流出口阀（VD07）。

⑥ 关闭P101泵的后阀（VB03）。

⑦ 停P101泵A。

⑧ 待PI101指示小于0.1atm时，关闭P101泵前阀（VB01）。

⑨ 关闭FIC101的前、后阀（VB04、VB05）。

⑩ 关闭冷物流出口阀（VD04）。

⑪ 打开管程泄液阀（VD05），放净管程中的液体（标志由绿变红），然后关闭泄液阀（VD05）。

⑫ 打开壳程泄液阀（VD02），放净壳程中的液体（标志由绿变红），然后关闭泄液阀（VD02）。

(6) 事故操作规程

① FIC101阀卡

主要现象：

- FIC101流量减小；
- P101泵出口压力升高；
- 冷物流出口温度升高。

事故处理：打开FIC101的旁路阀（VD01），调节流量使其达到正常值。

② P101泵A坏

主要现象：

- P101泵出口压力急剧下降；
- FIC101流量急剧减小；
- 冷物流出口温度升高，汽化率增大。

事故处理：切换P101泵B。

③ P102泵A坏

主要现象：

- P102泵出口压力急剧下降；

[1] 1cal=10^{-3}kcal=4.1868J。

• 冷物流出口温度下降，汽化率降低。

事故处理：切换P102泵B。

④ TIC101A阀卡

主要现象：

• 热物流经换热器换热后的温度降低；

• 冷物流出口温度降低，汽化率增大。

事故处理：打开TIC101A的旁路阀（VD08），使冷物流温度维持在145℃左右。

⑤ 部分管堵

主要现象：

• 热物流流量减小；

• 冷物流出口温度降低，汽化率降低；

• 热物流P102泵出口压力略升高。

事故处理：停车拆换热器清洗。

⑥ 换热器结垢严重

主要现象：热物流出口温度高。

事故处理：停车拆换热器清洗。

⑦ TIC101检测失真

主要现象：

• TIC101温度降至环境温度；

• 冷物流出口温度降至冷物流入口温度。

事故处理：手动调节TIC101阀，使冷物流出口温度维持在145℃左右。

13.4.2 加热炉控制系统操作实验

(1) 工艺流程及自动控制系统简述

本工艺流程图为管式加热炉的自动控制而设计。管式加热炉在石油化工生产中占有重要地位。管式加热炉既是一种耗能设备，也是一种工艺设备。燃料在炉膛内燃烧加热管内的工艺物料，使之温度上升。

来自外界的冷物料，在炉膛内被加热到所需要的温度，被送到其他设备。被加热介质由FIC101进行流量定值控制。其出口温度由TIC105进行温度控制。由于燃料油压力波动较大，本工段设置出口温度与燃料油压力的串级控制系统。用PIC101控制系统来控制燃料气储罐内的燃料气压力。为保持燃料油与蒸汽有效混合后送入加热炉，本工段设置了燃料油压力与蒸汽压力的压差控制系统，即PdIC112。燃料油储罐的液位由LI115系统进行指示。加热炉烟道的风量由MI101和MI102进行指示。烟道气的氧含量由AR101进行自动检测与记录。为有效利用能源，用另一物料吸收烟道气的余热，其流量控制系统为FIC102。

来自外界的冷物料，在炉膛内由燃料气和燃料油混合燃烧加热至所需温度，送其他设备用。其现场仿真流程图如图13-9所示。图13-10为加热炉自动控制DCS流程图。其主要自动控制系统如下。

① PIC101：燃料气压力控制系统。

② FIC101：被加热介质流量控制系统。

③ PdIC112：压差控制系统。

④ TIC105：HS101切换开关未按下时，单回路温度控制，否则与PIC109串级控制（TIC105为主回路，PIC109为副回路）。

(2) 流程图说明

① 设备

V-105：燃料气分液罐

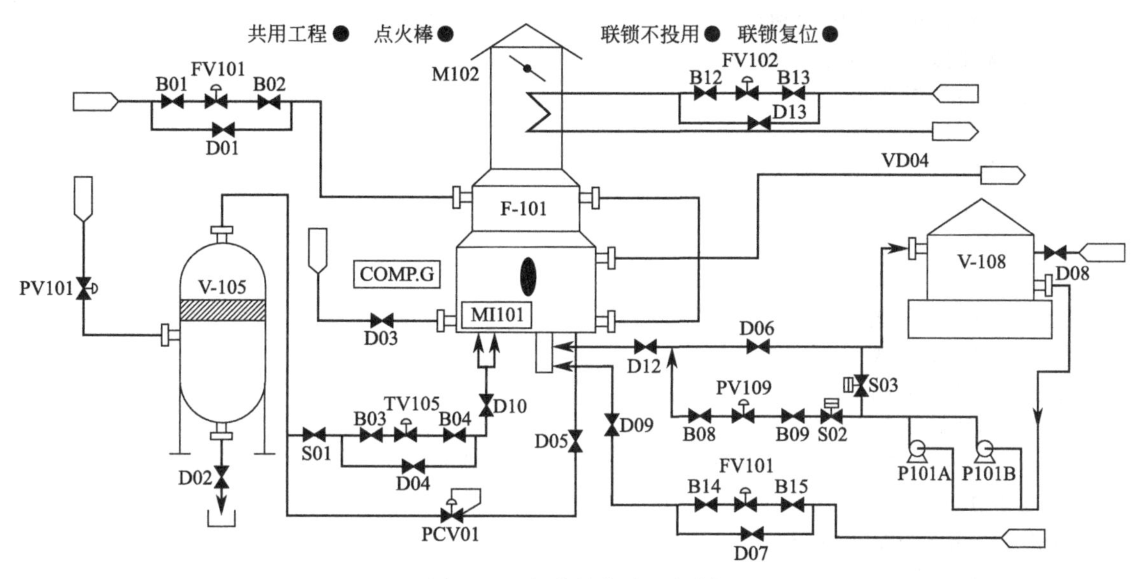

图 13-9　加热炉仿真现场图

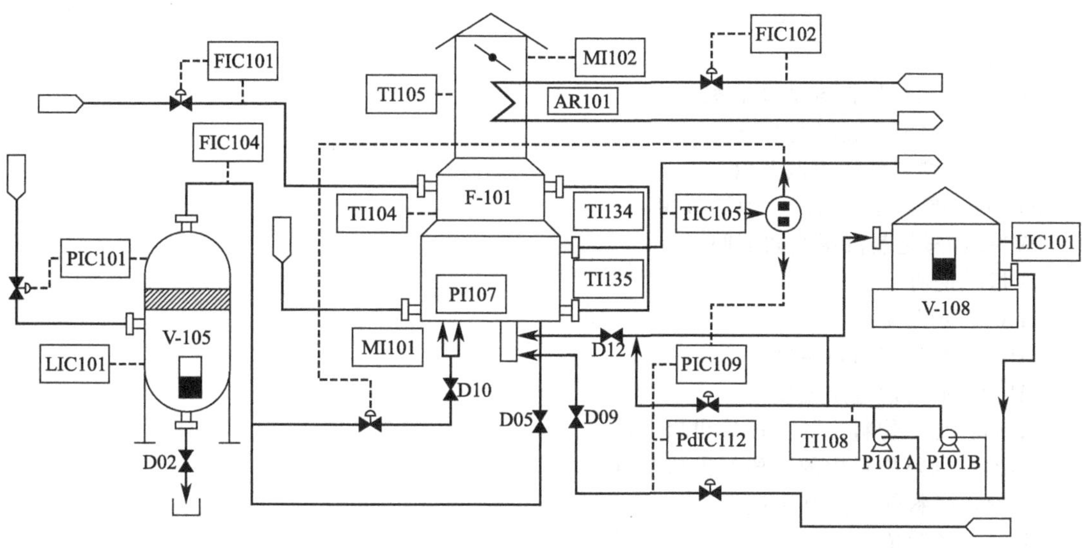

图 13-10　加热炉仿真 DCS 图

V-108：燃料油储罐

F-101：管式加热炉

P101A：燃料油 A 泵

P101B：燃料油 B 泵

② 现场阀

D01：FIC101 旁路阀

D02：V-105 罐卸液阀

D03：吹扫蒸汽阀

D04：TIC105 旁路阀

D05：常明线阀

D06：燃料油返回 V-108 罐阀

D07：PdIC112 旁路阀

D08：燃料油进 V-108 罐阀
D09：雾化蒸汽根部阀
D10：燃料气根部阀
D12：燃料油根部阀
D13：FIC102 旁路阀
③ 开关阀
B01：FIC101 前阀
B02：FIC101 后阀
B03：TIC105 前阀
B04：TIC105 后阀
B08：PIC109 前阀
B09：PIC109 后阀
B14：PdIC112 前阀
B15：PdIC112 后阀
HS101：油气控制切换开关
S01：燃料气电磁阀
S02：燃料油进炉电磁阀
S03：燃料油返回电磁阀
④ 调节阀
FIC101：加热物料流量调节阀
TV105：炉出口温度调节阀
PIC101：燃料气压力调节阀
PV109：燃料油泵出口压力调节阀
PV112：雾化蒸汽压差调节阀
⑤ 指示说明
TI104：炉膛温度
TI105：烟道气出口温度
TI108：燃料油进炉温度
TI134：加热物料中的一段炉出口温度
TI135：加热物料中的二段炉出口温度
FI104：燃料气进炉总流量
PI107：炉膛负压
LI101：燃料气分液罐液位
LI115：燃料油贮罐液位
AR101：烟道气出口氧气百分含量
MI101：炉风门开度
MI102：炉挡板开度
(3) 开车操作规程
① 公用工程准备完毕按钮。
② 联锁解除（联锁不投用按钮，联锁复位按钮）。
③ 开加热炉风门、挡板，开吹扫蒸汽阀使炉内可燃气体含量低于 0.5%。
④ 待可燃气体含量低于 0.5%后关闭吹扫蒸汽阀。
⑤ 开燃料气调节阀向 V-105 罐充压，控制罐内压力不超过 0.2Pa。
⑥ 逐渐加大加热物料流量。
⑦ 待 V-105 罐内压力大于 0.05MPa 后，点燃点火棒，开常明线点火。

⑧ 调整燃料气流量，使炉膛温度缓慢上升，并在100℃、170℃左右处暖炉。

⑨ 待炉膛温度升至200℃左右时，可按下述顺序开启燃料油系统。

⑩ 开雾化蒸汽调节阀。

⑪ 开燃料油泵。

⑫ 开燃料油泵调节阀。

⑬ 开启进V-108燃料油阀。

⑭ 调整各流量达到下述指标。

- 炉膛温度：640℃
- 烟道气温度：210℃
- 加热炉出口温度：420℃
- 烟道气氧含量：4%
- 炉膛负压：-20Pa
- 加热物料流量：3072.5kg/h
- V-108罐压力：0.2MPa
- 燃料油泵出口压力：0.6MPa
- 雾化蒸汽与燃料油泵出口压力差：0.4MPa

(4) 正常操作规程

可任意改变泵、按键的开关状态，现场阀的开度及调节阀的开度，观察其现象。

(5) 停车操作规程

① 摘除联锁系统。

② 关闭燃料油火嘴前的手阀，使燃料油直接返回V-108罐。

③ 关闭雾化蒸汽调节阀。

④ 停燃料油泵P101。

⑤ 关闭燃料气分液罐入口调节阀。

⑥ 待V-105的压力降为零时，关闭燃料气火嘴前的手阀和常明线上的手阀。

⑦ 打开风门和烟道挡板，使加热炉自然降温。

⑧ 待炉膛温度降至150℃以下，关闭原料调节阀。

(6) 事故操作规程

① 燃料油火嘴堵

事故现象：

- 燃料油泵出口压控阀压力忽大忽小；
- 燃料气流量急剧增大。

事故处理：拆下火嘴清洗，重新安装。

② 燃料气压力低

事故现象：

- 炉膛温度下降；
- 炉出口温度下降；
- 燃料气分液罐压力下降。

事故处理：燃料油由自动控制改为手动控制。

③ 炉管破裂

事故现象：

- 炉膛温度急剧升高；
- 炉出口温度升高；
- 燃料气调节阀关闭。

事故处理：紧急停炉。

④ 燃料气调节阀卡

事故现象：

- 控制器信号变化时燃料气流量不发生变化；
- 炉出口温度下降。

事故处理：改现场旁路手动控制。

⑤ 燃料气带液

事故现象：

- 炉膛和炉出口温度下降；
- 燃料气流量增加；
- 燃料气分离罐液位升高。

事故处理：通知调度处理。

⑥ 燃料油带水

事故现象：燃料气流量增加。

事故处理：通知调度处理。

⑦ 雾化蒸汽压力低

事故现象：

- 产生联锁；
- PIC109 控制失灵；
- 炉膛温度下降。

事故处理：通知调度处理。

⑧ 燃料油泵 A 停

事故现象：

- 炉膛温度急剧下降；
- 燃料气调节阀开度增加。

事故处理：

- 现场启动备用泵；
- 调节燃料气调节阀的开度。

13.4.3　精馏工段脱丁烷塔控制系统操作实验

(1) 工艺流程及自动控制系统简述

如图 13-11 所示为脱丁烷塔单元的仿真现场图，该工艺流程和操作数据取自某乙烯装置精馏工段脱丁烷操作单元。

脱丁烷塔是把来自脱丙烷釜的混合物（主要有 C_4、C_5、C_6 等），根据其相对挥发度的不同，将其在精馏塔内分离，塔顶为 C_4 馏分和少量 C_5 馏分，塔釜主要为 C_5 以上馏分。其具体过程为：从脱丁烷塔（DA-405）的第 16 块板进料，脱丁烷塔塔釜液一部分作为产品采出，另一部分经再沸器（EA-418A/B）部分汽化为蒸气从塔底上升。再沸器采用低压蒸汽加热。塔顶的上升蒸气经塔顶冷却器（EA-419）全部冷却成液体，该冷凝液靠位差进入回流罐（FA-408），冷凝器以冷却水为载热体。回流罐在保持一定液位后，一部分液体在流量控制系统作用下由回流泵（GA-412A/B）送到塔顶为回流，另一部分作为塔顶产品送下道工序。脱丁烷塔的 DCS 控制流程图如图 13-12 所示。进料由 FIC101 系统进行流量定值控制，塔釜温度控制系统由 TC101 进行定值控制，被控温度为釜温，操纵变量为再沸器蒸汽流量。再沸器蒸汽缓冲罐的液位控制系统由 LC102 系统完成。为保持脱丁烷塔的均衡操作，塔釜液位由 LC101 系统进行控制，当液位过高时，系统将阀门 FV102 开度增加，使塔釜流量增加，保持釜液稳定在所需数值。本工段塔压控制由 PC102 分程控制系统完成，当压力增大时，系统使阀门 V3 和 V9 增大，使塔压稳定；当塔压过高时，PC101 作用，打开阀门 V6，使气相压力降低。塔顶回流罐的液位由 LC103 系统进行定值

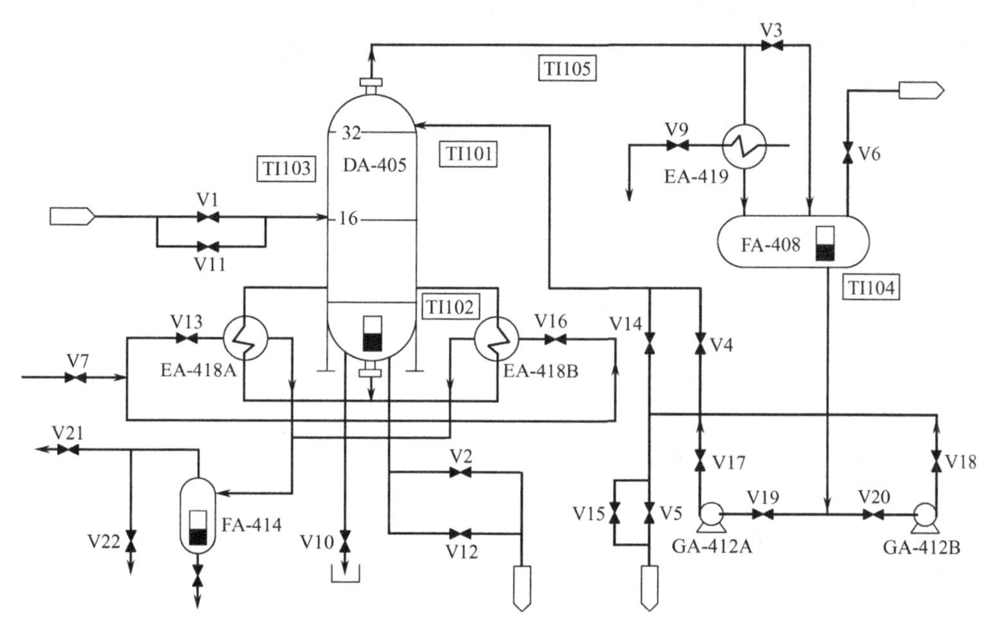

图 13-11 脱丁烷塔仿真现场图

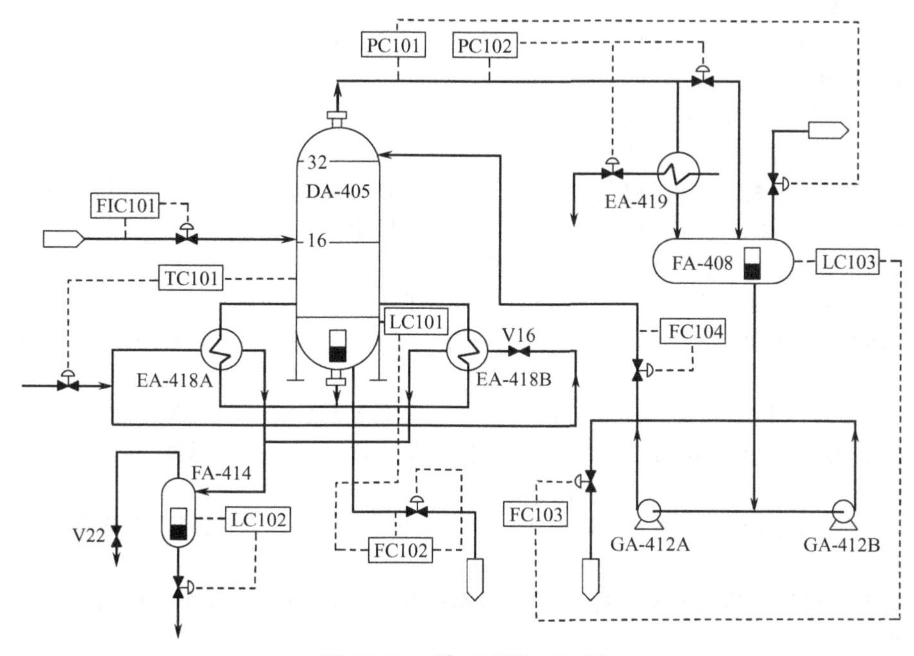

图 13-12 脱丁烷塔 DCS 图

控制，当液位增加时，系统使阀门 V5 开度增加，塔顶采出液增加，使塔顶回流罐液位恒定。为保持塔的均衡操作，塔顶回流采用定值控制，由 FC104 系统完成。其主要控制系统如下。

① 质量控制　本系统的质量控制采用以提馏段灵敏板温度为主变量，再沸器加热蒸汽流量为操纵变量，这样就组成了提馏段温度控制系统，实现对塔分离质量控制。

② 压力控制　在正常的压力情况下，由塔顶冷凝器的冷却水量来调节压力，当压力高于操作压力 0.425MPa（表压）时，压力报警系统发出报警信号，同时调节器 PC101 将调节器回流罐的气相出料，为了保持同气相出料的相对平衡，该系统采用压力分程调节。

③ 液位控制　塔釜液位由控制塔釜的产品采出量来维持恒定，设有高低液位报警。回流罐

液位由调节塔顶产品采出量来维持恒定，设有高低液位报警。

④ 流量控制 进料量和回流量都采用单回路控制；再沸器加热蒸汽流量由灵敏板温度控制。

主要控制系统如下。

FIC101：精馏塔进料流量控制。

FC102：精馏塔釜采出流量控制。

FC103：精馏塔顶采出流量控制。

FC104：精馏塔顶回流流量控制。

PC101：精馏塔顶压力控制（V6）。

PC102：精馏塔顶压力控制（V3、V9）。

LC101：精馏塔釜液位控制（与FC102串级）。

LC102：FA-414的液位控制。

LC103：塔顶液位控制（与FC103串级）。

TC101：精馏塔灵敏板温度控制。

（2）主要设备

① DA-405：脱丁烷塔。

② EA-419：塔顶冷凝器。

③ FA-408：塔顶回流罐。

④ GA-412A/B：回流泵。

⑤ EA-418A/B：塔釜再沸器。

⑥ FA-414：塔釜蒸汽缓冲罐。

（3）开车操作规程

① 冷态开车操作（以下压力均为表压）

- 将所有自控仪表置于手动状态。
- 开进料阀V1进料。此时塔顶、塔釜的压力和温度已略有上升。开V6，将系统不冷凝气体关闭，适当开启冷凝水阀V9，使塔顶回流罐的压力缓慢上升。
- 当塔釜液位到50%时，开启加热蒸汽阀V7、V13、V22，给塔釜均匀缓慢加热。开启回流罐放空阀V6，调节冷凝器冷却水量，保持塔顶压力不大于0.4MPa。
- 持续加热，并调整V1、V7开度，使塔釜液位保持50%左右，塔釜温度上升。此时回流罐的液位开始上升。
- 当回流罐液位上升到20%时，开启阀V19、泵GA-412A、V17、V4，给塔回流。调整各阀开度，使塔釜液位、回流罐液位、FA-414液位以及塔顶压力、塔釜温度在正常范围内。
- 调整V8开度，使FA-414液位保持在50%。
- 持续操作，直到各变量稳定后，开V2、V5阀。调整操作，保持塔及各设备变量与设计变量基本一致。

② 热态开车操作 热态开车与冷态开车基本一样，不同的是在开车之前塔釜液位、回流罐液位已经建立。

③ 脱丁烷正常操作数据

进料流量：14056kg/h

塔顶采出量：6707kg/h

塔釜采出量：7349kg/h

塔顶回流量：9664kg/h

进料温度：67.8℃

回流温度：39.1℃

塔顶温度：46.5℃

塔釜温度：109.3℃

灵敏板温度：89.3℃

回流罐温度：39.1℃

塔顶压力：0.425MPa

塔釜液位：50%

回流罐液位：50%

FA-414液位：50%

(4) 正常操作规程

经过正常开车，塔运行稳定，将所有自控仪表装置置于自动状态，塔基本能保持稳定运行。此时可通过改变操作状态来观察塔运行状态的变化。

(5) 停车操作规程

① 将所有自控系统置于手动状态。

② 关闭V1，停止进料。

③ 关闭V7、V13、V22，停止塔釜加热，同时关闭V2、V5，开启V10，并适当调整其开度，使塔操作参数没有太大波动。此时塔釜温度、塔釜液位已开始下降。

④ 保持塔釜温度和塔釜液位下降速度比较稳定。

⑤ 当回流罐液位下降到零时，关闭V4、V17，停回流泵，关V19阀。

⑥ 继续塔釜出料，直到塔釜液位下降到零。

⑦ 打开放空阀V21、V6，泄去罐FA-414、FA-408的压力。

(6) 事故操作规程

① 加热蒸汽压力过高

事故现象：加热蒸汽的流量增大，塔釜温度持续上升，FA-414压力增大。

事故处理：适当减小V7的开度。

② 加热蒸汽压力过低

事故现象：加热蒸汽的流量减小，塔釜温度持续下降，FA-414压力减小。

事故处理：适当增大V7的开度。

③ 冷凝水中断

事故现象：塔顶温度上升，塔顶压力升高。

事故处理：

- 开V6保压。
- 停进料。
- 关加热蒸汽。
- 关V5、V2。
- 开V10排液。
- 在此基础上停车。

④ 停电

事故现象：进料停止，回流中断，加热蒸汽中断。

事故处理：

- 开V6泄压。
- 关V5、V2，停止采出。
- 开V10排液。
- 在此基础上停车。

⑤ 回流泵故障

事故现象：GA-412A断电，回流中断，塔顶压力、温度上升。

事故处理：顺序关闭V4、V17、V19，开启V20、GA-412B、V18和V14。

⑥ 回流阀V4卡

事故现象：回流量减小，塔顶压力、温度上升。

事故处理：适当开启 V14，保持回流。

13.4.4 复杂控制系统操作实验

（1）工艺流程及复杂自动控制系统简述

复杂自动控制系统的仿真现场图如图 13-13 所示，工艺介质压力为 0.8MPa 的流体，通过调节阀 VL1 进入缓冲罐 V-101，由 FIC101 系统进行流量定值控制。缓冲罐压力调节由 PIC101 分程系统进行控制，当罐内压力增加时，打开放空阀 VL3，使压力下降；当罐内压力下降时，打开充压进气阀 VL2，使压力上升，要求压力控制在 0.5MPa。V-101 液位控制系统 LIC101 和流量控制系统 FIC102 构成的串级控制，从罐 V-101 底抽出液位通过泵 P101A 或 P101B 打入 V-102，主参数为 L101、副参数为 F102，要求主参数 L101 控制在 50%。

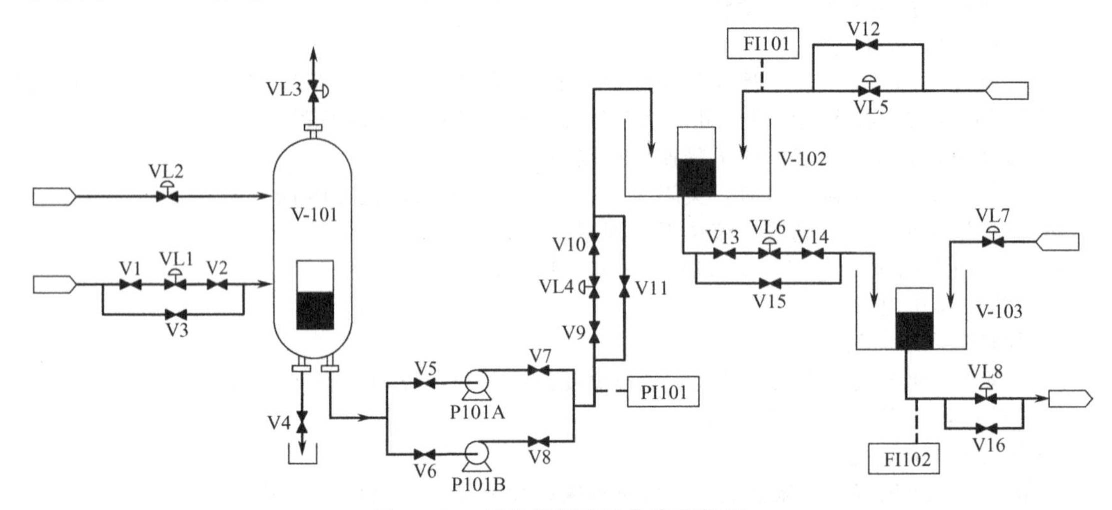

图 13-13 复杂控制系统仿真现场图

复杂自动控制系统的仿真 DCS 如图 13-14 所示，来自一管道的工艺介质，其压力为 0.8MPa 的流体，通过液位控制系统 LIC102 的调节阀 VL5 进入罐 V-102，一般要求 V-102 的液位控制在 50%。V-102 底液通过流量比值控制系统的调节阀 VL6 进入罐 V-103，同时通过阀 VL7 的压力为 0.8MPa 的液体流入罐 V-103，FIC103 与 FIC104 构成比值串级控制系统，使 F103 和 F104 的流量成一定比例。罐 V-103 底液通过液位控制系统 LIC103 的调节阀 VL8 输出到下一工段，一般使 V-103 液位控制在 50%。

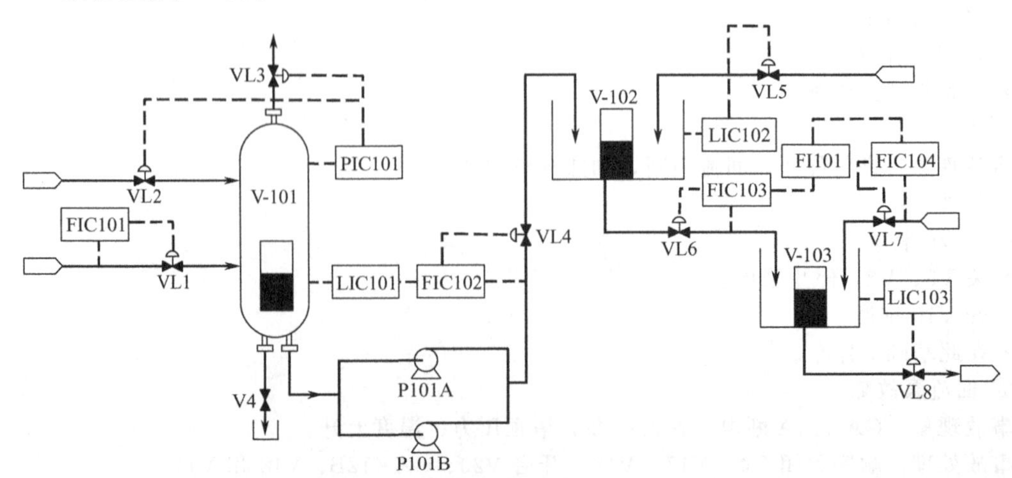

图 13-14 复杂控制系统仿真 DCS 图

(2) 主要工艺设备及自控系统变量

① 工艺系统变量

P2：V-101 充压气体压力

P3：泵 P101A 出口压力

PV1：V-101 压力

PV2：V-102 压力

PV3：V-103 压力

H1：V-101 液位

H2：V-102 液位

H3：V-103 液位

② 自控系统变量

FIC101：V-101 进料流量调节阀

PIC101：V-101 压力调节阀

LIC101：V-101 液位调节阀

FIC102：V-101 出料流量调节阀

LIC102：V-102 液位调节阀

FIC103：V-102 出料流量调节阀

FIC104：V-103 进料流量调节阀

LIC103：V-103 液位调节阀

其中：

FIC101、LIC102、LIC103 为单回路控制；

LIC101 与 FIC102 为串级控制；

FIC103 与 FIC104 为比值控制；

PIC101 为分程控制。

(3) 开车操作规程

① 在现场流程图上，打开所有调节阀及待用泵的前后手阀，开度在 100%。

② 打开调节阀 FIC101，阀位开度一般在 50%左右，给缓冲罐 V-101 充液，见液位后再启动压力调节阀 PIC101，阀位先开至 40%充压，待压力达 0.5MPa 左右时，PIC101 投自动，罐液位达 50%左右时，FIC101 投自动控制。

③ 罐 V-101 液位达 50%时，启动泵 P101A，当泵出口压力达 1MPa 时开出口调节阀 FIC102，调节阀开度控制在 50%左右，泵出口压力控制在 0.9MPa，操作平稳后调节阀 FIC102 投入自动控制并与 LIC101 串级调节 V-101 液位。

④ 打开 FIC102 的同时，打开 LIC102，调节 LIC102 的阀开度，一般阀位开度在 50%左右，液位控制在 50%，投入自动控制。

⑤ 当罐 V-102 液位达 50%时，开启 FIC103 及 FIC104，基本上控制 1∶1 的开度，调节两个调节阀开度，使阀位开度在 50%左右，投自动及比值控制。

⑥ 待罐 V-103 的液位达 50%时，开启液位调节阀 LIC103，使阀位开度在 50%左右，液位控制在 50%左右，LIC103 投自动。

(4) 正常操作规程

① 罐 V-101 压力调节　开大调节 PIC101 阀开度，可使罐的压力降低，压力稳定在 0.5MPa 左右时，自动调节。

② 罐 V-101 液位调节　正常情况下，液位控制在 50%左右，由 LIC101 自动调节，FIC102 作副调节的串级调节，液位高于 50%，调节阀 LIC101 阀位自动打开，以降低液位。

③ 罐 V-102 液位调节　正常情况下，液位控制在 50%左右，由 LIC102 自动调节，液位高于 50%，调节阀 LIC102 阀位开度减小。

④ 罐 V-103 液位调节 正常情况下，液位控制在50%左右，由 LIC103 自动调节，液位高于50%，调节阀 LIC103 阀位开度增大。

(5) 停车操作规程

① 关所有进料线：关 FIC101 调节阀，关 LIC102 调节阀；关 FIC104 调节阀，解除串级调节。

② 改调节阀 LIC101 手动调节；改调节阀 FIC103 手动调节；改调节阀 LIC103 手动调节。

③ 罐 V-101 液位下降至 10%时，先关出口阀，停泵 P101A，再关入口阀，打开排凝阀 V4，液位达到 0.0 时，改 PIC101 手动调节，打开 PIC101 放空。

④ 停泵 P101A 后，关 LIC101 调节阀及手阀。

⑤ V-102 液位为 0.0 时，关调节阀 FIC103。

⑥ V-103 液位为 0.0 时，关调节阀 LIC103。

(6) 事故操作规程

① 泵 P101A 坏

事故现象：画面泵 P101A 显示为开，但泵出口压力急剧下降。

事故处理：先关小出口调节阀的开度，启动备用泵 P101B，调节出口压力，压力达 0.9MPa（表压）时，关泵 P101A，完成切换。

② 调节阀 LIC101 阀卡

事故现象：

- FIC101 流量减小；
- P101A 泵出口压力升高。

事故处理：打开 FIC101 的旁路阀，调节流量使其达到正常值。

③ P101A 泵入口管线堵

事故现象：罐 V-101 液位急剧上升，FIC102 流量减小。

事故处理：打开副线阀 V11，待流量正常后，关调节阀前后手阀。

13.5 DCS 控制系统的投运及参数整定操作实验

本书所叙述的实验装置是浙大中控的 CS2000 控制系统，采用开放的 DCS 系统设备。其体系结构如图 13-15 所示，由仿真对象、现场控制站、控制台、操作员站、工程师站构成。

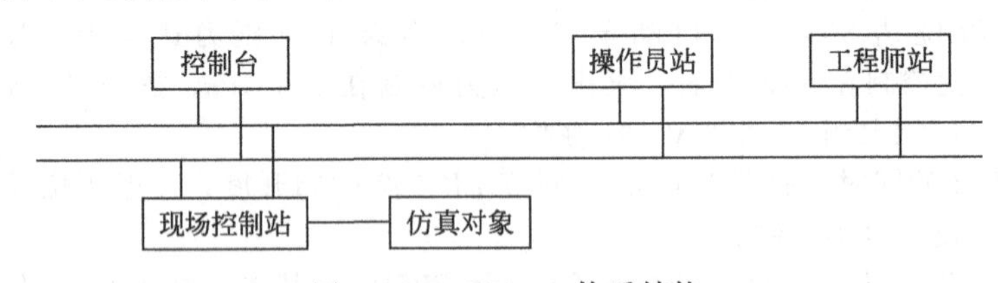

图 13-15 CS2000 体系结构

过程控制实验对象系统包含有：不锈钢储水箱、强制对流换热管系统、串接圆筒有机玻璃上水箱、中水箱、下水箱、单相 2.5kW 电加热锅炉（由不锈钢锅炉内胆加温筒和封闭式外循环不锈钢冷却锅炉夹套组成）。系统动力支路分为两路：一路由威乐泵、电动调节阀、孔板流量计、自锁紧不锈钢水管及手动切换阀组成；另一路由威乐泵、变频调速器、涡轮流量计、自锁紧不锈钢水管及手动切换阀组成。系统中的检测变送和执行元件有压力变送器、温度传感器、温度变送器、孔板流量计、涡轮流量计、压力表、电动调节阀等。系统对象结构图如图 13-16 所示。

CS2000 实验对象的检测及执行装置包括以下内容。

检测装置：扩散硅压力变送器，用来检测上水箱、下水箱液位的压力；孔板流量计、涡轮流量计分别用来检测单相水泵支路流量和变频器动力支路流量；Pt100 热电阻温度传感器用来检测

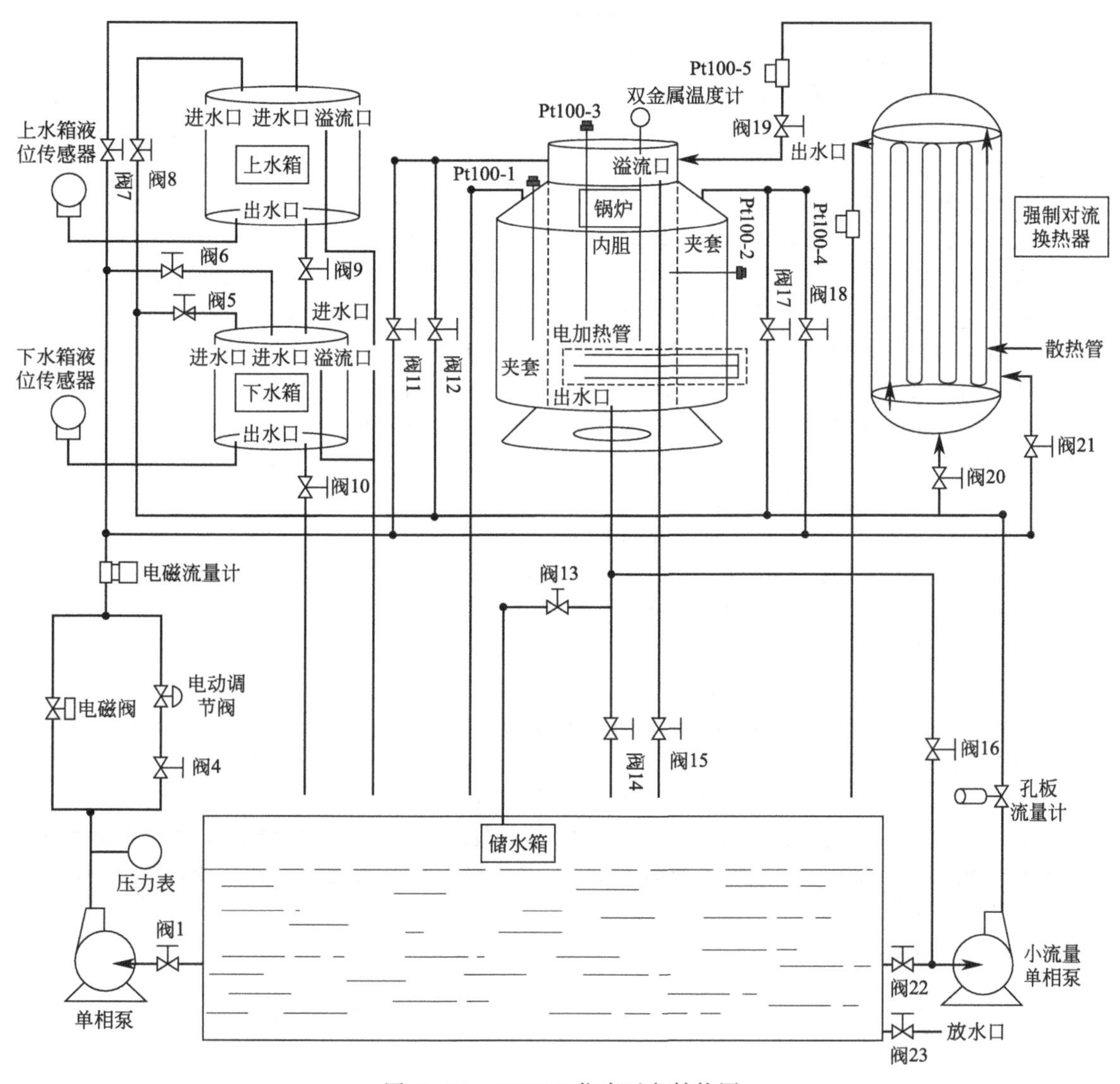

图 13-16　CS2000 仿真对象结构图

锅炉内胆、锅炉夹套和强制对流换热器冷水出口、热水出口温度。

执行装置：单相可控硅移相调压装置用来调节单相电加热管的工作电压；电动调节阀调节管道出水量；变频器调节副回路水泵的工作电压。

13.5.1　锅炉内胆温度二位式控制实验

(1) 实验目的

① 熟悉实验装置，了解二位式温度控制系统的组成。

② 掌握位式控制系统的工作原理、控制过程和控制特性。

(2) 实验设备

CS2000 型过程控制实验装置，配置上位机软件、计算机、PC 机、DCS 控制系统、DCS 监控软件。

(3) 实验原理

① 温度传感器　温度测量通常采用热电阻元件（感温元件）。它是利用金属导体的电阻值随温度变化而变化的特性来进行温度测量的。其电阻值与温度关系式如下：

$$R_t = R_{t_0}[1+\alpha(t-t_0)]$$

式中　R_t——温度为 t（如室温 20℃）时的电阻值；

R_{t_0}——温度为 t_0（通常为 0℃）时的电阻值；

α——电阻的温度系数。

可见，由于温度的变化，导致了金属导体电阻的变化。这样只要设法测出电阻值的变化，就可达到温度测量的目的。

虽然大多数金属导体的电阻值随温度的变化而变化，但是它们并不能都作为测温用的热电阻。作为热电阻材料的一般要求是：电阻温度系数大、电阻率要小、热容量要小；在整个测温范围内，应具有稳定的物理、化学性质和良好的重复性；并要求电阻值随温度的变化呈线性关系。

但是，要完全符合上述要求的热电阻材料实际上是有困难的。根据具体情况，目前应用最广泛的热电阻材料是铂和铜。本装置使用的是铂电阻元件 Pt100，并通过温度变送器（测量电桥或分压采样电路或者 AI 人工智能工业调节器）将电阻值的变化转换为电压信号。

铂电阻元件是采用特殊的工艺和材料制成，具有很高的稳定性和耐振动等特点，还具有较强的抗氧化能力。

在 0～650℃的温度范围内，铂电阻与温度的关系为

$$R_t=R_{t_0}(1+At+Bt^2+Ct^3)$$

式中　R_t——温度为 t（如室温 20℃）时的电阻值；

R_{t_0}——温度为 t_0（通常为 0℃）时的电阻值；

A，B，C——常数，这里的铂电阻为 $A=3.90802\times10-31℃^{-1}$，$B=-5.802\times10-71℃^{-1}$，$C=-4.2735\times10-121℃^{-1}$。

R_t-t 的关系称为分度表。不同的测温元件用分度号来区别，如 Pt100、Cu50 等，它们都有不同的 R_t-t 关系。

② 二位式温度控制系统　二位控制是位式控制规律中最简单的一种。本实验的被控对象是 1.5kW 电加热管，被控制量是复合小加温箱中内套水箱的水温 T，智能调节仪内置继电器线圈控制的常开触点开关控制电加热管的通断，图 13-17 为位式调节器的工作特性图，图 13-18 为位式控制系统的方框图。

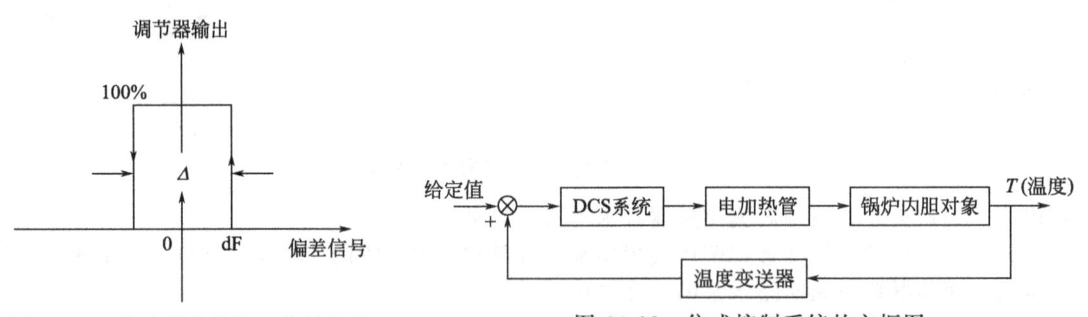

图 13-17　位式调节器的工作特性图　　图 13-18　位式控制系统的方框图

由图 13-17 可见，在一定的范围内不仅有死区存在，而且还有回环。因而图 13-17 所示的系统实质上是一个典型的非线性控制系统。执行器只有“开”或“关”两种极限输出状态，故称这种控制器为两位调节器。

该系统的工作原理是当被控制的水温测量值 VP=T 小于给定值 VS 时，即测量值<给定值，且当 e=VS−VP≥dF 时，调节器的继电器线圈接通，常开触点变成常闭，电加热管接通 380V 电源而加热。随着水温 T 的升高，VP 也不断增大，e 相应变小。若 T 高于给定值，即 VP>VS，e 为负值，若 e≤−dF 时，则两位调节器的继电器线圈断开，常开触点复位断开，切断电加热管的供电。由于这种控制方式具有冲击性，易损坏元器件，只是在对控制质量要求不高的系统才使用。

如图 13-18 位式控制系统的方框图所示，温度给定值在智能仪表上通过设定获得。被控对象

为锅炉内胆，被控制量为内胆水温。它由铂电阻 Pt100 测定，输入到智能调节仪上。根据给定值加上 dF 与测量的温度相比较向继电器线圈发出控制信号，从而达到控制内胆温度的目的。

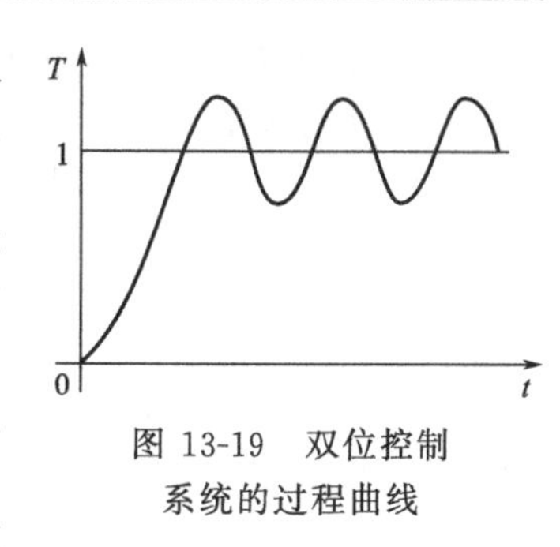

图 13-19　双位控制系统的过程曲线

由过程控制原理可知，双位控制系统的输出是一个断续控制作用下的等幅振荡过程，如图 13-19 所示。因此不能用连续控制作用下的衰减振荡过程的温度品质指标来衡量，而用振幅和周期作为品质指标。一般要求振幅小，周期长，然而对同一双位控制系统来说，若要振幅小，则周期必然短；若要周期长，则振幅必然大。因此通过合理选择中间区以使振幅在限定范围内，而又尽可能获得较长的周期。

(4) 实验内容与步骤

① 设备的连接和检查

• 开通以水泵、电动调节阀、孔板流量计以及锅炉内胆进水阀所组成的水路系统，关闭通往其他对象的切换阀。

• 将锅炉内胆的出水阀关闭。

• 检查电源开关是否关闭。

② 启动电源，进入 DCS 运行软件，进入相应的实验。在上位机调节好各项参数以及设定值和回差 dF 的值。

③ 系统运行后，组态软件自动记录控制过程曲线。待稳定振荡 2～3 个周期后，观察位式控制过程曲线的振荡周期和振幅大小，记录实验曲线。实验数据记录如表 13-9 所示。

表 13-9　实验数据

t/s															
T/℃															

④ 适量改变给定值的大小，重复实验步骤③。

⑤ 把动力水路切换到锅炉夹套，启动实验装置的供水系统，给锅炉的外夹套加流动冷却水，重复上述的实验步骤。

(5) 注意事项

① 实验前，锅炉内胆的水位必须高于热电阻的测温点。

② 给定值必须要大于常温。

③ 实验线路全部接好后，必须经指导老师检查认可后，方可通电源开始实验。

④ 在老师指导下将计算机接入系统，利用计算机显示屏作记录仪使用，保存每次实验记录的数据和曲线。

(6) 实验报告

① 画出不同 dF 时的系统被控量的过渡过程曲线，记录相应的振荡周期和振荡幅度大小。

② 画出加冷却水时被控量的过程曲线，并比较振荡周期和振荡幅度大小。

③ 综合分析位式控制特点。

(7) 思考题

① 为什么缩小 dF 值时，能改善双位控制系统的性能？dF 值过小有什么影响？

② 为什么实际的双位控制特性与理想的双位控制特性有着明显的差异？

13.5.2　上水箱液位 PID 整定实验

(1) 实验目的

① 通过实验熟悉单回路反馈控制系统的组成和工作原理。

② 分析分别用 P、PI 和 PID 调节时的过程图形曲线。

③ 定性地研究P、PI和PID调节器的参数对系统性能的影响。

（2）实验设备

CS2000型过程控制实验装置、PC机、DCS控制系统、DCS监控软件。

（3）实验原理

图13-20为单回路上水箱液位控制系统，图13-21为单回路上水箱液位控制系统方框图。单回路调节系统一般指在一个调节对象上用一个控制器来保持一个参数的恒定，而控制器只接受一个测量信号，其输出也只控制一个执行机构。本系统所要保持的参数是液位的给定高度，即控制的任务是控制上水箱液位等于给定值所要求的高度。根据控制框图，这是一个闭环反馈单回路液位控制，采用DCS系统控制。当控制方案确定之后，接下来就是整定控制器的参数，一个单回路系统设计安装就绪之后，控制质量的好坏与控制器参数选择有着很大的关系。合适的控制参数，可以带来满意的控制效果。反之，控制器参数选择得不合适，则会使控制质量变坏，达不到预期效果。一个控制系统设计好以后，系统的投运和参数整定是十分重要的工作。

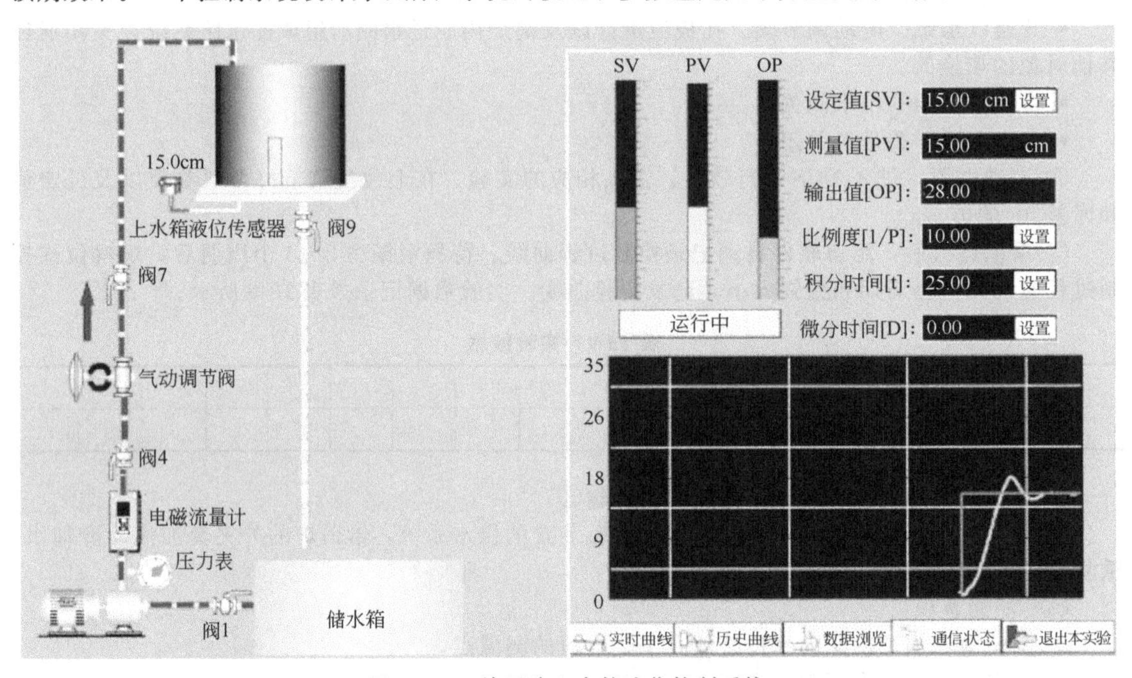

图13-20　单回路上水箱液位控制系统

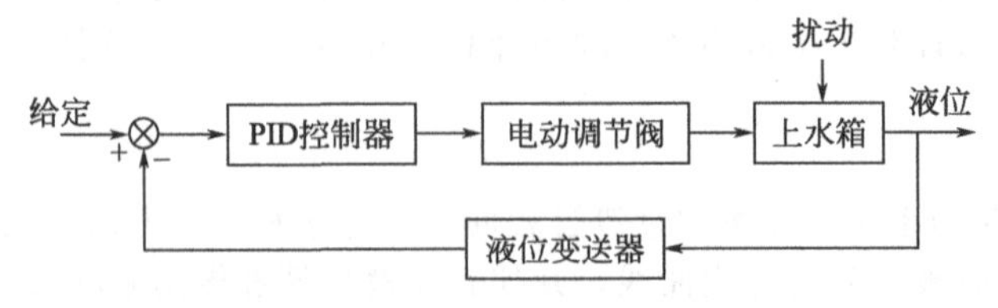

图13-21　单回路上水箱液位控制系统方框图

一般来说，用比例（P）控制器的系统是一个有差系统，比例度δ的大小不仅会影响到余差的大小，而且也与系统的动态性能密切相关。比例积分（PI）控制器，由于积分的作用，不仅能实现系统无余差，而且只要参数δ、T_i调节合理，也能使系统具有良好的动态性能。比例积分微分（PID）控制器是在PI控制器的基础上再引入微分（D）的作用，从而使系统既无余差存在，又能改善系统的动态性能（快速性、稳定性等）。但是，并不是所有单回路控制系统在加入微分作用后都能改善系统品质，对于容量滞后不大，微分作用的效果并不明显，而对噪声敏感的流量系统，加入微分作用后，反而使流量品质变坏。对于实验系统，在单位阶跃作用下，P、PI、

PID 控制系统的阶跃响应分别如图 13-22 中的曲线①、②、③所示。

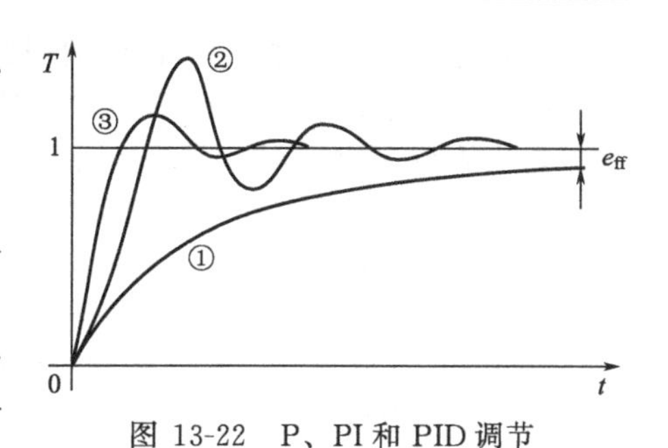

图 13-22 P、PI 和 PID 调节的阶跃响应曲线

(4) 实验内容和步骤

1) 设备的连接和检查

① 将 CS2000 实验对象的储水箱灌满水（至最高高度）。

② 打开以水泵、电动调节阀、孔板流量计组成的动力支路至上水箱的出水阀，关闭动力支路上通往其他对象的切换阀门。

• 打开上水箱的出水阀至适当开度。

2) 实验步骤

① 启动动力支路电源。

② 启动 DCS 上位机组态软件，进入主画面，然后进入本实验画面。

③ 在上位机软件界面用鼠标点击调出 PID 窗体框，用鼠标按下自动按钮，在“设定值”栏中输入设定的上水箱液位。

④ 比例调节控制。

• 设定给定值，调整 P 参数。

• 待系统稳定后，对系统加扰动信号（在纯比例的基础上加扰动，一般可通过改变设定值实现)。记录曲线在经过几次波动稳定下来后，系统有稳态误差，并记录余差大小。

• 减小 P 重复步骤④，观察过渡过程曲线，并记录余差大小。

• 增大 P 重复步骤④，观察过渡过程曲线，并记录余差大小。

• 选择合适的 P，可以得到较满意的过渡过程曲线。改变设定值（如设定值由 50%变为 60%），同样可以得到一条过渡过程曲线。

注意：每当做完一次实验后，必须待系统稳定后再做另一次实验。

⑤ 比例积分调节（PI）控制。

• 在比例调节实验的基础上，加入积分作用，即在界面上设置 I 参数不为 0，观察被控量是否能回到设定值，以验证 PI 控制下，系统对阶跃扰动无余差存在。

• 固定比例 P 值，改变 PI 控制器的积分时间常数值 T_i，然后观察加阶跃扰动后被控量的输出波形，并在表 13-10 中记录不同 T_i 值时的超调量 σ_p。

表 13-10 不同 T_i 时的超调量 σ_p

积分时间常数 T_i	大	中	小
超调量 σ_p			

• 固定 I 于某一中间值，然后改变 P 的大小，观察加扰动后被控量输出的动态波形，据此在表 13-11 中记录不同 P 下的超调量 σ_p。

表 13-11 不同 δ 值下的 σ_p

比例 P	大	中	小
超调量 σ_p			

• 选择合适的 P 和 T_i 值，使系统对阶跃输入扰动的输出响应为一条较满意的过程曲线。此曲线可通过改变设定值（如设定值由 50%变为 60%）来获得。

⑥ 比例积分微分调节（PID）控制。

• 在 PI 控制器控制实验的基础上，再引入适量的微分作用，即在软件界面上设置 D 参数，然后加上与前面实验幅值完全相等的扰动，记录系统被控量响应的动态曲线，并与上水箱液位

PID整定实验中PI控制下的曲线相比较，由此可看到微分 D 对系统性能的影响。

- 选择合适的 P、T_i 和 T_d，使系统的输出响应为一条较满意的过渡过程曲线（阶跃输入可由给定值从50%突变至60%来实现）。
- 在历史曲线中选择一条较满意的过渡过程曲线进行记录。

(5) 实验报告要求

① 作出P控制时，不同 P 值下的阶跃响应曲线。

② 作出PI控制时，不同 P 和 T_i 值时的阶跃响应曲线。

③ 画出PID控制时的阶跃响应曲线，并分析微分D的作用。

④ 比较P、PI和PID三种控制器对系统无差度和动态性能的影响。

(6) 思考题

① 试定性地分析三种控制器的参数的变化对控制过程各产生什么影响？

② 如何实现减小或消除余差？纯比例控制能否消除余差？

13.5.3 串接双容下水箱液位PID整定实验

(1) 实验目的

① 熟悉单回路双容液位控制系统的组成和工作原理。

② 研究系统分别用P、PI和PID控制器时的控制性能。

③ 定性地分析P、PI和PID控制器的参数对系统性能的影响。

(2) 实验设备

CS2000型过程控制实验装置、计算机、DCS控制系统与监控软件。

(3) 实验原理

图13-23为双容水箱液位控制系统，图13-24为双容水箱液位控制系统的方框图。这也是一个单回路控制系统，它与上水箱液位PID整定实验不同的是有两个水箱相串联，控制的目的是使下水箱的液位高度等于给定值所期望的高度，具有减少或消除来自系统内部或外部扰动的影响功能。显然，这种反馈控制系统的性能完全取决于控制器 $G_c(s)$ 的结构和参数的合理选择。由于双容水箱的数学模型是二阶的，故系统的稳定性不如单容液位控制系统。

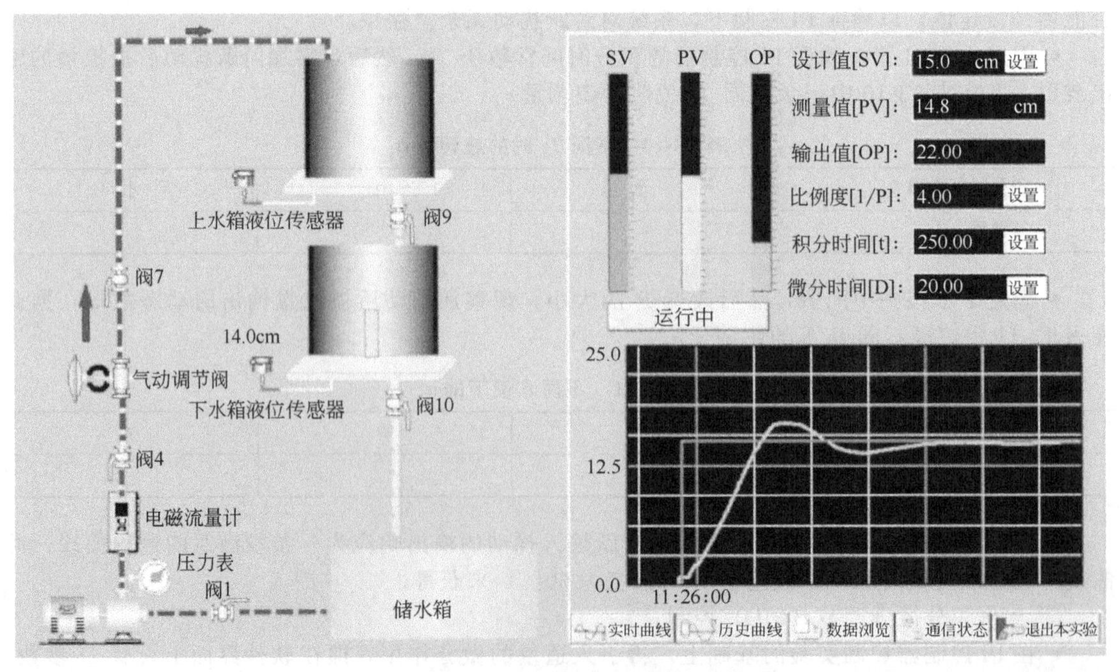

图13-23 双容水箱液位控制系统

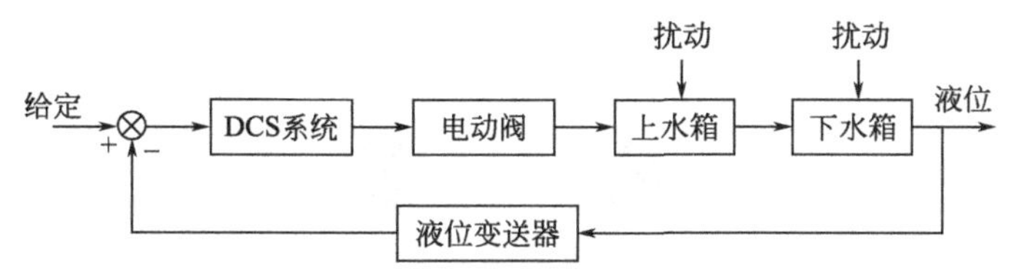

图 13-24 双容水箱液位控制系统的方框图

对于阶跃输入（包括阶跃扰动），这种系统用比例（P）控制器去控制，系统有余差，且与比例度成正比，若用比例积分（PI）控制器去控制，不仅可实现无余差，而且只要控制器的参数 δ 和 T_i 调节得合理，也能使系统具有良好的动态性能。比例积分微分（PID）控制器是在 PI 控制器的基础上再引入微分（D）的控制作用，从而使系统既无余差存在，又使其动态性能得到进一步改善。

（4）实验内容与步骤

① 设备的连接和检查

- 将 CS2000 实验对象的储水箱灌满水（至最高高度）。
- 打开以水泵、电动调节阀、孔板流量计组成的动力支路至下水箱的出水阀门，关闭动力支路上通往其他对象的切换阀门。
- 打开下水箱的出水阀至适当开度。
- 检查电源开关是否关闭。

② 启动实验装置　启动电源和 DCS 上位机组态软件，进入主画面，然后进入本实验画面。

在上位机软件界面用鼠标点击调出 PID 窗体框，用鼠标按下自动按钮，在“设定值”栏中输入设定的下水箱液位。

在参数调整中反复调整 P、I、D 三个参数，控制上水箱水位，同时兼顾快速性、稳定性、准确性。

待系统的输出趋于平衡不变后，加入阶跃扰动信号（一般可通过改变设定值的大小或打开旁路来实现）

（5）实验报告要求

① 画出双容水箱液位控制实验系统的结构图。

② 画出 PID 控制时的阶跃响应曲线，并分析微分 D 对系统性能的影响。

（6）思考题

① 为什么双容液位控制系统比单容液位控制系统难以稳定？

② 试用控制原理的相关理论分析 PID 控制器的微分作用为什么不能太大？

③ 为什么微分作用引入必须缓慢进行？这时比例 P 是否要改变？为什么？

④ 控制器参数的改变对整个控制过程有什么影响？

附　　录

附录 1　常用热电偶分度表

附表 1-1　铂铑$_{10}$-铂热电偶分度表（参比端温度为 0℃）

分度号：S　　　　（−50～1340℃）

温度/℃	热电动势/μV										温度/℃
	0	1	2	3	4	5	6	7	8	9	
−50	−236										−50
−40	−194	−199	−203	−207	−211	−215	−220	−224	−228	−232	−40
−30	−150	−155	−159	−164	−168	−173	−177	−181	−186	−190	−30
−20	−103	−108	−112	−117	−122	−127	−132	−136	−141	−145	−20
−10	−53	−58	−63	−68	−73	−78	−83	−88	−93	−98	−10
−0	0	−5	−11	−16	−21	−27	−32	−37	−42	−48	−0
0	0	5	11	16	22	27	33	38	44	50	0
10	55	61	67	72	78	84	90	95	101	107	10
20	113	119	125	131	137	142	148	154	161	167	20
30	173	179	185	191	197	203	210	216	222	228	30
40	235	241	247	254	260	266	273	279	286	292	40
50	299	305	312	318	325	331	338	345	351	358	50
60	365	371	378	385	391	398	405	412	419	425	60
70	432	439	446	453	460	467	474	481	488	495	70
80	502	509	516	523	530	537	544	551	558	566	80
90	573	580	587	594	602	609	616	623	631	638	90
100	645	653	660	667	675	682	690	697	704	712	100
110	719	727	734	742	749	757	764	772	780	787	110
120	795	802	810	818	825	833	841	848	856	864	120
130	872	879	887	895	903	910	918	926	934	942	130
140	950	957	965	973	981	989	997	1005	1013	1021	140
150	1029	1037	1045	1053	1061	1069	1077	1085	1093	1101	150
160	1109	1117	1125	1133	1141	1149	1158	1166	1174	1182	160
170	1190	1198	1207	1215	1223	1231	1240	1248	1256	1264	170
180	1273	1281	1289	1297	1306	1314	1322	1331	1339	1347	180
190	1356	1364	1373	1381	1389	1398	1406	1415	1423	1432	190
200	1440	1448	1457	1465	1474	1482	1491	1499	1508	1516	200
210	1525	1534	1542	1551	1559	1568	1576	1585	1594	1602	210
220	1611	1620	1628	1637	1645	1654	1663	1671	1680	1689	220
230	1698	1706	1715	1724	1732	1741	1750	1759	1767	1776	230
240	1785	1794	1802	1811	1820	1829	1838	1846	1855	1864	240
250	1873	1882	1891	1899	1908	1917	1926	1935	1944	1953	250
260	1962	1971	1979	1988	1997	2006	2015	2024	2033	2042	260

续表

温度/℃	热电动势/μV										温度/℃
	0	1	2	3	4	5	6	7	8	9	
270	2051	2060	2069	2078	2087	2096	2105	2114	2123	2132	270
280	2141	2150	2159	2168	2177	2186	2195	2204	2213	2222	280
290	2232	2241	2250	2259	2268	2277	2286	2295	2304	2314	290
300	2323	2332	2341	2350	2359	2368	2378	2387	2396	2405	300
310	2414	2424	2433	2442	2451	2460	2470	2479	2488	2497	310
320	2506	2516	2525	2534	2543	2553	2562	2571	2581	2590	320
330	2599	2608	2618	2627	2636	2646	2655	2664	2674	2683	330
340	2692	2702	2711	2720	2730	2739	2748	2758	2767	2776	340
350	2786	2795	2805	2814	2823	2833	2842	2852	2861	2870	350
360	2880	2889	2899	2908	2917	2927	2936	2946	2955	2965	360
370	2974	2984	2993	3003	3012	3022	3031	3041	3050	3059	370
380	3069	3078	3088	3097	3107	3117	3126	2136	2145	3155	380
390	3164	3174	3183	3193	3202	3212	3221	3231	3241	3250	390
400	3260	3269	3279	3288	3298	3308	3317	3327	3336	3346	400
410	3356	3365	3375	3384	3394	3404	3413	3423	3433	3442	410
420	3452	3462	3471	3481	3491	3500	3510	3520	3529	3539	420
430	3549	3558	3568	3578	3587	3597	3607	3610	3626	3636	430
440	3645	3655	3665	3675	3684	3694	3704	3714	3723	3733	440
450	3743	3752	3762	3772	3782	3791	3801	3811	3821	3831	450
460	3840	3850	3860	3870	3879	3889	3899	3909	3919	3928	460
470	3938	3948	3958	3968	3977	3987	3997	4007	4017	4027	470
480	4036	4046	4056	4066	4076	4086	4095	4105	4115	4125	480
490	4135	4145	4155	4164	4174	4184	4194	4204	4214	4224	490
500	4234	4243	4253	4263	4273	4283	4293	4303	4313	4323	500
510	4333	4343	4352	4362	4373	4382	4393	4402	4412	4422	510
520	4432	4442	4452	4462	4472	4482	4492	4502	4512	4522	520
530	4532	4542	4552	4562	4572	4582	4592	4602	4612	4622	530
540	4632	4642	4652	4662	4672	4682	4692	4702	4712	4722	540
550	4732	4742	4752	4762	4772	4782	4792	4802	4812	4822	550
560	4832	4842	4852	4862	4873	4883	4893	4903	4913	4923	560
570	4933	4943	4953	4963	4973	4984	4994	5004	5014	5024	570
580	5034	5044	5054	5065	5075	5085	5095	5105	5115	5125	580
590	5136	5146	5156	5166	5176	5186	5197	5207	5217	5227	590
600	5237	5247	5258	5268	5278	5288	5298	5309	5319	5329	600
610	5339	5350	5360	5370	5380	5391	5401	5411	5421	5431	610
620	5442	5452	5462	5473	5483	5493	5503	5514	5524	5534	620
630	5544	5555	5565	5575	5586	5596	5606	5617	5627	5637	630
640	5648	5658	5668	5679	5689	5700	5710	5720	5731	5741	640
650	5751	5762	5772	5782	5793	5803	5814	5824	5834	5845	650
660	5855	5866	5876	5887	5897	5907	5918	5928	5939	5949	660
670	5960	5970	5980	5991	6001	6012	6022	6033	6043	6054	670
680	6064	6075	6085	6096	6106	6117	6127	6138	6148	6159	680
690	6169	6180	6190	6201	6211	6222	6232	6243	6253	6264	690
700	6274	6285	6295	6306	6316	6327	6338	6348	6359	6369	700
710	6380	6390	6401	6412	6422	6433	6443	6454	6465	6475	710
720	6486	6496	6507	6518	6528	6539	6549	6560	6571	6581	720

续表

温度/℃	热电动势/μV										温度/℃
	0	1	2	3	4	5	6	7	8	9	
730	6592	6603	6613	6624	6635	6645	6656	6667	6677	6688	730
740	6699	6709	6720	6731	6741	6752	6763	6773	6784	6795	740
750	6805	6816	6827	6838	6848	6859	6870	6880	6891	6902	750
760	6913	6923	6934	6945	6956	6966	6977	6988	6999	7009	760
770	7020	7031	7042	7053	7063	7074	7085	7096	7107	7117	770
780	7128	7139	7150	7161	7171	7182	7193	7204	7215	7225	780
790	7236	7247	7258	7269	7280	7291	7301	7312	7323	7334	790
800	7345	7356	7367	7377	7388	7399	7410	7421	7432	7443	800
810	7454	7465	7476	7486	7497	7508	7519	7530	7541	7552	810
820	7563	7574	7585	7596	7607	7618	7629	7640	7651	7661	820
830	7672	7683	7694	7705	7716	7727	7738	7749	7760	7771	830
840	7782	7793	7804	7815	7826	7837	7848	7859	7870	7881	840
850	7892	7904	7915	7926	7937	7948	7959	7970	7981	7992	850
860	8003	8014	8025	8036	8047	8058	8069	8081	8092	8103	860
870	8114	8125	8136	8147	8158	8169	8180	8192	8203	8214	870
880	8225	8236	8247	8258	8270	8281	8292	8303	8314	8325	880
890	8336	8348	8359	8370	8381	8392	8404	8415	8426	8437	890
900	8448	8460	8471	8482	8493	8504	8516	8527	8538	8549	900
910	8560	8572	8583	8594	8605	8617	8628	8639	8650	8662	910
920	8673	8684	8695	8707	8718	8729	8741	8752	8763	8774	920
930	8786	8797	8808	8820	8831	8842	8854	8865	8876	8888	930
940	8899	8910	8922	8933	8944	8956	8967	8978	8990	9001	940
950	9012	9024	9035	9047	9058	9069	9081	9092	9103	9115	950
960	9126	9138	9149	9160	9172	9183	9195	9206	9217	9229	960
970	9240	9252	9263	9275	9286	9298	9309	9320	9332	9343	970
980	9355	9366	9378	9389	9401	9412	9424	9435	9447	9458	980
990	9470	9481	9493	9504	9516	9527	9539	9550	9562	9573	990
1000	9585	9596	9608	9619	9631	9642	9654	9665	9677	9689	1000
1010	9700	9712	9723	9735	9746	9758	9770	9781	9793	9804	1010
1020	9816	9828	9839	9851	9862	9874	9886	9897	9909	9920	1020
1030	9932	9944	9955	9967	9979	9990	10002	10013	10025	10037	1030
1040	10048	10060	10072	10083	10095	10107	10118	10130	10142	10154	1040
1050	10165	10177	10189	10200	10212	10224	10235	10247	10259	10271	1050
1060	10282	10294	10306	10318	10329	10341	10353	10364	10376	10388	1060
1070	10400	10411	10423	10435	10447	10459	10470	10482	10494	10506	1070
1080	10517	10529	10541	10553	10565	10576	10588	10600	10612	10624	1080
1090	10635	10647	10659	10671	10683	10694	10706	10718	10730	10742	1090
1100	10754	10765	10777	10789	10801	10813	10825	10836	10848	10860	1100
1110	10872	10884	10896	10908	10919	10931	10943	10955	10967	10979	1110
1120	10991	11003	11014	11026	11038	11050	11062	11074	11086	11098	1120
1130	11110	11121	11133	11145	11157	11169	11181	11193	11205	11217	1130
1140	11229	11241	11252	11264	11276	11288	11300	11312	11324	11336	1140
1150	11348	11360	11372	11384	11396	11408	11420	11432	11443	11455	1150
1160	11467	11479	11491	11503	11515	11527	11539	11551	11563	11575	1160
1170	11587	11599	11611	11623	11635	11647	11659	11671	11683	11695	1170
1180	11707	11719	11731	11743	11755	11767	11779	11791	11803	11815	1180
1190	11827	11839	11851	11863	11875	11887	11899	11911	11923	11935	1190

续表

温度/℃	热电动势/μV										温度/℃
	0	1	2	3	4	5	6	7	8	9	
1200	11947	11959	11971	11983	11995	12007	12019	12031	12043	12055	1200
1210	12067	12079	12091	12103	12116	12128	12140	12152	12164	12176	1210
1220	12188	12200	12212	12224	12236	12248	12260	12272	12284	12296	1220
1230	12308	12320	12332	12345	12357	12369	12381	12393	12405	12417	1230
1240	12429	12441	12453	12465	12477	12489	12501	12514	12526	12538	1240
1250	12550	12562	12574	12586	12598	12610	12622	12634	12647	12659	1250
1260	12671	12683	12695	12707	12719	12731	12743	12755	12767	12780	1260
1270	12792	12804	12816	12828	12840	12852	12864	12876	12888	12901	1270
1280	12913	12925	12937	12949	12961	12973	12985	12997	13010	13022	1280
1290	13034	13046	13058	13070	13082	13094	13107	13119	13131	13143	1290
1300	13155	13167	13179	13191	13203	13216	13228	13240	13252	13264	1300
1310	13276	13288	13300	13313	13325	13337	13349	13361	13373	13385	1310
1320	13397	13410	13422	13434	13446	13458	13470	13482	13495	13507	1320
1330	13519	13531	13543	13555	13567	13579	13592	13604	13616	13628	1330
1340	13640	13652	13664	13677	13689	13701	13713	13725	13737	13749	1340

附表 1-2 镍铬-镍硅热电偶分度表（参比端温度为 0℃）

分度号：K （0～1000℃）

温度/℃	热电动势/μV										温度/℃
	0	1	2	3	4	5	6	7	8	9	
0	0	39	79	119	158	198	238	277	317	357	0
10	397	437	477	517	557	597	637	677	718	758	10
20	798	838	879	919	960	1000	1041	1081	1122	1162	20
30	1203	1244	1285	1325	1366	1407	1448	1489	1529	1570	30
40	1611	1652	1693	1734	1776	1817	1858	1899	1940	1981	40
50	2022	2064	2105	2146	2188	2229	2270	2312	2353	2394	50
60	2436	2477	2519	2560	2601	2643	2684	2726	2767	2809	60
70	2850	2892	2933	2975	3016	3058	3100	3141	3183	3224	70
80	3266	3307	3349	3390	3432	3473	3515	3556	3598	3639	80
90	3681	3722	3764	3805	3847	3888	3930	3971	4012	4054	90
100	4095	4137	4178	4219	4261	4302	4343	4384	4426	4467	100
110	4508	4549	4590	4632	4673	4714	4755	4796	4837	4878	110
120	4949	4960	5001	5042	5083	5124	5164	5205	5246	5287	120
130	5327	5363	5409	5450	5490	5531	5571	5612	5652	5693	130
140	5733	5774	5814	5855	5895	5936	5976	6016	6057	6097	140
150	6137	6177	6218	6258	6298	6338	6378	6419	6459	6499	150
160	6539	6579	6619	6659	6699	6739	6779	6819	6859	6899	160
170	6939	6979	7019	7059	7099	7139	7179	7219	7259	7299	170
180	7338	7378	7418	7458	7498	7538	7578	7618	7658	7697	180
190	7737	7777	7817	7857	7897	7937	7977	8017	8057	8097	190
200	8137	8177	8216	8256	8296	8336	8376	8416	8456	8497	200
210	8537	8577	8617	8657	8697	8737	8777	8817	8857	8898	210
220	8938	8978	9018	9058	9099	9139	9179	9220	9260	9300	220

续表

温度/℃	热电动势/μV										温度/℃
	0	1	2	3	4	5	6	7	8	9	
230	9341	9381	9421	9462	9502	9543	9583	9624	9664	9705	230
240	9745	9786	9826	9867	9907	9948	9989	10029	10070	10111	240
250	10151	10192	10233	10274	10315	10355	10396	10437	10478	10519	250
260	10560	10600	10641	10682	10723	10764	10805	10846	10887	10928	260
270	10969	11010	11051	11093	11134	11175	11216	11257	11298	11339	270
280	11381	11422	11463	11504	11546	11587	11628	11669	11711	12752	280
290	11793	11835	11876	11918	11959	12000	12042	12083	12125	12166	290
300	12207	12249	12290	12332	12373	12415	12456	12498	12539	12581	300
310	12623	12664	12706	12747	12789	12831	12872	12914	12955	12997	310
320	13039	13080	13122	13164	13205	13247	13289	13331	13372	13414	320
330	13456	13497	13539	13581	13623	13665	13706	13748	13790	13832	330
340	13874	13915	13957	13999	14041	14083	14125	14167	14208	14250	340
350	14292	14334	14376	14418	14460	14502	14544	14586	14628	14670	350
360	14712	14754	14796	14838	14880	14922	14964	15006	15048	15090	360
370	15132	15174	15216	15258	15300	15342	15384	15426	15468	15510	370
380	15552	15594	15636	15679	15721	15763	15805	15847	15889	15931	380
390	15974	16016	16058	16100	16142	16184	16227	16269	16311	16353	390
400	16395	16438	16480	16522	16564	16607	16649	16691	16733	16776	400
410	16818	16860	16902	16945	16987	17029	17072	17114	17156	17199	410
420	17241	17283	17326	17368	17410	17453	17495	17537	17580	17622	420
430	17664	17707	17749	17792	17834	17876	17919	17961	18004	18046	430
440	18088	18131	18173	18216	18258	18301	18343	18385	18428	18470	440
450	18513	18555	18598	18640	18683	18725	18768	18810	18853	18895	450
460	18938	18980	19023	19065	19108	19150	19193	19235	19278	19320	460
470	19363	19405	19448	19490	19533	19576	19618	19661	19703	19746	470
480	19788	19831	19873	19910	19959	20001	20044	20086	20129	20172	480
490	20214	20257	20299	20342	20385	20427	20470	20512	20555	20598	490
500	20640	20683	20725	20768	20811	20853	20896	20038	20981	21024	500
510	21066	21109	21152	21194	21237	21280	21322	21365	21407	21450	510
520	21493	21535	21578	21621	21663	21706	21749	21791	21834	21876	520
530	21919	21962	22004	22047	22090	22132	22175	22218	22260	22303	530
540	22346	22388	22431	22473	22516	22559	22601	22644	22687	22729	540
550	22772	22815	22857	22900	22942	22985	23028	23070	23113	23156	550
560	23198	23241	23284	23326	23369	23411	23454	23497	23539	23582	560
570	23624	23667	23710	23752	23795	23837	23880	23923	23965	24008	570
580	24050	24093	24136	24178	24221	24263	24306	24348	24391	34434	580
590	24476	24519	24561	24604	24646	24689	24731	24774	24817	24859	590
600	24902	24944	24987	25029	25072	25114	25157	25199	25242	25284	600
610	25327	25369	25412	25454	25497	25539	25582	25624	25666	25709	610
620	25751	25794	25836	25879	25921	25964	26006	26048	26091	26133	620

续表

温度/℃	热电动势/μV										温度/℃
	0	1	2	3	4	5	6	7	8	9	
630	26176	26218	26260	26303	26345	26387	26430	26472	26515	26557	630
640	26599	26642	26684	26726	26769	26811	26853	26896	26938	26980	640
650	27022	27065	27107	27149	27192	27234	27276	27318	27361	27403	650
660	27445	27487	27529	27572	27614	27656	27698	27740	27783	27825	660
670	27867	27909	27951	27993	28035	28078	28120	28162	28204	28246	670
680	28288	28330	28372	28414	28456	28498	28540	28583	28625	28667	680
690	28709	28751	28793	28835	28877	28919	28961	29002	29044	29086	690
700	29128	29170	29212	29254	29296	29338	29380	29422	29464	29505	700
710	29547	29589	29631	29673	29715	29756	29798	29840	29882	29924	710
720	29965	30007	30049	30091	30132	30174	30216	30257	30299	30341	720
730	30383	30424	30466	30508	30549	30591	30632	30674	30716	30757	730
740	30799	30840	30882	30924	30965	31007	31048	31090	31131	31173	740
750	31214	31256	31297	31339	31380	31422	31463	31504	31546	31587	750
760	31629	31670	31712	31753	31794	31836	31877	31918	31960	32001	760
770	32042	32084	32125	32166	32207	32249	32290	32331	32372	32414	770
780	32455	32496	32537	32578	32619	32661	32702	32743	32784	32825	780
790	32866	32907	32948	32990	33031	33072	33113	33154	33195	33236	790
800	33277	33318	33359	33400	33441	33482	33523	33564	33604	33645	800
810	33686	33727	33768	33809	33850	33891	33931	33972	34013	34054	810
820	34095	34136	34176	34217	34258	34299	34339	34380	34421	34461	820
830	34502	34543	34583	34624	34665	34705	34746	34787	34827	34868	830
840	34909	34949	34990	35030	35071	35111	35152	35192	35233	35273	840
850	35314	35354	35395	35435	35476	35516	35557	35597	35637	35678	850
860	35718	35758	35799	35839	35880	35920	35960	36000	36041	36081	860
870	36121	36162	36202	36242	36282	36323	36363	36403	36443	36483	870
880	36524	36564	36604	36644	36684	36724	36764	36804	36844	36885	880
890	36925	36965	37005	37045	37085	37125	37165	37205	37245	37285	890
900	37325	37365	37405	37445	37484	37524	37564	37604	37644	37684	900
910	37724	37764	37803	37843	37883	37923	37963	38002	38042	38082	910
920	38122	38162	38201	38241	38281	38320	38360	38400	38439	38479	920
930	38519	38558	38598	38638	38677	38717	38756	38796	38836	38875	930
940	38915	38954	38994	39033	39073	39112	39152	39191	39231	39270	940
950	39310	39349	39388	39428	39467	39507	39546	39585	39625	39664	950
960	39703	39743	39782	39821	39861	39900	39939	39979	40018	40057	960
970	40096	40136	40175	40214	40253	40292	40332	40371	40410	40449	970
980	40488	40527	40566	40605	40645	40684	40723	40762	40801	40840	980
990	40879	40918	40957	40996	41035	41074	41113	41152	41191	41230	990
1000	41269	41308	41347	41385	41424	41463	41502	41541	41580	41619	1000
1370	54807	54841	54875								

附录 2　常用热电阻分度表

附表 2-1　工业用铂热电阻分度表

分度号：Pt100　R_0=100.00Ω　α=0.003850　(0～500℃)

温度/℃	0	1	2	3	4	5	6	7	8	9
	热电阻值/Ω									
0	100.00	100.39	100.78	101.17	101.56	101.95	102.34	102.73	103.12	103.51
10	103.90	104.29	104.68	105.07	105.46	105.85	106.24	106.63	107.02	107.40
20	107.79	108.18	108.57	108.96	109.35	109.73	110.12	110.51	110.90	111.28
30	111.67	112.06	112.45	112.83	113.22	113.61	113.99	114.38	114.77	115.15
40	115.54	115.93	116.31	116.70	117.08	117.47	117.85	118.24	118.62	119.01
50	119.40	119.78	120.16	120.55	120.93	121.32	121.70	122.09	122.47	122.86
60	123.24	123.62	124.01	124.39	124.77	125.16	125.54	125.92	126.31	126.69
70	127.07	127.45	127.84	128.22	128.60	128.98	129.37	129.75	130.13	130.51
80	130.89	131.27	131.66	132.04	132.42	132.80	133.18	133.56	133.94	134.32
90	134.70	135.08	135.46	135.84	136.22	136.60	136.98	137.36	137.74	138.12
100	138.50	138.88	139.26	139.64	140.02	140.39	140.77	141.15	141.53	141.91
110	142.69	142.66	143.04	143.42	143.80	144.17	144.55	144.93	145.31	145.68
120	146.06	146.44	146.81	147.19	147.57	147.94	148.32	148.70	149.07	149.45
130	149.82	150.20	150.57	150.95	151.33	151.70	152.08	152.45	152.83	153.20
140	153.58	153.95	154.32	154.70	155.07	155.45	155.82	156.19	156.57	156.94
150	157.31	157.69	158.06	158.43	158.81	159.18	159.55	159.93	160.30	160.67
160	161.04	161.42	161.79	162.16	162.53	162.90	163.27	163.65	164.02	164.39
170	164.76	165.13	165.50	165.87	166.24	166.61	166.98	167.35	167.72	168.09
180	168.46	168.83	169.20	169.57	169.94	170.31	170.68	171.05	171.42	171.79
190	172.16	172.53	172.90	173.26	173.63	174.00	174.37	174.74	175.10	175.47
200	175.84	176.21	176.57	176.94	177.31	177.68	178.04	178.41	178.78	179.14
210	179.51	179.88	180.24	180.61	180.97	181.34	181.71	182.07	182.44	182.80
220	183.17	183.53	183.90	184.26	184.63	184.99	185.36	185.72	186.09	186.45
230	186.82	187.18	187.54	185.91	188.27	188.63	189.00	189.36	189.72	190.09
240	190.45	190.81	191.18	191.54	191.90	192.26	192.63	192.99	193.35	193.71
250	194.07	194.44	194.80	195.16	195.52	195.88	196.24	196.60	196.96	197.33
260	197.69	198.05	198.41	198.77	199.13	199.49	199.85	200.21	200.57	200.93
270	201.29	201.65	202.01	202.36	202.72	203.08	203.44	203.80	204.16	204.52
280	204.88	205.23	205.59	205.95	206.31	206.67	207.02	207.38	207.74	208.10
290	208.45	208.81	209.17	209.52	209.88	210.24	210.59	210.95	211.31	211.66
300	212.02	212.37	212.73	213.09	213.44	213.80	214.15	214.51	214.86	215.22
310	215.57	215.93	216.28	216.64	216.99	217.35	217.70	218.05	218.41	218.76
320	219.12	219.47	219.82	220.18	220.53	220.88	221.24	221.59	221.94	222.29
330	222.65	223.00	223.35	223.70	224.06	224.41	224.76	225.11	225.46	225.81
340	226.17	226.52	226.87	227.22	227.57	227.92	228.27	228.62	228.97	229.32
350	229.67	230.02	230.37	230.72	231.07	231.42	231.77	232.12	232.47	232.82

续表

温度/℃	0	1	2	3	4	5	6	7	8	9
	热电阻值/Ω									
360	233.97	233.52	233.87	234.22	234.56	234.91	235.26	235.61	235.96	236.31
370	236.65	237.00	237.35	237.70	238.04	238.39	238.74	239.09	239.43	239.78
380	240.13	240.47	240.82	241.17	241.51	241.86	242.20	242.55	242.90	243.24
390	243.59	243.93	244.28	244.62	244.97	245.31	245.66	246.00	246.35	243.69
400	247.04	247.38	247.73	248.07	248.41	248.76	249.10	249.45	249.79	250.13
410	250.48	250.82	251.16	251.50	251.85	252.19	252.53	252.88	253.22	253.56
420	253.90	254.24	254.59	254.93	255.27	255.61	255.95	256.29	256.64	256.98
430	257.32	257.66	258.00	258.34	258.68	259.02	259.36	259.70	260.04	260.38
440	260.72	261.06	261.40	261.74	262.08	262.42	262.76	263.10	263.43	263.77
450	264.11	264.45	264.79	265.13	265.47	265.80	266.14	266.48	266.82	267.15
460	267.49	267.83	268.17	268.50	268.84	269.18	269.51	269.85	270.19	270.52
470	270.86	271.20	271.53	271.87	272.20	272.54	272.88	273.21	273.55	273.88
480	274.22	247.55	274.89	275.22	275.56	275.89	276.23	276.56	276.89	277.23
490	277.56	277.90	278.23	278.58	278.90	279.23	279.56	279.90	280.23	280.56
500	280.90	281.23	281.56	281.89	282.23	282.56	282.89	283.22	283.55	283.89

注：Pt10 型热电阻分度表可将 Pt100 型分度表中电阻值的小数点左移一位而得。

附表 2-2　工业用铜热电阻分度表（一）

分度号：Cu50　$R_0=50\Omega$　$\alpha=0.004280$

温度/℃	0	1	2	3	4	5	6	7	8	9
	热电阻值/Ω									
−50	39.24									
−40	41.40	41.18	40.97	40.75	40.54	40.32	40.10	39.89	39.67	39.46
−30	43.55	43.34	43.12	42.91	42.69	42.48	42.27	42.05	41.83	41.61
−20	45.70	45.49	45.27	45.06	44.84	44.63	44.41	44.20	43.98	43.77
−10	47.85	47.64	47.42	47.21	46.99	46.78	46.56	46.35	46.13	45.92
−0	50.00	49.78	49.57	49.35	49.14	48.92	48.71	48.50	48.28	48.07
0	50.00	50.21	50.43	50.64	50.86	51.07	51.28	51.50	51.71	51.93
10	52.14	52.36	52.57	52.78	53.00	53.21	53.43	53.64	53.86	54.07
20	54.28	54.50	54.71	54.92	55.14	55.35	55.57	55.78	56.00	56.21
30	56.42	56.64	56.85	57.07	57.28	57.49	57.71	57.92	58.14	58.35
40	58.56	58.78	58.99	59.20	59.42	59.63	59.85	60.06	60.27	60.49
50	60.70	60.92	61.13	61.34	61.56	61.77	61.98	62.20	62.41	62.63
60	62.84	63.05	63.27	63.48	63.70	63.91	64.12	64.34	64.55	64.76
70	64.98	65.19	65.41	65.62	65.83	66.05	66.26	66.48	66.69	66.90
80	67.12	67.33	67.54	67.76	67.97	68.19	68.40	68.62	68.83	69.04
90	69.26	69.47	69.68	69.90	70.11	70.33	70.54	70.76	70.94	71.18
100	71.40	71.61	71.83	72.04	72.25	72.47	72.68	72.90	73.11	73.33
110	73.54	73.75	73.97	74.18	74.40	74.61	74.83	75.04	75.26	75.47
120	75.68	75.90	76.11	76.33	76.54	76.76	76.97	77.19	77.40	77.62
130	77.83	78.05	78.26	78.48	78.69	78.91	79.12	79.34	79.55	79.77
140	79.98	80.20	80.41	80.63	80.84	81.06	81.27	81.49	81.70	81.92
150	82.13	—	—	—	—	—	—	—	—	—

工业用铜热电阻分度表（二）

分度号：Cu100　R_0=100Ω

温度/℃	0	1	2	3	4	5	6	7	8	9
	热电阻值/Ω									
−50	78.49									
−40	82.80	82.36	81.94	81.50	81.08	80.64	80.20	79.78	79.34	78.92
−30	87.10	86.68	86.24	85.82	85.38	84.96	84.54	84.10	83.66	83.22
−20	91.40	90.98	90.54	90.12	89.68	89.26	88.82	88.40	87.96	87.54
−10	95.70	95.28	94.84	94.42	93.98	93.56	93.12	92.70	92.26	91.84
−0	100.00	99.56	99.14	98.70	98.28	97.84	97.42	97.00	96.56	96.14
0	100.00	100.42	100.86	101.28	101.72	102.14	102.56	103.00	103.42	103.86
10	104.28	104.72	105.14	105.56	106.00	106.42	106.86	107.28	107.72	108.14
20	108.56	109.00	109.42	109.84	110.28	110.70	111.14	111.56	112.00	112.42
30	112.84	113.28	113.70	114.14	114.56	114.98	115.42	115.84	116.28	116.70
40	117.12	117.56	117.98	118.40	118.84	119.26	119.70	120.12	120.54	120.98
50	121.40	121.84	122.26	122.68	123.12	123.54	123.96	124.40	124.82	125.26
60	125.68	126.10	126.54	126.96	127.40	127.82	128.24	128.68	129.10	129.52
70	129.96	130.38	130.82	131.24	131.66	132.10	132.52	132.96	133.38	133.80
80	134.24	134.66	135.08	135.52	135.94	136.38	136.80	137.24	137.66	138.08
90	138.52	138.94	139.36	139.80	140.22	140.66	141.08	141.52	141.94	142.36
100	142.80	143.22	143.66	144.08	144.50	144.94	145.36	145.80	146.22	146.66
110	147.08	147.50	147.94	148.36	148.80	149.22	149.66	150.08	150.52	150.94
120	151.36	151.80	152.22	152.66	153.08	153.52	153.94	154.38	154.80	155.24
130	155.66	156.10	156.52	156.96	157.38	157.82	158.24	158.68	159.10	159.54
140	159.96	160.40	160.82	161.26	161.68	162.12	162.54	162.98	163.40	163.84
150	164.27									

参 考 文 献

[1] 李守忠，陈云明，冯立坤，张少波编. 化工电气和化工仪表. 北京：化学工业出版社，2000.
[2] 张宝芬，张毅，曹丽编著. 自动检测技术及仪表控制系统. 北京：化学工业出版社，2000.
[3] 乐建波编. 化工仪表及自动化. 北京：化学工业出版社，2010.
[4] 胡宝寅主编. 工业仪表及自动化实验. 北京：化学工业出版社，1999.
[5] 徐国和编. 电工学与工业电子学. 北京：高等教育出版社. 1999.
[6] 厉玉鸣主编. 化工仪表及自动化. 第3版. 北京：化学工业出版社，2002.
[7] 乐嘉谦，王立奉，邵勇编. 化工仪表维修工. 北京：化学工业出版社，2005.
[8] 钟肇新，王灏编. 可编程控制器入门教程（SIMATIC S7-200）. 广州：华南理工大学出版社，2000.
[9] 尹宏业主编. 可编程控制器教程. 北京：航空工业出版社，1997.

参考文献